水利部建设与管理司
中国水利工程协会 编

安 全 员

水利工程建设行业施工管理技术岗位人员培训系列教材

中国水利水电出版社
www.waterpub.com.cn

内 容 提 要

本教材是根据当前水利水电工程建设行业对安全员的岗位要求编写的。本书共分三部分，共 17 章。第一部分为安全生产管理基础知识，主要内容包括安全生产管理概述，安全生产相关法律、法规知识，安全员的职责与岗位要求；第二部分为安全技术与安全操作，包括建设施工现场安全管理，施工用电、供水、供风及通信安全管理，安全防护设施，大型施工设备安装与安全运行，起重与运输安全管理，爆破器材及爆破安全作业，焊接与气割安全作业，锅炉及压力容器安全管理，危险物品安全管理，水利水电工程土建施工安全作业，水利水电工程金属结构与机电设备安装安全作业，防灾和应急管理知识等；第三部分为水利水电工程建设安全生产事故典型案例。

本教材除作为水利水电工程建设行业安全员岗位培训、学习及考试用书外，还可供从事各行业工程建设项目可行性研究、设计、采购、施工、监理等人员以及大专院校相关专业师生参考阅读。

图书在版编目（CIP）数据

安全员/水利部建设与管理司，中国水利工程协会
编 .—北京：中国水利水电出版社，2009.11（2016.5 重印）
（水利工程建设行业施工管理技术岗位人员培训系列
教材）
ISBN 978 - 7 - 5084 - 7006 - 1

Ⅰ.①安⋯ Ⅱ.①水⋯②中⋯ Ⅲ.①水利工程-工
程施工-安全技术-技术培训-教材 Ⅳ.①TV513

中国版本图书馆 CIP 数据核字（2009）第 212837 号

书　　名	水利工程建设行业施工管理技术岗位人员培训系列教材 **安全员**
作　　者	水利部建设与管理司　中国水利工程协会　编
出版发行	中国水利水电出版社 （北京市海淀区玉渊潭南路 1 号 D 座　100038） 网址：www. waterpub. com. cn E - mail：sales@waterpub. com. cn 电话：（010）68367658（发行部）
经　　售	北京科水图书销售中心（零售） 电话：（010）88383994、63202643、68545874 全国各地新华书店和相关出版物销售网点
排　　版	中国水利水电出版社微机排版中心
印　　刷	三河市鑫金马印装有限公司
规　　格	184mm×260mm　16 开本　27.5 印张　619 千字
版　　次	2009 年 11 月第 1 版　2016 年 5 月第 10 次印刷
印　　数	26501—28500 册
定　　价	**65.00 元**

《水利工程建设行业施工管理技术岗位人员培训系列教材》

编 写 单 位

主编单位　水利部建设与管理司
　　　　　　中国水利工程协会

参编单位　（排名不分先后）
　　　　　　水利部黄河水利委员会建设管理局
　　　　　　水利部丹江口水利枢纽管理局
　　　　　　水利部淮河水利委员会建设与管理处
　　　　　　水利部珠江水利委员会建设与管理处
　　　　　　重庆市水利局
　　　　　　山西省水利厅
　　　　　　广东省水利厅建设与管理处
　　　　　　湖南省水利厅建设与管理处
　　　　　　海南省水务厅建设与管理处
　　　　　　四川省水利厅建设与管理处
　　　　　　河南省水利厅建设与管理处
　　　　　　江西省水利厅建设与管理处
　　　　　　新疆维吾尔自治区水利厅建设与管理处
　　　　　　云南省水利厅建设管理处
　　　　　　福建省水利厅水利建设处
　　　　　　安徽省水利厅基本建设处
　　　　　　山东省水利厅建设处
　　　　　　浙江省水利厅建设处
　　　　　　黑龙江省水利厅建设处
　　　　　　贵州省水利厅建设处
　　　　　　湖北省水利厅建设处
　　　　　　江西省水利厅农村水利处
　　　　　　广西壮族自治区水利厅基本建设局

安徽省水利水电基本建设管理局

山东黄河河务局

河南黄河河务局

山东东平黄河河务局

福建省水利水电建设管理总站

重庆市水利工程质量监督中心站

新疆生产建设兵团水利工程质量监督中心站

辽宁省水利工程协会

福建省建筑业协会水利水电分会

河海大学

武汉大学

黄河水利职业技术学院

福建水利电力职业技术学院

广东水利电力职业技术学院

山东水利职业学院

南京东方工程学院

四川省水利干部学校

中水建管（北京）管理技术培训中心

中国水利水电建设集团公司

武警水电指挥部

中水淮河规划设计研究有限公司

淮委沂泗水利工程有限公司（徐州）

河南省中原水利水电工程集团有限公司

河南黄河勘测设计研究院

开封黄河工程开发有限公司

中国电工设备总公司

中源环球（北京）管理顾问有限公司

《水利工程建设行业施工管理技术岗位人员培训系列教材》

编 审 委 员 会

本书编写委员会

主　　编　雷明进

副 主 编　苗长运　林　辉

参　　编　（按姓氏笔画排序）

严寒柏　李玉霖　李富根　张雪虎

陈兆伟　苗长运　林　辉　侯才水

韩　新　雷明进　雷俊荣

序

随着我国经济的快速发展、人口的日益增长，水利作为国民经济的基础设施和基础产业，在经济社会发展中起着越来越重要的作用。'98大洪水后，党中央、国务院高度重视水利工作，大幅度增加对水利的投入，掀起了新一轮水利建设高潮。一大批关系国计民生和经济社会发展全局的重点水利工程开工建设，实施了大规模的病险水库除险加固改造、灌区节水改造、水土保持和人畜饮水解困等工程，水利工程体系得到进一步完善，防洪减灾和水资源调控能力显著提高，为经济社会发展提供了可靠的防洪安全、供水安全、生态安全和粮食安全保障。

水利工程承担着防洪、供水、灌溉、发电等重要公共服务任务，与社会公共利益、人民生命安全密切相关。水利工程质量和安全一旦出现问题，极有可能导致灾难性后果。水利工程施工是确保工程质量的关键。水利工程点多、线长、面广，参与人员多，大型机具多，施工难度大，涉及爆破、隧洞开挖、高空操作等特种作业，其工程特点决定了水利工程施工管理的重要性，它不仅要求严格执行施工作业程序化管理，还要求对材料、资料等方面进行严格管理，特别是涉及人民生命财产安全的施工质量和施工安全管理的工作尤为重要。因此，重视水利工程施工的管理，加强对参与水利工程建设施工单位的施工管理人员岗位教育，建设一支合格的水利工程建设施工管理队伍，特别是抓紧对生产一线的水利工程施工管理人才培养显得越来越紧迫。

水利部建设与管理司和中国水利工程协会，组织国内多年从事水利水电工程施工、管理的有关单位和专家、学者、教授，在两年时间里编写了《水利工程建设行业施工管理技术岗位人员培训系列教材》。本套教材将会对规范水利工程施工管理行为，提高施工管理技术岗位人员综合素质与业务水平，打造一支过硬的水利工程建设工程师队伍发挥积极的作用。

张继昌

2009.11

前言

为适应水利工程建设发展的需要，为贯彻、执行水利工程法律法规和规范规定，为提高水利工程实施中施工管理岗位人员的业务素质和管理水平，我们共同组织编写了《水利工程建设行业施工管理技术岗位人员培训系列教材》，全套教材共有5个分册，为水利水电工程施工管理岗位人员的上岗考核（考试）培训用书。

《安全员》为《水利工程建设行业施工管理技术岗位人员培训系列教材》的一个分册。水利水电工程安全管理是水利水电工程施工现场管理的重要组成部分。随着国家及社会对工程质量重视程度的不断提升，确保工程建设的安全与质量已经成为关系到社会民生的一件大事。加强水利水电工程安全管理，培养全面的水利水电工程安全管理人才，是适应现代水利的需要，是工程建设管理发展的必然趋势。水利水电工程管理工作比照其他行业的管理工作存在着工程类别多、工作模式不明确、管理责任重大等特点。因此，施工单位必须严格按照国家及水利行业有关工程建设法规、技术规程、技术标准的规定进行施工，并且对其施工的工程质量负责。要积极推行全面的施工安全管理，建立、健全施工安全保证体系，制定完善的安全责任考核办法，推行落实安全责任制，切实做好工程安全的全过程控制工作。

本教材是根据当前水利水电工程建设行业对安全员的岗位要求编写的。全书共分三部分，共17章。第一部分为安全生产管理基础知识，主要内容包括安全生产管理概述，安全生产相关法律法规知识，安全员的职责与岗位要求；第二部分为安全技术与安全操作，包括水利水电工程施工现场安全管理，施工用电、供水、供风及通信安全管理，安全防护设施，大型施工设备安装与安全运行，起重与运输安全管理，爆破器材及爆破安全作业，焊接与气割安全作业，锅炉及压力容器安全管理，危险物品安全管理，水利水电工程土建施工安全作业，水利水电工程金属结构与机电设备安装安全作业，防灾和应急管理知识等；第三部分为水利水电工程建设安全生产事故典型案列。

　　本教材除作为水利水电工程建设行业安全员岗位培训、学习及考试用书外，还可供从事各行业工程建设项目可行性研究、设计、采购、施工、监理等人员以及大专院校相关专业师生参考阅读。

　　由于作者在水利水电工程建设行业安全管理方面的实践经验和理论水平有限，编写时间仓促，书中难免有疏漏之处，敬请同行专家和读者提出宝贵意见。

编者

2009. 11. 10

目　　录

第1部分

安全生产管理基础知识

安全生产管理是指国家应用立法、监督、监察等手段，生产经营单位通过规范化、标准化、科学化、系统化的管理制度和操作程序，对危害因素进行辨识、评价、控制，达到安全生产的目标的一切活动。安全生产管理的对象主要包括与生产经营活动相关的人员、设备、仪器仪表、材料、能源、环境、信息、财务以及管理的信息和资料。

第1章 安全生产管理概述

教学要求：了解安全生产及其方针；了解安全生产管理体制和水利水电工程建设安全生产监督管理体制、安全生产责任制、安全生产宣传与教育培训；了解建设单位（项目法人）、施工企业以及相关人员的安全职责和义务；掌握施工现场的安全技术措施和一般规定的主要内容、安全技术交底的形式和内容、安全生产检查的主要内容、方法和要求；了解生产安全事故的等级，掌握事故报告制度，了解重大事故的调查和处理；了解意外伤害保险制度；掌握安全生产管理资料的搜集、整理与建档的要求以及安全生产管理资料的内容。

1.1 安全生产

随着人类社会的发展，安全已成为人类求得生存和发展的最基本条件，并成为整个人类的共识。安全的含义一般理解为没有伤害、没有损失、没有威胁、没有事故发生，也可理解为客观事物的危险程度能够为人们普遍接受的状态，这只是一种表征。安全的本质含义：一是预知、预测、分析危险；二是限制、控制、消除危险，两者缺一不可。广义的安全，是预知人类活动的各个领域里所固有的或潜在的危险，并且为消除这些危险所采取的各种方法、手段和行动的总称。安全的概念是动态的，随着社会文明的进步而不断丰富和发展。

安全生产是指在社会生产过程中控制和减少职业危害因素，避免和消除劳动场所的风险，保障从事劳动的人员和相关人员的人身安全健康以及劳动场所的设备、财产安全。

广义的安全生产，不仅指企业在生产经营过程中的安全，还应是全社会范围内的生产安全。安全生产是工业革命和社会化生产的产物。自从人类进入工业社会后，机器设备的大量使用以及新技术的不断运用，在为人类创造大量社会物质财富的同时，也给人类、企业生产、社会环境带来了工业风险，带来了诸多安全问题。人类社会采取各种方法、措施以避免和消除生产事故的发生，成为社会发展的必然要求。

狭义的安全生产，是指国家和企业为了预防生产经营过程中发生人身和设备事故，形成良好的劳动环境和工作秩序而采取的一系列措施和开展的各种活动。

1.2 职业安全健康

职业安全健康也称劳动保护，是指国家为了保护劳动者在生产过程中的安全和健康，保护生产力，促进经济建设的发展，在改善劳动条件和作业环境，消除事故隐患，预防和减少职业危害，防止工伤事故和职业病，保障劳动者生命健康权益，实现劳逸结合和女工保护等方面所采取的各种组织措施和技术措施。主要包括劳动安全、劳动卫生、工时和休假、特殊职工的特殊保护等方面的立法、组织、制度、技术、设备、教育、培训等措施。在我国，职业安全健康是安全生产工作的重要内容。

1.3 安全生产管理体制

完善安全生产管理体制，建立健全安全管理制度、安全管理机构和安全生产责任制是安全管理的重要内容，也是实现安全生产目标管理的组织保证。

1.3.1 安全生产管理体制创建、发展和完善过程

为适应社会主义市场经济发展的需要，1993 年国务院将计划经济条件下的"国家监察、行政管理，群众监督"的安全生产管理体制发展和完善成为"企业负责、行业管理、国家监察、群众监督"。

2004 年 1 月 9 日，《国务院关于进一步加强安全生产工作的决定》从五个方面提出了对安全生产的二十三项工作要求，其中第 22 条"构建全社会齐抓共管的安全生产工作格局"中提出：地方各级人民政府每季度至少召开一次安全生产例会，分析、部署、督促和检查本地区的安全生产工作；大力支持并帮助解决安全生产监管部门在行政执法中遇到的困难和问题。各级安全生产委员会及其办公室要积极发挥综合协调作用。安全生产综合监管及其他负有安全生产监督管理职责的部门要在政府的统一领导下，依照有关法律、法规的规定，各负其责，密切配合，切实履行安全监管职能。各级工会、共青团组织要围绕安全生产，发挥各自优势，开展群众性安全生产活动。充分发挥各类协会、学会、中心等中介机构和社团组织的作用，构建信息、法律、技术装备、宣传教育、培训和应急救援等安全生产支撑体系。强化社会监督、群众监督和新闻媒体监督，丰富全国"安全生产月"、"安全生产万里行"等活动内容，努力构建"政府统一领导、部门依法监管、企业全面负责、群众参与监督、全社会广泛支持"的安全生产工作格局。这是对我国安全生产管理体制提出的更趋完善的要求。

1.3.2　水利水电工程建设安全生产监督管理体制

2005 年，水利部发布了《水利工程建设安全生产管理规定》（水利部令第 26 号），明确了水利水电工程建设的监督管理体制和有关部门的监督管理职责。规定指出，水行政主管部门和流域管理机构按照分级管理权限，负责水利水电工程建设安全生产的监督管理。水行政主管部门或者流域管理机构委托的安全生产监督机构，负责水利水电工程施工现场的具体监督检查工作。

水利部负责全国水利水电工程建设安全生产的监督管理工作，其主要职责是：

（1）贯彻、执行国家有关安全生产的法律、法规和政策，制定有关水利水电工程建设安全生产的规章、规范性文件和技术标准。

（2）监督、指导全国水利水电工程建设安全生产工作，组织开展对全国水利水电工程建设安全生产情况的监督检查。

（3）组织、指导全国水利水电工程建设安全生产监督机构的建设、考核和安全生产监督人员的考核工作以及水利水电工程施工单位的主要负责人、项目负责人和专职安全生产管理人员的安全生产考核工作。

流域管理机构负责所管辖的水利水电工程建设项目的安全生产监督工作。

省、自治区、直辖市人民政府水行政主管部门负责本行政区域内所管辖的水利水电工程建设安全生产的监督管理工作，其主要职责是：

（1）贯彻、执行有关安全生产的法律、法规、规章、政策和技术标准，制定地方有关水利水电工程建设安全生产的规范性文件。

（2）监督、指导本行政区域内所管辖的水利水电工程建设安全生产工作，组织开展对本行政区域内所管辖的水利水电工程建设安全生产情况的监督检查。

（3）组织、指导本行政区域内水利水电工程建设安全生产监督机构的建设工作以及有关的水利水电工程施工单位的主要负责人、项目负责人和专职安全生产管理人员的安全生产考核工作。

规定还指出，水行政主管部门或者流域管理机构委托的安全生产监督机构，应当配备一定数量并经水利部考核合格的专职安全生产监督人员，严格按照有关安全生产的法律、法规、规章和技术标准，对水利水电工程施工现场实施监督检查。

1.4　施工企业安全生产管理机构

施工企业安全生产管理机构是指水利水电工程建设施工企业设置的负责安全生产管理工作的独立职能部门。

1.4.1　水利水电工程建设施工企业安全生产管理机构

根据《水利工程建设安全生产管理规定》的要求，施工企业应当设立安全生产管理机构，按照国家有关规定配备专职安全生产管理人员。水利水电工程建设施工企业安全生产管理机构的职责如下：

（1）宣传和贯彻国家有关安全生产法律、法规和标准。

（2）编制并适时更新安全生产管理制度并监督实施。

（3）组织或参与企业生产安全事故应急救援预案的编制及演练。

（4）组织开展安全教育培训与交流。

（5）协调配备项目专职安全生产管理人员。

（6）制定企业安全生产检查计划并组织实施。

（7）监督在建项目安全生产费用的使用。

（8）参与危险性较大工程的安全专项施工方案专家论证会。

（9）通报在建项目违规、违章查处情况。

（10）组织开展安全生产评优、评先表彰工作。

（11）建立企业在建项目安全生产管理档案。

（12）考核评价分包企业安全生产业绩及项目安全生产管理情况。

（13）参加生产安全事故的调查和处理工作。

（14）企业明确的其他安全生产管理职责。

1.4.2　水利水电工程建设施工企业安全生产领导小组

水利水电建设施工企业应当对在建工程项目组建安全生产领导小组。实行施工总承包的企业，安全生产领导小组由总承包企业、专业承包企业和劳务分包企业的项目经理、技术负责人和专职安全生产管理人员组成，其主要职责如下：

（1）贯彻落实国家有关安全生产法律、法规和标准。

（2）组织制定项目安全生产管理制度并监督实施。

（3）编制项目生产安全事故应急救援预案并组织演练。

（4）保证项目安全生产费用的有效使用。

（5）组织编制危险性较大工程安全专项施工方案。

（6）开展项目安全教育培训。

（7）组织实施项目安全检查和隐患排查。

（8）建立项目安全生产管理档案。

（9）及时、如实报告安全生产事故。

1.5　安全生产标准体系

标准在安全生产工作中起着十分重要的作用，法定的安全标准是我国安全生产法律体系的重要组成部分，是保障企业安全生产的重要技术规范，是安全监管监察和依法行政的重要依据及规范市场准入的必要条件。标准体系是"一定范围内标准按其内在联系形成的科学的有机整体"。

1.5.1　安全生产标准体系

安全生产标准体系是指为维持生产经营活动，保障安全生产而制定颁布的一切有关安全生产方面的技术、管理、方法、产品等标准的有机组合，既包括现行的安全生产标准，也包括正在制定修订和计划制定修订的安全生产标准。根据《中华人民共和国标准化法》（简称《标准化法》）的规定，标准有国家标准、行业标准、地方标准和企业标准之分。国家标准、行业标准又分为强制性标准和推荐性标准。安全标准主要指国家标准和行业标准，大部分是强制性标准。

1.5.2 我国安全生产标准的主要内容

我国安全标准涉及面广，从大的方面看，包括矿山安全（含煤矿和非煤矿山）、粉尘防爆、电气及防爆、带电作业、危险化学品、易爆物品、烟花爆竹、涂装作业安全、交通运输安全、机械安全、消防安全、建筑安全、职业安全、个体防护装备（原劳动防护用品）、特种设备安全等各个方面。包括基础标准、管理标准、技术标准、方法标准和产品标准五大类。

多年来，在国务院各有关部门以及各标准化技术委员会的共同努力下，制定了一大批涉及安全生产方面的国家标准和行业标准。初步统计，我国现有的有关安全生产的国家标准涉及设计、管理、方法、技术、检测检验、职业健康和个体防护用品等多个方面，有近1500项。除国家标准外，国家安全生产监督管理、公安、交通、建设等有关部门还制定了大量有关安全生产的行业标准，有近3000项。这些安全标准的制定和颁布为安全生产的好转提供了重要作用。

1.5.3 我国安全生产标准体系的建立和完善

国家标准化管理委员会和国家安全生产监督管理总局2007年共同组织编制了《2007—2010年全国安全生产标准化发展规划》草案，向全社会广泛征求对规划草案的修改意见，同时公示了规划中604项安全生产标准制修订计划项目。

该规划草案涵盖了通用、煤矿、非煤矿山、危险化学品等10个领域。按照此规划，总体目标是：到2010年，重点领域初步建立比较完善的安全生产标准体系。基本完成煤矿、非煤矿山、危险化学品、烟花爆竹、粉尘防爆、涂装作业、防尘防毒7个重点行业现行安全生产标准的修订工作和一些急需安全生产标准的制定工作。个体防护装备和机械安全等安全生产标准基础较好的行业积极采用国际或先进国家标准。其中阶段性目标分别为：2007~2008年，制修订安全生产工作急需、关键领域缺失以及标龄超过10年的安全生产标准；2009年重点修订标龄为5~10年的安全生产标准；2010年，在重点领域初步建立比较完善的安全生产标准体系。

1.6 安全生产责任制

安全生产责任制是对各级政府、各职能部门、各生产经营单位和各级领导、各有关负责人、各类人员所规定的在各自职责范围对安全生产应负责任及未履行责任时应受到何种处罚的制度。

1.6.1 政府安全生产工作职责

（1）加强对安全生产工作的领导，支持、督促各有关部门依法履行安全生产监督管理工作职责。

（2）协调、解决安全生产监督管理中存在的重大问题。

（3）组织有关部门对本行政区域内容易发生重大生产安全事故的生产经营单位进行严格检查并及时处理事故隐患。

（4）组织有关部门制定特大事故应急救援预案，建立应急救援体系。

1.6.2 安全生产监督管理部门的职责

国务院负责安全生产监督管理的部门，对全国的安全生产工作实施综合监督管理；县级以上地方各级人民政府负责安全监督管理的部门，对本行政区域内的安全生产工作实施综合监督管理。

（1）进入生产经营单位进行安全检查，调阅有关资料，向有关单位和人员了解情况。

（2）对检查中发现的安全生产违法行为，当场予以纠正或者要求限期改正；对依法应当给予行政处罚的行为，依照《安全生产法》和其他有关法律、行政法规的规定作出行政处罚决定。

（3）对检查中发现的事故隐患，应当责令立即排除。重大事故隐患排除前或者排除过程中无法保证安全的，应当责令从危险区域内撤出作业人员，责令暂时停产停业或者停止使用；重大隐患排除后，经审查同意，方可恢复生产经营和使用。

（4）对有根据认为不符合保障安全生产的国家标准或者行业标准的设施、设备、器材予以查封或者扣押，并应当在15日内依法作出处理决定。

1.6.3 负有安全生产监督管理职责的部门的职责

国务院有关部门、县级以上地方各级人民政府有关部门在各自的职权内对有关的安全生产工作实施监督管理。

（1）依法严把审批、验收关。

（2）对依法应当经过审批、验收，而未经审批、验收即从事有关活动的违法行为，必须依法予以处理。

（3）发现已经审批的生产经营单位不再具备安全生产条件的，应当撤销原批准。

1.6.4 生产经营单位主要负责人的职责

生产经营单位的主要负责人对本单位的安全生产工作全面负责。

（1）建立、健全安全生产责任制。主要包括：

1）生产经营单位主要负责人的安全生产责任制。生产经营单位的主要负责人或者正职是安全生产第一责任者，对本单位的安全生产工作全面负责。

2）生产经营单位负责人的或者副职的安全生产责任制。生产经营单位负责人或者副职在各自职责范围内，协助主要负责人或者正职搞好安全生产工作。

3）生产经营单位职能管理机构负责人及其工作人员的安全生产责任制。职能管理机构负责人按照本机构的职责，组织有关工作人员做好安全生产工作，对本机构职责范围的安全生产工作负责。职能机构工作人员在本职责范围内做好有关安全生产工作。

4）班组长安全生产责任制。班组长是搞好安全生产工作的关键，是法律、法规的直接执行者。安全生产工作搞得好不好，关键在班组长。班组长督促本班组的工人遵守有关安全生产规章制度和安全操作规程，不违章指挥、不违章作业、不强令工作人员冒险作业，遵守劳动纪律，对本班组的安全生产负责。

5）岗位工人的安全生产责任制。每个岗位的工人要接受安全生产教育和培训，遵守有关安全生产规章和安全操作规程，不违章作业，遵守劳动纪律，对本岗位的安全生产负责。特种作业人员必须接受专门的培训，经考试合格取得操作资格证书的，方可上岗作业。

（2）组织制定本单位安全生产规章制度和操作规程。

（3）保证本单位安全生产投入的有效实施。

（4）督促、检查本单位的安全生产工作，及时消除生产安全事故隐患。

（5）组织制定并实施本单位的生产安全事故应急救援预案。

（6）及时、如实报告生产安全事故。

1.6.5 我国安全生产责任制的建立和完善

安全生产责任制是经长期的安全生产实践证明的成功的制度与措施。这一制度与措施最早见于国务院1963年3月30日颁布的《关于加强企业生产中安全工作的几项规定》（以下简称《五项规定》）。《五项规定》中要求，企业的各级领导、职能部门、有关工程技术人员和生产工人，各自在生产过程中应负的安全责任，必须加以明确。2002年颁布的《中华人民共和国安全生产法》对各级人民政府，特别是县级以上地方各级人民政府和有关部门的安全生产监督管理职责也作出了明确规定。国务院2004年1月9日发布的《国务院关于进一步加强安全生产工作的决定》（国发〔2004〕2号）明确要求："地方各级人民政府要建立健全领导干部安全生产责任制。加强对地方领导干部的安全知识培训和安全生产监管人员的执法业务培训。依法严肃查处事故责任，对存在失职、渎职行为，或对事故发生负有领导责任的地方政府、企业领导人，要依照有关法律法规严格追究责任。严厉惩治安全生产领域的腐败现象和黑恶势力。"明确了政府和生产经营单位在安全生产方面的两个责任主体，使安全生产责任制进一步完善。

安全生产责任制的内容是根据各地区、各部门、各生产经营单位和各类人员的职责来确定的，充分体现责权利相统一的原则。完善安全生产责任制的总要求是"横向到边、纵向到底"，形成一个完整的制度体系，并落实措施，建立完善的制约机制和激励机制，奖罚分明。

1.7 安全生产方针

安全生产方针，是国家对安全生产工作所提出的一个总的要求和指导原则，它为安全生产指明了方向。要搞好安全生产，就必须有正确的安全生产方针。《安全生产法》第三条规定，安全生产管理必须坚持"安全第一，预防为主"的方针。党的十六届五中全会通过的《中共中央关于制定国民经济和社会发展第十一个五年规划的建议》，明确要求坚持安全发展，并提出了坚持"安全第一、预防为主、综合治理"的安全生产方针。这一方针反映了我们党对安全生产规律的新认识，对于指导新时期的安全生产工作具有重大而深远的意义。

安全第一，就是在生产过程中把安全放在第一重要的位置上，切实保护劳动者的生命安全和身体健康。坚持安全第一，是贯彻落实以人为本的科学发展观、构建社会主义和谐社会的必然要求。

预防为主，就是把安全生产工作的关口前移，超前防范，建立预教、预测、预想、预报、预警、预防的递进式、立体化事故隐患预防体系，改善安全状况，预防安全事故。在新时期，预防为主就是通过建设安全文化、健全安全法制、提高安全科技水平、落实安全责任、加大安全投入，构筑坚固的安全防线。

综合治理，是指适应我国安全生产形势的要求，自觉遵循安全生产规律，正视安全生产工作的长期性、艰巨性和复杂性，抓住安全生产工作中的主要矛盾和关键环节，综合运用经济、法律、行政等手段，人管、法治、技防多管齐下，并充分发挥社会、职工、舆论的监督作用，有效解决安全生产领域的问题。

"安全第一、预防为主、综合治理"的安全生产方针是一个有机统一的整体。安全第一是预防为主、综合治理的统帅和灵魂，没有安全第一的思想，预防为主就失去了思想支撑，综合治理就失去了整治依据。预防为主是实现安全第一的根本途径。只有把安全生产的重点放在建立事故隐患预防体系上，超前防范，才能有效减少事故损失，实现安全第一。综合治理是落实安全第一、预防为主的手段和方法。只有不断健全和完善综合治理工作机制，才能有效贯彻安全生产方针，真正把安全第一、预防为主落到实处，不断开创安全生产工作的新局面。

1.8 安全技术措施和一般规定

为改善企业生产过程中的安全卫生和文明生产条件所采取的各种技术措施，统称为安全技术措施。为此编制的措施计划称为安全技术措施计划。安全技术措施计划是企业安全管理的基本制度之一，是企业生产、基建、技术、财务和物资供应计划的重要组成部分，也是安全生产工作的重要内容。通过编制安全技术措施计划可以把改善劳动条件和实现文明生产的工作纳入国家和企业的生产建设计划之中。有计划、有步骤地解决安全技术中的重大技术问题，可以合理地使用资金，保证安全技术措施落实，发挥安全措施经费的更大作用，可以调动群众的积极性，增强各级领导对安全生产工作的责任心，从根本上改善安全作业环境和劳动条件。

1.8.1 安全技术措施计划的项目

安全技术措施计划的项目包括改善劳动条件、防止事故、预防职业病、提高职工安全素质的一切安全技术措施。主要包括以下几个方面的项目：

（1）安全技术措施。即以防止工伤事故、火灾爆炸等设备事故及影响生产的险兆事故为目的的一切技术措施。如防护装置、信号装置、保险装置、防爆装置以及各种安全设施等。

（2）工业卫生技术措施。即以改善对职工身体健康有害因素的生产环境条件、防止职业中毒与职业病为目的的一切技术措施。如防尘、防毒、防噪声与振动、通风、降温、防寒等装置或设施。

（3）辅助措施。即保证工业卫生方面所必需的房屋及一切卫生保障措施。如尘毒作业人员的淋浴室、更衣室或存衣箱、消毒室、妇女卫生室等。

（4）安全宣传教育措施。即可提高作业人员安全素质的有关宣传教育设备、仪器、教材和场所等。如劳动保护教育室、安全生产教材、挂图、宣传画、培训室（场地）、展览等。

1.8.2 建筑工程安全防护、文明施工措施

根据建设部《建设工程安全防护、文明施工措施费用及使用管理规定》（建办〔2005〕89号），建筑工程安全防护、文明施工措施包括文明施工、环境保护、临时设施和安全施工等项目。主要内容有：

（1）文明施工措施项目：包括工程搭设的临时设施，如临时宿舍、食堂、仓库、办公室、加工厂和卫生设施、文化设施以及道路、水、电、管线等临时设施；文明施工措施，如厨厕瓷片、场地的硬地化、施工场地围墙、大门、场地排水系统、洗车槽、材料堆放设置、泥浆、污水处理、垃圾及拆除废料的堆放与清运、场地绿化等。

（2）安全生产措施项目：包括外墙钢管脚手架（含安全网、安全挡板）等以及其他安全生产措施。如安全管理实施方案（制度）的编印；安全标志的设置以及宣传栏的设置（包括报刊、宣教书籍、标语的购置）；安全培训；消防设施和消防器材的配置以及保健急救措施；楼梯口、电梯口、通道口、预留洞口、阳台周边、楼层周边以及上下通道的临边安全防护；交叉、高处作业安全防护；变配电装置的三级配电箱、外电防护、二级保护的防触电系统（包括漏电保护器）；起重机、塔吊等起重吊装设备（含井字架、龙门架）与外用电梯的安全检测、安全防护设施（含警戒标志）；隧道施工等地下作业中的通风、低压电配送等有关设施、监测；交通疏导、警示设施和危险性较大工程的安全措施等。

建设单位、设计单位在编制工程概（预）算时，应当依据工程所在地工程造价管理机构测定的相应费率，合理确定工程安全防护、文明施工措施费。其中安全施工费由临边、洞口、交叉、高处作业安全防护费，危险性较大工程安全措施费及其他费用组成。危险性较大工程的安全措施费及其他费用项目组成账由各地建设行政主管部门结合本地区实际自行确定。建设单位应当及时向施工单位支付安全防护、文明施工措施费，并督促施工企业落实安全防护、文明施工措施。

1.8.3 编制安全技术措施计划的依据

编制安全技术措施计划应以"安全第一、预防为主、综合治理"的安全生产方针为指导思想，以国家有关安全生产法规为依据，根据企业的具体情况提出安全措施制度。其编制依据主要有以下几个方面：

（1）国家公布的安全生产方针、政策、法令、法规、职业安全卫生国家标准和各产业部门公布的有关安全生产政策及指示。

（2）安全检查中发现的事故隐患。

（3）防止工伤事故、职业病和职业中毒应采取的各种措施。

（4）职工群众提出的有关安全生产和工业卫生方面的合理化建议。

（5）采用新技术、新工艺、新材料和新设备等应采用的安全措施。

在具体编制安全技术措施计划的过程中，应从党和政府的安全生产方针、政策、法规、标准以及企业实际情况出发，考虑措施项目计划是否必须，项目在技术上是否可行，经济上是否合理，所需费用是否可以承受等。列入计划的措施项目要注重实用、节约。力求措施项目能发挥最大作用，避免因贪大、求洋、求高的做法造成资金的浪费，做到花钱少、效果好。编制计划时要充分利用现有的设施、设备，只要在企业内通过努力自己能解决的问题，应自力更生，尽量发动群众自己解决。编制安全生产措施计划要突出重点，优先解决对职工群众安全健康威胁最大，而群众又要求迫切解决的问题。在选择措施方案时，要从发展的角度，优选考虑改革工艺、设备，采用新材料、新工艺、新技术等措施，力求从根本上消除职业危害，有效改善劳动条件，不留新的隐患。

1.8.4　实施安全技术措施计划的要求

（1）为实施、控制和改进项目安全技术措施计划提供必要的资源，包括人力、技术、物资、专项技能和财力等资源。

（2）通过项目安全管理组织网络，逐级进行安全技术措施计划的交底或培训，保证项目部人员和分包人等人员正确理解安全管理实施计划的内容和要求。

（3）建立并保持安全技术措施计划执行状况的沟通与监控程序，随时识别潜在的危险因素和紧急情况，采取有效措施，预防和减少因计划考虑不周或执行偏差而可能引发的危险。

（4）建立并保持对相关方在提供物资和劳动力等方面所带来的风险进行识别和控制的程序，有效控制来自外部的危险因素。

1.9　安全技术交底

《建设工程安全生产管理条例》规定，建设工程施工前，施工单位负责项目管理的技术人员应当对有关安全施工的技术要求向施工作业班组、作业人员作出详细说明，并由双方签字确认。这种对有关安全施工的技术要求向施工作业班组、作业人员作出详细说明，并由双方签字确认的规定，习惯上被称为安全技术交底制度。

1.9.1　安全技术交底的重要性

安全技术交底是一种行之有效的安全管理方法，是被法律认可的一种安全生产管理制度。《安全生产法》规定，生产经营单位从业人员有权了解其作业场所和工作岗位存在的危险因素及事故应急措施。因此，生产经营单位就有义务事前告知有关危险因素和事故应急措施。安全技术交底主要用于建设工程当中施工单位对安全生产中员工需注意事项及责任问题的说明，也适用于安全监理部门对所监理的工程的施工安全生产进行的监督检查。随着安全生产工作的进一步加强和完善，安全技术交底制度在越来越多的生产经营场所被广泛采用。

安全技术交底的具体内容由施工单位安全管理部门和施工技术人员依据国家安全生

产方针、政策、规程规范、行业标准及企业各种规章制度，特别是《安全生产法》、《建设工程安全生产管理条例》、《施工企业安全检查标准》等有关规定，结合施工实际和施工组织设计总体要求共同编写。这种方法具有四大特点：针对性、时效性、强制性和全员性。针对性是指在安全施工中，针对特殊项目而提出特殊要求，特别是针对施工难度大、危险程度高、技术要求严、施工时间较长、人员较为集中的项目，要把项目的难点、特点、注意点及特殊要求列出来，让参与施工的人员了解和熟知。时效性是指针对具体项目，对所有施工人员提出本次施工期间的安全要求，在施工期间必须做到。强制性是指参与施工的人员必须毫无保留地做到《安全技术交底》规定的每一项要求。全员性是指所有参与施工人员都必须掌握安全技术交底的规定和具体内容，包括具体施工作业人员、组织管理人员、安全监督人员、聘请外来人员、司机和场地看护人员等，为了达到真正使每个人都熟悉交底内容，安全管理部门也可在施工前组织几次笔试和口试。只有完全掌握者才能参与施工。实践证明，安全技术交底法对保证重点施工项目的安全生产，实现对工人职业健康的有效预控，提高施工管理、操作人员的安全生产管理水平和操作技能，努力创造安全生产环境，杜绝事故的发生十分有效。

安全技术交底必须在工程开工前与下达施工任务同时进行，固定场所的工种（包括后勤人员）可定期交底，非固定作业场所的工种要按每一分部（分项）工程定期进行交底，新进场作业人员必须进行安全技术交底再上岗。采用新技术、新工艺、新材料施工，必须编制相应的安全技术操作规程，进行安全技术教育，做到先培训后上岗。

1.9.2　安全技术交底的形式和内容

工程技术负责人要根据工程进度部位、施工季节、施工条件、施工程序、结合各工种施工特点进行较为详细的安全技术交底。根据不同的对象和要求，安全技术交底一般有以下几种形式：

（1）施工单位安全生产部门和相关单位负责人对项目部进行安全生产管理首次交底。交底内容：

1）国家和地方有关安全生产的方针、政策、法律法规、标准、规范、规程和企业的安全规章制度。

2）项目安全管理目标、伤亡控制指标、安全达标和文明施工目标。

3）危险性较大的分部分项工程及危险源的控制、专项施工方案清单和方案编制的指导、要求。

4）施工现场安全质量标准化管理的一般要求。

5）公司部门对项目部安全生产管理的具体措施要求。

（2）项目部负责对施工队长或班组长进行书面安全技术交底。交底内容：

1）项目各项安全管理制度、办法、注意事项、安全技术操作规程。

2）每一分部、分项工程施工安全技术措施、施工生产中可能存在的不安全因素以及防范措施等，确保施工活动安全。

3）特殊工种的作业、机电设备的安拆与使用、安全防护设施的搭设等，项目技术负责人均要对操作班组作安全技术交底。

4）两个以上工种配合施工时，项目技术负责人要按工程进度定期或不定期地向有关班组长进行交叉作业的安全交底。

（3）施工队长或班组长根据交底要求，对操作工人进行有针对性的班前作业安全交底，操作人员必须严格执行安全交底的要求。交底内容：

1）本工种安全操作规程。

2）现场作业环境要求和本工种操作的注意事项。

3）作业过程中可能出现的不安全情况及应急措施。

4）个人防护用品的正确穿戴方法等个人防护措施。

1.9.3　安全技术交底的要求

安全技术交底内容要全面准确，通俗易懂，具有针对性和可操作性，并符合有关安全技术操作规程的规定。对专业性较强的分部分项工程和危险性较大工程必须结合施工组织设计和专项安全技术方案进行较为具体的安全技术交底。施工环境发生变化时，应及时变更交底内容。

安全技术交底要经交底人与接受交底人签字方能生效。交底字迹要清晰，必须本人签字，不得代签。

安全交底后，项目技术负责人、安全员、班组长等要对安全交底的落实情况进行检查和监督，督促操作工人严格按照交底要求施工，制止违章作业现象发生。作业人员必须按照安全技术交底和本工种安全技术操作规程要求进行施工。对严重违章者必须重新教育考核合格后再上岗。

1.10　安全生产检查

安全检查是一项综合性的安全生产管理措施，是建立良好的安全生产环境、做好安全生产工作的重要手段之一，也是企业防止事故、减少职业病的有效方法。

1.10.1　安全生产检查的法律依据

《安全生产法》规定：县级以上人民政府应当组织有关部门对本行政区域内容易发生重大生产安全事故的生产经营单位进行严格检查并及时处理事故隐患。第五十三条规定："县级以上地方各级人民政府应当根据本行政区域内的安全生产状况，组织有关部门按照职责分工，对本行政区域内容易发生重大生产安全事故的生产经营单位进行严格检查；发现事故隐患，应当及时处理。"《建设工程安全生产管理条例》也规定：县级以上人民政府负有建设工程安全生产监督管理职责的部门在各自的职责范围内履行安全监督检查职责时，有权进入被检查单位施工现场进行检查，纠正施工中违反安全生产要求的行为，对检查中发现的安全事故隐患，责令立即排除，重大安全事故隐患排除前或者排除过程中无法保证安全的，责令从危险区域内撤出作业人员或者暂时停止施工。县级以上地方各级人民政府和负有建设工程安全生产监督管理职责的部门应当认真履行这一职责，组织有关部门严格按照有关安全生产的法律、法规和有关国家标准或者行业标准的规定，认真检查生产经营单位的安全生产状况。对检查中发现的事故隐患，应当责令有关单位采取有效措施及时处理，如果事故隐患排除前或者排除过程中无法保证安全生产的，应当责令有关单位暂时停产、停业或者停止使用。对本地区存在的重大事故隐患，超出其管辖权或者职责范围的，应当立即向有管辖权或者负有职责的上级人民政府或者政府有关部门报告，情况紧急的，应当立即采取包括责令停产、停业在内的紧急措施并同时报告，有关上级人民政府或者有关部门接到报告后，应当立即组织查处。

《安全生产法》同时规定，生产经营单位主要负责人必须督促、检查本单位的安全生产工作，及时消除生产安全事故隐患。《建设工程安全生产管理条例》规定，施工单位必须对所承担的建设工程进行定期和专项安全检查，并做好安全检查记录。因此，施工企业通过安全生产检查既可以达到宣传和执行安全生产方针、政策、法规的目的，又能及时发现生产现场不安全的物质状态、不良的作业环境、不安全的操作和行为以及潜在的职业危害因素，并促使其得到及时的纠正和解决，以利于预防工伤事故和职业病的发生。生产经营单位应当对检查中发现的安全问题或者事故隐患，立即处理解决；难以处理的，组织有关职能部门研究，采取有效措施，限期整改，并在人、财、物上予以保证，及时消除事故隐患。加强事故隐患整改和安全措施落实情况的监督检查，发现问题及时解决，把事故消灭在萌芽状态。目前，随着科学技术、生产技术的不断发展，企业管理水平的日趋提高，安全管理工作经验的愈加成熟，安全生产检查工作正朝着规范化、系统化、科学化方向发展，其必要性、重要性亦更加突出。

1.10.2 安全生产检查的类型

安全生产检查可分为日常性检查、专业性检查、季节性检查、节假日前后的检查和不定期检查等类型。

（1）经常性检查：企业或施工单位的项目部一般每年进行2～4次；车间或工段每月至少一次；班组每天进行检查；专职安全人员的日常检查。班组长和工人应严格履行交接班检查和班中检查。

（2）专业性检查是针对特种作业、特种设备、特种场所进行的检查，如电焊、起重设备、运输车辆、爆破品仓库、锅炉等。

（3）季节性检查是根据季节特点，为保障安全生产的特殊要求所进行的检查。如冬季的防火、防寒防冻；夏季的防汛、防高温盛暑、防台风。

（4）节假日前后的检查包括节前的安全生产检查，节后的遵章守纪检查。

（5）不定期检查是指设备装置试运行检查、设备开工前和停工前检查、检修检查等。

1.10.3 安全生产检查的主要内容和要求

安全生产检查的主要内容主要包括思想认识、管理制度、劳动纪律、机电设备、安全卫生设施、个人防护用品使用、各种事故隐患等。

安全生产检查要坚持四个原则：一是领导与群众相结合的原则；二是自查与互查相结合的原则；三是专业检查与全面检查相结合的原则；四是检查与整改相结合的原则。

1.10.4 安全生产检查的形式

安全生产检查的形式很多，有工人在岗位上的自我检查、各级领导组织的自上而下的检查、季节性检查、专业性检查以及安全检查表检查，等等。一般来说，这些检查都有领导人员和专业技术人员参加，但是往往由于缺乏系统的检查提纲，只是凭几个有经验的人根据各自的经验进行检查，因而很容易造成检查漏项，达不到检查预期的效果。而安全检查表是进行安全检查、发现潜在危险的一种简单实用的工具，它是系统安全分析的初步手段，是比较原始的初步定性的安全分析方法。

为了系统地发现工厂、车间、班组或设备、工作场所以及各种操作、管理和组织措施中的不安全因素，事先把检查的对象加以剖析，把大系统分割成若干小系统，查出不安全因素所在，然后确定检查项目，以提问的方式，将检查项目按系统或小系统顺序编制成表，以便进行检查。根据上述顺序编制的表，称为安全检查表（Safety Check List，简称 SCL）。因为安全检查是用系统的观点编制的，它将复杂的大系统分割成子系统或更小的单元，然后集中有经验人员的智慧事先讨论这些简单的单元中可能存在什么样的危险性，会造成什么样的危险后果，如何消除它。由于事前有了考虑，就可以做到全面周密，不至于漏项。再经编制人员从单元、子系统以至整个系统详细推敲后，按系统编制出安全检查的详细提纲，以提问的方式列成表格，作为安全检查时的指南和备忘录。检查表应充分依靠职工讨论，提出建议，多次修改，由安全技术部门审定后实施。

1.10.5　安全检查表的主要特点

（1）全面性。由于安全检查表是事先组织对被检查对象熟悉的人员，经过充分讨论后编制出来的，可以做到系统化、完整化，不会漏掉任何可能导致危险的关键因素，因而克服了盲目性，做到有的放矢，避免了安全检查出现走过场的现象，起到了改进和提高安全检查质量的作用。

（2）直观性。安全检查表是采用提问的方式，以提纲的形式体现出来的，有问有答，给人以深刻的印象，能够让人们直观地知道如何做才是正确的，因此同时也起到了安全教育的作用。

（3）准确性。安全检查表是根据国家和行业规程标准和企业自身的规章制度等制定的，从检查遵守规章制度的情况，可以得出准确的评价。

（4）广泛性。企业、车间、班组以至于个人都可以编制安全检查表，企业、车间、班组都可以使用，因此具有广泛性。安全检查表系定性的安全分析方法，简明易懂，容易掌握，不仅适合我国现阶段使用，还可以为进一步使用更先进的安全系统工程方法进行事故预测和安全评价打下基础。

1.10.6　安全检查表的类型

（1）公司级安全检查表，供公司安全检查时使用。其主要内容包括车间管理人员的安全管理情况；现场作业人员的遵章守纪情况；各重点危险部位；主要设备装置的灵敏性、可靠性，危险性仓库的贮存、使用和操作管理。

（2）车间工地安全检查表，供工地定期安全检查或预防性检查时使用。其主要内容包括现场工人的个人防护用品的正确使用；机电设备安全装置的灵敏性、可靠性；电器装置和电缆电线的安全性；作业条件环境的危险部位；事故隐患的监控可靠性；通风设备与粉尘的控制；爆破物品的贮存、使用和操作管理；工人的安全操作行为；特种作业人员是否到位等。

（3）专业安全检查表，指对特种设备的安全检验检测。危险场所、危险作业分析等。

为了科学地评价建筑施工安全生产情况，提高安全生产工作和文明施工的管理水平，预防伤亡事故的发生，确保职工的安全和健康，实现检查评价工作的标准化、规范化，建设部于1999年组织有关人员采用安全系统工程原理，结合建筑施工中伤亡事故规律，依据国家有关法律法规、标准和规程制定了《建筑施工安全检查标准》，该标准用于建筑施工企业及其主管部门对建筑施工安全工作的检查和评价，同时规定主管部门在考核工程项目和建筑施工企业的安全情况、评选先进、企业升级、项目经理资质时，都必须以本标准为考核依据。

该标准要求，对建筑施工中易发生伤亡事故的主要环节、部位和工艺等的完成情况做安全检查评价时，应采用检查评分表的形式，分为安全管理、文明工地、脚手架、基坑支护与模板工程、"三宝""四口"防护、施工用电、物料提升机与外用电梯、塔吊、起重吊装和施工机具共十项分项检查评分表和一张检查评分汇总表，并对检查内容、检查方法以及评分方法提出了具体的要求，将检查评分结果分为优良、合格、不合格三个等级。《建筑施工安全检查标准》既可作为施工现场安全检查的重要依据，也可作为指导施工现场安全管理的重要依据。

1.11 安全生产宣传与教育培训

安全教育是安全生产管理工作中一项十分重要的内容，它是提高全体劳动者安全生产素质的一项重要手段，是国家和企业安全生产管理的基本制度之一，也是预防和防止生产安全事故的一项重要对策。安全生产教育管理是为了增强企业各级领导与职工的安全意识和法制观念，提高职工的安全知识和技术水平，减少人的失误，促进安全生产所采取的一切教育措施的总称。

1.11.1 安全生产教育的法律依据

我国政府十分重视安全生产的宣传和教育工作，早在1954年，国家劳动部就发布了《关于进一步加强安全技术教育的决定》，对安全生产教育的内容、形式作出了规定，并要求各行业认真贯彻执行。在1963年国务院发布的《关于加强企业生产中安全工作的几项规定》中，安全生产教育就是其中一项重要内容，要求企业把安全生产教育作为其安全生产管理工作必须坚持的一项基本制度。1981年，国家劳动总局制定了《劳动保护宣传教育工作五年规划》，提出要建立劳动保护教育中心和劳动保护室，有计划地开展劳动保护教育和培训工作。1990年，劳动部颁发了《厂长、经理职业安全卫生教育和培训认证规定》，并制定了《厂长、经理职业安全卫生管理知识培训大纲》。1991年，劳动部又颁发了《特种作业人员安全技术培训考核管理规定》，制定了《特种作业人员安全技术培训考核管理规定》。1995年劳动部颁布《企业职工劳动安全卫生教育管理规定》。《安全生产法》把岗位工人必须经过安全生产教育和培训，特种作业人员必须接受专门的培训，经考试合格取得操作资格证书方可上岗作业作为生产经营单位的安全生产保障的重要内容。《建设工程安全生产管理条例》规定，施工单位应当建立健全安全生产责任制度和安全生产教育培训制度，主要负责人、项目负责人、专职安全生产管理人员应当经建设行政主管部门或者其他有关部门考核合格后方可任职，对管理人员和作业人员每年至少进行一次安全生产教育培训，其教育培训情况记入个人工作档案。安全生产教育培训考核不合格的人员，不得上岗。作业人员进入新的岗位或者新的施工现场前，应当接受安全生产教育培训。未经教育培训或者教育培训考核不合格的人员，不得上岗作业。在采用新技术、新工艺、新设备、新材料时，应当对作业人员进行相应的安全生产教育培训。

随着生产的发展，一些新的安全教育措施和规定还会陆续出台。从国外的情况看，发达国家对安全生产教育工作也十分重视，不但从法规有明确要求，而且拥有技术设施先进、设备完善、师资力量雄厚的培训机构，并要求所有从事安全生产管理工作的人员必须经过适当形式的培训，取得合格资格后方能上岗。

1.11.2 安全教育的要求

（1）建立健全职工全员安全教育制度，严格按制度进行教育对象的登记、培训、考核、发证、资料存档等工作，环环相扣，层层把关。坚决做到不经培训者、考试（核）不合格者、没有安全教育部门签发的合格证者，不准上岗工作。

（2）结合企业实际情况，编制企业年度安全教育计划，每个季度应当有教育的重点，每个月要有教育的内容。计划要有明确的针对性，并随企业安全生产的特点，适时修改计划，变更或补充内容。

（3）要有相对稳定的教育培训大纲、培训教材和培训师资，确保教育时间和教学质量。相应补充新内容、新专业。

（4）在教育方法上，力求生动活泼，形式多样，寓教于乐，提高教育效果。

（5）经常监督检查，认真查处未经培训就顶岗操作和特种作业人员无证操作的责任单位和责任人员。

1.12 事故管理与工伤保险

事故是指人们在实现有目的的行动过程中，由不安全的行为、动作或不安全的状态所引起的、突然发生的、与人的意志相反且事先未能预料到的意外事件，它能造成财产损失、生产中断、人员伤亡。

从劳动保护角度讲，事故主要是指伤亡事故，又称伤害。根据能量转移理论，伤亡事故指人们在行动过程中，接触了与周围条件有关的外来能量，这种能量在一定条件下异常释放，反作用于人体，致使人身生理机能部分或全部丧失的现象。

在伤亡事故中，我国重点抓了企业职工的伤亡事故，先后制定了国标 GB 6441—86《企业职工伤亡事故分类标准》和 GB 6442—86《企业职工伤亡事故调查分析规则》。在这两个标准中，从企业职工的角度将伤亡事故定义为：企业职工在生产劳动过程中发生的人身伤害、急性中毒事故。

为了规范生产安全事故的报告和调查处理，落实生产安全事故责任追究制度，防止和减少生产安全事故，2007年国务院发布了《生产安全事故报告和调查处理条例》，对生产经营活动中发生的造成人身伤亡或者直接经济损失的生产安全事故的报告和调查处理作出了明确规定。

1.12.1 事故处理的原则

《生产安全事故报告和调查处理条例》明确规定，生产安全事故调查处理工作的根本要求是贯彻落实"四不放过"原则，即事故原因未查明不放过，责任人未处理不放过，整改措施未落实不放过，有关人员未受到教育不放过。

1.12.2 事故等级划分

根据生产安全事故（以下简称事故）造成的人员伤亡或者直接经济损失，事故一般分为以下等级：

（1）特别重大事故，是指造成30人以上死亡，或者100人以上重伤（包括急性工业中毒，下同），或者1亿元以上直接经济损失的事故。

（2）重大事故，是指造成10人以上30人以下死亡，或者50人以上100人以下重伤，或者5000万元以上1亿元以下直接经济损失的事故。

（3）较大事故，是指造成3人以上10人以下死亡，或者10人以上50人以下重伤，或者1000万元以上5000万元以下直接经济损失的事故。

（4）一般事故，是指造成3人以下死亡，或者10人以下重伤，或者1000万元以下直接经济损失的事故。

根据国标GB 6441—86和GB 6442—86，伤亡事故按伤害程度（即事故对受伤害者造成损伤以致劳动能力丧失的程度）分为轻伤、重伤和死亡三类；按事故严重程度，只有轻伤的事故称为轻伤事故，有重伤没有死亡的事故称为重伤事故，一次死亡1～2人的事故称为死亡事故，一次死亡3～9人的事故称为重大伤亡事故，一次死亡10人以上（含10人）的事故称为特大伤亡事故。

1.12.3 事故类别

国标GB 6441—86将事故划分为物体打击、车辆伤害、机械伤害、起重伤害、触电、淹溺、灼烫、火灾、高处坠落、坍塌、冒顶片帮、透水、放炮、瓦斯爆炸、火药爆炸、锅炉爆炸、容器爆炸、其他爆炸、中毒和窒息及其他伤害等20个类别。

1.12.4 事故报告

事故发生后应当及时、准确、完整地向有关人员和部门报告，任何单位和个人对事故不得迟报、漏报、谎报或者瞒报。具体报告程序为：

事故发生后，事故现场有关人员应当立即向本单位负责人报告；单位负责人接到报告后，应当于1h内向事故发生地县级以上人民政府安全生产监督管理部门和负有安全生产监督管理职责的有关部门报告。

情况紧急时，事故现场有关人员可以直接向事故发生地县级以上人民政府安全生产监督管理部门和负有安全生产监督管理职责的有关部门报告。

安全生产监督管理部门和负有安全生产监督管理职责的有关部门接到事故报告后，

应当依照下列规定上报事故情况，并通知公安机关、劳动保障行政部门、工会和人民检察院。

（1）特别重大事故、重大事故逐级上报至国务院安全生产监督管理部门和负有安全生产监督管理职责的有关部门。

（2）较大事故逐级上报至省、自治区、直辖市人民政府安全生产监督管理部门和负有安全生产监督管理职责的有关部门。

（3）一般事故上报至设区的市级人民政府安全生产监督管理部门和负有安全生产监督管理职责的有关部门。

安全生产监督管理部门和负有安全生产监督管理职责的有关部门依照前款规定上报事故情况，应当同时报告本级人民政府。国务院安全生产监督管理部门和负有安全生产监督管理职责的有关部门以及省级人民政府接到发生特别重大事故、重大事故的报告后，应当立即报告国务院。

必要时，安全生产监督管理部门和负有安全生产监督管理职责的有关部门可以越级上报事故情况。

安全生产监督管理部门和负有安全生产监督管理职责的有关部门逐级上报事故情况，每级上报的时间不得超过2h。

报告事故应当包括下列内容：

（1）事故发生单位概况。

（2）事故发生的时间、地点以及事故现场情况。

（3）事故的简要经过。

（4）事故已经造成或者可能造成的伤亡人数（包括下落不明的人数）和初步估计的直接经济损失。

（5）已经采取的措施。

（6）其他应当报告的情况。

1.12.5 事故调查

事故调查处理应当坚持实事求是、尊重科学的原则，及时、准确地查清事故经过、事故原因和事故损失，查明事故性质，认定事故责任，总结事故教训，提出整改措施，并对事故责任者依法追究责任。

特别重大事故由国务院或者国务院授权有关部门组织事故调查组进行调查。

重大事故、较大事故、一般事故分别由事故发生地省级人民政府、设区的市级人民政府、县级人民政府负责调查。省级人民政府、设区的市级人民政府、县级人民政府可以直接组织事故调查组进行调查，也可以授权或者委托有关部门组织事故调查组进行调查。

未造成人员伤亡的一般事故，县级人民政府也可以委托事故发生单位组织事故调查组进行调查。

上级人民政府认为必要时，可以调查由下级人民政府负责调查的事故。

根据事故的具体情况，事故调查组由有关人民政府、安全生产监督管理部门、负有安全生产监督管理职责的有关部门、监察机关、公安机关以及工会派人组成，并应当邀请人民检察院派人参加。

事故调查组可以聘请有关专家参与调查。

事故调查组应当自事故发生之日起60日内提交包括下列内容的事故调查报告；特殊情况下，经负责事故调查的人民政府批准，提交事故调查报告的期限可以适当延长，但延长的期限最长不超过60日。

（1）事故发生单位概况。

（2）事故发生经过和事故救援情况。

（3）事故造成的人员伤亡和直接经济损失。

（4）事故发生的原因和事故性质。

（5）事故责任的认定以及对事故责任者的处理建议。

（6）事故防范和整改措施。

1.12.6 事故处理

重大事故、较大事故、一般事故，负责事故调查的人民政府应当自收到事故调查报告之日起15日内做出批复；特别重大事故，30日内做出批复，特殊情况下，批复时间可以适当延长，但延长的时间最长不超过30日。

有关机关应当按照人民政府的批复，依照法律、行政法规规定的权限和程序，对事故发生单位和有关人员进行行政处罚，对负有事故责任的国家工作人员进行处分。

事故发生单位应当按照负责事故调查的人民政府的批复，对本单位负有事故责任的人员进行处理。

负有事故责任的人员涉嫌犯罪的，依法追究刑事责任。

事故发生单位应当认真吸取事故教训，落实防范和整改措施，防止事故再次发生。防范和整改措施的落实情况应当接受工会和职工的监督。

1.12.7 工伤保险

事故的发生，往往会造成伤亡现象的发生，给企业和职工带来极大的损失和伤害，为了保障因工作遭受事故伤害或者患职业病的职工获得医疗救治和经济补偿，促进工伤预防和职业康复，分散用人单位的工伤风险，国务院于2003年4月公布了《工伤保险条例》，并从2004年1月1日起实施，标志着我国正式实行工伤保险制度。所谓工伤保险，是指职工因工伤依法获得经济赔偿和物质帮助的社会保障制度。它不仅仅是赔偿性质，还有物质帮助性质。具有社会保障性，是社会保障体系的组成部分。企业职工或个体工商户的雇工因工作过程中或者与工作有关的突发事故导致的伤害，或者因工作环境和条件长时间侵害职工健康造成的职业病，均可享受工伤保险待遇。

《工伤保险条例》规定，中华人民共和国境内的各类企业、有雇工的个体工商户应当依照本条例规定参加工伤保险，为本单位全部职工或者雇工缴纳工伤保险费。同时，中华人民共和国境内的各类企业的职工和个体工商户的雇工，均有依照本条例的规定享受工伤保险待遇的权利。

工伤保险实行行业差别费率，根据各单位性质核定不同的缴费费率。工伤保险重视工伤事故后补偿，适用无过错原则，即发生工伤后，无论该事故是由个人疏忽、违规操作造成还是单位安全规程疏漏造成，都享受工伤待遇。

根据《建设工程安全生产管理条例》规定，施工单位应当为施工现场从事危险作业的人员办理意外伤害保险。意外伤害保险费，由施工单位支付。实行施工总承包的，由总承包单位支付意外伤害保险费。意外伤害保险期限自建设工程开工之日起至竣工验收合格止。这是对工伤保险制度在工程施工方面的重要补充。

1.12.8 建立工伤保险制度的法律意义

（1）有利于保障职工利益，维护社会的稳定。由于用工单位是市场经济的主体，在市场竞争中失败与成功均有可能，如果企业破产，则工伤职工的待遇得不到保障，把工伤保险待遇与用工单位分离，有利于社会的稳定。

（2）分散风险，提高企业承担风险的能力。工伤事故发生后，支付的工伤待遇较高，企业可能很难承担，通过保险的方式，可以分摊风险，提高企业承担风险的能力。

（3）缓解矛盾，减少诉讼。工伤事故发生后，如果工伤待遇全由用工单位承担，则利害关系直接在用人单位与职工之间产生，用人单位怠于支付的可能性大，不利于工伤职工利益的保护，工伤事故发生后的赔偿转由社会保险基金支付，用人单位与工伤职工的利益冲突就减小，因此发生的诉讼就会大大减少。

1.13 安全生产资料管理

施工现场的安全管理大体分为硬件管理和软件管理两个方面。现场安全防护设施和文明施工属于硬件管理的范围；安全生产管理方针和体制、安全生产责任制、安全生产现场检查、安全生产宣传与教育培训、安全保证体系、法律法规和规章制度以及安全管理资料属于软件管理的范围。施工现场安全技术管理资料，应视为工程项目部施工管理的一部分，安全管理资料是企业实施科学化安全管理的重要组成部分，对实现施工现场安全达标和加强科学化安全管理起着考核和指导的作用，同时也是有关法规的基本要求。

1.13.1 安全生产管理资料的搜集、整理与建档

安全生产管理资料反映了一个单位安全生产管理的整体情况。建立和完善安全管理资料的过程，就是实施预测、预控、预防事故的过程。因此，工地安全生产管理资料的搜集、整理与建档的管理工作，应由项目部专职安全员和资料员共同负责。搜集资料与现场检查评分的工作主要由安全员负责；资料整理分类与建档管理的工作，主要由资料员负责。施工现场的安全员、资料员都应具备基本的安全管理知识，熟悉安全管理资料内容，并结合现场实际情况，按照规定如实地记载、整理和积累相关安全管理资料，做到及时、准确、完善；并做到与施工进度同步相结合，与施工现场实况相结合，与部颁规范标准要求相结合。只有把安全管理资料整理得全面、细致、严谨、可行、具有针对性并使之标准化、规范化、制度化，切实运用于施工过程之中，才能有效地指导安全施

工，及时发现问题和采取有效措施，排除施工现场的不安全因素，达到预防为主，防患于未然的目的。

1.13.2 安全生产管理资料的内容

按照建设部发布 JGJ 59—88《建筑施工安全检查评分标准》中表 31012 "安全管理"分项内容，施工现场安全管理资料大体可分为以下 10 个方面。

1. 安全生产责任制

安全生产责任制主要包括：

（1）现场各级人员的安全生产责任制，如项目经理、施工员（工长）、工地质量安全员、设备员、材料员、班组长以及生产工人等的安全生产责任制。

（2）工地安全文明生产保证体系，以网络图的形式绘制。

（3）施工生产经济承包合同中应有安全承包指标和明确各自应负的主要责任与奖罚事项。

2. 安全教育

安全教育主要包括：

（1）针对新入场职工进行的三级安全教育。三级安全教育分为公司级、分公司（工程处、项目部、车间）级、工地或班组级。三级安全培训教育时间按建设部建教〔1997〕83 号文要求累计不少于 50h。

（2）工人返岗安全教育。在春节、麦收、秋收后，主要对民工队伍返岗时进行的安全教育。

（3）变换工种岗位的安全教育。

（4）其他机动性安全教育和对职工的安全知识测验、考核。

（5）安全教育内容要有针对性，要建立安全教育资料档案，在安全教育登记表上，教育者和被教育者均应由本人签字。

3. 施工组织设计

施工组织设计主要包括：

（1）编制施工组织设计或施工方案首先必须坚持"安全第一，预防为主，综合治理"的方针，制定出有针对性、时效性、实用性的安全技术措施。根据单位工程的结构特点、总体施工方案和施工条件、施工方法、选用的各种机械设备以及施工用电线路、电气装置设施，施工现场及周围环境等因素从 11 个方面编制单位工程施工组织设计的安全技术措施：①基础作业；②高处作业与脚手架搭设；③施工用电与防护；④起重吊装与垂直吊运；⑤"四口"防护；⑥"五临边"防护；⑦施工机械的防护；⑧工地临建设施与排水；⑨防火、防爆措施；⑩现场文明施工与管理；⑪根据季节变化的特点应采取的安全防护措施等。

（2）绘出施工现场总平面布置图。

（3）特殊项目的施工组织设计与安全技术措施的编制。例如，对临时用电设备在 5 台及 5 台以上或用电设备总容量 50kW 及 50kW 以上者，应编制临时用电施工组织设计，内容应包括：①现场勘探；②确定电源进线、变电所、配电室、总配电箱、分配电箱等的位置及线路走向；③进行负荷；④选择变压器容量、导线截面和电器的类型、规格；⑤绘制电气平面图、立面图、接线系统图；⑥制定安全用电技术措施和电气防火措施。此外，对于深基础工程、高建筑工程、钢结构工程、桥梁工程、大型设备构件安装工程等也应单独编制特殊工程的施工组织设计和安全技术措施。

（4）编制施工组织设计与安全技术措施应抓住要害，全面、具体、切实可行；施工组织设计经讨论定稿后应报上级主管技术领导审查盖章才有效。

4. 分部（分项）工程安全技术交底

从工程开始到工程结束，按进度及作业项目由负责施工的工长编制分部（分项）工程安全技术措施，并及时进行交底。安技措施内容应全面、具体、有针对性。向班组和操作人员交底，采取口头与书面交底相结合，并有交底人和接受人在交底书上签字。

5. 特种作业持证上岗

凡是特种作业的人员（如电工、架子工、焊工、卷扬机司机或施工升降机司机、塔吊司机、起重工、机动车辆驾驶员、爆破工、锅炉与压力容器操作工等）必须经专门培训考试合格后持证上岗，并将其操作证复印件与花名册（登记表）和考核复验资料等一并存入安全管理资料档案。

6. 安全检查

安全检查主要包括：

（1）制定定期安全检查制度和检查记录，检查出的隐患问题应下达隐患整改通知书，整改措施实行"三定"落实（定措施内容、定完成时间、定执行人），整改情况应有复查记录；项目部应及时向上级检查部门写出整改反馈报告。

（2）以部颁 JGJ 59—88 中"建筑施工安全检查评分表"作为定期检查评分标准，将七个分项安全检查评分表评出的分数汇集到单位工程安全检查评分汇总表中，有缺项的要进行换算，最后评定达标等级，写出评语及整改意见；检查部门及被检查单位有关人员均应签名。

（3）对施工用电、塔吊、垂直运输等起重设备、受压容器、临建设施，以及脚手架、安全网等的搭设与安装，应在使用前组织进行检查验收，认真填写各项检查验收表，验收合格，双方签字后才准投入使用。

（4）一切有关安全检查、评分、验收、整改、复查反馈、测试、鉴定等项资料均应分类、及时、准确地整理归入档案。

7. 班前安全活动

班前安全活动主要包括：

（1）施工工地及班组均应建立班前安全活动制度；班前安全活动情况应有记录。

（2）班组长在班组安排施工生产任务时要进行安全措施交底与遵章守纪的教育，带领组员进行上岗前的安全自查及工序交接互检，发现不安全因素及时处理，作出日记。记录由班组长或班组安全员填写。

（3）工地施工安全活动工作日记，主要由工地专职安全员记载；工地上当天的安全活动情况，如班前安全教育与安全措施交底，对事故隐患或违章行为的处理，事故的分析统计及安全奖罚情况等均应真实地记录下来。

8. 遵章守纪

对工地职工在安全文明生产方面遵章守纪的好人好事、典型事迹、表彰奖励的资料及违章违约人员的典型事例，批评教育与处罚的资料均应归类存入档案。

9. 工伤事故处理

工地应建立工伤事故档案。工伤事故登记台账应每月据实填写，如无事故发生也须填写"本月无事故"；若有工伤事故，应如实填写，及时按规定报告上级有关部门，并根据事故调查分析规则，填报伤亡事故调查处理报告书或事故登记表与复工报告单。

10. 施工现场安全文明管理

工地应有现场文明施工措施要求，建立文明施工管理制度。有关施工现场道路畅通、构件、设备、材料堆放，现场整洁、污水排放，工地防火设施、环境卫生、现场平面布置、文明施工等的状态，以及施工现场的安全标志牌、安全色标和安全操作规程牌的数量与设置是否符合要求的情况，均应通过检查作出评价，分别统计，写出资料归入档案。

1.13.3 安全管理制度

根据上级要求和加强现场安全管理工作的需要，工程项目部（或工地）应建立如下安全管理制度。

（1）安全生产责任制度。

（2）安全检查验收制度。

（3）安全教育制度。

（4）安全技术措施交底制度。

（5）安全奖惩制度。

（6）工伤事故报告处理制度。

（7）防火安全管理制度。

（8）文明卫生管理制度。

（9）工地安全生产纪律。

（10）班组安全活动制度。

（11）各工种安全操作规程。

以上各项制度内容连同上级下达的有关安全文明生产文件，均应一并纳入安全管理资料进行归档。安全管理制度应认真贯彻落实。施工现场如能积累和整理出一套完善、标准、符合要求的安全管理资料，就能全面反映施工现场安全文明生产状况及基层管理人员的技术业务素质和管理水平，基层领导与职工才能在安全生产中各司其职、各负其责、有章可循、有令可行。这项工作如能引起重视并认真做好，对于指导和推动施工现场安全管理工作将起到很大的作用。

本章习题

1.1.1 我国安全生产工作的方针是什么？如何理解安全生产方针的内容？

1.1.2 施工企业应如何建立安全生产管理机构?

1.1.3 生产经营单位主要负责人的安全生产职责是什么?

1.1.4 水利水电工程建设施工现场安全防护、文明施工措施的主要内容有哪些? 如何编制安全技术措施计划?

1.1.5 安全技术交底的形式和内容是什么?

1.1.6 安全生产检查的主要内容和要求有哪些?

1.1.7 安全教育有哪些要求?

1.1.8 如何报告事故?

1.1.9 建立工伤保险制度的法律意义是什么?

1.1.10 安全生产管理资料的内容有哪些? 如何搜集、整理与建立安全生产资料管理档案?

第2章　安全生产相关法律、法规知识

> **教学要求：**了解安全生产法规的特征和作用；了解安全生产法律体系及其分类；了解水利水电工程建设安全生产管理法规及其体系；掌握工程建设标准强制性条文（水利水电工程部分）、水利水电工程施工作业人员安全操作规程的主要内容。

2.1　基本知识

法律是由国家制定或认可并以国家强制力保证其实施的行为规范的总和。广义的法律是指法律的整体。狭义的法律仅指全国人大和人大常委会所制定的法律。

2.1.1　法律的基本特征

（1）是调节人民行为的规范，具有规范性和一般性。

（2）是由国家制定或认可的社会规范，具有权威性、普遍性和统一性。

（3）是以主体的权利和义务为基本内容的社会规范，具有现实性。

（4）具有国家强制性。

2.1.2　安全生产法规的特征

安全生产法规是调整在生产经营过程中产生的与人民群众的安全与健康以及财产和社会财富安全保障有关的各种社会关系的法律规范的总和。是对有关安全生产的法律、规程、条例、规范的总称。安全生产法规是国家法规体系的构成部分，具有法的一般特征。

（1）保护的对象是生产经营单位的劳动者、生产资料和国家财产。

（2）既有社会性、政策性，又有科学技术性。

2.1.3　安全生产法律的职能

法律所担负的任务和作用称为法律的职能，是法律的本质的体现。包括经济职能、政治职能和社会职能。与安全生产有关的法律的职能主要是社会职能，即社会公共管理职能。

（1）通过规定政府、政府部门、生产经营单位、社会组织及其主要负责人、安全生产中介机构和从业人员等的安全生产职责，确立他们之间的安全生产关系。

（2）通过规定安全生产方面的权利与义务，规范安全生产相关法人、社会组织、公民的安全生产行为，建立安全生产法律秩序。

（3）通过明确安全生产法律责任，制裁违反安全生产法律、法规的行为，惩戒违法行为，维护安全生产法律秩序，并教育广大群众，约束安全生产违法倾向。

（4）保障生产经营活动的安全运行，保障人民群众的生命财产安全，促进经济发展和社会进步。

2.1.4 安全生产法规的作用

（1）为保护劳动者的安全健康提供法律保障。

（2）加强安全生产的法制化管理。

（3）指导和推动安全生产工作的发展，促进安全生产以及促进生产力的提高，保障生产经营单位经济效益的实现和国家经济建设事业的顺利发展。

（4）安全生产法规是实现安全生产的法律保障。严格执行安全生产法规，提高认真贯彻执行安全生产法规的自觉性和主动性，保持安全生产形势的稳定，是实践科学发展观，贯彻以人为本的执政理念和构建和谐社会、实现人与自然和谐发展的重要体现。

2.1.5 安全生产法规简介

安全生产法规是国家法律体系中的重要组成部分。根据我国立法体系的特点，安全生产法律法规体系分成几个层次。第一层是宪法，在宪法下有全国人民代表大会通过的主体法，再下层是主法下边的子法和相关法，法律下面是国务院颁布的行政法规、部颁规章和地方法规规章。人们通常说的安全生产法规是指对有关安全生产的法律、规程、条例、规范的总称。例如，全国人大和国务院及有关部委、地方政府颁发的有关安全生产、职业安全卫生、劳动保护等方面的法律、规程、决定、条例、规定、规则及标准等，均属于安全生产法规范畴。

我国安全生产法律体系初步形成。目前已有一部主体法即《中华人民共和国安全生产法》和50多部行政法规，上百个部门规章。此外，各省（自治区、直辖市）都制定出台了一批地方性法规和规章。安全生产的各个方面大致上都可以做到有法可依。

2.2 安全生产通用法规与标准

2.2.1 安全生产法律体系

安全生产法律体系是一个包含多种法律形式和法律层次的综合性系统，从法律规范的形式和特点来讲，既包括作为整个安全生产法律法规基础的宪法规范，也包括行政法律规范、技术性法律规范、程序性法律规范。按法律地位及效力同等原则，安全生产法律体系分为以下7个门类。

（1）宪法。《中华人民共和国宪法》是安全生产法律体系框架的最高层级，"加强劳动保护，改善劳动条件"是有关安全生产方面最高法律效力的规定。

（2）安全生产方面的法律。有基础法，包括《中华人民共和国安全生产法》和与它平行的专门法律和相关法律。《中华人民共和国安全生产法》（简称《安全生产法》）是综合规范安全生产法律制度的法律，它适用于所有生产经营单位，是我国安全生产法律体系的核心；专门法律，是规范某一专业领域安全生产法律制度的法律，主要有

《中华人民共和国矿山安全法》（简称《矿山安全法》）、《中华人民共和国海上交通安全法》（简称《海上交通安全法》）、《中华人民共和国消防法》（简称《消防法》）、《中华人民共和国道路交通安全法》（简称《道路交通安全法》）等；相关法律，指涵盖有安全生产内容的法律，包括《中华人民共和国劳动法》（简称《劳动法》）、《中华人民共和国建筑法》、《中华人民共和国煤炭法》（简称《煤炭法》）、《中华人民共和国铁路法》（简称《铁路法》）、《中华人民共和国民用航空法》（简称《民用航空法》）、《中华人民共和国工会法》、《中华人民共和国全民所有制工业企业法》、《中华人民共和国乡镇企业法》、《中华人民共和国矿产资源法》等；与安全生产监督执法工作有关的法律，包括《中华人民共和国刑法》、《中华人民共和国刑事诉讼法》、《中华人民共和国行政处罚法》、《中华人民共和国行政复议法》、《中华人民共和国国家赔偿法》、《中华人民共和国标准化法》等。

（3）安全生产行政法规。安全生产行政法规是由国务院组织制定并批准公布的，是为实施安全生产法律或规范安全生产监督管理制度而制定并颁布的一系列具体规定，是我们实施安全生产监督管理和监察工作的重要依据。我国已颁布了多部安全生产行政法规，如《国务院关于特大安全事故行政责任追究的规定》和《煤矿安全监察条例》等。

（4）地方性安全生产法规。地方性安全生产法规是指由有立法权的地方权力机关——人民代表大会及其常务委员会和地方政府制定的安全生产规范性文件，是由法律授权制定的，是对国家安全生产法律、法规的补充和完善，以解决本地区某一特定的安全生产问题为目标，具有较强的针对性和可操作性。如目前我国有 27 个省（自治区、直辖市）人大制定了《劳动保护条例》或《劳动安全卫生条例》，有 26 个省（自治区、直辖市）人大制定了《矿山安全法》实施办法。

（5）部门安全生产规章、地方政府安全生产规章。根据《中华人民共和国立法法》的有关规定，部门规章之间、部门规章与地方政府规章之间具有同等效力，在各自的权限范围内施行。

（6）安全生产标准。分为设计规范类，安全生产设备工具类，生产工艺安全卫生、防护用品类四类标准。

（7）已批准的国际劳工安全公约。我国政府已批准国际劳工组织（ILO）185 个国际公约中的 23 个，其中 4 个与职业安全卫生相关。

2.2.2 涉及安全生产的相关法律范畴

我国的安全生产法律体系比较复杂，它覆盖整个安全生产领域，包含多种法律形式。可以从涵盖内容不同分成 8 个类别。

（1）综合类安全生产法律、法规和规章。综合类安全生产法律同时适用于各行各业的安全生产行为，由安全生产监督检查类、伤亡事故报告和调查处理类、重大危险源监管类、安全中介管理类、安全检测检验类、安全培训考核类、劳动防护用品管理类、特种设备安全监督管理类和安全生产举报奖励类通用安全生产法规和规章组成，主导性的法律是《劳动法》、《安全生产法》。

（2）矿山类安全法律法规。适用于煤矿、金属和非金属矿山、石油天然气开采业，主要有《矿山安全法》、《煤炭法》、《中华人民共和国矿山安全法实施条例》（简称《矿山安全法实施条例》）和《煤矿安全监察条例》及相关部门先后颁布的一批矿山安全监督管理规章以及各省（自治区、直辖市）人大制定的《矿山安全法》实施办法。

（3）危险物品类安全法律法规。主要有《危险化学品安全管理条例》、《民用爆炸物品安全管理条例》、《使用有毒物品作业作业场所劳动保护条例》、《放射性同位素与射线装置放射防护条例》、《核材料管制条例》、《放射性药品管理办法》等。

（4）建筑业安全法律法规。主要法律有《安全生产法》、《中华人民共和国建筑法》。行业规章一直沿用1956年颁布的《建筑安装工程安全技术规程》和其他有关技术标准。我国已批准国际劳工组织通过的《建筑业安全和卫生公约》，但目前还没有一部统一的建筑业安全法规。

（5）交通运输安全法律法规。包括铁路、道路、水路、民用航空运输行业的法律、法规和规章。《安全生产法》原则上也适用于这些行业，主要有《铁路法》、《铁路运输安全保护条例》等铁路运输业，《民用航空法》、《中华人民共和国民用航空器适航管理条例》、《中华人民共和国民用航空安全保卫条例》以及执行的国际公约等民航运输业，《道路交通安全法》、《中华人民共和国道路交通管理条例》及《道路交通事故处理办法》等道路交通业，《海上交通安全法》及《中华人民共和国海上交通事故调查处理条例》和《中华人民共和国渔港水域交通安全管理条例》等海上交通运输业以及《中华人民共和国内河交通安全管理条例》等内河交通运输业等专门法律法规。

（6）公众聚集场所及消防安全法律法规。适用于公众聚集场所、娱乐场所、公共建筑设施、旅游设施、机关团体及其他场所的安全及消防工作，主要有《消防法》、《公共娱乐场所消防安全管理规定》、《消防监督检查规定》、《机关、团体、企业、事业单位消防安全规定》、《集贸市场消防安全管理规定》、《仓库防火安全管理规则》、《火灾统计管理规定》等。

（7）其他安全生产法律法规。适用于以上专业领域以外的行业，主要有水利水电、石化、电力、机械、建材、造船、冶金、轻纺、军工、商贸等，这些行业和部门都有一些规章和规程，但均未制定专门的安全行政法规，因此《安全生产法》是规范这些部门安全生产行为的主导性法律。

目前，水利部已经发布了《水利工程建设安全生产管理规定》等一批部门安全生产规章，并开始着手起草《水利工程建设安全生产监督管理规定》、《水利安全生产事故统计报告办法》和《水利工程安全评价管理办法》等安全生产法律规章。

（8）国际劳工安全卫生标准。

2.2.3 安全管理法规

安全管理法规是根据《安全生产法》以及《劳动法》等有关法律规定，而制定的有关条例、部门规章及管理办法规定。它是指国家为了搞好安全生产，加强劳动保护，保障职工的安全健康所制定的管理法规的总称。安全管理法规的主要内容有：明确安全生产责任制；制定和实施劳动安全卫生措施计划；安全生产的经费来源；安全检查制度；安全教育制度；事故管理制度；女职工和未成年工的特殊保护；工时、休假制度等。

我国现行的安全管理法规主要有：《安全生产许可证条例》、《国务院关于特大安全事故行政责任追究的规定》、《企业职工伤亡事故报告和处理规定》、《女职工劳动保护规定》、《未成年工特殊保护规定》、《乡镇企业劳动安全卫生管理规定》、《国务院关于特别重大事故调查程序暂行规定》、《企业职工伤亡事故分类标准》、《企业职工伤亡事故调查分析规则》、《企业职工伤亡事故经济损失统计标准》等。

2.2.4 安全技术法规

安全技术法规，是指国家为搞好安全生产，防止和消除生产中的灾害事故，保障职工人身安全而制定的法律规范。安全技术法规规定的主要内容大体可分如下几个方面：工矿企业设计、建设的安全技术；机器设备的安全设置；特种设备的安全措施；防火、防爆安全规则；锅炉压力容器安全技术；工作环境的安全条件；劳动者的个体防护等。某些行业还有一些特殊的安全技术问题，如矿山，特别是煤矿，突出的问题是预防井下开采中水、火、瓦斯、煤尘和冒顶片帮五大灾害的安全技术措施；化工企业主要是解决防火、防爆、防腐蚀的安全技术问题；建筑安装工程则主要应解决立体高空作业中的高空坠落、物体打击，以及土石方工程和拆除工程等方面的安全技术问题等。

我国现行的安全技术法规很多，涉及各行各业和各个方面，例如《矿山安全法实施条例》、《煤矿安全监察条例》、《煤矿井下爆破作业安全规程》、《小煤矿安全规程》、《危险化学品安全管理条例》、《铁路施工单位爆炸物品安全管理法》、《机关、团体、企业、事业单位消防安全管理规定》、《生产设备安全卫生设计总则》、《工厂安全卫生规程》、《建筑安全生产监督管理规定》、《建筑安装工程安全技术规程》、《锅炉压力容器安全监察暂行条例》、《生产过程安全卫生要求总则》、《工业企业厂内铁路、道路运输安全规程》、《工业企业煤气安全规程》、《施工升降机安全规则》、《电力安全生产工作条例》，以及《安全网》、《安全带》、《安全标志》、《安全色》、《安全电压》、《机械防护安全距离》等国家标准。

2.2.5 职业卫生法规

职业卫生法规，是指国家为了改善劳动条件，保护职工在劳动生产过程中的健康，预防和消除职业病和职业中毒等而制定的各种法律规范。它既包括劳动卫生工程技术措施，也包括预防医学的保健措施的规定。其主要内容包括：工矿企业设计、建设的劳动卫生规定；防止粉尘危害；防止有毒物质的危害；防止物理性危害因素的危害；劳动卫生个人防护；劳动卫生辅助设施等。

我国现行的职业卫生方面的法规主要有：《工业企业设计卫生标准》、《放射性同位素与射线装置放射防护条例》、《防暑降温措施暂行办法》、《工业企业噪声卫生标准》、《职业性接触毒物危害程度分级标准》、《尘肺病防治条例》等。

2.3 水利水电工程建设安全生产管理法规

2.3.1 水利水电工程建设管理法规体系

目前，水利水电工程建设管理法规体系基本形成。1988年1月，《中华人民共和国水法》（以下简称《水法》）颁布伊始，水利水电部就提出要把水利水电法制建设作为水利水电的一项重要基础性工作来抓，全面贯彻实施《水法》。各级水行政主管部门坚持以《水法》宣传为先导，以水法规体系建设、水管理体系建设和水行政执法体系建设为重点，大力加强水利水电法制建设。

水法规体系是指由调整水事活动中的社会经济关系、规范水事行为、管理全社会水事活动的法律规范组成的有机整体。为了有计划、有组织地开展水行政立法工作，逐步建立科学严谨、结构合理、相互配套、符合我国国情的水法规体系，水利部于1988年制定了《水法规体系总体规划》，并于1994年进行了修订。至2006年11月，已颁布水法律4件、水行政法规和法规性文件30余件、部门水规章80余件、地方性水法规和地方政府水规章800余件，使各项水事活动基本上做到了有法可依，从而为依法行政和依法治水奠定了坚实的基础，为可持续发展水利提供了法律保障。

为了充分体现建设法治政府和中央治水方针及新时期水利水电发展思路，全面贯彻实施2002年修订《水法》确定的基本原则和水管理体制和制度，水利部于2006年11月又重新修订了《水法规体系总体规划》。确定水法规体系建设的总体思路是：按照落实科学发展观、深化体制改革、建设法治政府、构建和谐社会的要求，深入贯彻中央水利工作方针和可持续发展的水利工作思路，统筹经济社会与水利发展、统筹各项水利事业发展，以涉水事务社会管理、公共服务和水利改革方面的法规建设为重点，进一步健全、完善水法规体系，适应全面推进水利依法行政和可持续发展水利的需要。目标是：至2010年，初步建立适合我国国情的比较完备的水法规体系，使各项涉水事务有法可依，基本满足水利社会管理、公共服务和可持续发展的需要。到2020年，建立内容完整、配套协调、层级完善的水法规体系，满足全面推进水利依法行政和可持续发展水利的需要。

2.3.2 水法规

按照制定机关和效力等级不同，水法规包括水法律（全国人大及其常委会制定）、水行政法规（国务院制定）、部门水行政规章（水利部及联合有关部门制定）以及地方制定的地方性水法规和地方政府规章。

按照调整的内容不同，水法规分为：

（1）水资源管理。

（2）防洪与抗旱管理。

（3）水域与水工程管理。

（4）水土保持管理。

（5）流域管理。

（6）水利水电投资与资产管理。

（7）水利水电工程建设管理。

（8）水行政许可与执法监督管理。

（9）其他。

目前正在起草或论证，拟在"十一五"期间争取完成论证或争取颁行的立法项目，包括法律4件、行政法规20余件、部门规章50余件。

2.3.3　水利水电工程建设管理法规与水利水电工程建设技术标准的关系

水利水电工程建设管理法规体系，是指由调整水利水电工程建设中的各种社会关系（含行政管理关系、经济协作关系及其相关的民事关系）、规范水利水电工程建设行为、监督管理水利水电工程建设活动的法律规范组成的有机整体。是水法规体系的组成部分，是其子体系之一。

水利水电工程建设管理的法规文件与水利水电工程建设技术标准，有着不同的性质：

法规文件是法律规范的形式，是指国家机关（包括权力机关、行政机关、军事机关、司法审判机关、检察机关等）在其权限范围内，按照法定程序制定和颁布的具有普遍约束力的，并以其强制力保证实施的行为规则的文件。具有法律效力，如不遵守或违反，就要承担法律责任。

技术标准是国家质量技术监督主管机关和行业主管部门审批和发布的，从技术控制的角度来规范和约束科学技术和生产建设等活动的文件，包括国家标准、行业标准和地方标准等。技术标准与法律规范（规范性文件）在制定机关、制定程序和颁布等方面有明显的不同，且技术标准中均未明确设定法律责任，加之很多现行的技术标准中的强制性条款与执行者视具体情况选择采用或推荐采用的技术要求混合在一起，其强制性和约束力大大削弱。因此，技术标准一般均不作为法律规范而纳入法律体系范畴，只在相应的领域或区域内具有一定的法律效力。水利水电工程建设技术标准一般也未纳入"水利水电工程建设管理法规体系"中。

水利水电工程建设管理法规与水利水电工程建设技术标准的性质虽然不同，但二者又有密切的联系和统一性。首先，虽然两者规范建设活动的角度和内容不同，但都是从事水利水电工程建设管理的重要依据。其次，二者的目标指向是一致的，都是为了满足建设项目的质量、工期、投资等约束条件，使其获得应有的社会效益和经济效益，二者相互联系，相辅相成。从某种意义上讲，水利水电工程建设技术标准可以视为是水利水电工程建设技术管理范围内的法律规范，是规范产品和工艺的规则，在水利水电工程建设技术管理范围内具有一定的法律效力。同时，水利水电工程建设技术标准应该，也必须受到水利水电工程建设管理法律规范的制约和限制。也就是说，水利水电工程建设技术标准的制定和实施，必须遵纪守法，不能违法。只有这样，才能保证水利水电工程建设活动正常有序地进行，从而使项目建设达到预期的目标。

现行水利水电工程建设安全生产管理规章是《水利工程建设安全生产管理规定》（水利部令第 26 号，2005 年 9 月 1 日），主要技术标准是《工程建设标准强制性条文》（水利水电工程部分）以及替代 SD 267—88《水利水电建筑安装安全技术工作规程》的 SL 398—2007《水利水电工程施工通用安全技术规程》、SL 399—2007《水利水电工程金属结构与机电设备安装安全技术规程》、SL 400—2007《水利水电工程土建施工安全技术规程》和 SL 41—2007《水利水电工程施工作业人员安全操作规程》4 个部颁标准和 DL 5162—2002《水利水电工程施工安全防护设施技术规范》等其他水利水电工程现场施工操作安全技术规程。要实现水利水电工程建设安全生产，上述规章和技术标准都必须严格执行。

2.3.4 工程建设标准强制性条文（水利水电工程部分）简介

根据《中华人民共和国标准化法》、《中华人民共和国标准化实施条例》、《建设工程质量管理条例》，建设部制定了《实施工程建设强制性标准监督管理规定》（建设部令第81号）。其中规定"在中华人民共和国境内从事新建、扩建、改建等工程建设活动，必须执行工程建设强制性标准。""工程建设强制性标准是指直接涉及工程质量、安全、卫生及环境保护等方面的工程建设标准强制性条文。国家工程建设标准强制性条文由国务院建设行政主管部门会同国务院有关行政主管部门确定。"

根据上述规定，建设部会同水利部共同编制了《工程建设标准强制性条文》（水利水电工程部分），于2000年10月18日以建设部建标〔2000〕234号发布施行。此后，建设部又会同水利部共同组织有关单位对2000年版《工程建设标准强制性条文》（水利水电工程部分）进行了修订，于2004年6月25日以建设部建标〔2004〕103号发布2004年版《工程建设标准强制性条文》（水利水电工程部分），自2004年10月1日起施行。

《工程建设标准强制条文》（水利水电工程部分）（以下简称《强制性条文》）的内容，是从现行水利水电工程建设技术标准中摘录的，直接涉及水利水电工程建设安全、卫生和其他公众利益考虑到保护水资源、节约投资、提高经济效益和社会效益的，必须严格执行的强制性条款。《强制性条文》是水利水电行业贯彻实施行政法规《建设工程质量管理条例》的一个重要技术支撑，是从技术上保证水利水电工程建设质量的关键，是水利水电工程建设全过程中的强制性技术规定，是水利水电工程建设项目参建各方必须执行的强制性技术要求，也是政府对执行工程建设强制性标准实施监督的技术依据。

以国务院令第279号发布的《建设工程质量管理条例》规定，勘察、设计、施工等单位必须按照工程建设强制性标准进行勘察、设计和施工，并对其勘察、设计和施工质量负责。要求国务院建设、铁路、交通、水利等有关部门应当加强对有关建设工程质量的强制性标准的执行情况进行监督检查。此外，还对建设单位、勘察、设计、施工等单位违反工程建设强制性标准设定了罚则。实际上由建设部会同水利部编制并正式发布的《强制性条文》也已成为《建设工程质量管理条例》的配套规章纳入"水利水电工程建设管理法规体系"。

目前，水利部正着手对《强制性条文》进行修订，并计划在2009年底完成修订工作。

我国现行的工程建设技术标准体制也正在着手进行改革。借鉴发达国家的经验和根据WTO的有关规定，在我国逐步建立适应社会主义市场经济体制的工程建设技术法规与技术标准双轨体制，已成必然趋势。工程建设技术法规是由国家有立法权的机构批准发布，强制执行，政府主管部门对执行情况进行监督，其内容是对工程建设中直接关系工程质量、安全、卫生、环境保护、公众利益等政府需要控制的技术要求所作的规定。因具有法律属性，应纳入法规体系。技术标准在建设活动中仍具有十分重要的地位和作用，为水利水电工程项目建设提供重要的技术依据。

2.4　水利水电工程施工作业人员安全操作规程

为了贯彻执行国家"安全第一、预防为主、综合治理"的安全生产方针，坚持"以人为本"的安全理念，规范水利水电工程施工现场作业人员的安全、文明施工行为，以控制各类事故的发生，确保施工人员安全、健康，确保安全生产，根据水利部《关于下达 2003 年第四批中央水利水电基建前期工作投资计划的通知》（水规计〔2003〕540 号）的安排，按照 SL 1—2002《水利水电技术标准编写规定》的要求，以《安全生产法》、《建设工程安全生产管理条例》等一系列国家安全生产的法律法规为依据，并遵照水利水电工程施工现行安全技术规程机械设备运行、保养规程的要求，对原能源部、水利部于1988 年 7 月 1 日颁布的 SD 267—88 进行了修订。修订后分为 4 个标准：SL 398—2007、SL 399—2007、SL 400—2007 和 SL 41—2007。4 个标准在内容上各有侧重、互为补充，形成一个相对完整的水利水电工程建筑安装安全技术标准体系。因此，按照水利部的要求，在处理具体问题时，4 个标准应相互配套使用。

SL 41—2007 是对 SD 267—88 的第 11、16 两篇内容进行的修编，删除了一些水利水电工程施工中现已很少出现的工种，按照现行施工要求合并了一些工种，并增加了一些新的工种；对水利水电工程施工的专业工种和主要辅助工种的施工作业人员，规范其行为准则，明确其安全操作标准。

SL 41—2007 适用于大中型水利水电工程施工现场作业人员安全技术管理、安全防护与安全、文明施工，小型水利水电工程可参照执行。规程要求参加水利水电工程施工的作业人员应熟悉掌握本专业工程的安全技术要求，严格遵守本工种的安全操作规程，并应熟悉、掌握和遵守配合作业的相关工种的安全操作规程。

SL 41—2007 还将"三工活动"（即工前安全会、工中巡回检查和工后安全小结）、每周一次的"安全日"活动以及定期培训、教育纳入规范的重要内容，要求新参加水利水电工程施工的作业人员以及转岗的作业人员，作业前，施工企业应进行不少于一次周的学习培训，考试合格后方可进入现场作业；施工作业人员每年进行一次本专业安全技术和安全操作规程的学习、培训和考核，考核不合格者不应上岗。

SL 41—2007 采用按工程项目分类的方法，分别对施工供风供水供电、起重运输、土石方工程、地基与基础工程、砂石料工程、混凝土工程、金属结构与机电安装、监测与试验以及辅助工种等 73 项各工种的作业人员的安全操作标准以及作业中应注意的事项进行了规范，并对具体的条文进行了说明。

本章习题

1.2.1　安全生产法规的特征、职能和作用是什么？

1.2.2　安全生产法律体系主要包括哪些内容？

1.2.3　什么是水利水电工程建设管理法规体系？

1.2.4　工程建设标准强制性条文（水利水电工程部分）的主要内容有哪些？

1.2.5　水利水电工程施工作业人员安全操作规程的主要内容有哪些？

第3章　安全员的职责与岗位要求

> **教学要求**：了解安全员的作用和基本要求；了解安全员的岗位要求；熟悉安全员的职责和权力；熟悉专职安全生产管理人员的岗位设置；了解安全管理人员配备的依据。

3.1　安全员的作用和基本要求

水利水电工程施工安全员，是指经水行政主管部门安全生产考核合格，取得安全生产考核合格证书，并在水利水电建设工程施工企业及其项目中从事安全生产管理工作的专职人员。

安全员是施工管理中不可缺少的重要岗位，施工单位应当设立安全生产管理机构，按照国家有关规定配备专职安全生产管理人员。施工现场必须有专职安全生产管理人员。工程项目开工之前，各职能人员都应按项目组织机构的设置就位，根据各自的工作职责，结合工程的具体情况，做好准备工作。作为项目安全员，上岗后就应该熟悉图纸，了解工程的高度、立面造型和空间的变化，以及工程的结构形式、施工工艺、工程特点等，结合安全生产的相关规范，从中找出可能出现异常现象的预防措施，以保证工程项目的安全生产。做到凡是可能发生安全事故的地方，都有预案准备；有班组作业的部位，就有安全监督存在。做到有备无患，万无一失。

3.2　安全员的岗位要求

水利水电工程施工安全生产是一门综合性的学科，既包括社会学科的内容，具有高度的政策性；又包括自然科学的内容，具有复杂的技术性，同时还要有丰富的现场管理经验。为了切实做好水利水电工程施工安全生产管理工作，必须配备称职的现场安全员。安全员的岗位要求如下：

（1）坚持学习和实践科学发展观，牢固树立以人为本、安全协调发展的思想观念。

（2）掌握施工安全生产技术专业知识和劳动保护、职业卫生知识。

（3）应该熟悉工程施工管理的全过程，掌握施工过程安全问题的解决方法，了解各施工现场和施工过程中的危险因素和危险源，熟悉现行的相关防护措施。

（4）能深入施工现场，积累施工管理经验，及时发现已经出现的和可能要发生的问题，实施各项安全技术措施，并及时指令整改。

（5）具有较强的分析能力、组织能力和综合协调能力。

（6）及时检查安全技术措施和制度的落实情况，会同生产、技术或工艺部门改进现有的安全技术措施，提出整改意见供领导参考。

（7）具有较强的文字表达能力，热爱本职工作，敢于坚持原则，密切联系群众。

3.3 安全员的职责和权力

水利水电工程建设施工企业安全员包括安全生产管理机构的负责人及其工作人员和施工现场专职安全生产管理人员。

安全生产管理机构负责人依据企业安全生产实际，适时修订企业安全生产规章制度，调配各级安全生产管理人员，监督、指导并评价企业各部门或分支机构的安全生产管理工作，配合有关部门进行事故的调查处理等。

安全生产管理机构工作人员负责安全生产相关数据统计、安全防护和劳动保护用品配备及检查、施工现场安全督查等。

施工现场专职安全生产管理人员负责施工现场安全生产巡视督查，并做好记录。发现现场存在安全隐患时，应及时向企业安全生产管理机构和工程项目经理报告；对违章指挥、违章操作的，应立即制止。

3.3.1 水利水电工程建设施工企业专职安全人员的职责和权力

（1）查阅在建项目安全生产有关资料、核实有关情况。

（2）检查危险性较大工程安全专项施工方案落实情况。

（3）监督项目专职安全生产管理人员履责情况。

（4）监督作业人员安全防护用品的配备及使用情况。

（5）对发现的安全生产违章违规行为或安全隐患，有权当场予以纠正或作出处理决定。

（6）对不符合安全生产条件的设施、设备、器材，有权当场作出查封的处理决定。

（7）对施工现场存在的重大安全隐患有权越级报告或直接向建设主管部门报告。

（8）企业明确的其他安全生产管理职责和权力。

3.3.2 水利水电工程建设施工企业项目安全人员的职责和权力

（1）严格按施工组织设计中规定的安全要求，做好作业人员操作前的安全技术交底工作，并合理组织、安排施工任务。

（2）现场监督危险性较大工程安全专项施工方案和各项安全技术措施的实施情况。

（3）对作业人员违规违章行为有权予以纠正或查处。

（4）对施工现场存在的安全隐患有权责令立即整改。

（5）对于发现的重大安全隐患，有权向企业安全生产管理机构报告，并对安全部门或上级提出的隐患整改要求，认真限时加以落实。

（6）依法报告生产安全事故情况。

3.4 专职安全生产管理人员岗位设置

依据《建筑施工企业安全生产管理机构设置及专职安全生产管理人员配备办法》

规定，建筑施工企业所属的分公司、区域公司等较大的分支机构应当各自独立设置安全生产管理机构，负责本企业（分支机构）的安全生产管理工作。建筑施工企业及其所属分公司、区域公司等较大的分支机构必须在建设工程项目中设立安全生产管理机构，并指定安全生产管理机构的负责人，配备机构工作人员和施工现场专职安全生产管理人员。

安全生产管理机构的主要职责包括：落实国家有关安全生产法律法规和标准、编制并适时更新安全生产管理制度、组织开展全员安全教育培训及安全检查等活动。

3.4.1 水利水电建设工程施工企业安全人员配备要求

（1）按企业生产能力或施工规模，专职安全生产管理人员人数至少为：

1）集团公司：1人/百万平方米·年（生产能力）或每十亿施工总产值·年，且不少于4人。

2）工程公司（分公司、区域公司）：1人/十万平方米·年（生产能力）或每一亿施工总产值·年，且不少于3人。

3）专业公司：1人/十万平方米·年（生产能力）或每一亿施工总产值·年，且不少于3人。

4）劳务公司：1人/五十名施工人员，且不少于2人。

（2）施工总承包资质序列企业：特级资质不少于6人；一级资质不少于4人；二级和二级以下资质企业不少于3人。

（3）施工专业承包资质序列企业：一级资质不少于3人；二级和二级以下资质企业不少于2人。

（4）施工劳务分包资质序列企业：不少于2人。

（5）施工企业的分公司、区域公司等较大的分支机构应依据实际生产情况配备不少于2人的专职安全生产管理人员。

（6）应根据企业经营规模、设备管理和生产需要予以增加。

3.4.2 工程施工项目安全人员的设置和对安全人员的要求

水利水电工程建设施工企业应当实行建设工程项目专职安全生产管理人员委派制度。项目的专职安全生产管理人员应当定期将项目安全生产管理情况报告企业安全生产管理机构。

3.4.3 总承包单位配备项目专职安全人员的要求

（1）建筑工程、装修工程按照建筑面积配备：

1）10000m^2以下的工程不少于1人。

2）10000~50000m^2的工程不少于2人。

3）30000m^2及以上的工程不少于3人，且按专业配备专职安全生产管理人员。

（2）木工程、线路管道、设备安装工程按照工程合同价配备：

1）5000万元以下的工程不少于1人。

2）5000万~1亿元的工程不少于2人。

3）1 亿元及以上的工程不少于 3 人，且按专业配备专职安全生产管理人员。

3.4.4　分包单位配备项目专职安全人员的要求

（1）专业承包单位应当配置至少 1 人，并根据所承担的分部分项工程的工程量和施工危险程度增加。

（2）劳务分包单位施工人员在 50 人以下的，应当配备 1 名专职安全生产管理人员；50~200 人的，应当配备 2 名专职安全生产管理人员；200 人及以上的，应当配备 3 名及以上专职安全生产管理人员，并根据所承担的分部分项工程施工危险实际情况增加，不得少于工程施工人员总人数的 5‰。

3.4.5　其他要求

（1）采用新技术、新工艺、新材料或致害因素多、施工作业难度大的工程项目，项目专职安全生产管理人员的数量应当根据施工实际情况，在规定的配备标准上增加。

（2）施工作业班组可以设置兼职安全巡查员，对本班组的作业场所进行安全监督检查。

（3）建筑施工企业应当定期对兼职安全巡查员进行安全教育培训。

本章习题

1.3.1　安全员的作用和基本要求是什么？

1.3.2　一个合格的安全员应具备哪些要求？

1.3.3　安全员在施工现场有哪些职责和权力？

1.3.4　水利水电工程建设施工单位和施工现场专职安全生产管理人员岗位如何设置？

第2部分
安全技术与安全操作

第1章　水利水电工程施工现场安全管理

教学要求：通过本章的教学，使学员了解水利水电工程的施工特点，熟悉水利水电工程施工现场的安全管理措施，明确施工现场布置、施工道路和交通、职业卫生和环境保护、消防安全管理等的基本要求，理解水利水电工程季节施工、防汛、施工排水的人员组织和器材使用规定，懂得文明施工、现场保卫等环节的主要岗位职责和管理措施。

1.1　水利水电工程施工特点

与一般土木建筑工程相比，水利水电工程施工的施工条件要困难得多。水利水电工程施工常在河流上进行，受水文、气象、地形、地质等因素影响很大。河流上修建的挡水建筑物，施工质量不仅影响建筑物的寿命和效益，而且关系着下游千百万人民的生命财产安全。

水利水电工程多处在偏远山区，人烟稀少，交通运输不便。在河流上修建水利水电工程，常涉及到国民经济各部门的利益，因而增加了施工的复杂性和困难性。

水利水电枢纽工程由许多单项工程组成，容易发生施工干扰。因此，需要统筹规划，重视现场施工的组织和管理，运用系统工程学的原理，因时因地选择最优的施工方案。

水利水电工程施工过程中的爆破作业、地下作业、水上水下作业和高空作业等，常常平行交叉进行，对施工安全非常不利。因此，必须十分注意安全施工，采取有效措施，防止事故发生。

（1）受自然条件影响大。水文、气象、地形、地质和水文地质等自然条件，在很大程度上影响着工程施工的难易程度和施工方案的取舍。如①水文：对导流、截流、排水等的影响；②气象：雨雪、气温对施工进程的影响；③地质：常遇复杂的地质条件，如渗漏、软弱地基、断层、破碎带等，需认真处理；④地形：对运输、场地布置、供水电等影响很大。因此，在勘测、规划、设计和施工过程中，要特别注意这一问题。

（2）工程量大、投资大、工期长。修建时需要花费大量的资金、材料和劳动力，需要使用各种类型的机械设备。以大型工程为例：三峡工程混凝土施工，工种多、工序多，施工强度大、施工干扰大，施工复杂，施工组织与管理很重要。

（3）工程质量要求高。在河流上修建挡水建筑物，关系着下游千百万人民的生命财产安全，如果施工质量不高，不但会影响建筑物的寿命和效益，而且有可能造成建筑物失事，带来不可弥补的损失。因此，除了在规划设计中注意质量与安全外，在施工中也要加强全面质量管理，注重工程安全。

（4）综合利用制约因素多。在河道上修建水利水电枢纽时，必须考虑施工期间河道的通航、灌溉、发电、供水和防洪等因素，使施工组织复杂化，这就要求从河流综合利用的全局出发，组织好施工导流工作。

（5）工程地点偏僻。丰富的水力资源多蕴藏在荒山峡谷地区，由于交通不便，人烟稀少，给大规模工程施工组织带来困难。为此，常需建立一些临时性的施工工厂，还要修建大量生活福利设施。水电枢纽施工总工期较长，特别是施工准备期较长，均与此有关。

（6）水利水电枢纽建设是复杂的系统工程。水利水电枢纽的兴建不仅关系到千百万人民生命财产的安危，而且涉及到社会、经济、生态，甚至气候等复杂因素。就水利水电工程施工而言，施工组织和管理所要面对的也是一个十分复杂的系统。因此，必须采用系统分析方法，统筹兼顾，全局择优。

1.2 水利水电工程施工现场的安全管理措施

水利水电工程施工现场的安全管理，重点是进行人的不安全行为与物的不安全状态的控制，落实安全管理决策与目标，以消除一切事故、避免事故伤害、减少事故损失为管理目的。安全管理措施是安全管理的方法与手段，管理的重点是对生产各因素状态的约束与控制。根据水利水电工程施工的特点，安全管理措施带有鲜明的行业特色。

1.2.1 落实安全责任，实施责任管理

施工项目经理部承担控制、管理施工生产进度、成本、质量、安全等目标的责任。因此，必须同时承担进行安全管理、实现安全生产的责任。专职安全员主要负责对施工现场进行监督检查，并负责文明卫生、防火管理、安全技术交底等诸项工作，制止违章指挥、违章作业，一旦发现事故隐患及时向项目负责人和安全生产管理机构报告，同时还应当采取有效措施，防止事故隐患继续扩大，对安全设施的配置提出合理意见，对有关安全生产制度进行监督。

（1）建立、完善以项目经理为首的安全生产领导组织，有组织、有领导的开展安全管理活动。承担组织、领导安全生产的责任。

（2）建立各级人员安全生产责任制度，明确各级人员的安全责任。抓制度落实、抓责任落实，定期检查安全责任落实情况，及时报告。

1）项目经理是施工项目安全管理的第一责任人。

2）安全员是施工项目安全管理的具体负责人。

3）各级职能部门、人员在各自业务范围内，对实现安全生产的要求负责。

4）全员承担安全生产责任，建立安全生产责任制，从经理到工人的生产系统做到纵向到底，一环不漏。各职能部门、人员的安全生产责任做到横向到边，人人负责。

（3）施工项目应通过监察部门的安全生产资质审查，并得到认可。

一切从事生产管理与操作的人员、依照其从事的生产内容，分别通过企业、施工项目的安全审查，取得安全操作认可证，持证上岗。

特种作业人员，除经企业的安全审查外，还需按规定参加安全操作考核，取得监察部核发的《安全操作合格证》，坚持"持证上岗"。施工现场出现特种作业无证操作现象时，施工项目必须承担管理责任。

（4）施工项目经理部负责施工生产中物的状态的审验与认可，承担物的状态漏验、失控的管理责任，接受由此而出现的经济损失。

（5）一切管理、操作人员均需与施工项目经理部签订安全协议，向施工项目经理部做出安全保证。

（6）安全生产责任落实情况的检查，应认真、详细的记录，作为分配、补偿的原始资料之一。

（7）制定施工现场安全管理红线条款。为加强各个参建单位的安全意识，针对安全检查中经常性、习惯性的违章情况，以及容易疏忽的重要安全问题，须制定必要的基建安全红线条款，一旦发现违反条款内容将严肃处理，采取严厉的处罚。基建安全十项红线条款如下：

1）无安全施工技术方案、作业指导书等，没有履行交底手续等，无票操作等。

2）对危险性较大的作业，如基坑支护与降水工程、跨越、土方开挖、模板安装与拆卸、起重吊装、脚手架、拆除、爆破工程等无专项安全技术方案，现场作业无专人安全监护。

3）场基坑超过 2m 没有围栏防护、孔洞无盖板；登高作业（2m 及以上）不使用安全带或酒后登高作业的。

4）高处作业未使用工具袋，较大的工具未固定在牢固的构件上，且随便乱放；上下传递物件未用绳索拴牢传递，并上下抛掷。

5）脚手架未设外防护立网、防护栏杆、上下梯档，脚手板未铺满且存在探头板；脚手架未经验收并挂牌就投入使用（验收牌分红色牌为不合格禁止使用、黄色牌为必须挂安全带使用、绿色牌为可不挂安全带使用）。

6）进入施工现场不戴安全帽或戴安全帽不规范。

7）使用未经入场安全教育培训合格的外协工、临时工。

8）在带电设备附近进行起吊作业不符合安全距离或无人监护。

9）电工、爆破、电焊、垂直运输、叉车、大型起重设备等特殊工种无证作业，或酒后驾作业。

10）配电箱、电动机械未做保护接零、接地；电器设备未设漏电保护器；存在施工电线破损现象。

1.2.2 安全教育与训练

进行安全教育与训练，能增强人的安全生产意识，提高安全生产知识，有效地防止人的不安全行为，减少人为失误。安全教育、训练是进行人的行为控制的重要方法和手段。因此，进行安全教育、训练要适时、宜人，内容合理、方式多样，形成制度。组织安全教育、训练做到严肃、严格、严密、严谨，讲求实效。

1. 一切管理、操作人员应具有基本条件与较高的素质

（1）具有合法的劳动手续。临时性人员须正式签订劳动合同，接受入场教育后，才可进入施工现场和劳动岗位。

（2）没有痴呆、健忘、精神失常、癫痫、脑外伤后遗症、心血管疾病、晕眩以及不适于从事操作的疾病。

（3）没有感官缺陷，感性良好。有良好的接受、处理、反馈信息的能力。

（4）具有适于不同层次操作所必需的文化。

（5）输入的劳务，必须具有基本的安全操作素质。经过正规训练、考核，输入手续完善。

2. 安全教育与训练的目的与方式

安全教育与训练包括知识、技能、意识三个阶段的教育。进行安全教育、训练，不仅要使操作者掌握安全生产知识，而且能使操作者在作业过程中表现出安全的行为。

安全知识教育。使操作者了解生产操作过程中潜在的危险因素及掌握防范措施。

安全技能训练。使操作者逐渐掌握安全生产技能，获得完善化、自动化的行为方式，减少操作中的失误现象。

安全意识教育。在于激励操作者自觉坚持实行安全技能。

3. 安全教育的内容随实际需要而确定

（1）新工人入场前应完成三级安全教育。对学徒工、实习生的入场三级安全教育，重点偏重一般安全知识、生产组织原则、生产环境、生产纪律等，强调操作的非独立性。对季节工、农民工的三级安全教育，以生产组织原则、环境、纪律、操作标准为主。两个月内安全技能不能达到熟练的，应及时解除劳动合同，废止劳动资格。

（2）结合施工生产的变化。适时进行安全知识教育。一般每10天组织一次较合适。

（3）结合生产组织安全技能训练，干什么训练什么，反复训练、分步验收。以达到出现完善化、自动化的行为方式，划为一个训练阶段。

（4）安全意识教育的内容不易确定，应随安全生产的形势变化确定阶段教育内容。可结合发生的事故进行增强安全意识、坚定掌握安全知识与技能的信心、接受事故教训的教育。

（5）受季节、自然变化影响时，针对由于这种变化而出现生产环境、作业条件的变化进行的教育，其目的在于增强安全意识，控制人的行为，尽快地适应变化，减少人为失误。

（6）采用新技术，使用新设备、新材料，推行新工艺之前，应对有关人员进行安全知识、技能、意识的全面安全教育，激励操作者实行安全技能的自觉性。

4. 加强教育管理，增强安全教育效果

（1）教育内容全面，重点突出，系统性强，抓住关键反复教育。

（2）反复实践。养成自觉采用安全操作方法的习惯。

（3）使每个受教育的人了解自己的学习成果，鼓励受教育者树立坚持安全操作方法的信心，养成安全操作的良好习惯。

（4）告诉受教者怎样做才能保证安全，而不是不应该做什么。

（5）奖励促进，巩固学习成果。

5. 进行各种形式、不同内容的安全教育

把教育的时间、内容等，清楚的记录在安全教育记录本或记录卡上。

1.2.3 作业标准化

在施工作业过程产生的不安全行为中，由于不知正确的操作方法，为了干得快些而省略了必要的操作步骤，坚持自己的操作习惯等原因所占比例很大。按科学的作业标准规范人的行为，有利于控制人的不安全行为，减少人失误。

（1）制定作业标准，是实施作业标准化的首要条件。

1）采取技术人员、管理人员、操作者三结合的方式，根据操作的具体条件制定作业标准。坚持反复实践、反复修订后加以确定的原则。

2）作业标准要明确规定操作程序、步骤。怎样操作、操作质量标准、操作的阶段目的、完成操作后物的状态等，都要作出具体规定。

3）尽量使操作简单化、专业化，尽量减少使用工具、夹具次数，以降低操作者的熟练技能或注意力的要求，使作业标准尽量减轻操作者的精神负担。

4）作业标准必须符合生产和作业环境的实际情况，不能把作业标准通用化。不同作业条件的作业标准应有所区别。

（2）作业标准必须考虑到人的身体运动特点和规律，作业场地布置、使用工具设备、操作幅度等，应符合人机学的要求。

1）人的身体运动时，尽量避开不自然的姿势和重心的经常移动，动作要有连贯性、自然节奏强。如不出现运动方向的急剧变化；动作不受限制；尽量减少用手和眼的操作次数；肢体动作尽量小。

2）作业场地布置必须考虑行进道路、照明、通风的合理分配，机具、料具位置固定，作业方便。要求如下：①人力移动物体，尽量限于水平移动；②把机械的操作部分安排在正常操作范围之内，防止增加操作者的精神和体力的负担；③尽量利用重力作用移动物体；④操作台、座椅的高度与操作要求、人的身体条件匹配。

3）使用工具与设备：①尽可能使用专用工具代替徒手操作；②操纵操作杆或手把时，尽量使人身体不必过大移动，与手的接触面积，以适合手握时的自然状态为宜。

（3）反复训练，达标报偿。

1）训练要讲求方法和程序，宜以讲解示范为先，符合重点突出、交代透彻的要求。

　　2）边训练边作业，巡检纠正偏向。

　　3）先达标、先评价、先报偿，不强求一致。多次纠正偏向，仍不能克服习惯操作、操作不标准的，应得到负报偿。

1.2.4　生产技术与安全技术的统一

　　生产技术工作是通过完善生产工艺过程、完备生产设备、规范工艺操作，发挥技术的作用，保证生产顺利进行的。包含了安全技术在保证生产顺利进行过程中的全部职能和作用。两者的实施目标虽各有侧重，但工作目的完全统一在保证生产顺利进行、实现效益这一共同的基点上。生产技术、安全技术统一，体现了安全生产责任制的落实和具体地落实"管生产同时管安全"的管理原则。具体表现在：

　　（1）施工生产进行之前，考虑施工的特点、规模、质量，生产环境，自然条件等。摸清生产人员的流动规律，能源供给状况，机械设备的配置条件，需要的临时设施规模，以及物料供应、储放、运输等条件。完成生产因素的合理匹配计算，完成施工设计和现场布置。

　　施工设计和现场布置，经过审查、批准，即成为施工现场中生产因素流动与动态控制的唯一依据。

　　（2）施工项目中的分部、分项工程，在施工进行之前，针对工程的具体情况与生产因素的流动特点，完成作业或操作方案，这将为分部、分项工程的实施提供具体的作业或操作规范。方案完成后，为使操作人员充分理解方案的全部内容，减少实际操作中的失误，避免操作时的事故伤害，要把方案的设计思想、内容与要求，向作业人员进行充分的交底。

　　安全技术交底既是安全知识教育的过程，同时，也确定了安全技能训练的时机和目标。

　　（3）从控制人的不安全行为、物的不安全状态，预防伤害事故，保证生产工艺过程顺利实施。生产技术工作中应纳入如下的安全管理职责：

　　1）进行安全知识、安全技能的教育，规范人的行为，使操作者获得完善的、自动化的操作行为，减少操作中的人为失误。

　　2）参加安全检查和事故调查，从中充分了解生产过程中物的不安全状态存在的环节和部位、发生与发展、危害性质与程度。摸索控制物的不安全状态的规律和方法，提高对物的不安全状态的控制能力。

　　3）严把设备、设施用前验收关，不把有危险状态的设备、设施盲目投入运行，预防人、机运动轨迹交叉而发生的伤害事故。

1.2.5　安全值班制度

　　为了水利水电工程施工的顺利进行，杜绝事故隐患，做到文明安全生产，需制定安全值班制度，主要内容如下：

　　（1）工地安全生产管理人员必须重视生产安全，提高安全意识，在项目经理和安全员的领导下，具体负责工地安全检查和监督。

（2）安全监督和检查应责任分明，落实到人，并有专项监督检查记录。

（3）工地每天设一安全值班人员具体监督安全工作，并有交接记录。

（4）工地确定安全检查日，如每月1日、10日、20日、30日，集中针对工地的安全设施、措施进行检查，并做出总结报告，制定整改措施。

1.3 现场布置、施工道路和交通

1.3.1 基本规定

（1）施工生产区域宜实行封闭管理。主要进出口处应设有明显的施工警示标志和安全文明生产规定、禁令，与施工无关的人员、设备不应进入封闭作业区。在危险作业场所应设有事故报警及紧急疏散通道设施。

（2）进入施工生产区域的人员应遵守施工现场安全文明生产管理规定，正确穿戴使用防护用品和佩戴标志。

（3）施工生产现场应设有专（兼）职安全人员进行安全检查，及时督促整改隐患，纠正违章行为。

（4）爆破、高边坡、隧洞、水上（下）、高处、多层交叉施工、大件运输、大型施工设备安装及拆除等危险作业应有专项安全技术措施，并应设专人进行安全监护。

（5）施工设施的设置应符合防汛、防火、防砸、防风、防雷及职业卫生等要求。

（6）设备、原材料、半成品、成品等应分类存放、标识清晰、稳固整齐，并保持通道畅通。

（7）作业场所应保持整洁、无积水；排水管、沟应保持畅通，施工作业面应做到工完场清。

（8）施工现场的井、洞、坑、沟、口等危险处应设置明显的警示标志，并应采取加盖板或设置围栏等防护措施。

（9）临水、临空、临边等部位应设置高度不低于1.2m的安全防护栏杆，下部有防护要求时还应设置高度不低于0.2m的挡脚板。

（10）施工生产现场临时的机动车道路，宽度不宜小于3.0m，人行通道宽度不宜小于0.8m，做好道路日常清扫、保养和维修。

（11）交通频繁的施工道路、交叉路口应按规定设置警示标志或信号指示灯；开挖、弃渣场地应设专人指挥。

（12）爆破作业应统一指挥，统一信号，专人警戒并划定安全警戒区。爆破后应经爆破人员检查，确认安全后，其他人员方能进入现场。洞挖、通风不良的狭窄场所，应在通风排烟、恢复照明及安全处理后，方可进行其他作业。

（13）脚手架、排架平台等施工设施的搭设应符合安全要求，经验收合格后，方可投入使用。

（14）上下层垂直立体作业应有隔离防护设施，或错开作业时间，并应有专人监护。

（15）高边坡作业前应处理边坡危石和不稳定体，并应在作业面上方设置防护设施。

（16）隧洞作业应保持照明、通风良好、排水畅通，应采取必要的安全措施。

（17）施工现场电气设备应绝缘可靠，线路敷设整齐，应按规定设置接地线。开关板应设有防雨罩，闸刀、接线盒应完好并装漏电保护器。

（18）施工照明及线路，应遵守下列规定：

1）露天施工现场宜采用高效能的照明设备。

2）施工现场及作业地点，应有足够的照明，主要通道应装设路灯。

3）在存放易燃、易爆物品场所或有瓦斯的巷道内，照明设备应符合防爆要求。

（19）施工生产区应按消防的有关规定，设置相应消防池、消防栓、水管等消防器材，并保持消防通道畅通。

（20）施工生产中使用明火和易燃物品时应做好相应防火措施。存放和使用易燃易爆物品的场所严禁明火和吸烟。

（21）大型拆除工作，应遵守下列规定：

1）拆除项目开工前，应制定专项安全技术措施，确定施工范围和警戒范围，进行封闭管理，并应有专人指挥和专人安全监护。

2）拆除作业开始前，应对风、水、电等动力管线妥善移设、防护或切断。

3）拆除作业应自上而下进行，严禁多层或内外同时进行拆除。

1.3.2　现场布置

（1）现场施工总体规划布置应遵循合理使用场地、有利施工、便于管理等基本原则。分区布置，应满足防洪、防火等安全要求及环境保护要求。

（2）生产、生活、办公区和危险化学品仓库的布置，应遵守下列规定：

1）与工程施工顺序和施工方法相适应。

2）选址地质稳定，不受洪水、滑坡、泥石流、塌方及危石等威胁。

3）交通道路畅通，区域道路宜避免与施工主干线交叉。

4）生产车间，生活、办公房屋，仓库的间距应符合防火安全要求。

5）危险化学品仓库应远离其他区布置。

（3）施工区内起重设施、施工机械、移动式电焊机及工具房、水泵房、空压机房、电工值班房等布置应符合安全、卫生、环境保护要求。

（4）混凝土、砂石料等辅助生产系统和制作加工维修厂、车间的布置，应符合以下要求：

1）单独布置，基础稳固，交通方便、畅通。

2）应设置处理废水、粉尘等污染的设施。

3）应减少因施工生产产生的噪声对生活区、办公区的干扰。

（5）生产区仓库、堆料场布置应符合以下要求：

1）单独设置并靠近所服务的对象区域，进出交通畅通。

2）存放易燃、易爆、有毒等危险物品的仓储场所应符合有关安全的要求。

3）应有消防通道和消防设施。

（6）生产区大型施工机械与车辆停放场的布置应与施工生产相适应，要求场地平整、排水畅通、基础稳固，并应满足消防安全要求。

（7）弃渣场布置应满足环境保护、水土保持和安全防护的要求。

（8）生活区应遵守下列规定：

表 2.1.1　生产性噪声传播至非噪声作业地点噪声声级的限值

地点名称	卫生限值 ［dB（A）］	等效限值 ［dB（A）］
噪声车间办公室	75	不超过 55
非噪声车间办公室	60	
会议室	60	
计算机、精密加工室	70	

1）噪声应符合表 2.1.1 的规定。

2）生活区大气环境质量不应低于 GB 3095—1996《环境空气质量标准》三级标准。

3）生活饮用水符合国家饮用水标准。

（9）各区域应根据人群分布状况修建公共厕所或设置移动式公共厕所。

（10）各区域应有合理排水系统，沟、管、网排水畅通。

（11）有关单位宜设立医疗急救中心（站），医疗急救中心（站）宜布置在生活区内。施工现场应设立现场救护站。

1.3.3　施工道路及交通

（1）永久性机动车辆道路、桥梁、隧道，应按照 JTG 801—2003《公路工程技术标准》的有关规定，并考虑施工运输的安全要求进行设计修建。

（2）铁路专用线应按国家有关规定进行设计、布置、建设。

（3）施工生产区内的机动车辆临时道路应符合下列规定：

1）道路纵坡不宜大于 8%，进入基坑等特殊部位的个别短距离地段最大纵坡不应超过 15%；道路最小转弯半径不应小于 15m；路面宽度不应小于施工车辆宽度的 1.5 倍，且双车道路面宽度不宜窄于 7.0m，单车道不宜窄于 4.0m。单车道应在可视范围内设有会车位置。

2）路基基础及边坡保持稳定。

3）在急弯、陡坡等危险路段及岔路、涵洞口应设有相应警示标志。

4）悬崖陡坡、路边临空边缘除应设警示标志外还应设有安全墩、挡墙等安全防护设施。

5）路面应经常清扫、维护和保养并应做好排水设施，不应占用有效路面。

（4）交通繁忙的路口和危险地段应有专人指挥或监护。

（5）施工现场的轨道机车道路，应遵守下列规定：

1）基础应稳固，边坡保持稳定。

2）纵坡应小于 3%。

3）机车轨道的端部应设有钢轨车挡，其高度不低于机车轮的半径，并设有红色警示灯。

4）机车轨道的外侧应设有宽度不小于 0.6m 的人行通道，人行通道临空高度大于 2.0m 时，边缘应设置防护栏杆。

5）机车轨道、现场公路、人行通道等的交叉路口应设置明显的警示标志或设专人值班监护。

6）应设有专用的机车检修轨道。

7）通信联系信号需齐全可靠。

（6）施工现场的临时性桥梁，应根据桥梁的用途、承重载荷和相应技术规范进行设计修建，并符合以下要求：

1）宽度应不小于施工车辆最大宽度的 1.5 倍。

2）人行道宽度应不小于 1.0m，并应设置防护栏杆等要求。

（7）施工现场架设临时性跨越沟槽的便桥和边坡栈桥，应符合以下要求：

1）基础稳固、平坦畅通。

2）人行便桥、栈桥宽度不应小于 1.2m。

3）手推车便桥、栈桥宽度不应小于 1.5m。

4）机动翻斗车便桥、栈桥，应根据荷载进行设计施工，其最小宽度不应小于 2.5m。

5）设有防护栏杆。

（8）施工现场的各种桥梁、便桥上不应堆放设备及材料等物品，应及时维护、保养，定期进行检查。

（9）施工交通隧道，应符合以下要求：

1）隧道在平面上宜布置为直线。

2）机车交通隧道的高度应满足机车以及装运货物设施总高度的要求，宽度不应小于车体宽度与人行通道宽度之和的 1.2 倍。

3）汽车交通隧道洞内单线路基宽度应不小于 3.0m，双线路基宽度应不小于 5.0m。

4）洞口应有防护设施，洞内不良地质条件洞段应进行支护。

5）长度 100m 以上的隧道内应设有照明设施。

6）应设有排水沟，排水畅通。

7）隧道内斗车路基的纵坡不宜超过 1.0%。

（10）施工现场工作面、固定生产设备及设施处所等应设置人行通道，并应符合以下要求：

1）基础牢固、通道无障碍、有防滑措施并设置护栏，无积水。

2）宽度不应小于 0.6m。

3）危险地段应设置警示标志或警戒线等要求。

1.4 环境保护、水土保持与职业卫生

（1）本书所称环境保护，是针对在工程建设过程中可能对环境（大气、水体、土地、野生动植物、矿藏、自然遗迹、人文遗迹、自然保护区、风景名胜区、城市、乡村等自然因素的总体）造成的影响，建设单位应采取的组织和技术性环境保护措施，以满足国家、地方有关环境保护法律、法规、标准的要求。

（2）建设单位必须从法律的高度重视环境保护工作，建立环境保护责任制，加强宣传教育工作，督促各参建单位认真执行环境保护措施，在工程建设过程中防止或尽量减少对施工现场和周围环境的影响。

（3）工程现场的办公区、生活区应采取绿化措施，保护和改善生态环境。

（4）工程建设过程中产生的建筑垃圾和生活垃圾，应及时清运到指定地点，集中处理，防止对环境造成污染。

（5）工程建设过程中产生的污水，应经处理、达标排放。工程施工期间挖、填、平整场地以及土石方的堆放，必须按经批准的施工组织设计确定的方案实施，施工弃渣、垃圾严禁倒入江河，防止造成淤积妨碍行洪及造成环境污染和水土流失。

（6）控制施工生产废渣、废气、废水等污染物的排放，排放超过标准的，应采取相应有效措施进行回收治理。

（7）土石方施工中装运渣土、破碎、填筑宜采取湿式降尘措施。

（8）水泥搬运、装卸、拆包、进出料、拌和应采取密封措施，减少向大气排放水泥粉尘。

（9）燃煤锅炉烟尘应经处理后方可排放。

（10）施工废水、生活污水应符合污水综合排放标准。砂石料系统废水宜经沉淀池沉淀等处理后回收利用。

（11）施工生产生活区域应设有相应卫生清洁设施和管理保洁人员，保持生产生活环境整洁、卫生。

（12）对产生粉尘、噪声、有毒、有害物质及危害因素的施工生产作业场所，应制定职业卫生与环境保护措施。

（13）生产作业场所常见生产性粉尘、有毒物质在空气中允许浓度及限值应符合表2.1.2的规定。

表 2.1.2　　　　常见生产性粉尘、有毒物质在空气中允许浓度及限值

序号	有害物质名称		阈限值（mg/m^3）		
			最高容许浓度 Pc－MAC	时间加权平均容许浓度 Pc－TWA	短时间接触容许浓度 Pc－STEL
1	矽尘		—	—	—
	总尘	含10%～50%游离 SiO_2	—	1	2
		含50%～80%游离 SiO_2	—	0.7	1.5
		含80%以上游离 SiO_2	—	0.5	1.0
	呼吸尘	含10%～50%游离 SiO_2	—	0.7	1.0
		含50%～80%游离 SiO_2	—	0.3	0.5
		含80%以上游离 SiO_2	—	0.2	0.3

序号	有害物质名称			阈限值 （mg/m³）		
				最高容许浓度 Pc－MAC	时间加权平均 容许浓度 Pc－TWA	短时间接触 容许浓度 Pc－STEL
2	石灰石 粉尘	总尘		—	8	10
		呼吸尘		—	4	8
3	硅酸盐 水泥	总尘（游离 SiO₂ <10%）		—	4	6
		呼吸尘（游离 SiO₂ <10%）		—	1.5	2
4	电焊烟尘			—	4	6
5	其他粉尘			—	8	10
6	锰及无机化合物（按 Mn 计）			—	0.15	0.45
7	一氧化碳	非高原		—	20	30
		高原	海拔 2000～3000m	20	—	—
			海拔大于 3000m	15	—	—
8	氨 Ammonia			—	20	30
9	溶剂汽油			—	300	450
10	丙酮			—	300	450
11	三硝基甲苯（TNT）			—	0.2	0.5
12	铅及无机 化合物 （按 Pb 计）	铅尘		0.05	—	—
		铅烟		0.03	—	—
13	四乙基铅（按 Pb 计）			—	0.02	0.06

（14）常见产生粉尘危害的作业场所应采取以下相应措施控制粉尘浓度：

1）钻孔应采取湿式作业或采取干式捕尘措施，不应打干钻。

2）水泥储存、运送、混凝土拌和等作业应采取隔离、密封措施。

3）密闭容器、构件及狭窄部位进行电焊作业时应加强通风，并佩戴防护电焊烟尘的防护用品。

4）地下洞室施工应有强制通风设施，确保洞内粉尘、烟尘、废气及时排出。

5）作业人员应配备防尘口罩等防护用品。

（15）生产车间和作业场所工作地点噪声声级卫生限值应符合表 2.1.3 的规定。

（16）生产性噪声传播至非噪声作业地点噪声声级的卫生限值应符合表 2.1.1 的规定。

（17）施工作业噪声传至有关区域的允许标准见表 2.1.4。

表 2.1.3　生产性噪声声级卫生限值

日接触噪声时间 （h）	卫生限值 ［dB（A）］
8	85
4	88
2	91
1	94

表 2.1.4　　非施工区域的噪声允许标准

类　　别	等效声级限值 ［dB（A）］	
	昼间	夜间
以居住、文教机关为主的区域	55	45
居住、商业、工业混杂区及商业中心区	60	50
工业区	65	55
交通干线道路两侧	70	55

（18）产生噪声危害的作业场所应符合下列要求：

1）筛分楼、破碎车间、制砂车间、空压机站、水泵房、拌和楼等生产性噪声危害作业场所应设隔音值班室，作业人员应佩戴防噪耳塞等防护用品。

2）受木工机械、风动工具、喷砂除锈、锻造、铆焊等临时性噪声危害严重的作业人员，应配备防噪耳塞等防护用品。

3）砂石料的破碎、筛分、混凝土拌和楼、金属结构制作厂等噪声严重的施工设施，不应布置在居民区、工厂、学校、生活区附近。因条件限制时，应采取降噪措施，使运行时噪声排放符合规定标准。

（19）宜采用无毒或低毒的原材料及先进的生产工艺，对易产生毒物危害的作业场所应采取通风、净化装置或密闭等措施，使毒物排放符合规定要求。

（20）产生粉尘、噪声、毒物等危害因素的作业场所，应实行评价监测和定期监测制度，对超标的作业环境应及时治理。评价监测应由取得职业卫生技术服务资质的机构承担，并按规定定期检测。生产使用周期在 2 年以上的大中型人工砂石料生产系统、混凝土生产系统，正式投产前应进行评价监测。

（21）粉尘、毒物、噪声、辐射等定期监测可由建设单位或施工单位实施，也可委托职业卫生技术服务机构监测，并遵守下列规定：

1）粉尘作业区至少每季度测定一次粉尘浓度，作业区浓度严重超标应及时监测，并采取可靠的防范措施。

2）毒物作业点至少每半年测定一次，浓度超过最高允许浓度的测点应及时测定，直至浓度降至最高允许浓度以下。

3）噪声作业点至少每季度测定一次 A 声级，每半年进行一次频谱分析。

4）辐射每年监测一次，特殊情况及时监测。

（22）工程建设过程中及竣工后，应及时修整和恢复在建设过程中受到影响的生态环境。

（23）施工单位要依照建设项目中环境保护设施必须与主体工程同步设计、同时施工、同时投产使用的"三同时"制度要求，负责管理维护好本项目有关环境保护、水土保持设施，并建立有关环保、水保设施运行台账和报告制度，负责建立本单位主要污染源台账和制定环境污染事故应急预案。

（24）施工单位负责本项目收集、整理、归档环境保护、水土保持资料；根据监理单位或业主单位要求，及时报送环境保护、水土保持工作各类信息材料。

（25）施工单位是本企业和承包工作职责范围内的环保水保的责任主体。在施工过程中，发生环保水保事故时，按国家有关部委、地方政府、上级主管单位的有关规定，向地方政府、监理单位、上级主管部门提交事故报告，并按规定由相关单位组织进行事故调查并提出调查报告，施工单位应配合做好调查工作。

（26）如发生因施工单位责任造成的环境污染、水土流失危害、人员伤害和财产损失的，由承包人承担责任并负责赔偿；引起的行政处罚由承包人承担。

（27）工程建设各单位应建立职业卫生管理规章制度和施工人员职业健康档案，对从事尘、毒、噪声等职业危害的人员应每年进行一次职业体检，对确认职业病的职工应及时给予治疗，并调离原工作岗位。

1.5 消防安全管理

1.5.1 防火一般性规定

（1）施工现场的平面布置图、施工方法和施工技术均应符合消防安全要求。现场道路应畅通，夜间应设照明，并有值班巡逻。

（2）施工现场应明确划分用火作业、易燃可燃材料堆放、仓库、废品集中以及生活等区域。

（3）不准在高压架空线下搭设临时性建筑或堆放可燃物品。

（4）工程开工前，应将消防器材和设施配备齐全，备好室外消防水管、砂箱、铁锹等。

（5）施工现场用电，应严格遵守用电安全管理规定，加强电源管理。

（6）冬季施工采用煤炭取暖时，取暖设施应符合防火要求，并指定专人负责管理。

（7）焊、割作业点与氧气瓶、电石桶和乙炔发生器等的距离不得少于10m，与易燃、易爆物品的距离不得少于30m。

（8）乙炔发生器与氧气瓶之间的距离，存放时应大于5m，使用时应大于10m。

（9）施工现场的焊、割作业，必须符合防火要求，严格执行"十不准"规定：

1）焊工必须持证上岗，无证者不准进行焊、割作业。

2）属一级、二级、三级动火范围的焊、割作业，未办理动火审批手续，不准进行焊割。

3）焊工不了解焊、割现场周围情况，不得进行焊、割作业。

4）焊工不了解焊件内部是否有易燃、易爆物时，不得进行焊、割作业。

5）各种装过可燃气体、易燃液体和有毒物质的容器，未经彻底清洗，或未排除危险之前，不准进行焊、割作业。

6）用可燃材料作绝热层、保冷层、隔声、隔热设备的部位，或火星能飞溅到的地方，在未采取切实可靠的安全措施前，不准进行焊、割作业。

7）有压力或密闭的管道、容器，不准进行焊、割作业。

8）焊、割部位附近有易燃、易爆物品，在未作清理或未采取有效的安全防护措施前，不准进行焊、割作业。

9）附近有与明火作业相抵触的工种作业时，不准进行焊、割作业。

10）与外单位相连的部位，在没有弄清有无险情，或明知存在危险而未采取有效措施之前，不准进行焊、割作业。

1.5.2 重点部位、重点工种防火规定

（1）电焊工。

1）电焊工在操作前，要严格检查所用工具（包括电焊机设备、线路敷设、电缆线的接点等），使用的工具均应符合标准，保持完好状态。

2）电焊机应有单独开关，装在防火、防雨的闸箱内，电焊机应设防雨棚（罩）。开关的保险丝容量应为该机的 1.5 倍。保险丝不准用铜丝或铁丝代替。

3）焊割部位必须与氧气瓶、乙炔瓶、乙炔发生器及各种易燃、可燃材料隔离，两瓶之间距离不得小于 5m，与明火之间距离不得小于 l0m。

4）电焊机必须设有专用接地线，直接放在焊件上，接地线不准接在建筑物、机械设备、各种管道、避雷引下线和金属架上借路使用，防止接触火花，造成起火事故。

5）电焊机一次、二次线应用线鼻子压接牢固，同时应加装防护罩，防止松动、短路放弧，引燃可燃物。

6）严格执行防火规定和操作规程，操作时采取相应的防火措施，与看火人员密切配合，防止引起火灾。

（2）气焊工。

1）乙炔发生器、乙炔瓶、氧气瓶和焊割具的安全设施必须齐全有效。

2）乙炔发生器旁严禁一切火源。夜间添加电石时，应使用防爆电筒照明，禁止用明火照明。

3）乙炔发生器、乙炔瓶和氧气瓶不准放在高低压架空线路下或变压器旁。

4）乙炔瓶、氧气瓶应直立使用，禁止平放卧倒使用。油脂或沾油物品，不要接触氧气瓶、导管及其零部件。

5）乙炔瓶、氧气瓶严禁曝晒、撞击，防止受热膨胀。乙炔发生器、回火阻止器以及导管发生冻结时，只允许用蒸气、热水解冻，严禁使用火烤或金属敲打。

6）乙炔瓶、氧气瓶开启阀门时，应缓慢，防止升压过速产生高温、火花引起爆炸和火灾。

7）测定导管及其分配装置是否漏气，应用气体探测仪或用肥皂水测试，严禁用明火测试。

8）操作乙炔发生器和电石桶时，应使用不产生火花的工具。乙炔发生器上不能装有纯铜配件。浮桶式发生器上不准堆压其他物品。

9）乙炔发生器的水不能含油脂，避免油脂与氧气接触发生反应，引起燃烧或爆炸。

10）防爆膜失效后，应按规定的规格型号更换，严禁任意更换，禁止用胶皮等代替防爆膜。

11）瓶内气体不能用尽，必须留有余气。

12）作业结束，应将乙炔发生器内的电石、污水及其残渣清除干净，倾倒到指定的安全地点，并排除内腔和其他部位的气体。

（3）电工。

1）电工应经过专门培训，掌握安装与维修的安全技术，并经过考试合格后，方准独立操作。

2）施工现场临设线路、电气设备的安装与维修应执行 JGJ 46—2005《施工现场临时用电安全技术规范》。

3）新设、增设的电气设备，必须由主管部门或人员检查合格后，方可通电使用。

4）各种电气设备或线路，不应超过安全负荷，并用牢靠、绝缘良好和安装合格的保险设备，严禁用铜丝、铁丝等代替保险丝。

5）放置及使用易燃液体、气体的场所，应采用防爆型电气设备及照明灯具。

6）定期检查电气设备的绝缘电阻是否符合"不低于 $1k\Omega/V$（如对地 220V 绝缘电阻应不低于 $0.22M\Omega$）"的规定，发现隐患，应及时排除。

7）不可用纸、布或其他可燃材料做无骨架的灯罩，灯泡距可燃物应保持一定距离。

（4）各施工单位应建立、健全各级消防责任制和管理制度，组建专职或义务消防队，并配备相应的消防设备，做好日常防火安全巡视检查，及时消除火灾隐患，经常开展消防宣传教育活动和灭火、应急疏散救护的演练。

（5）根据施工生产防火安全需要，应配备相应的消防器材和设备，存放在明显易于取用的位置。消防器材及设备附近，严禁堆放其他物品。

（6）消防用器材设备，应妥善管理，定期检验，及时更换过期器材，消防汽车、消防栓等设备器材不应挪作他用。

（7）根据施工生产防火安全的需要，合理布置消防通道和各种防火标志，消防通道应保持通畅，宽度不应小于 3.5m。

（8）宿舍、办公室、休息室内严禁存放易燃易爆物品，未经许可不得使用电炉。利用电热的车间、办公室及住室，电热设施应有专人负责管理。

（9）挥发性的易燃物质，不应装在开口容器及放在普通仓库内。装过挥发油剂及易燃物质的空容器，应及时退库。

（10）闪点在 45℃以下的桶装、罐装易燃液体不应露天存放，存放处应有防护栅栏，通风良好。

（11）施工区域需要使用明火时，应将使用区进行防火分隔，清除动火区域内的易燃、可燃物，配置消防器材，并应有专人监护。

（12）油料、炸药、木材等常用的易燃易爆危险品存放使用场所、仓库，应有严格的防火措施和相应的消防设施，严禁使用明火和吸烟。

（13）易燃易爆危险物品的采购、运输、储存、使用、回收、销毁应有相应的防火消防措施和管理制度。

（14）施工生产作业区与建筑物之间的防火安全距离，应遵守下列规定：

1）用火作业区距所建的建筑物和其他区域不应小 25m。

2）仓库区、易燃、可燃材料堆集场距所建的建筑物和其他区域不应小于 20m。

3）易燃品集中站距所建的建筑物和其他区域不应小于 30m。

（15）加油站、油库，应遵守下列规定：

1）独立建筑，与其他设施、建筑之间的防火安全距离不应小于50m。

2）周围应设有高度不低于2.0m的围墙、栅栏。

3）库区内道路应为环形车道，路宽应不小于3.5m，应设有专门消防通道，保持畅通。

4）罐体应装有呼吸阀、阻火器等防火安全装置。

5）应安装覆盖库（站）区的避雷装置，且应定期检测，其接地电阻不应大于10Ω。

6）罐体、管道应设防静电接地装置，接地网、线用40mm×4mm扁钢或ϕ10圆钢埋设，且应定期检测，其接地电阻不应大于30Ω。

7）主要位置应设置醒目的禁火警示标志及安全防火规定标识。

8）应配备相应数量的泡沫、干粉灭火器和砂土等灭火器材。

9）应使用防爆型动力和照明电器设备。

10）库区内严禁一切火源，严禁吸烟及使用手机。

11）工作人员应熟悉使用灭火器材和消防常识。

12）运输使用的油罐车应密封，并有防静电设施。

（16）木材加工厂（场、车间）应遵守下列规定：

1）独立建筑，与周围其他设施、建筑之间的安全防火距离不应小于20m。

2）安全消防通道保持畅通。

3）原材料、半成品、成品堆放整齐有序，并留有足够的通道，保持畅通。

4）木屑、刨花、边角料等弃物及时清除，严禁置留在场内，保持场内整洁。

5）设有10m³以上的消防水池、消防栓及相应数量的灭火器材。

6）作业场所内禁止使用明火和吸烟。

7）明显位置设置醒目的禁火警示标志及安全防火规定标识。

1.6 季节施工

冬期、雨期、暑期的施工，应根据工程规模、特点和现场环境状况编制施工方案，确定施工部署、重点部位的施工方法和程序、进度计划、施工设备与物资及相应的安全技术措施。施工前，应根据施工方案要求对全体施工人员进行安全技术交底，掌握要点，明确责任。施工前和施工中，应根据施工方案检查施工现场，落实方案中规定的部署和安全技术措施执行情况，确认符合要求。在冬期、雨期、暑期的施工中，应与气象、水文等部门密切联系，及时掌握气温、雨情、汛情、雪情、风力、雾、沙尘暴等灾报，采取相应的安全技术措施。施工过程中工程项目发生变化时，应及时补充或修订施工方案，补充或修订相应的安全技术措施。大雨、大雪、大雾、沙尘暴和风力六级（含）以上的恶劣天气，不得进行吊装、钻孔、防水、高处等露天作业。具体要求有：

（1）昼夜平均气温低于5℃或最低气温低于-3℃时，应编制冬季施工作业计划，并应制定防寒、防毒、防滑、防冻、防火、防爆等安全措施。

（2）冬季施工，应遵守以下基本规定：

1）车间气温低于5℃时，应有取暖设备。

2）施工道路应采取防滑措施。冰霜雪后，脚手架、脚手板、跳板等应清除积雪或采取防滑措施。

3）爆炸物品库房，应保持一定的温度，防止炸药冻结，严禁用火烤冻结的炸药。

4）水冷机械、车辆等停机后，应将水箱中的水全部放净或加适当的防冻液。

5）室内采用煤、木材、木炭、液化气等取暖时，火墙、烟道保持畅通，防止一氧化碳中毒。

6）进行气焊作业时，应经常检查回火安全装置、压阀，如冻结应用温水或蒸汽解冻，严禁火烤。

（3）混凝土冬季施工，应遵守下列规定：

1）进行蒸汽法施工时，应有防护烫伤措施，所有管路应有防冻措施。

2）对分段浇筑的混凝土进行电气加热时，其未浇筑混凝土的钢筋与已加热部分相联系时应作接地，进行养护浇水时应切断电源。

3）采用电热法施工，应指定电工参加操作，非有关人员严禁在电热区操作。工作人员应使用绝缘防护用品。

4）电热法加热，现场周围均应设立警示标志和防护栏杆，并有良好的照明及信号。加热的线路应保证绝缘良好。

5）如采用暖棚法时，暖棚宜采用不易燃烧的材料搭设，并应制定防火措施，配备相应的消防器材，并加强防火安全检查。

（4）寒冷地区解冻期施工时，应做好以下工作：

1）对各种设备、设施及危险施工部位应进行全面检查，以防解冻发生坍塌。

2）江河开冻期间应预防冰凌堵塞导流孔洞、冲坏涵洞桥梁等。

3）清除施工现场内的冰雪、污物，维护好交通道路。

（5）高温季节露天作业宜搭设休息凉棚，供应清凉饮料。施工生产应避开高温时段或采取降温措施。

（6）雨季施工防触电安全规定。

1）电源线不得使用裸导线和塑料线，不得沿地面敷设。

2）配电箱必须防雨、防水，电器布置符合规定，电器元件不应破损，严禁带电明露。

3）机电设备的金属外壳必须采取可靠的接地或接零保护。

4）手持电动工具和机械设备时，必须安装合格的漏电保护器。

5）工地临时照明灯、标志灯，其电压不应超过36V，特别潮湿场所，金属管道和容器内的照明灯，电压不超过12V。

6）电器作业人员，应穿绝缘鞋、戴绝缘手套。

7）施工现场内，不得架设高压线路，变压器应设在施工现场边角处，并设围栏，进入现场的主干线尽量少，根据用电位置，在主干线的电杆上事先设好分电箱，防止维修电工经常上电杆接线，以减少电气故障和发生触电事故。

（7）暑期施工的安全措施。夏季气候火热，高温时间持续较长，施工现场应制定防火、防暑及降温职业健康安全措施。

1）合理调整作息时间，避开中午高温时间工作，严格控制工人加班加点，工作时间要适当缩短。保证工人有充足的休息和睡眠时间。

2）对容器内和高温条件下的作业场所，要采取措施，搞好通风和降温。

3）对露天作业集中和固定场所，应搭设歇凉棚，防止热辐射，并要经常洒水降温。高温、高处作业的工人，需经常进行健康检查，发现有作业禁忌症者应及时调离高温和高处作业岗位。

4）要及时供应合乎卫生要求的茶水、清凉含盐饮料、绿豆汤等。

5）要经常组织医护人员深入工地进行巡回医疗和预防工作。重视年老体弱、患过中暑者和血压较高的工人身体情况的变化。

6）及时给职工发放防暑降温的急救药品和劳动保护用品。

（8）防雷击安全规定有：

1）高出建筑物的塔吊、井架、龙门架、脚手架应安装避雷装置。

2）施工的高层建筑工程等应安装可靠的避雷设施，在周围无高大建筑物的空场地施工时，也应安装可靠的避雷设施。

（9）沿海地带施工应制定预防台风侵袭的应急预案。

1.7　防汛

台风暴雨季节应提前做好防台风、暴雨的各项防汛技术准备工作和相应的物资准备，随时注意气象预报。台风来临前由项目部组织一次安全检查。塔吊、施工电梯、井架等施工机械，要采取加固措施。塔吊吊钩收到最高位置，吊臂处于自由旋转状态。在建工程作业面和脚手架上的各种材料应堆放、绑扎固定，以防止被风吹落伤人。施工临时用电除保证生活照明外，其余供电一律切断电源。做好工地现场围墙和工人宿舍生活区安全检查，疏通排水沟，保证现场排水畅通。台风、暴雨后，应进行安全检查，重点是施工用电、临时设施、脚手架、大型机械设备，发现隐患，及时排除。

1.7.1　防汛的主要任务

（1）建设单位应组织成立有施工、设计、监理等单位参加的工程防汛机构，负责工程安全度汛工作。应组织制定度汛方案及超标准洪水的度汛预案。

（2）设计单位应于汛前提出工程度汛标准、工程形象面貌及度汛要求。

（3）施工单位应按设计要求和现场施工情况制定度汛措施，报建设单位（监理）审批后成立防汛抢险队伍，配置足够的防汛物资，随时做好防汛抢险的准备工作。

（4）建设单位应做好汛期水情预报工作，准确提供水文气象信息，预测洪峰流量及到来时间和过程，及时通告各单位。

（5）防汛期间，应组织专人对大坝、围堰、堤防等施工现场防汛部位巡视检查，观察水情变化，发现险情，及时进行抢险加固或组织撤离。

（6）防汛期间，超标洪水来临前，施工淹没危险区的施工人员及施工机械设备，应及时组织撤离到安全地点。

（7）汛期应加强与上级主管部门和地方政府防汛部门的联系，听从统一防汛指挥。

（8）洪水期间，如发生主流改道，航标漂流移位、熄灭等情况，施工运输船舶应避洪停泊于安全地点。

（9）堤防工程防汛抢险，应遵循前堵后导、强身固脚、减载平压、缓流消浪的原则。

（10）防汛期间，在抢险时应安排专人进行安全监视，确保抢险人员的安全。

对有特大台风、暴雨还要做好以下工作：

1）成立防台风、暴雨领导小组，安排人员值班。

2）与上级部门密切保持联系，随时掌握台风动向。

3）对工人宿舍要进行加固，确保安全，对可能造成吹倒或吹翻工棚顶部的宿舍，要提前安排工人到其他安全可靠场所。

4）若出现险情应及时报告上级部门并组织人员进行抢险。

5）台风、暴雨过后，应组织人员进行检查，将台风、暴雨造成的影响和损失报告上级部门。

1.7.2 防汛检查的内容

1. 建立防汛组织体系与落实责任

（1）防汛组织体系。成立防汛领导小组，下设防汛办公室和抗洪抢险队（每个施工项目经理部均应设立）。

（2）明确防汛任务。根据建设工程所在地实际情况，明确防汛标准、计划、重点和措施。

（3）落实防汛责任。业主、设计、监理、施工等单位的防汛责任明确，分工协作，配合有力。各级防汛工作岗位责任制明确。

2. 检查防汛工作规章制度情况

（1）上级有关部门的防汛文件齐备。

（2）防汛领导小组、防汛办公室及抗洪抢险队工作制度健全。

（3）汛前检查与消缺管理制度完善，针对性、可操作性强。

（4）建立汛期值班、巡视、联系、通报、汇报制度，相关记录齐全，具有可追溯性。

（5）建立灾情（损失）统计与报告制度。

（6）建立汛期通信管理制度，确保信息传递及时、迅速，24h畅通。

（7）建立防汛物资管理制度，做到防汛物资与工程建设物资的相互匹配，在汛期应保证相关物资的可靠储备，确保汛情发生时相关物资及时到位。

（8）防汛工作奖惩办法和总结报告制度。

（9）制定防汛工作手册。手册中应明确防汛工作职责、工作程序、应急措施等内容。

上述制度、手册应根据工程建设所在地的实际情况制定，及时修编。

3. 检查建设工程度汛措施及预案

（1）江河堤坝等地区钻孔作业，要密切关注孔内水位变化，并备有必要的压孔物资（如砂袋等），严防管涌等事故的发生。

（2）江（河）滩中施工作业，应事先制定水位暴涨时人员、物资安全撤离的措施。

（3）山区施工作业，应事先制定严防泥石流伤害的技术和管理措施。

（4）现场临时帐篷等设施避免搭建在低洼处，实行双人值班，配备可靠的通信工具。

（5）检查在超标准暴雨情况下，保护建设工程成品（半成品）、机具设备和人员疏散的预案。预案应按规定报上级单位审批或备案。

（6）检查工程建设进度是否达到度汛要求，如达不到要求应制定相应的应急预案。

4. 生活及办公区域防汛

（1）工程项目部及材料库应设在具有自然防汛能力的地点，建筑物及构筑物具有防淹没、防冲刷、防倒塌措施。

（2）生活及办公区域的排水设备与设施应可靠。

（3）低洼地的防水淹措施和水淹后的人员转移安置方案。

（4）项目部防汛图（包括排水、挡水设备设施、物资储备、备用电源等）。

（5）防汛组织网络图（包括指挥系统、抢修抢险系统、电话联络等）。

5. 防汛物资与后勤保障检查

（1）防汛抢险物资和设备储备充足，台账明晰，专项保管。

（2）防汛交通、通信工具应确保处于完好状态。

（3）有必要的生活物资和医药储备。

6. 与地方防汛部门的联系和协调检查

（1）按照管理权限接受防汛指挥部门的调度指挥，落实地方政府的防汛部署，积极向有关部门汇报有关防汛问题。

（2）加强与气象、水文部门的联系，掌握气象和水情信息。

7. 防汛管理及程序

（1）每年汛前建设单位组织对本工程的防汛工作进行全面检查。

（2）建设单位对所属建设工程进行汛前安全检查，发现影响安全度汛的问题应限期整改，检查结果应及时报上级主管部门。

（3）上级部门根据情况对有关基建工程的防汛准备工作进行抽查。

1.8 施工排水

（1）施工区域排水系统应进行规划设计，并应按照工程所在地的气象、地形、地质、降水量等情况，以及工程规模、排水时段等，确定相应的设计标准，作为施工排水规划设计的基本依据。

（2）应考虑施工场地的排水量、外界的渗水量和降水量，配备相应的排水设施和备用设备。

（3）排水系统设备供电应有独立的动力电源（尤其是洞内排水），必要时应有备用电源。

（4）施工排水系统的设备、设施等安装完成后，应分别按相关规定逐一进行检查验收，合格后方可投入使用。

（5）排水系统的机械、电气设备应定期进行检查维护、保养，排水沟、集水井等设施应经常进行清淤与维护，排水系统应保持畅通。

（6）土方开挖应注重边坡和坑槽开挖的施工排水，要特别注意对地下水的排水处理，并应符合以下要求：

1）坡面开挖时，应根据土质情况，间隔一定高度设置戗台，台面横向应为反向排水坡，并在坡脚设置护脚和排水沟。

2）坑槽开挖施工前，应做好地面外围截、排水设施，防止地表水流入基坑（槽），冲刷边坡导致坍塌事故。

3）进行地下水较为丰富的坑槽开挖时，应在坑槽外设置临时排水沟和集水井，将基坑水位降低至坑槽以下再进行开挖。

4）场地狭窄、土层自稳性能和防冲刷性能较差，明沟难以形成时可采取埋管排水。

（7）石方开挖工区施工排水应合理布置，选择适当的排水方法，并应符合以下要求：

1）一般建筑物基坑（槽）的排水，采用明沟或明沟与集水井排水时，应在基坑周围，或在基坑中心位置设排水沟，每隔 30～40m 设一个集水井。集水井应低于排水沟至少 1m 左右，井壁应做临时加固措施。

2）厂坝基坑（槽）深度较大，地下水位较高时，应在基坑边坡上设置 2～3 层明沟，进行分层抽排水。

3）大面积施工场区排水时，应在场区适当位置布置纵向深沟作为干沟，干沟沟底应低于基坑 1～2m，使四周边沟、支沟与干沟连通将水排出。

4）岸坡或基坑开挖应设置截水沟，截水沟距离坡顶安全距离不应小于 5m；明沟距道路边坡距离应不小于 1m。

5）工作面积水、渗水的排水，应设置临时集水坑，集水坑面积宜为 2～3m²，深 1～2m，并安装移动式水泵排水。

（8）边坡工程排水设施，应遵守下列规定：

1）周边截水沟，一般应在开挖前完成，截水沟深度及底宽不宜小于 0.5m，沟底纵坡不宜小于 0.5%；长度超过 500m 时，宜设置纵排水沟、跌水或急流槽。

2）急流槽的纵坡不宜超过 1:1.5；急流槽过长时宜分段，每段不宜超过 10m；土质急流槽纵度较大时，应设多级跌水。

3）边坡排水孔宜在边坡喷护之后施工，坡面上的排水孔宜上倾 10% 左右，孔深 3～10m，排水管宜采用塑料花管。

4）挡土墙宜设有排水设施，防止墙后积水形成静水压力，导致墙体坍塌。

5）采用渗沟排除地下水措施时，渗沟顶部宜设封闭层，寒冷地区沟顶回填土层小于冻层厚度时，宜设保温层；渗沟施工应边开挖、边支撑、边回填，开挖深度超过6m时，应采用框架支撑；渗沟每隔30~50m或平面转折和坡度由陡变缓处宜设检查井。

（9）地下工程施工期间产生的废水和山体渗水，应经沉淀后排出。

（10）砂石料场排水，应遵守下列规定：

1）应根据料场地形、降雨特点等情况，确定合理的排水标准，并进行排水规划布置。

2）料场周围布置排水沟，排水沟应有足够过流断面。

3）顺场地布置排水沟时，应辅以支沟。

4）排水系统与进场道路布置应相协调，主要道路两侧均应设排水沟，道路与水沟交叉处设管涵。

5）当料场低于地平面时，应设水泵进行排水。

（11）土质料场的排水宜采取截、排结合，以截为主的排水措施。对地表水宜在采料高程以上修截水沟加以拦截，对开采范围的地表水应挖纵横排水沟排出。

（12）基坑排水，应满足以下要求：

1）采用明沟排水方法时，应符合以下要求：①坡面过长或有集中渗水时，应增加一级排水沟和集水井；②基坑集水井的位置应低于开挖工作面，并根据水量大小、基坑长度、基建面地形布置一个或多个集水井；③基坑排水，宜由基坑水泵排至两岸坡开挖（或不砌筑）的排水渠排出基坑外，或在坝上设置排水槽引出；④应根据基坑边界条件计算排水量，必要时可通过抽水试验验证，排水设备、供电容量和排水渠的大小应留有裕量。

2）采用深井（管井）排水方法时，应符合下列要求：

①管井水泵的选用应根据降水设计对管井的降深要求和排水量来选择，所选择水泵的出水量与扬程应大于设计值的20%~30%；②管井宜沿基坑或沟槽一侧或两侧布置，井位距基坑边缘的距离应不小于1.5m，管理置的间距应为15~20m。

3）采用井点排水方法时，应满足以下要求：①井点布置应选择合适方式及地点；②井点管距坑壁不应小于1.0~1.5m，间距应为1.0~2.5m；③滤管应埋在含水层内并较所挖基坑底低0.9~1.2m；④集水总管标高宜接近地下水位线，且沿抽水水流方向应有2‰~5‰的坡度。

（13）防坍塌措施：

1）确保做好井字架、龙门架、脚手架基础的排水工作，防止沉陷倾斜。

2）坑、槽、沟两边要放足边坡，危险部位要另外加支撑，搞好排水工作，一经发现紧急情况，应马上停止施工。

3）施工时不宜靠墙壁堆土，强度较差的墙体和围墙，严禁将土靠墙堆放。

4）雨季开挖基坑（槽）或管沟时，应特别注意边坡（或直里壁）的稳定，必要时可适当放缓边坡、坡度或设置支撑，施工时应加强对边坡和支撑的检查。

1.9　文明施工

水利水电工程施工单位应贯彻文明施工要求，推行现代管理方法，科学组织施工，努力做好施工现场的各项管理工作。须指定专人和部门负责文明施工管理、监督、检查、落实整改工作，认真执行上级有关文明施工管理规定，加强职工文明施工思想意识的教育，开展文明施工达标活动。具体要求如下：

（1）建设单位应负责文明施工的组织领导，应定期开展检查、考核、评比。并应积极推行创建"文明工区"活动。

（2）施工单位在工程开工前，应将文明施工纳入工程施工组织设计，建立、健全组织机构及各项文明施工措施，并应保证各项制度和措施的有效实施和落实。

（3）文明施工，应遵守以下基本规定：

1）施工现场及各项目部的入口处设置明显的企业名称、工程概况、项目负责人、文明施工纪律等标示牌。

2）施工用房和生活用房不应乱搭乱建。

3）施工道路平整、畅通，安全警示标志、设施齐全。

4）风、水、电管线、通信设施、施工照明等布置合理，安全标识清晰。

5）施工机械设备定点存放，车容机貌整洁，材料工具摆放有序，工完场清。

6）消防器材齐全，通道畅通。

7）施工脚手架、吊篮、通道、爬梯、护栏、安全网等安全防护设施完善、可靠，安全警示标志醒目。

8）采取有效措施控制尘、毒、噪声等危害，废渣、污水处理符合规定标准。

9）办公区、生活区清洁卫生、环境优美。

（4）施工现场管理人员在施工现场应当佩戴证明其身份的胸章，作业人员必须挂证或卡上岗。

（5）施工现场作业人员，应遵守以下基本要求：

1）进入施工现场，应按规定穿戴安全帽、工作服、工作鞋等防护用品，正确使用安全绳、安全带等安全防护用具及工具，严禁穿拖鞋、高跟鞋或赤脚进入施工现场。

2）应遵守岗位责任制和执行交接班制度，坚守工作岗位，不应擅离岗位或从事与岗位无关的事情。未经许可，不应将自己的工作交给别人，更不应随意操作别人的机械设备。

3）严禁酒后作业。

4）严禁在铁路、公路、洞口、陡坡、高处及水上边缘、滚石坍塌地段、设备运行通道等危险地带停留和休息。

5）上下班应按规定的道路行走，严禁跳车、爬车、强行乘坐。

6）起重、挖掘机等施工作业时，非作业人员严禁进入其工作范围内。

7）高处作业时，不应向外、向下抛掷物件。

8）严禁乱拉电源线路和随意移动、启动机电设备。

9）不应随意移动、拆除、损坏安全卫生及环境保护设施和警示标志。

（6）不扰民施工措施。如果水利水电工程施工现场布置在城镇居民点附近，为保证让施工现场周围的单位、居民有一个良好的工作、学习和生活环境，在施工过程中要严格执行以下不扰民施工措施：

1）晚上10点至早上6点，原则上停止一切施工活动，特别是噪音较大的施工活动，以免影响周围的单位、居民的休息。不可避免要在该时段内施工作业，施工前要事先取得周围的单位、居民或居委会的同意，并到政府有关部门办理相关的施工许可手续。

2）施工过程中所产生的垃圾、废水、废气等有可能污染周围环境的，应采取相应措施及时处理，不可随意倾倒、排放。

3）施工现场车辆出入时，要避开每日上下班（学）时段，不要造成施工现场周围交通不畅或发生事故。

4）施工现场材料运输车辆要冲洗干净，方可进出现场，运送散装材料的车辆要有防止散落、飘落的措施，防止污染周围地面。运送砂、石的车辆在卸车时，要避开居民休息时段，以免卸料噪音影响他人休息。

5）施工过程中若造成周围环境地面及空气污染，应及时终止施工并采取有效措施及时清理、整改。

6）施工现场周围设置安全警示牌，提醒路人注意施工可能对其造成影响。若施工需要破坏附近的路面或在路边挖坑，一定要设置防护，夜间要设照明和警示灯。在行人出入的附近施工，应设置封闭的防高空坠物走道，并悬挂安全警示牌。

7）教育好工人要遵纪守法，严禁施工人员骚扰附近单位、居民。

8）施工现场要公布施工投诉电话，虚心接受他人批评意见。

9）要经常与当地单位、居委会保持联系，交流情况，经常征求意见，及时消除施工带来的扰民隐患，切实做好文明施工。

本章习题

2.1.1 水利水电工程施工的特点是什么？

2.1.2 水利水电工程施工现场的安全管理措施有哪些？

2.1.3 施工现场安全管理红线条款有哪些？

2.1.4 工地安全员实施现场安全检查的组织形式与内容要点是什么？

2.1.5 违反劳动纪律的主要表现有哪些？

2.1.6 违反安全操作规程的危险性是什么？

2.1.7 施工道路及其交通的现场布置有哪些基本规定？

2.1.8 施工照明及线路布置应遵守什么规定？

2.1.9 大型拆除项目作业应遵守哪些规定？

2.1.10 生产区仓库、堆料场布置应符合哪些要求？

2.1.11 试说明生产性噪声传播至非噪声作业地点噪声声级的限值规定。

2.1.12 施工生产区内机动车辆临时道路的布置应符合哪些规定？

2.1.13 试说明常见生产性粉尘、有毒物质在空气中允许浓度及限值。

2.1.14 对产生噪声危害的作业场所应采取的降噪措施有哪些？

2.1.15 施工单位要依照建设项目中环境保护设施必须实施"三同时"制度的内涵是什么？

2.1.16 因施工单位责任造成的环境保护、水土保持危害及损失的，由何方负责赔偿？

2.1.17 施工现场重点部位、重点工种的防火规定有哪些？

2.1.18 试分别说明冬期、雨期、暑期施工应遵守哪些基本规定？

2.1.19 施工单位防汛的主要任务是什么？

2.1.20 布置边坡工程排水设施应遵守哪些规定？

2.1.21 布置砂石料场的排水应遵守什么规定？

2.1.22 基坑排水应满足哪些要求？

2.1.23 水利水电工程施工单位应贯彻文明施工的具体要求和规定有哪些？

第2章 施工用电、供水、供风及通信安全管理

> **教学要求：** 通过本章学习，使学员了解施工用电的基本规定，理解接地（接零）与防雷、变压器与配电室、线路敷设、配电箱、开关箱、施工照明等的布置、安装及使用方面的安全管理内容，以及使用电动机械与手持电动工具的安全规程、规定，并掌握水利水电工程施工供水、施工供风、施工通信的布置特征及安全管理要求。

2.1 施工用电

2.1.1 基本规定

（1）施工单位应编制施工用电方案及安全技术措施。

（2）从事电气作业的人员，应持证上岗；非电工及无证人员严禁从事电气作业。

（3）从事电气安装、维修作业的人员应掌握安全用电基本知识和所用设备的性能，应按规定穿戴和配备好相应的劳动防护用品，应定期进行体检。

（4）现场施工用电设施，除经常性维护外，每年雨季前应检修一次，应保证其绝缘电阻等符合要求。

（5）在建工程（含脚手架）的外侧边缘与外电架空线路的边线之间应保持安全操作距离。最小安全操作距离应不小于表 2.2.1 的规定。

表 2.2.1　在建工程（含脚手架）的外侧边缘与外电架空线路边线之间的最小安全操作距离

外电线路电压（kV）	<1	1~10	35~110	154~220	330~500
最小安全操作距离（m）	4	6	8	10	15

注　上、下脚手架的斜道严禁搭设在有外电线路的一侧。

（6）施工现场的机动车道与外电架空线路交叉时，架空线路的最低点与路面的垂直距离不应小于表 2.2.2 的规定。

表 2.2.2　施工现场的机动车道与外电架空线路交叉时的最小垂直距离

外电线路电压（kV）	<1	1~10	35
最小垂直距离（m）	6	7	7

（7）机械如在高压线下进行工作或通过时，其最高点与高压线之间的最小垂直距离不应小于表 2.2.3 的规定。

表 2.2.3			机械最高点与高压线间的最小垂直距离			
线路电压（kV）	<1	1～20	35～110	154	220	330
机械最高点与线路间的垂直距离（m）	1.5	2	4	5	6	7

（8）旋转臂架式起重机的任何部位或被吊物边缘与10kV以下的架空线路边线的最小水平距离不应小于2m。

（9）施工现场开挖非热管道沟槽的边缘与埋地外电缆沟槽边缘之间的距离不应小于0.5m。

（10）对达不到（5）、（6）、（7）条规定的最小距离的部位，应采取停电作业或增设屏障、遮栏、围栏、保护网等安全防护措施，并悬挂醒目的警示标志牌。

（11）人员触电时，首先应切断电源，或用绝缘材料使触电者脱离电源，然后立即采用人工呼吸等急救方法进行抢救。如触电者在高处，在切断电源时，应采取防止坠落的措施。

（12）用电场所电器灭火应选择适用于电气的灭火器材，不应使用泡沫灭火器。

2.1.2 接地（接零）与防雷

（1）施工现场专用的中性点直接接地的电力线路中应采用TN—S接零保护系统，并应遵守以下规定：

1）电气设备的金属外壳应与专用保护零线（简称保护零线）连接。保护零线应由工作接地线、配电室的零线或第一级漏电保护器电源侧的零线引出。

2）当施工现场与外电线路共用同一个供电系统时，电气设备应根据当地的要求作保护接零，或作保护接地。不得一部分设备作保护接零，另一部分设备作保护接地。

3）作防雷接地的电气设备，应同时作重复接地。同一台电气设备的重复接地与防雷接地使用同一接地体时，接地电阻应符合重复接地电阻值的要求。

4）在只允许作保护接地的系统中，因条件限制接地有困难时，应设置操作和维修电气装置的绝缘台。

5）施工现场的电力系统严禁利用大地作相线或零线。

6）保护零线不应装设开关或熔断器。保护零线应单独敷设，不作他用。重复接地线应与保护零线相接。

7）接地装置的设置应考虑土壤干燥或冻结等季节变化的影响（见表2.2.4），但防雷装置的冲击接地电阻值只考虑在雷雨季节中土壤干燥状态的影响。

表 2.2.4	接地装置的季节系数值		
埋深（m）	水平接地体（m）	长度2～3m的垂直接地体	备 注
0.5	1.4～1.8	1.2～1.4	
0.8～1.0	1.25～1.45	1.15～1.45	
2.5～3.0	1.0～1.1	1.0～1.1	深埋接地体

注 大地比较干燥时，取表中的较小值；比较潮湿时，则取表中较大值。

8）保护零线的截面，应不小于工作零线的截面，同时应满足机械强度要求，保护零线的统一标志为绿/黄双色线。

（2）正常情况下，下列电气设备不带电的外露导电部分，应作保护接零：

1）电机、变压器、电器、照明器具、手持电动工具的金属外壳。

2）电气设备传动装置的金属部件。

3）配电屏与控制屏的金属框架。

4）室内、外配电装置的金属框架及靠近带电部分的金属围栏和金属门。

5）电力线路的金属保护管、敷线的钢索、起重机轨道、滑升模板操作平台等。

6）安装在电力线路杆（塔）上的开关、电容器等电气装置的金属外壳及支架。

（3）正常情况时，下列电气设备不带电的外露导电部分，可不作保护接零：

1）在木质、沥青等不良导电地坪的干燥房间内；交流电压380V及其以下的电气设置金属外壳（当维修人员可能同时触及电气设备金属外壳和接地金属物件时除外）。

2）安装在配电屏、控制屏金属框架上的电气测量仪表、电流互感器、继电器和其他电器的外壳。

（4）电力变压器或发电机的工作接地电阻值不应大于4Ω。

（5）施工现场用电的接地与接零应符合以下要求：

1）保护零线除应在配电室或总配电箱处作重复接地外，还应在配电线路的中间处和末端处作重复接地。保护零线每一重复接地装置的接地电阻值应不大于10Ω。

2）每一接地装置的接地线应采用两根以上导体，在不同点与接地装置作电气连接。不应用铝导体作接地体或地下接地线。垂直接地体宜采用角钢、钢管或圆钢，不宜采用螺纹钢材。

3）电气设备应采用专用芯线作保护接零，此芯线严禁通过工作电流。

4）手持式用电设备的保护零线，应在绝缘良好的多股铜线橡皮电缆内。其截面不应小于1.5mm^2，其芯线颜色为绿/黄双色。

5）Ⅰ类手持式用电设备的插销上应具备专用的保护接零（接地）触头。所用插头应能避免将导电触头误作接地触头使用。

6）施工现场所有用电设备，除作保护接零外，应在设备负荷线的首端处设置有可靠的电气连接。

（6）移动式发电机供电的用电设备，其金属外壳或底座，应与发电机电源的接地装置有可靠的电气连接。接地应符合固定电气设备接地的要求。

（7）施工现场内的起重机、井字架及龙门架等机械设备，若在相邻建筑物、构筑物的防雷装置的保护范围以外，应按表2.2.5的规定安装防雷装置。

（8）防雷装置应符合以下要求：

1）施工现场内所有防雷装置的冲击接地电阻值不应大于30Ω。

表2.2.5　施工现场内机械设备需安装防雷装置的规定

地区年平均雷暴日（d）	机械设备高度（m）
≤15	≥50
15～40	≥32
40～90	≥20
≥90及雷害特别严重的地区	≥12

2）各机械设备的防雷引下线可利用该设备的金属结构体，但应保证电气连接。

3）机械设备上的避雷针（接闪器）长度应为 $1\sim2m$。

4）安装避雷针的机械设备所用动力、控制、照明、信号及通信等线路，应采用钢管敷设。并将钢管与该机械设备的金属结构体作电气连接。

2.1.3 变压器与配电室

（1）施工用的 10kV 及以下变压器装于地面时，应有 0.5m 的高台，高台的周围应装设栅栏，其高度不应低于 1.7m，栅栏与变压器外廓的距离不应小于 1m，杆上变压器安装的高度不应低于 2.5m，并挂"止步，高压危险"的警示标志。变压器的引线应采用绝缘导线。

（2）变压器运行中应定期检查以下内容：

1）油的颜色变化、油面指示、有无漏油或渗油现象。

2）响声是否正常，套管是否清洁，有无裂纹和放电痕迹。

3）接头有无腐蚀及过热现象，检查油枕的集污器内有无积水和污物。

4）有防爆管的变压器，要检查防爆隔膜是否完整。

5）变压器外壳的接地线有无中断、断股或锈烂等情况。

（3）配电室应符合以下要求：

1）配电室应靠近电源，并应设在无灰尘、无蒸汽、无腐蚀介质及振动的地方。

2）成列的配电屏(盘)和控制屏(台)两端应与重复接地线及保护零线作电气连接。

3）配电室应能自然通风，并应采取防止雨雪和动物进入的措施。

4）配电屏（盘）正面的操作通道宽度，单列布置应不小于 1.5m，双列布置应不小于 2m；侧面的维护通道宽度应不小于 1m；盘后的维护通道应不小于 0.8m。

5）在配电室内设值班或检修室时，该室距电屏（盘）的水平距离应大于 1m，并应采取屏障隔离。

6）配电室的门应向外开，并配锁。

7）配电室内的裸母线与地面垂直距离小于 2.5m 时，应采用遮挡隔离，遮挡下面通行道的高度应不小于 1.9m。

8）配电室的围栏上端与垂直上方带电部分的净距，不应小于 0.075m。

9）配电装置的上端距天棚不应小于 0.5m。

10）母线均应涂刷有色油漆，其涂色应符合表 2.2.6 的规定。

11）配电室的建筑物和构筑物的耐火等级应不低于 3 级，室内应配置砂箱和适宜于扑救电气类火灾的灭火器。

（4）配电屏应符合以下要求：

1）配电屏（盘）应装设有功、无功电度表，并应分路装设电流、电压表。电流表与计费电度表不应共用一组电流互感器。

表 2.2.6　母线涂色表

相别	颜色	垂直排列	水平排列	引下排列
A	黄	上	后	左
B	绿	中	中	中
C	红	下	前	右
D	黑			

注　表内所列的方位均以屏、盘的正面方向为准。

2）配电屏（盘）应装设短路、过负荷保护装置和漏电保护器。

3）配电屏（盘）上的各配电线路应编号，并应标明用途标记。

4）配电屏（盘）或配电线路维修时，应悬挂"电器检修，禁止合闸"等警示标志；停电、送电应由专人负责。

（5）电压为400V/230V的自备发电机组，应遵守下列规定：

1）发电机组及其控制、配电、修理室等，在保证电气安全距离和满足防火要求的情况下可合并设置也可分开设置。

2）发电机组的排烟管道应伸出室外，机组及其控制配电室内严禁存放贮油桶。

3）发电机组电源应与外电线路电源联锁，严禁并列运行。

4）发电机组应采用三相四线制中性点直接接地系统，并须独立设置，其接地阻值不应大于4Ω。

5）发电机组应设置短路保护和过负荷保护。

6）发电机并列运行时，应在机组同期后再向负荷供电。

2.1.4　线路敷设

（1）架空线路架设，应遵守下列规定：

1）架空线应设在专用电杆上，严禁架设在树木、脚手架上。宜采用混凝土杆或木杆，混凝土杆不应有露筋、环向裂纹和扭曲；木杆不应腐朽，其梢径应不小于130mm。

2）电杆埋设深度宜为杆长的1/10加0.6m。在松软土质处应适当加大埋设深度或采用卡盘等加固。

3）拉线宜用镀锌铁线，其截面不应小于$3 \times \phi 4.0$。拉线与电杆的夹角应在$30° \sim 45°$。拉线埋设深度不应小于1m。钢筋混凝土杆上的拉线应在高于地面2.5m处装设拉紧绝缘子。

4）因受地形环境限制不能装设拉线时，宜采用撑杆代替拉线，撑杆埋深不应小于0.8m，其底部应垫底盘或石块。撑杆与主杆的夹角宜为30°。

（2）架空线导线应采用绝缘铜线或绝缘铝线，截面的选择应满足用电负荷和机械强度要求。接户线在挡距内不应有接头，进线处离地高度不应小于2.5m。接户线最小截面应符合表2.2.7的规定。跨越铁路、公路、河流、电力线路挡距内的架空绝缘线铝线截面应不小于$25mm^2$。接户线线间及与邻近线路间的距离应符合表2.2.8的要求。

表2.2.7　接户线的最小截面

接户线架设方式	接户线长度（m）	接户线截面（mm²）	
		铜线	铝线
架空敷设	10~25	4.0	6.0
	≤10	2.5	4.0
沿墙敷设	10~25	4.0	6.0
	≤10	2.5	4.0

表2.2.8　接户线线间及与邻近线路间的距离

架设方式	挡距（m）	线间距离（mm）
架空敷设	≤25	150
	>25	200
沿墙敷设	≤6	100
	>6	150
架空接户线与广播线、电话线交叉		接户线在上部600，接户线在下部300
架空或沿墙敷设的接户线零线和相线交叉		100

（3）架空线路与邻近线路或设施的距离应符合表 2.2.9 的规定。

表 2.2.9　架空线路与邻近线路或设施的距离

项　目	邻 近 线 路 或 设 施 类 别					
最小净空距离 （m）	过引线、接下线与邻线 0.13		架空线与拉线电杆外缘 0.05		树梢摆动最大时 0.5	
最小垂直距离 （m）	同杆架设下 方的广播线 路通信线路	最大弧垂与地面			最大弧垂 与暂设工 程顶端	与邻近线路交叉
		施工 现场	机动 车道	铁路 轨道		1kV 以下　　1～10kV
	1.0	4.0	6.0	7.5	2.5	1.2　　　　　2.5
最小水平距离 （m）	电杆至路基边缘 1.0		电杆至铁路轨道边缘杆高 +3.0		边线与建筑物凸出部分 1.0	

（4）配电线路，应遵守下列规定：

1）配电线路采用熔断器作短路保护时，熔体额定电流应不大于电缆或穿管绝缘导线允许载流量的 2.5 倍，或明敷绝缘导线允许载流量的 1.5 倍。

2）配电线路采用自动开关作短路保护时，其过电流脱扣器脱扣电流整定值，应小于线路末端单相短路电流，并应能承受短路时过负荷电流。

3）经常过负荷的线路、易燃易爆物邻近的线路、照明线路，应有过负荷保护。

4）装设过负荷保护的配电线路，其绝缘导线的允许载流量，应不小于熔断器熔体额定电流或自动开关延长时过流脱扣器脱扣电流整定值的 1.25 倍。

（5）电缆线路敷设，应遵守下列规定：

1）电缆干线应采用埋地或架空敷设，严禁沿地面明设，并应避免机械损伤和介质腐蚀。

2）电缆在室外直接埋地敷设的深度应不小于 0.6m，并应在电缆上下各均匀铺设不小于 50mm 厚的细砂，然后覆盖砖等硬质保护层。

3）电缆穿越建筑物、构筑物、道路、易受机械损伤的场所及引出地面从 2m 高度至地下 0.2m 处，应加设防护套管。

4）埋地敷设电缆的接头应设在地面上的接线盒内，接线盒应能防水、防尘、防机械损伤并应远离易燃、易腐蚀场所。

5）橡皮电缆架空敷设时，应沿墙壁或电杆设置，并用绝缘子固定，严禁使用金属裸线作绑线。固定点间距应保证橡皮电缆能承受自重所带来的荷重。橡皮电缆的最大弧垂距地面不应小于 2.5m。

6）电缆接头应牢固可靠，并应作绝缘包扎，保持绝缘强度，不应承受张力。

（6）室内配线，应遵守下列规定：

1）室内配线应采用绝缘导线。采用瓷瓶、瓷（塑料）夹等敷设，距地面高度不应小于 2.5m。

2）进户线过墙应穿管保护，距地面不应小于 2.5m，并应采取防雨措施。

3）进户线的室外端应采用绝缘子固定。

4）室内配线所用导线截面，应根据用电设备的计算负荷确定，但铝线截面应不小于2.5mm²，铜线截面应不小于1.5mm²。

5）潮湿场所或埋地非电缆配线应穿管敷设，管口应密封。采用金属管敷设时应作保护接零。

6）钢索配线的吊架间距不宜大于12m。采用瓷夹固定导线时，导线间距应不小于35mm，瓷夹间距应不大于800mm；采用瓷瓶固定导线时，导线间距应不小于100mm，瓷瓶间距应不大于1.5m；采用护套绝缘导线时，允许直接敷设于钢索上。

2.1.5 配电箱、开关箱与照明

（1）动力配电箱与照明配电箱宜分别设置，如合置在同一配电箱内，动力和照明线路应分别设置。

（2）配电箱及开关箱安装使用应符合以下要求：

1）配电箱、开关箱及漏电保护开关的配置应实行"三级配电、两级保护"，配电箱内电器设置应按"一机、一闸、一漏"原则设置。

2）配电箱与开关箱的距离不应超过30m，开关箱与其控制的固定式用电设备的水平距离不宜超过3m。

3）配电箱、开关箱应装设在干燥、通风及常温场所，不应装设在有严重损伤作用的瓦斯、烟气、蒸汽、液体及其他有害介质环境中。不应装设在易受外来固体物撞击、强烈振动、液体浸溅及热源烘烤的场所。

4）配电箱、开关箱周围应有足够两人同时工作的空间和通道，不应堆放任何妨碍操作、维修的物品，不应有灌木、杂草。

5）配电箱、开关箱应采用铁板或优质绝缘材料制作，安装于坚固的支架上。固定式配电箱、开关箱的下底与地面的垂直距离应大于1.3m、小于1.5m；移动式分配电箱、开关箱的下底与地面的垂直距离宜大于0.6m、小于1.5m。

6）配电箱、开关箱内的开关电器（含插座）应选用合格产品，并按其规定的位置安装在电器安装板上，不应歪斜和松动。

7）配电箱、开关箱内的工作零线应通过接线端子板连接，并应与保护零线接线端子板分设。

8）配电箱、开关箱内的连接线应采用绝缘导线，接头不应松动，不应有外露带电部分。

9）配电箱和开关箱的金属箱体、金属电器安装板以及箱内电器的不应带电金属底座、外壳等应保护接零。保护零线应通过接线端子板连接。

10）配电箱、开关箱应防雨、防尘和防砸。

（3）总配电箱应设置总隔离开关和分路隔离开关、总熔断器和分路熔断器（或总自动开关和分路自动开关），以及漏电保护器。总开关电器的额定值、动作整定值应与分路开关电器的额定值、动作整定值相适应。总配电箱应装设电压表、总电流表、总电度表及其他仪表。

（4）每台用电设备应有各自专用的开关箱，严禁用同一个开关电器直接控制两台

及两台以上用电设备（含插座）。

（5）开关箱中应装设漏电保护器，漏电保护器的装设应符合以下要求：

1）漏电保护器应装设在配电箱电源隔离开关的负荷侧和开关箱电源隔离开关的负荷侧。

2）漏电保护器的选择应符合 GB/Z 6829—2008《剩余电流动作保护器的一般要求》的要求，开关箱内的漏电保护器其额定漏电动作电流应不大于30mA，额定漏电动作时间应小于0.1s；使用于潮湿和有腐蚀介质场所的漏电保护器应采用防溅型产品，其额定漏电动作电流应不大于15mA，额定漏电动作时间应小于0.1s。

3）总配电箱和开关箱中两级漏电保护器的额定漏电动作电流和额定漏电动作时间应作合理配合，使之具有分级分段保护的功能。

4）漏电保护器应按产品说明书安装、使用和维护。

（6）各种开关电器的额定值应与其控制用电设备的额定值相适应，手动开关电器只应用于直接控制照明电路的容量不大于5.5kW的动力电路，容量大于5.5kW的动力电路应采用自动开关电器或降压起动装置控制。

（7）配电箱、开关箱中导线的进线口和出线口应设在箱体的下底面，严禁设在箱体的上顶面、侧面、后面或箱门处。移动式配电箱和开关箱的进线、出线应采用橡皮绝缘电缆。进线、出线应加护套分路成束并作防水弯，导线束不应与箱体进、出口直接接触。

（8）配电箱、开关箱的使用与维护，应遵守下列规定：

1）所有配电箱均应标明其名称、用途，作出分路标记，并应由专人负责。

2）所有配电箱、开关箱应每月进行检查和维修一次；检查、维修时应按规定穿、戴绝缘鞋、绝缘手套，使用电工绝缘工具；应将其前一级相应的电源开关分闸断电，并悬挂停电标志牌，严禁带电作业。

3）所有配电箱、开关箱的使用应遵守下列操作顺序：①送电操作顺序为：总配电箱—分配电箱—开关箱；②停电操作顺序为：开关箱—分配电箱—总配电箱（出现电气故障的紧急情况除外）。

4）施工现场停止作业1h以上时，应将动力开关箱断电上锁。

5）配电箱、开关箱内不应放置任何杂物，并应经常保持整洁；更换熔断器的熔体时，严禁用不符合原规格的熔体代替。

6）配电箱、开关箱的进线和出线不应承受外力。严禁与金属尖锐断口和强腐蚀介质接触。

（9）现场照明宜采用高光效、长寿命的照明光源。对需要大面积照明的场所，宜采用高压汞灯、高压钠灯或混光用的卤钨灯。照明器具选择应遵守下列规定：

1）正常湿度时，选用开启式照明器。

2）潮湿或特别潮湿的场所，应选用密闭型防水防尘照明器或配有防水灯头的开启式照明器。

3）含有大量尘埃但无爆炸和火灾危险的场所，应采用防尘型照明器。

4）对有爆炸和火灾危险的场所，应按危险场所等级选择相应的防爆型照明器。

5）在振动较大的场所，应选用防振型照明器。

6）对有酸碱等强腐蚀的场所，应采用耐酸碱型照明器。

7）照明器具和器材的质量均应符合有关标准、规范的规定，不应使用绝缘老化或破损的器具和器材。

（10）一般场所宜选用额定电压为220V的照明器，对下列特殊场所应使用安全电压照明器：

1）地下工程，有高温、导电灰尘，且灯具距地面高度低于2.5m等场所的照明，电源电压不应大于36V。

2）在潮湿和易触及带电体场所的照明电源电压不应大于24V。

3）在特别潮湿的场所、导电良好的地面、锅炉或金属容器内工作的照明电源电压不应大于12V。

（11）使用行灯应遵守下列规定：

1）电源电压不超过36V。

2）灯体与手柄连接坚固、绝缘良好，并耐热耐潮湿。

3）灯头与灯体结合牢固，灯头无开关。

4）灯泡外部有金属保护网。

5）金属网、反光罩、悬吊挂钩固定在灯具的绝缘部位上。

（12）照明变压器应使用双绕组型，严禁使用自耦变压器。

（13）携带式变压器的一次侧电源引线应采用橡皮护套电缆或塑料护套软线。其中绿/黄双色线作保护零线用，中间不应有接头，长度不宜超过3m，电源插销应选用有接地触头的插销。

（14）地下工程作业、夜间施工或自然采光差等场所，应设一般照明、局部照明或混合照明，并应装设自备电源的应急照明。

2.1.6　电动机械与手持电动工具

（1）电动施工机械和手持电动工具的选购、使用、检查和维修应遵守下列规定：

1）选购的电动施工机械、手持电动工具和用电安全装置，符合相应的国家标准、专业标准和安全技术规程，并且有产品合格证和使用说明书。

2）建立和执行专人专机负责制，并定期检查和维修保养。

3）保护零线的电气连接符合2.1.2之（2）的要求，对产生振动的设备其保护零线的连接点不少于两处，并按要求装设漏电保护器。

（2）门（塔）式起重机、室外施工临时电梯、滑升模板的金属操作平台和需要设置避雷装置的井字架等，除应做好保护接零外，还应按2.1.2之（7）的规定作重复接地。设备的金属结构架之间保证电气连接。

（3）电动建筑机械或手持电动工具的负荷线，应按其容量选取用无接头的多股铜芯橡皮护套软电缆。每一台电动建筑机械或手持电动工具的开关箱内，除应装设过负荷、短路、漏电保护装置外，还应装设隔离开关。

（4）潜水式电机设备的密封性能，应符合 GB/T 4942.2—1993《低压电器外壳防护等级》中的 IP68 级规定。

（5）移动式电动机械设备使用，应遵守下列规定：

1）应装设防溅型漏电保护器。其额定漏电动作电流不应大于 15mA，额定漏电动作时间应小于 0.1s。

2）负荷线应采用耐气候型的橡皮护套铜芯软电缆。

3）使用电动机械人员应按规定穿戴绝缘用品，应有专人调整电缆。电缆线长度应不大于 50m。严禁电缆缠绕、扭结和被移动机械跨越。

4）多台移动式机械并列工作时，其间距不应小于 5m；串列工作时，不应小于 10m。

5）移动机械的操作扶手应采取绝缘措施。

（6）手持式电动工具，应遵守下列规定：

1）一般场所应选用 Ⅱ 类手持式电动工具，并应装设额定动作电流不大于 15mA、额定漏电动作时间小于 0.1s 的漏电保护器。若采用 Ⅰ 类手持式电动工具，还应作保护接零。

2）露天、潮湿场所或在金属构架上操作时，应选用 Ⅱ 类手持式电动工具，并装设漏电保护器。严禁使用 Ⅰ 类手持式电动工具。

3）狭窄场所（锅炉、金属容器、地沟、管道内等），宜选用带隔离变压器的 Ⅰ 类手持式电动工具；若选用 Ⅱ 类手持式电动工具，应装设防溅的漏电保护器。把隔离变压器或漏电保护器装设在狭窄场所外面，工作时应有人监护。

4）手持电动工具的负荷线应采用耐气候型的橡皮护套铜芯软电缆，并不应有接头。

5）手持式电动工具的外壳、手柄、负荷线、插头、开关等应完好无损，使用前应作空载检查，运转正常方可使用。

2.2　施工供水

（1）生活供水水质应符合表 2.2.10 的要求，并应经当地卫生部门检验合格方可使用。生活饮用水源附近不应有污染源。

表 2.2.10　　　　　　　　　　生活饮用水水质标准

编　号		项　目	标　准
感官性状指标	1	色	色度不超过 15 度，并不应呈现其他异色
	2	浑浊度	不超过 3 度，特殊情况不超过 5 度
	3	臭和味	不应有异臭异味
	4	肉眼可见物	不应含有

编　号		项　目	标　准
化学指标	5	pH 值	6.5～6.8
	6	总硬度（以 CaO 计）	不超过 450mg/L
	7	铁	不超过 0.3mg/L
	8	锰	不超过 0.1mg/L
	9	铜	不超过 1.0mg/L
	10	锌	不超过 1.0mg/L
	11	挥发酚类	不超过 0.002mg/L
	12	阴离子合成洗涤剂	不超过 0.3mg/L
毒理学指标	13	氟化物	不超过 1.0mg/L，适宜浓度 0.5～1.0mg/L
	14	氰化物	不超过 0.05mg/L
	15	砷	不超过 0.04mg/L
	16	硒	不超过 0.01mg/L
	17	汞	不超过 0.001mg/L
	18	镉	不超过 0.01mg/L
	19	铬（六价）	不超过 0.05rag/L
	20	铅	不超过 0.05mg/L
细菌学指标	21	细菌总数	不超过 100 个/mL
	22	大肠菌数	不超过 3 个/mL
	23	游离性余氯	在接触 30min 后不应低于 0.3mg/L，管网末梢水不低于 0.05mg/L

（2）水质冻凝消毒处理所用的药剂或过滤材料应符合卫生标准，用于生活的饮用水不应含有对人体健康有害的成分；用于生产的用水不应含有对生产有害的成分。对水质应定期进行化验，确保水质符合标准。

（3）泵站（取水点）周围半径不小于 100m 的水域不应有停靠船只、游泳、捕捞和可能污染水源的活动。

（4）缆车式泵站卷扬机牵引设施应固定牢固，轨道上端设有行程开关，下端设有车程等安全保险连锁装置，取水位置应有明显行车标志。在移车前应检查卷扬机正常完好，启动时应有明显信号，升降时应有专人监护指挥。

（5）浮船式泵站应采取固船措施，船上应设有航标灯或信号灯，汛期应设专人监视水情及调正缆绳和输水管。

（6）固定式泵站的水泵地基应坚实，水泵机组应牢固地安装在基础上。

（7）泵房内应有足够的通道，机组间距应不少于 0.8m，泵房门应朝外开。

（8）蓄水池，应遵守下列规定：

1）基础稳固。

2）墙体牢固，不漏水。

3）有良好的排污清理设施。

4）在寒冷地区应有防冻措施。

5）水池上有人行通道并设安全防护装置。

6）生活专用水池须加设防污染顶盖。

（9）阀门井大小应满足操作要求，应安全可靠并有防冻措施。

（10）管道宜敷设于地下，采用明设时，应有保温防冻措施。在山区明设管道应避开滚石、滑坡地带。当明管坡度达15°～25°时，管道下应设挡墩支承，明管转弯处应设固定支墩。

2.3 施工供风

（1）空气压缩机站（房）应选择在基岩或土质坚硬、地势较高的地点，并应适当离开要求安静和防震要求较高的场所。

（2）空气压缩机站应远离散发爆炸性、腐蚀性、有毒气体、产生粉尘的场所和生活区，并做好防火、防洪、防高温等各项措施。

（3）寒冷地区空气压缩机站应有取暖设施。

（4）机房应宽敞明亮，尽可能利用自然采光，并设有排风、降温设施。

（5）机房应有足够的高度。在单机排气量不小于$20m^3/min$，总安装容量不小于$60m^3/min$的压缩空气站宜安装桥（门）式起重机等起重设备。

（6）机组之间应有足够的宽度，不宜小于2.5～3m，机组的一侧与墙之间的距离不应小于2.5m，另一侧应有宽敞的空地。

（7）机房的墙壁和屋顶宜安装吸音材料以减少噪声，空压机房内的噪声不应超过85dB（A），进气口应安装于室外，并装有消音器。

（8）压缩机的安全阀、压力表、空气阀、调压装置，应齐全、灵敏、可靠，并应按有关规定定期检验和标定。

（9）储气罐应符合以下要求：

1）储气罐罐体应符合国家有关压力容器的规定。

2）安装在机房外，距离不应小于2.5～3m。

3）应安装安全阀，该阀全开时的通气量应大于空压机排气量。

4）罐与供气总管之间应装设切断阀门。

5）储气罐应定期检验和进行压力试验。

（10）空气压缩机的冷却水应符合以下要求：

1）应使用清洁无杂质水，脏污的水或酸性水严禁使用。

2）水质硬度较高时应进行软化处理。

3）压力不应低于0.2MPa，进排水温差不应低于10℃。

4）回水管坡度不小于3‰且坡向冷却水池。

5）冷却水池周围应设有防护栏杆及水池排污管。

（11）空气压缩机房的维修平台和电动机地坑的周围，应设置防护栏杆，栏杆下部应有防护网或板，地沟应铺设盖板。

（12）空气压缩机站应设废油收集沟。

（13）移动式空气压缩机应停放在牢固基础上，宜设防雨、防晒棚和隔离护栏等设施。

（14）供风管道宜布设在道路、设施的边缘，连接牢固，标志清楚，通过道路、作业场地时宜采用埋设。

（15）供风管道布设在滚石、塌方等区域时，应采用埋设或设置防护挡墙，在坡度大于15°的坡面铺设管道时下面应设挡墙支撑，明管弯段处应设固定支墩。

2.4　施工通信

（1）通信站址的选择，宜尽量接近线路网中心，并应满足以下要求：

1）避开经常有较大震动或强噪声的地方。

2）避开易爆、易燃的地方以及空气中粉尘含量过高，有腐蚀性气体，有腐蚀性排放物的地方，如无法避开时，宜设在上述腐蚀性气体或产生粉尘、烟雾、水汽较多厂房的全年最大频率风向上风侧。

3）避开总降压变电所以及易燃、易爆的建筑物和堆积场。

4）站址宜选在地形较平坦、地质较坚实、地下水位较低、干扰少的地区。地基高程应高于施工期设计洪水位的地方。

（2）机房建筑的屋面构造应具有防渗漏、保温、隔热、耐久的性能。屋内应考虑所需架设通信设备的荷载和构造措施。

（3）机房屋面上设有天线杆、微波天线基础（包括轨道）、工艺孔洞时应采取防漏措施。

（4）机房内保温层应采用轻质材料，并应满足工艺结构强度和稳定性要求。

（5）机房及有关走廊等地段的土建工程设计时，主要出入口的高度和宽度尺寸除应符合工艺设计要求外，还应满足消防要求。

（6）机房照明、插座的数量和容量应符合设计配置要求，安装工艺良好，应满足使用要求。

（7）机房空调设备应性能良好，通风管道应清扫干净，达到洁净度规定要求，室内温度和相对湿度应满足局用程控交换设备运转条件要求，即温度 $18 \sim 28℃$ ，相对湿度 $20\% \sim 80\%$ 。

（8）在铺设活动地板的机房内，应对活动地板进行专门检查，地板板块铺设严密坚固，符合安装要求，水平误差不应大于 $2mm/m^2$ ，地板支柱接地良好，活动地板的系统电阻值应符合 $1.0 \times 10^5 \sim 1.0 \times 10^{10} \Omega$ 的有关规定。

（9）消防及警卫业务中继线，应从每个电话站各引出不少于一对，接到本企业的消防哨和警卫部门。

（10）有线广播线路应采用双线回路，广播网的用户线电压宜采用30V。

（11）广播明线与低压电力线同杆架设时，电力线电压不应超过380V，广播线应设在电力线下面，其间距不应小于1.5m，线位的确定应考虑安装和维护方便。

（12）广播明线与通信电缆同杆时，广播线应在通信电缆的上面，其间距不应小于0.6m，且通信电缆每隔200m左右接地一次。

（13）架空广播明线引入室内或与电缆相连接时，应加装保护设备。

（14）通信明线线路不应与电力线路同杆架设。

（15）通信电缆不宜与电力线路同杆架设，否则应符合下列要求：

1）与1～10kV电力线路相距不应小于2.5m。

2）与1kV以下电力线路间距不应小于1.5m。

3）电缆及吊线每隔200m左右应作一次接地，接地电阻按不大于10Ω考虑，每隔1000m左右应作一次绝缘。

（16）通信电（光）缆线路施工时，应考虑以下施工环境的影响：

1）通信电（光）缆穿越道路，在条件允许时可采用钻孔顶管方法敷缆，以利安全和环保。

2）线路穿越江河时，在稳固的桥梁上宜采取桥上敷挂和穿槽道方案，以尽量避免扰动水体。

（17）通信机站建筑物施工建设时，应注意采取减轻噪声对周围环境的影响，噪声量级应符合GB 12523—1997《建筑施工场所噪声限值》的规定。

（18）特殊施工部位的安全要求：

1）爆破部位的通信线不应靠近爆破引爆线。

2）廊道部位的通信线应注意线路的防潮。

3）缆机部位的通信线应注意线路的折弯移动和线路屏蔽。

4）高架部位的通信线应注意线路的途中固定不应过疏。

（19）无线电通信应注意通信设备的频带、功率等有关数据指标是否符合当地无线电管理体系的要求。

（20）蓄电池室应符合下列有关人身安全的要求：

1）宜设于底层，否则对地面结构应采取防酸液渗入的措施。

2）有可能与蓄电池室、贮酸室的室内空气相接触的一切非耐酸材料和设备均应采取防酸措施。

3）室内应设洗涤池和地漏。

4）在通向其他房间的隔墙上不宜开门或窗。

本章习题

2.2.1　在建工程（含脚手架）的外侧边缘与外电架空线路边线之间的最小安全操作距离是多少？

2.2.2　施工现场的机动车道与外电架空线路交叉时的最小垂直距离是多少？

2.2.3　机械最高点与高压线间的最小垂直距离是多少？

第 3 章　安 全 防 护 设 施

> **教学要求：**通过本章的教学，使学员了解水利水电工程施工安全防护常识和基本规定，理解施工中各种安全防护设施应用的目的和意义，熟悉高处作业施工安全防护措施，掌握施工脚手架、安全网、施工走道、栈桥与梯子、栏杆、盖板与防护棚布置及应用的安全技术，并懂得安全防护用具检验及使用要求。

3.1　安全常识

1. 反对"三违"

员工遵章守纪，是实现安全生产的基础。员工在生产过程中，不仅要有熟练的技术，而且必须自觉遵守各项操作规程和劳动纪律，远离"三违（违章指挥、违章操作、违反劳动纪律）"。

2. "三宝"、"四口"、"临边"

"三宝"指安全帽、安全带、安全网。

"四口"指楼梯口、电梯井口、预留洞口、通道口。

"临边"通常指尚未安装栏杆或栏板的阳台周边、无外脚手架防护的楼面与屋面周边、分层施工的楼梯与楼梯段边、井架、施工电梯或外脚手架等通向建筑物通道的两侧、框架结构建筑的楼层周边、斜道两侧边、卸料平台外侧边、雨棚与挑檐边、水箱与水塔周边等处。

3. 三级安全教育

三级安全教育是每个刚进企业的新员工（包括新招收的合同工、临时工、学徒工、农民工、大中专毕业实习生和代培人员）必须接受首次安全生产方面的基本教育。"三级"即公司（企业）、项目（工程、施工队、工区）、班组。

4. 三不伤害

施工现场每一个操作人员和管理人员都要增强自我保护意识，切实做到"不伤害自己，不伤害别人，不被他人伤害"。同时也要对安全生产自觉负起监督的职责，做到"我保护他人不受伤害"，才能达到开展全员安全教育活动的目的。

5. "安全落实"活动

即施工班组的每周安全活动要做到时间、人员、内容"三落实"。

6. "三懂三会"能力

即懂得本岗位和部门有什么火灾危险性，懂得消防知识，懂得预防措施；会报警，会使用灭火器材，会处理初起火灾。

7. 十项安全技术措施

（1）按规定使用安全"三宝"。

（2）机械设备防护装置一定要齐全有效。

（3）塔吊等起重设备必须有限位保险装置，不准"带病"运转，不准超负荷作业，不准在运转中维修保养。

（4）架设电线线路必须符合当地电业局的规定，电气设备必须全部接零接地。

（5）电动机械和手持电动工具要设置漏电保护器。

（6）脚手架材料及脚手架的搭设必须符合规程要求。

（7）各种揽风绳及其设置必须符合规程要求。

（8）在建设工程的"四口"必须有防护设施。

（9）严禁赤脚或穿高跟鞋、拖鞋进入施工现场，高空作业不准穿硬底和带钉易滑的鞋靴。

（10）施工现场的悬崖、陡坎等危险地区应设有警戒标志，夜间要设红灯标志。

8. 施工现场行走或上下的"十不准"

（1）不准从正在起吊、运吊中的物件下通过。

（2）不准从高处往下跳或奔跑作业。

（3）不准在没有设防护的外墙和外隔板等建筑物上行走。

（4）不准站在小推车等不稳定的物体上操作。

（5）不准攀爬起重臂、绳索、脚手架、井字架、龙门架和随同运料的吊盘及吊装物上下。

（6）不准进入挂有"禁止出入"或设有危险警戒标志的区域、场所。

（7）不准在重要的运输通道上下行走，或在通道上逗留。

（8）未经允许不准私自出入非本单位作业区域或管理区域，尤其是存有易燃易爆物品的场所。

（9）严禁在无照明设施，无足够采光条件的区域、场所内行走、逗留。

（10）不准无关人员进入施工现场。

9. 防止违章和事故的"十不盲目操作"

（1）新工人未经三级安全教育，复工换岗人员未经安全岗位教育，不盲目操作。

（2）特殊工种人员、机械操作工未经专门安全培训，无有效安全上岗操作证，不盲目操作。

（3）施工环境和作业对象情况不清，施工前无作业安全措施和安全交底不清，不盲目操作。

（4）新技术、新工艺、新设备、新材料、新岗位物安全措施，未经安全培训教育，不盲目操作。

（5）安全帽和作业所必需的个人防护用品不落实，不盲目操作。

（6）脚手架、吊篮、吊塔、井字架、龙门架、外用电梯，起重机械、电焊机、钢筋机械、木工平刨、圆盘锯、搅拌机、打桩机等设施设备和现浇混凝土模板支撑、搭设安装后，未经验收合格，不盲目操作。

（7）作业场所安全措施不落实，安全隐患不排除，威胁人身和国家财产安全时，不盲目操作。

（8）凡上级或管理干部违章指挥，有冒险作业情况时，不盲目操作。

（9）高处作业、带电作业、易燃易爆作业、爆破作业、有中毒或窒息危险的作业和科研试验或其他危险作业时，均应由上级指派，并经安全交底；未经指派批准、未经安全交底和无安全防护措施，不盲目操作。

（10）隐患未排除，有自己伤害自己，自己伤害他人，自己被他人伤害的不安全因素存在时，不盲目操作。

10. 防止机械伤害的"一禁、二必须、三定、四不准"

（1）一禁：不懂电器和机械的人员严禁使用和摆弄机电设备。

（2）二必须：①机电设备应完好，必须有可靠有效的安全防护装置；②机电设备停电、停工休息时必须拉闸关机，按要求上锁。

（3）三定：①机电设备应做到定人操作、定人保养、定人检查；②机电设备应做到定机管理、定期保养；③机电设备应做到定岗位和岗位职责。

（4）四不准：①机电设备不准带病运转；②机电设备不准超负荷运转；③机电设备不准在运转时维护修养；④机电设备运行时，操作人员不准将头、身伸入运转的机械行程范围内。

11. 防止车辆伤害的十项基本安全要求

（1）未经劳动、公安交通部门培训合格持证人员，不熟悉车辆性能者不得驾驶车辆。

（2）应坚持做好例保工作，车辆制动器、喇叭、转向系统、灯光等影响安全的部件如作用不良不准出车。

（3）严禁翻斗车、自卸车车厢乘人，严禁人货混装。车辆载货不得超载、超高、超宽，捆扎应牢固可靠，应防止车内物体失稳跌落伤人。

（4）乘坐车辆应坐在安全处，手、头、身不得露出车厢外，要避免车辆启动制动时跌倒。

（5）车辆进出施工现场，在场内掉头、倒车，在狭窄场地行驶应有专人指挥。

（6）现场行车要减速，并做到"四慢（道路情况不明要慢，线路不明要慢，起步、会车、停车要慢，在狭路、桥梁弯路、坡路、岔道、行人拥挤地点及出入大门时要慢）"。

（7）在临近机动车道的作业区和脚手架等设施，以及在道路中的路障应加设安全色标、安全标志和防护设施，并且保证夜间有充足的照明。

（8）装卸车作业时若车辆停在坡道上，应在车轮两侧用楔木加以固定。

（9）人员在场内机动车道应避免右侧行走，并做到不平排结队有碍交通；避让车辆时，应不避让于两车交会之间，不站于旁有堆物无法退让的死角。

（10）机动车辆不得牵引无制动装置的车辆，牵引物体上不得有人，人不得进入正在牵引的物与车之间，坡道上牵引时，车和被牵引物下方不得有人作业和停留。

3.2 基本规定

（1）工程施工生产安全防护设施应符合 DL 5162—2002 的有关规定。

（2）道路、通道、洞、孔、井口、高出平台边缘等设置的安全防护栏杆应由上、中、下三道横杆和栏杆柱组成，高度不应低于 1.2m，柱间距应不大于 2.0m。栏杆柱应固定牢固、可靠，栏杆底部应设置高度不低于 0.2m 的挡脚板。

（3）高处临边、临空作业应设置安全网，安全网距工作面的最大高度不应超过 3.0m，水平投影宽度应不小于 2.0m。安全网应挂设牢固，随工作面升高而升高。

（4）禁止非作业人员进出的变电站、油库、炸药库等场所应设置高度不低于 2.0m 的围栏或围墙，并设安全保卫值班人员。

（5）高边坡、基坑边坡应根据具体情况设置高度不低于 1.0m 的安全防护栏或挡墙，防护栏和挡墙应牢固。

（6）悬崖陡坡处的机动车道路、平台作业面等临空边缘应设置安全墩（墙），墩（墙）高度不应低于 0.6m，宽度不应小于 0.3m，宜采用混凝土或浆砌石修建。

（7）弃渣场、出料口的临空边缘应设置防护墩，其高度不应小于车辆轮胎直径的 1/3，且不应低于 0.3m。宜用土石堆体、砌石或混凝土浇筑。

（8）高处作业、多层作业、隧道（隧洞）出口、运行设备等可能造成落物的部位，应设置防护棚，所用材料和厚度应符合安全要求。

（9）地下工程作业，不良地质部位应采取钢、木、混凝土预制件支撑，或喷锚支护等措施。

（10）施工生产区域内使用的各种安全标志的图形、颜色应符合国家标准。

1）施工现场安全标志总平面图要根据工程特点、现场环境及《安全色标》标准编制。施工现场坑、井、沟和各种孔洞、易燃易爆场所、变压器周围，都要指定专人设置围栏或盖板和安全标志，夜间要设红灯示警，各种防护设施、警告标志，未经施工负责人批准，不得移动和拆除。

2）施工现场应按现场实际挂设的安全标志牌的数量、规格及挂设位置填写《施工现场安全标志牌一览表》，并在安全管理资料中存档。一览表记录的数字与挂设位置应与现场所挂的数量位置一致。

3）施工现场安全标志牌应设在醒目、与其所表示的内容有关的地方，并使施工人员在看到后有足够的时间来注意它所表示的内容，不可以全部并挂排列流于形式。

（11）夜间和地下工程施工应配有灯光信号。

（12）危险作业场所、机动车道交叉路口、易燃易爆有毒危险物品存放场所、库房、变配电场所以及禁止烟火场所等应设置相应的禁止、指示、警示标志。

（13）安全色是传递安全信息含义的颜色，包括红、蓝、黄、绿四种颜色。

1）红色是各种禁止标志；交通禁令标志；消防设备标志；机械的停止按钮、刹车及停车装置的操纵手柄；机器转动部件的裸露部分，如飞轮、齿轮、皮带轮等轮辐部分；指示器上各种表头的极限位置的刻度；各种危险信号旗等。

2）黄色为各种警告标志；道路交通标志和标线；警戒标记，如危险机器和坑池周围的警戒线等；各种飞轮、皮带轮及防护罩的内壁；警告信号旗等。

3）蓝色为各种指令标志；交通指示车辆和行人行驶方向的各种标线等标志。

4）绿色是各种提示标志；车间厂房内的安全通道、行人和车辆的通行标志、急救站和救护站等；消防疏散通道和其他安全防护设备标志；机器启动按钮及安全信号旗等。

（14）凡涂有安全色的部位，最少半年至一年检查一次，应经常保持整洁、明亮，如有变色、褪色等不符合安全色范围和逆反射系数低于70%的要求时，需要及时重涂或更换，以保证安全色的正确、醒目，以达到安全的目的。

3.3 高处作业

（1）凡经医生诊断，患高血压、心脏病、精神病等不适于高处作业病症的人员，不应从事高处作业。

（2）高处作业下方或附近有煤气、烟尘及其他有害气体，应采取排除或隔离等措施，否则不应施工。

（3）高处作业前，应检查排架、脚手板、通道、马道、梯子和防护设施，符合安全要求方可作业。高处作业使用的脚手架平台，应铺设固定脚手板，临空边缘应设高度不低于1.2m的防护栏杆。

（4）在坝顶、陡坡、屋顶、悬崖、杆塔、吊桥、脚手架以及其他危险边沿进行悬空高处作业时，临空面应搭设安全网或防护栏杆。

（5）安全网应随建筑物升高而提高，安全网距离工作面的最大高度不应超过3m。安全网搭设外侧应比内侧高0.5m，与架体连接不宜绷得太紧，系结点要沿边分布均匀、绑牢。

（6）在带电体附近进行高处作业时，距带电体的最小安全距离，应满足表2.3.1的规定，如遇特殊情况，应采取可靠的安全措施。

表 2.3.1　　　　　　　　　高处作业时与带电体的安全距离

电压等级 （kV）	10 及以下	20~35	44	60~110	154	220	330
工器具、安装构件、接地线等与带电体的距离（m）	2.0	3.5	3.5	4.0	5.0	5.0	6.0
工作人员的活动范围与带电体的距离（m）	1.7	2.0	2.2	2.5	3.0	4.0	5.0
整体组立杆塔与带电体的距离	应大于倒杆距离（自杆塔边缘到带电体的最近侧为塔高）						

（7）高处作业使用的工具、材料等，不应掉下。严禁使用抛掷方法传送工具、材料。小型材料或工具应该放在工具箱或工具袋内。

（8）在2m以下高度工作时，可使用牢固的梯子、高凳或设置临时小平台，严禁站在不牢固的物件（如箱子、铁桶、砖堆等物）上进行工作。

（9）从事高处作业时，作业人员应系安全带。高处作业的下方，应设置警戒线或隔离防护棚等安全措施。

（10）高处作业时，应对下方易燃、易爆物品进行清理和采取相应措施后，方可进行电焊、气焊等动火作业，并应配备消防器材和专人监护。

（11）高处作业人员上下使用电梯、吊篮、升降机等设备的安全装置应配备齐全，灵敏可靠。

（12）霜雪季节高处作业，应及时清除各走道、平台、脚手板、工作面等处的霜、雪、冰，并采取防滑措施，否则不应施工。

（13）高处作业使用的材料应随用随吊，用后及时清理，在脚手架或其他物架上临时堆放物品严禁超过允许负荷。

（14）上下脚手架、攀登高层构筑物，应走斜马道或梯子，不应沿绳、立杆或栏杆攀爬。

（15）高处作业时，不应坐在平台、孔洞、井口边缘，不应骑坐在脚手架栏杆、躺在脚手板上或安全网内休息，不应站在栏杆外的探头板上工作和凭借栏杆起吊物件。

（16）特殊高处作业，应有专人监护，并应有与地面联系信号或可靠的通信装置。

（17）在石棉瓦、木板条等轻型或简易结构上施工及进行修补、拆装作业时，应采取可靠的防止滑倒、踩空或因材料折断而坠落的防护措施。

（18）在电杆上进行作业前，应检查电杆埋设是否牢固，强度是否足够，并应选符合杆型的脚扣，系好合格的安全带，严禁用麻绳等代替安全带登杆作业。在构架及电杆上作业时，地面应有人监护、联络。

（19）高处作业周围的沟道、孔洞井口等，应用固定盖板盖牢或设围栏。

（20）遇有6级及以上的大风，严禁从事高处作业。

（21）进行三级、特级、悬空高处作业时，应事先制定专项安全技术措施。施工前，应向所有施工人员进行技术交底。

3.4　施工脚手架

（1）脚手架应根据施工荷载经设计确定，施工常规负荷量不应超过3.0kPa。脚手架搭成后，须经施工及使用单位技术、质检、安全部门按设计和规范检查验收合格，方准投入使用。

（2）高度超过25m和特殊部位使用的脚手架，应专门设计并报建设单位（监理）审核、批准，并进行技术交底后，方可搭设和使用。

（3）脚手架基础应牢固，禁止将脚手架固定在不牢固的建筑物或其他不稳定的物件之上，在楼面或其他建筑物上搭设脚手架时，均应验算承重部位的结构强度。

（4）钢管材料脚手架应符合下列要求：

1）钢管外径应为48～51mm，壁厚3～3.5mm，有严重锈蚀、弯曲或裂纹的钢管不应使用。

2）扣件应有出厂合格证明，脆裂、气孔、变形滑丝的扣件不应使用。

（5）脚手架安装搭设应严格按设计图纸实施，遵循自下而上、逐层搭设、逐层加固、逐层上升的原则，并应符合下列要求：

1）脚手架底脚扫地杆、水平横杆离地面距离为 20~30cm。

2）脚手架各节点应连接可靠，拧紧，各杆件连接处相互伸出的端头长度应大于10cm，以防杆件滑脱。

3）外侧及每隔 2~3 道横杆设剪刀撑，排架基础以上 12m 范围内每排横杆均应设置剪刀撑。

4）剪刀撑、斜撑等整体拉结件和连墙件与脚手架应同步设置，剪刀撑的斜杆与水平面的交角宜为 45°~60°，水平投影宽度不应小于 2 跨或 4m 和不大于 4 跨或 8m。

5）脚手架与边坡相连处应设置连墙杆，每 18m 设一个点，且连墙杆的竖向间距不应大于 4m。连墙杆采用钢管横杆，与墙体预埋锚筋相连，以增加整体稳定性。

6）脚手架相邻立杆和上下相邻平杆的接头应相互错开，应置于不同的框架格内。搭接杆接头长度，扣件式钢管排架不应小于 1.0m。

7）钢管立杆、大横杆的接头应错开，搭接长度不小于 50cm，承插式的管接头不应小于 8cm，水平承插或接头应穿销，并用扣件连接，拧紧螺栓，不应用铁丝绑扎。

8）脚手架的两端，转角处以及每隔 6~7 根立杆，应设剪刀撑及支杆，剪刀撑和支杆与地面的角度不应大于 60°，支杆的底端埋入地下深度不应小于 30cm。架子高度在7m 以上或无法设支杆时，竖向每隔 4m，水平每隔 7m，应使脚手架牢固地连接在建筑物上。

（6）脚手架的支撑杆，在有车辆或搬运器材通过的地方应设置围栏，以免受到通行车辆或搬运器材的碰撞。

（7）脚手架应定期检查，发现材料腐朽、紧固件松动时，应及时加固处理。靠近爆破地点的脚手架，每次爆破后均应进行检查。

（8）脚手架（排架）平台的外侧边缘与输电线路的边线之间的最小安全距离应符合表 2.2.1 的要求。

（9）从事脚手架工作的人员，应熟悉各种架子的基本技术知识和技能，并应持有国家特种作业主管部门考核的合格证。

（10）搭设架子时，所用扳手应系绳保护，所用的紧固件、工具应放在工具袋内，传递所用紧固件材料、工具不应抛掷。

（11）搭设架子，应尽量避免夜间工作，夜间搭设架子，应有足够的照明，搭设高度不应超过二级高处作业标准。

（12）脚手架的立杆、大横杆及小横杆的间距不应大于表 2.3.2 的规定。

表 2.3.2　　　　　　　　　　　脚手架各杆的间距　　　　　　　　　　单位：m

脚手架类别	立杆	大横杆	小横杆
钢脚手架	2.0	1.2	1.5

（13）脚手架的外侧、斜道和平台，应搭设防护栏杆、挡脚板或防护立网。在洞口、牛腿、挑檐等悬臂结构搭设挑架（外伸脚手架）时，斜面与墙面夹角不宜大于30°，并应支撑在建筑物的牢固部分，不应支撑在窗台板、窗檐、线脚等地方。

（14）斜道板、跳板的坡度不应大于1：3，宽度不应小于1.5m，防滑条的间距不应大于0.3m。

（15）井架、门架和烟囱、水塔等的脚手架，凡高度10～15m的要设一组缆风绳（4～6根），每增高10m加设一组。在搭设时应先设临时缆风绳，待固定缆风绳设置稳妥后，再拆除临时缆风绳。缆风绳与地面的角度应为45°～60°，要单独牢固地拴在地锚上，并用花篮螺栓调节松紧，调节时应对角交错进行。缆风绳严禁拴在树木或电杆等物上。

（16）钢管脚手架的立杆，应垂直稳放在金属底座或垫木上。

（17）挑式脚手架的斜撑上端应连接牢固，下端应固定在立柱或建筑物上。

（18）用钢管搭设井架、相邻两立杆接头错开不应少于50cm，横杆和剪刀撑应同时安装，滑轨应垂直，两轨间距误差不应超过10mm。

（19）悬吊式脚手架除遵守本节有关规定外，还应符合下列要求：

1）脚手架的全部悬吊系统应经设计，使用前，应进行设计荷载2倍的静负荷试验，并应对所有受力部分进行详细的检查和鉴定，符合要求后，方可使用。

2）任何情况下禁止超负荷使用。在工作过程中，对其结构、挂钩和钢丝绳应指定专人每天进行检查和维护。

3）全部悬吊系统（包括吊车）所用钢材应符合相关质量标准，各种挂钩应用套环箍紧，以免使用过程中脱开。钢管脚手架为防止节点滑脱，除立杆与横杆的扣件应牢固外，凡搭架人能站立部分，其立杆的上下两端还需要加设扣件保险，立杆伸出搭杆的部分不应短于20cm。

4）升降用的卷扬机、滑轮及钢丝绳，应根据施工荷载计算选用，卷扬机应用地锚固定，并应备用双重制动闸。钢丝绳的安全系数不应小于14，使用过程中应防止钢丝绳与构筑物棱角相摩擦。

5）为避免晃动，应使悬吊式脚手架固定在建筑物的牢固部位上。

（20）平台脚手板铺设，应遵守下列规定：

1）脚手板应满铺，与墙面距离不应大于20cm，不应有空隙和探头板。

2）脚手板搭接长度不应小于20cm。

3）对头搭接时，应架设双排小横杆，其间距不大于20cm，不应在跨度间搭接。

4）在架子的拐弯处，脚手板应交叉搭接。

5）脚手板的铺设应平稳，绑牢或钉牢，脚手板垫木应用木块，并且钉牢。

（21）脚手架验收投入使用后，未经有关人员同意，不应任意改变脚手架的结构和拆除部分杆件及改变使用用途。

（22）拆除架子前，应将电气设备，其他管、线路、机械设备等拆除或加以保护。

（23）拆除架子时，应统一指挥，按顺序自上而下地进行，严禁上下层同时拆除或自下而上地拆除。严禁用将整个脚手架推倒的方法拆除。

（24）拆下的材料，严禁往下抛掷，应用绳索捆牢，用滑车卷扬等方法慢慢放下，集中堆放在指定地点。

（25）三级、特级及悬空高处作业使用的脚手架拆除时，应事先制定出安全可靠的措施才能进行拆除。

（26）拆除脚手架的区域内，无关人员严禁逗留和通过，在交通要道应设专人警戒。

3.5 安全网

（1）安全平网安装平面不垂直于水平面，用来防止人，物坠落，或用来避免、减轻坠落及物击伤害。

（2）安全立网安装平面垂直于水平面，用来防止人、物坠落，或用来避免、减轻坠落及物击伤害。

（3）平（立）网可采用锦纶、维纶、涤纶或其他材料制成，其物理性能、耐候性等应符合 GB 5725—2009《安全网》规定。

（4）密目式立网其网眼孔径不大于 $\phi 12\mathrm{mm}$，立网缝线不应有跳针、漏缝，缝边应均匀。每张密目网允许有一个缝接，缝接部位应端正牢固。网体上不应有断纱、破洞、变形及有碍使用的编织缺陷。密目网各边缘部位的开眼环扣应牢固可靠。密目网的宽度应介于（1.2～2）m，长度最低不应小于2m。开眼环扣孔径不应小于 8mm。

（5）在有坠落风险的场所使用的密目式安全立网，称为 A 级密目网。在没有坠落风险或配合安全立网（护栏）完成坠落保护功能的密目式安全立网，称为 B 级密目网。

（6）平（立）网单张平（立）网重量不宜超过 15kg。

（7）平（立）网上所有的网绳、边绳、系绳、筋绳均应由不小于 3 股单绳制成。

（8）绳头部分应经过编花、燎烫等处理，不应散开。

（9）平（立）网上的所有节点应固定。

（10）平（立）网的网目形状应为菱形或方形，其网目边长不应大于 8cm。

（11）平网宽度不应小于 3m，立网宽（高）度不应小于 1.2m。平（立）网的规格尺寸与其标称规格尺寸的允许偏差为 ±4%。

（12）平（立）网平（立）的系绳与网体应牢固连接，各系绳沿网边均匀分布，相邻两系绳间距不应大于 75cm，系绳长度不小于 80cm。

（13）当筋绳加长用作系绳时，其系绳部分必须加长，且与边绳系紧后，再折回边绳系紧，至少形成双根。

（14）平（立）网如有筋绳，则筋绳分布应合理，平网上两根相邻筋绳的距离不应小于 30cm。

（15）平（立）网的绳断裂强力应符合表 2.3.3 的规定。

（16）平（立）网的耐冲击性能应符合表 2.3.4 的规定。

表 2.3.3	平（立）网绳断裂强力要求	
网类别	绳类别	绳断裂强力要求（N）
平网	边绳	≥7000
	网绳	≥3000
	筋绳	≤3000
立网	边绳	≥3000
	网绳	≥2000
	筋绳	≤3000

表 2.3.4	平（立）网的耐冲击性能要求	
安全网类别	平网	立网
冲击高度	7m	2m
测试结果	网绳、边绳、系绳不断裂，测试重物不应接触地面	网绳、边绳、系绳不断裂，测试重物不应接触地面

（17）阻燃型平（立）网其续燃、阴燃时间均不应大于 4s。

（18）密目式安全立网其长、宽方向的断裂强力（kN）×断裂伸长（mm）：

——A 级不应小于 65kN·mm；

——B 级不应小于 50kN·mm。

（19）按照 GB 5725—2009 规定的方法进行测试，密目式安全立网接缝部位抗拉强力不应小于断裂强力，长、宽方向的梯形法撕裂强力不应小于对应方向断裂强力的 5%，长、宽方向的开眼环扣强力（N）不应小于 2.45×对应方向环扣间距，系绳断裂强力不应小于 2000N。

（20）按照 GB 5725—2009 规定的方法进行测试，密目式安全立网不应被贯穿或出现明显损伤，边绳不应破断且网体撕裂形成的孔洞不应大于（200×50）mm，金属零件应无红锈及明显腐蚀。

3.6 施工走道、栈桥与梯子

（1）施工场所内人行走道及人力货运走道（通道）基础应牢固，走道表面应保持平整、整洁、畅通，无障碍堆积物，无积水。

（2）施工走道的临空（2m 高度以上）、临水边缘应设有高度不低于 1.2m 的安全防护栏杆，临空下方有人施工作业或人员通行时，沿栏杆下侧应设有高度不低于 0.2m 的挡板。

（3）施工走道宽度不宜小于 1m。

（4）施工栈桥和栈道的搭设应根据施工荷载设计施工。

（5）跨度小于 2.5m 的悬空走道（通跳）宜用厚 7.5cm、宽 15cm 的方木搭设，超过 2.5m 的悬空走道搭设应经设计计算后施工。

（6）施工走道上方和下方有施工设施或作业人员通行时应设置大于通道宽度的隔离防护棚。

（7）出现霜雪冰冻后，施工走道应采取相应的防滑措施。

（8）高处作业垂直通行应设有钢扶梯、爬梯或简易木梯。

（9）钢扶梯梯梁宜采用工字钢或槽钢；踏脚板宜采用不小于 $\phi 20mm$ 的钢筋、扁钢与小角钢；扶手宜采用外径不小于 30mm 的钢管。焊接制作安装应牢固可靠。钢扶梯宽度不宜小于 0.8m，踏脚板宽度不宜小于 0.1m，间距以 0.3m 为宜。钢扶梯的高度大于

8m 时，宜设梯间平台，分段设梯。

（10）钢爬梯梯梁宜采用不小于 L50×50 角钢或不小于 φ30mm 的钢管；踏棍宜采用不小于 φ20mm 的圆钢。焊接制作安装应牢固可靠。钢爬梯宽度不宜小于 0.3m，踏棍间距以 0.3m 为宜；钢爬梯与建筑物、设备、墙壁、竖井之间的净间距不应小于 0.15m，钢爬梯的高度超过 5m 时，其后侧临空面宜设置相应的护笼，每隔 8m 宜设置梯间平台。

（11）简易木梯材料应轻便坚固，长度不宜超过 3m，底部宽度不宜小于 0.5m；梯梁梢径不小于 8cm，踏步间距以 0.3m 为宜。

（12）人字梯应有限制开度的链条绳具。

（13）梯子使用应符合以下规定：

1）工作前应把梯子安放稳定。梯子与地面的夹角宜为 60°，顶端应与建筑物靠牢。

2）在光滑坚硬的地面上使用梯子时，梯脚应套上橡皮套或在地面上垫防滑物（如橡胶布、麻袋）。

3）梯子应安放在固定的基础上，严禁架设在不稳固的建筑物上或悬吊在脚手架上。

4）在梯子上工作时要注意身体的平稳，不应两人或数人同时站在一个梯子上工作。

5）上下梯子不宜手持重物。工具、材料等应放在工具袋内，不应上下抛掷。

6）使用梯子宜避开机械转动部分以及起重、交通要道等危险场所。

7）梯子应有足够的长度，最上两挡不应站人工作，梯子不应接长或垫高使用。

（14）绳梯的使用应符合下列规定：

1）绳梯的安全系数不应小于 10。

2）绳梯的吊点应固定在牢固的承载物上，并应注意防火、防磨、防腐。

3）绳梯应指定专人负责架设。使用前应进行认真检查。

4）绳梯每半年应进行一次荷载试验。试验时应以 500kg 的重量挂在绳索上，经 5min，若无变形或损坏，即认为合格。试验结果应作记录，应由试验者签章，未按期作试验的严禁使用。

3.7 栏杆、盖板与防护棚

（1）栏杆材料及连接要求：

1）钢管管径 $\phi \geqslant 48mm$，壁厚 $d \geqslant 2.75mm$，用扣件或焊接连接。

2）钢筋横杆 $\phi \geqslant 16mm$，柱杆 $\phi \geqslant 20mm$，宜采用焊接连接。

3）原木横杆梢径 $D \geqslant 7cm$，柱杆梢径 $D \geqslant 7.5cm$，不宜用小于 12 号镀锌铁丝绑扎。

4）毛竹横杆梢径 $D \geqslant 7cm$，柱杆梢径 $D \geqslant 8cm$，不宜用小于 12 号镀锌铁丝绑扎。

（2）栏杆的横杆由上、中、下三道组成，上杆离地高度宜为 1.0～1.2m，下杆离地高度宜为 0.3m。坡度大于 25°时，栏杆高度应为 1.5m。

（3）栏杆的柱杆间距不宜大于 2m，柱杆固定应符合以下要求：

1）泥石地面，宜打入地面 0.5～0.7m，离坡坎边口的距离不应小于 0.5m。

2）混凝土地面，宜用预埋件与钢管或钢筋柱杆焊接固定；采用圆木、竹栏杆柱杆固定时，应在预埋件上焊接 0.3mL50×50 的角钢或 $\phi \geqslant 20mm$ 的钢筋，应用螺栓连接或用不小于 12 号的镀锌铁丝绑扎两道以上固定。

3）在操作平台、通道、栈桥等处固定柱杆，应与已埋设的插件焊接或绑扎牢固。

（4）栏杆长度小于 10m，两端应设斜杆；长度大于 10m，每 10m 段至少设置两根斜杆。斜杆的材料要求与横杆相同，并与横杆、柱杆焊接或绑扎连接牢固。

（5）施工现场各类洞井孔口和沟槽应设置固定盖板，盖板材料宜采用木材、钢材或混凝土，其中普通盖板承载力不应小于 2.5kPa；机动车辆、施工机械设备通行道路上的盖板承载力不应小于经过车辆设备中最大轴压力的 2 倍。

（6）各类盖板表面应防滑，基础应牢固可靠，并定期检查维修。

（7）在同一垂直方向同时进行两层以上交叉作业时，底层作业面上方应设置防止上层落物伤人的隔离防护棚，防护棚宽度应超过作业面边缘 1m 以上。

（8）施工道路、通道上方可能落物伤人地段以及隧洞出口，施工用电梯、吊篮出入口处应设有防护棚，防护棚高度应不影响通行，宽度不应小于通行宽度。

（9）防护棚应安装牢固可靠，棚面材料宜使用 5cm 厚的木板等抗冲击材料，且满铺无缝隙，经验收符合设计要求后使用，并定期检查维修。

3.8 安全防护用具

（1）安全帽、安全带、安全网等施工生产使用的安全防护用具，应符合国家规定的质量标准，具有厂家安全生产许可证、产品合格证和安全鉴定合格证书，否则不应采购、发放和使用。

（2）安全防护用具应按规定要求正确使用，不应使用超过使用期限的安全防护用具。

（3）常用安全防护用具应经常检查和定期试验，其检查试验的要求和周期见表 2.3.5。

表 2.3.5　　　　　　　　常用安全用具的检验标准与试验周期

名　称	检查与试验质量标准要求	检查试验周期
塑料安全帽	（1）外表完整、光洁； （2）帽内缓冲带、帽带齐全无损； （3）耐 40～120℃高温不变形； （4）耐水、耐油、耐化学腐蚀性良好； （5）可抗 3kg 的钢球从 5m 高处垂直坠落的冲击力	一年一次
安全带	检查： （1）绳索无脆裂，断脱现象； （2）皮带各部接口完整、牢固，无霉朽和虫蛀现象； （3）销口性能良好 试验： （1）静荷：使用 255kg 重物悬吊 5min 无损伤； （2）动荷：将重量为 120kg 的重物从 2～2.8m 高架上冲击安全带，各部件无损伤	（1）每次使用前均应检查； （2）新带使用一年后抽样试验； （3）旧带每隔 6 个月抽查试验一次
安全网	（1）绳芯结构和网筋边绳结构符合要求； （2）两件各 120kg 的重物同时由 4.5m 高处坠落冲击完好无损	每年一次，每次使用前进行外表检查

（4）高处临空作业应按规定架设安全网，作业人员使用的安全带，应挂在牢固的物体上或可靠的安全绳上，安全带严禁低挂高用。拴安全带用的安全绳，不宜超过3m。

（5）安全防护用具，严禁作其他工具使用，并应注意保管，安全带、安全帽应放在空气流通、干燥处。

（6）在有毒有害气体可能泄漏的作业场所，应配置必要的防毒护具，以备急用，并应及时检查维修更换，保证其处在良好待用状态。

（7）电气操作人员应根据工作条件选用适当的安全电工用具和防护用品，电工用具应符合安全技术标准并定期检查，凡不符合技术标准要求的绝缘安全用具、登高作业安全工具、携带式电压和电流指示器以及检修中的临时接地线等，均不应使用。使用的安全用具、防护用品其试验内容、标准和周期按表2.3.6执行。电工登高作业安全用具的试验标准应符合表2.3.7的规定。

表2.3.6　　　　　　　　　电工安全用具防护用品试验标准周期表

名　称		工作电压（kV）	试验标准						试验周期（年）
			耐压（kV）		耐压时间（min）		泄漏电流（mA）		
			出厂	使用	出厂	使用	出厂	使用	
绝缘杆绝缘夹钳		≤35	线电压的3倍，但不应低于40		5		—		1~2
绝缘手套		各种电压	12	8	1		12	9	0.5
绝缘靴		各种电压	20	15	2	1	10	7.5	0.5
绝缘鞋		≤1	5	3.5	1		2		0.5
绝缘毡和绝缘垫		≤1	5		以2~3cm/s的速度拉过		2		2
绝缘垫		≤1	15				15		2
绝缘站台		各种电压	40		2				3
高压验电器	本体	≤35	25		1				0.5
	手把	≤10	40		5				0.5
		≤10	105		5				0.5

表2.3.7　　　　　　　　　电工登高用具试验标准

名　称	安全带		安全帽	升降板	脚扣	竹（木）梯
	大皮带	小皮带				
试验静拉力（kg）	225	150	225	225	100	荷重180
试验周期	半年一次					
外表检查周期	每月一次					
试验时间（min）	5					

本章习题 _____

2.3.1　反对"三违"是指什么？

2.3.2　何为"三宝"、"四口"、"临边"？

2.3.3　"三不伤害"是指什么？

2.3.4　"三懂三会"能力的具体内容是什么？

2.3.5　施工现场行走或上下规定"十不准"是指什么？

2.3.6　何为防止机械伤害的"一禁、二必须、三定、四不准"？

2.3.7　防止车辆伤害的十项基本安全要求是什么？

2.3.8　施工生产区域内使用的各种安全标志的图形、颜色应符合哪些标准？

2.3.9　安全色是传递安全信息含义的颜色，具体包括哪几种颜色？各自含义是什么？

2.3.10　高处作业时工器具、安装构件、接地线等与带电体的安全距离是多少？

2.3.11　高处作业时工作人员的活动范围与带电体的安全距离是多少？

2.3.12　遇到几级及以上的大风，严禁从事高处作业？

2.3.13　钢管材料脚手架应符合哪些技术要求？

2.3.14　脚手架安装搭设按设计图纸实施，应遵循的原则是什么？

2.3.15　脚手架的立杆、大横杆及小横杆的间距规定是多少？

2.3.16　安全网的质量要求必须符合哪一标准或规范的规定？

2.3.17　安全网安装前必须对哪些部位进行检查与测试，且确认无误后方可开始安装？

2.3.18　施工走道宽度不宜小于1m对吗？

2.3.19　施工栈桥和栈道的搭设应根据何种荷载设计施工？

2.3.20　施工走道上方和下方有施工设施或作业人员通行时应设置大于还是小于通道宽度的隔离防护棚？

2.3.21　高处作业垂直通行应安设哪几种梯子？

2.3.22　施工现场的栏杆、盖板与防护棚的材料及连接要求是什么？

2.3.23　电工及其登高用具的检验标准与试验周期是什么？

第4章 大型施工设备安装与安全运行

教学要求：本章包括大型施工设备安装与安全运行的基本规定、大型设备安全运行的操作规定以及特种设备的安全运行规定等内容。掌握大型施工设备的种类，掌握作业前、作业时、作业后的安全运行操作规定；理解特种设备的概念及基本规定，以及这些特种设备运行时的安全操作要求；了解大型施工设备及操作人员在安装与运行过程中应注意的基本事项；通过学习，提高学员对大型施工设备在安装与运行过程中的安全管理能力。

4.1 基本规定

水利水电工程安装企业及其附属的工业生产和维修单位的机械应按其技术性能和有关规定正确使用。缺少安全装置或安全装置已失效的机械设备不得使用。

（1）严禁拆除机械设备上的自动控制机构、力矩限位器等安全装置及监测、指示仪表和警报器等自动报警信号装置。其调试和故障的排除应由专业人员负责进行。

（2）机械设备应按时进行保养，当发现有漏保、失修或超载带病运转等情况下时，有关部门应停止其使用。严禁对处在运行和运转中的机械进行维修、保养或高速等作业。

（3）机械设备的操作人员必须身体健康，并经过专业培训考试合格，在取得有关部门颁发的操作证、特殊工种操作证后，方可独立操作。学员必须在师傅的指导下进行操作。

（4）机械操作人员和配合作业人员，都必须按规定穿戴劳动保护用品，长发不得外露。高处作业必须系安全带，不得穿硬底鞋和拖鞋。严禁从高处往下投掷物件。

（5）机械作业时，操作人员不得擅自离开工作岗位或将机械交给非本机操作人员操作。严禁无关人员进入作业区和操作室。工作时，思想要集中，严禁酒后操作。

（6）操作人员有权拒绝执行违反安全操作规程的命令。由于发令人强制违章作业造成事故者，应追究发令人的责任，直至追究刑事责任。

（7）进行日作业两班及以上的机械设备均须实行交接班制。操作人员要认真填写交接班记录。

（8）机械进入作业地点后，施工技术人员进行施工任务及安全技术措施交底。操作人员应熟悉作业环境和施工条件，听从指挥，遵守现场安全规则。

（9）现场施工负责人应为机械作业提供道路、水电、临时机棚或停机场地等必需的条件，并消除对机械作业有妨碍或不安全的因素。昼夜作业必须设置有充足的照明。

（10）在有碍机械安全和人身健康场所作业时，机械设备应采取相应的安全措施。操作人员必须配备适用的安全防护用品。

（11）当使用机械设备与安全发生矛盾时，必须服从安全的要求。

（12）当机械设备发生事故或未遂恶性事故时，必须及时抢救，保护现场，并立即报告领导和有关部门听候处理。企业领导对事故应按"三不放过"的原则进行处理。

4.2 设备运行

4.2.1 塔式起重机安全操作规程

（1）塔式起重机应按技术性能和出厂说明书的规定使用。

（2）起重机的安装、顶升、拆卸必须按照原厂规定进行，并制订安全作业措施，由专业队（组）在队（组）长负责统一指导下进行，并要有技术和安全人员在场监护。

（3）起重机安装后，在无载荷情况下，塔身与地面的垂直度偏差不得超过 3/1000。

（4）起重机专用的临时配电箱，宜设置在轨道中部附近，电源开关应合乎规定要求，电缆卷筒必须运转灵活，不得拖缆。

（5）起重机必须安装行走、变幅、吊钩高度等限位器和力矩限制器等安全装置，并保证灵敏可靠。对有升降式驾驶室的起重机，断绳保护装置必须可靠。

（6）起重机不得靠紧架空输电线路作业，必须在线旁作业时，应采取安全保护措施，起重机与架空输电线路的安全距离不得小于表 2.4.1 的规定。

表 2.4.1　　　　　　　　　起重机与加强空输电线的安全距离

项　　目	<1kV	1~15kV	20~40kV	60~110kV	220kV
允许沿输电线垂直方向最近距离（m）	1.5	3	4	5	6
允许沿输电线水平方向最近距离（m）	1	1.5	2	4	6

（7）起重机的塔身上，不得悬挂标语牌。

（8）起重机使用的钢丝绳规格、强度必须符合该型起重机的要求，要以生产厂的技术文件作使用依据。并对钢丝绳进行试验，合格后方可使用。

（9）检查轨道应平直、无沉陷，轨道螺栓无松动，排除轨道上的障碍物，松开夹轨器并向上固定好。

（10）作业前重点检查：

1）机构结构的外观情况，各传动机构应正常。

2）各齿轮箱、液压油箱的油位应符合标准。

3）主要部位连接螺栓应无松动。

4）钢丝绳磨损情况及穿绕应符合规定。

5）供电电缆应无破损。

（11）起重机在中波无线广播发射天线附近施工时，凡与起重机接触的作业人员，均应戴绝缘手套和绝缘鞋。

（12）电源电压应达到 380V，其变动范围不得超过 ±220V，送电前启动控制开关应在零位。接通电源，检查金属结构部分无漏电后方可上机。

（13）空载动转，检查行走、回转、起重、变幅等各机构的制动器、安全限位、防护装置等确定正常后，方可作业。

（14）操纵各控制器时应依次逐级操作，严禁越挡操作。在变换运转方向时，应将控制器转到零位，待电动机停止转动后，再转向另一方向。操作时力求平稳，严禁急开急停。

（15）吊钩提升接近臂杆顶部，小车行至端点或起重机行走接近轨道端部时，应减速缓行至停止位置。吊钩距臂杆顶部不得小于1m，起重机距轨道端部不得小于2m。

（16）动臂式起重机的起重、回转、行走三种动作可以同时进行，但变幅只能单独进行。每次变幅后应对变幅部位进行检查。允许带走载变幅的在满载或接近满载荷时，不得变幅。

（17）起重机作业时，应遵守以下规定：

1）进行起重机吊钩的升降、回转、变幅、行走等时，应鸣号示意。

2）作业时，操作人员和指挥人员必须密切配合。指挥人员必须熟悉起重机的性能，操作人员应严格执行指挥信号，如信号不清或错误，操作人员可拒绝执行。

3）操作人员必须按规定的起重性能作业，不得超负荷起吊，特殊情况需超负荷时，必须有安全保证措施，经技术负责人批准，并有专人在现场监护，方可起吊。

4）提升重物后，严禁自由下降。重物就位时，可用微动机构或使用制动器使之缓慢下降。

5）提升的重物平移时，应高出其跨越的障碍物 0.5m 以上。

6）两台起重机同在一条轨道上或在相近轨道上进行作业时，应保持两机之间任何接近部位（包括吊起的重物）距离不得小于 5m。

7）严禁用起重机斜拉、斜吊和起吊地下埋设和凝结在地面上的重物。

8）起重机升降速度要均匀、左右回转要平稳。严禁忽快忽慢和突然制动。回转未停稳前不得作反向动作。

9）起吊重物应绑扎牢固，对吊装过程中可能晃动的重物，应拴拉绳。细长和多根物件必须采取多点起吊。标有绑扎位置或记号的物件，应按标明位置绑扎，绑扎钢丝绳与物件的夹角不得小于30°。

10）起重机起吊满负荷或接近满负荷时，应先将重物调离地面 30~50cm 停机，检查起重机的稳定性、制动器的可靠性、重物绑扎的牢固性。经检查无误后，再正式起吊。

11）起重机在雨雪天气作业时，应进行试吊，证明制动器灵敏可靠后，方可进行作业。

（18）严禁在弯道上进行吊装作业或吊重物转弯。

（19）遇有六级及以上大风或大雨、大雪、大雾等恶劣天气时，应停止起重机的露天作业。

（20）任何人员上塔帽、吊臂、平衡臂的高空部位检查或修理时，必须佩带安全带。

（21）作业后，应遵守以下规定：

1）起重机应停放在轨道中间位置，臂杆应转到顺风方向，并放松回转制动器。小车及平衡重应移到非工作状态位置。吊钩提升到离臂杆顶端 2～3m 处。

2）将每个控制开关拨至零位，依次断开各路开关，关闭操作室门窗，下机后切断电源总开关，打开高空指示灯。

3）锁紧夹轨器，使起重机与轨道固定，如遇八级大风时，应另拉缆风绳与地锚或建筑物固定。

4）工作休息时，不得将重物悬挂在空中。

5）每个工作日后，应对钢丝绳所有可见部位及钢丝绳的联结部位进行检查。钢丝绳表面磨损或腐蚀使其名义直径减少 7% 时，或在规定长度内断丝根数达到表 2.4.2 规定时应及时更新。

表 2.4.2　　　　　　　　钢 丝 绳 断 丝 更 新 标 准

钢丝绳结构形式	继丝长度范围（d = 绳径）	钢 丝 绳 的 型 号			
		$6 \times 19 + 1$	$6 \times 37 + 1$	$6 \times 61 + 1$	$18 \times 19 + 1$
交捻	6d	10	19	29	27
	30d	19	38	58	54
顺捻	6d	5	10	15	18
	30d	10	19	30	27

4.2.2　对路基的要求

（1）起重机的路基必须经过平整夯实，基础必须能够承受工作状态和非工作状态下的最大荷载，并能满足起重机的稳定性要求。

（2）碎石基础道渣厚度不小于 25cm，道渣粒径 20～40mm，平整捣实，钢轨两侧道木之间必须填满道渣。

（3）路基外侧应开挖排水沟，保证路基无积水。

（4）弯轨路基必须符合规定要求，起重机转弯时应在外轨轨面上撒上砂子，内轨轨面及两翼涂上润滑脂，配重箱转至转弯外轮的方向。

（5）起重机在施工期内，每周或雨后应对轨道路基检查一次，发现不符合规定时，及时调整。

4.2.3　对轨道的要求

（1）起重机轨道应通过垫块与轨枕可靠联结，轨道每隔 6m 设轨距拉杆一道。使用过程中轨道不得移动。

（2）起重机轨道铺设必须严格按照原厂使用规定，轨距偏差不得超过其名义值的 0.001%。

（3）在纵向、横向上钢轨顶面倾斜度不大于 1/1000。

（4）两条轨道的接头必须错开，错开距离不小于 1.5m，钢轨接头间隙不大于 4mm，接头处应架在轨枕上，不得悬空，两端高差不大于 2mm。

（5）距轨道终端处必须设置极限位置阻挡器，其高度应不小于行走轮半径。

4.2.4 搅拌机安全管理规定

（1）搅拌机工作场地要有良好的排水条件，机械近旁应有水源，机棚内应有良好的通风、采光及防雨、防冻条件，并不得积水。

（2）搅拌机应设置在平整的位置，用方木垫起前后轮轴，使轮胎架空，机械应垫牢。

（3）固定式搅拌机的操纵台应使操作人员能看到各部工作情况，仪表、指示信号准确可靠，电动搅拌机的操纵台应垫上橡胶板或干燥木板。

（4）电动机应设有开关箱，并设漏电保护器。停机不用或下班后应拉闸断电，锁好开关箱。

（5）传动离合器和制动器应灵活可靠，轨道滑轮应良好，各部位润滑到位，周围无障碍。

（6）气温降到 5℃ 以下时，管道、泵、机内均应采取防冻保温措施。

（7）空车试运转，检查搅拌筒或搅拌叶的转动方向与转速是否正常。搅拌筒的旋转方向应符合箭头的指示方向，如不符应更改电动机的接线。

（8）作业时，应遵守以下规定：

1）作业时，应经常注意机械各部件的运转是否正常，搅拌叶片是否变形，螺钉是否松动、脱落。

2）骨料规格应与搅拌机的性能相符，超出许可范围的不得使用。

3）进料时，严禁将头或手伸入料斗与机架之间察看或探摸进料情况，运转中不得用手或工具等物伸入搅拌筒内扒料出料。

4）向搅拌筒内加料应在运转中进行，添加新料必须先将搅拌机内原有的混凝土全部卸出后才能进行。不得中途停机或在满载荷时启动搅拌机，反转出料者除外。

5）料斗升起时，严禁在其下方工作或穿行。料坑底部要设料斗的枕垫，清理料坑时必须将料斗用链条扣牢。

6）作业中，如发生故障不能继续运转时，应立即切断电源，将搅拌筒内的混凝土清除干净，然后进行检修。

（9）作业后，应及时将机内、水箱内、管道内的存料、积水放尽，进行全面清洗，操作人员如需进入筒内清洗时，必须切断电源，设专人在外监护，或卸下熔断器并锁好电闸箱，然后方可进入。

（10）作业后，应将料斗降落到料斗坑，如需升起则应用链条扣牢，并清理场地。

（11）移动式搅拌机长期停放或使用时间超过 3 个月以上时，应将轮胎卸下妥善保管，轮轴端部应做好清洁和防锈工作。

4.2.5　卷扬机安全管理规定

（1）卷扬机应安装在平稳牢固的基础上，设置可靠的地锚。安装地点必须使工人能清楚地看见重物的起吊位置，否则应使用自动信号或设多级指挥。禁止在黑暗或光线不足的地方进行起重工作。

（2）卷扬机必须有可靠的制动装置（自动制动器、手闸、脚闸），如制动装置失灵，未修复前不得使用。

（3）钢构件或重大设备起吊，必须使用齿轮传动的卷扬机，禁止使用摩擦式或皮带式卷扬机。

（4）卷扬机必须设防雨、防护操作棚。卷扬机上使用的钢丝绳断丝达 10% 时，必须报废更换。

（5）使用皮带和开式齿轮传动的部分，均须设防护罩，导向滑轮不得用开口拉板式滑轮。

（6）以动力正反转的卷扬机，卷筒旋转方向应与操纵开关上指示的方向一致。正转变反转时，应先停车，再按反转按钮，禁止不停车直接按反转按钮。

（7）从卷筒中心线到第一个导向滑轮的距离，带槽卷筒应大于卷筒宽度的 15 倍，无槽卷筒应大于 20 倍。当钢丝绳在卷筒中间位置时，滑轮的位置应与卷筒轴心垂直。

（8）卷筒上的钢丝绳应排列整齐，如发现重叠或斜绕时，应停机重新排列。严禁在转动中用手、脚去拉、踩钢丝绳。

（9）作业前检查卷扬机与地面固定情况，防护设施、电气线路、制动装置和钢丝绳等全部合格后方可使用。

（10）作业中，任何人不得跨越正在作业的卷扬钢丝绳。物件提升后，操作人员不得离开卷扬机。休息时物件或吊笼应降至地面。

（11）卷扬机工作中，如遇停电，应切断电源，将提升物降至地面。

（12）操作人员作业时，应严格执行操作规程，思想集中，服从指挥。

（13）交接班时，交班司机应把机械运行情况交代清楚，做好记录；接班司机在完成各接班事项后才能开始工作。

（14）应进行经常性的维护保养工作，按照清洁润滑、紧固、调整、防腐十字作业法，确保整个机械运转正常，制动灵活有效。

4.2.6　混凝土振捣器安全管理

（1）使用电动振捣器，须有触电保安器或接地装置。

（2）使用前应检查各部连接是否牢固，旋转方向是否正确。

（3）检查振动设备的电源、漏电保护开关。

（4）湿手不得接触振捣器电源开关，振捣器的电缆不得破皮漏电。

（5）不得将运转中的振捣器放在模板或脚手架上。

（6）振捣器与平板应保持紧固，电源线必须固定在平板上，电器开关应装在手把上。

（7）在一个构件上同时使用几台附着式振捣器工作时，所有振捣器的频率必须相同。

（8）如检修、搬移振捣器或中断工作时，必须切断电源，不得硬拉电线，不得在钢筋或其他锐利物上拖拉电线。

（9）浇筑高仓位时，要防止振捣工具和混凝土骨料掉落仓外。

（10）吊运平仓振捣器时，必须注意吊索、吊具、吊耳是否完好，吊索角度是否正当。

（11）电动振捣器的安装、拆除，或在运转过程中的故障处理，均应由电工进行。

（12）电动内部或外部振动器在使用前应先对电动机、导线、开关等进行检查，如导线破损绝缘老化、开关不灵、无漏电保护装置等，禁止使用。

（13）电动振捣器须用按钮开关，不得使用插头开关；电动振捣器的扶手，必须套上绝缘胶皮管。

（14）雨天进行混凝土振捣作业时，必须将振捣器加以遮盖，避免雨水浸入电机造成漏电伤人。

（15）不准放在初凝混凝土、地板、脚手架、道路和干硬的地面上进行试振。

（16）振捣器软轴的弯曲半径不得小于50cm，并不得多于两个弯，操作时振动棒应自然垂直地沉入混凝土，不得用力硬插、斜推或使钢筋夹住棒头，也不得全部插入混凝土中。

（17）保持清洁，不得有混凝土粘结在电动机外壳上妨碍散热。

（18）机械转移时，电动机的导线应保持有足够的长度和松度。严禁用电源线拖拉振捣器。

（19）用绳拉平板振捣器时，拉绳应干燥绝缘，移动或转向时不得用脚踢电动机。

（20）操作人员振捣混凝土时，必须穿戴绝缘胶鞋和绝缘手套。

（21）作业后，必须做好清洗、保养工作。振捣器要放在干燥处。

4.2.7 蛙式打夯机安全管理

（1）蛙式打夯机适用于夯实灰土和素土的地基、地坪以及场地平整，不得夯实坚硬或软硬不一的地面，更不得夯打坚石或混有碎石块的杂土。

（2）两台以上蛙夯在同一工作面作业时，左右间距不得小于5m，前后间距不得小于10m。

（3）操作和传递导线人员都要戴绝缘手套和穿绝缘胶鞋。

（4）检查电路应符合要求，接地（接零）良好。各传动部件均正常后，方可作业。

（5）电门开关处的管子内壁和电动机的接线穿入手把的入口处，均应套垫绝缘管或其他绝缘物。

（6）作业时：

1）电缆线不可张拉过紧，应保证有3~4m的余量，递线人员应依照夯实路线随时调整。

2）动力电缆线应始终处于打夯机的后方，不得扭结和缠绕，作业中需移动电缆线时，应停机进行。

　　3）操作时，不得用力推拉或按压手柄，转弯时不得用力过猛，严禁急转弯。

　　4）夯实填高土方时，应从边缘以内 10~15m 开始夯实 2~3 遍后，再夯实边缘。

　　5）一般应在打夯机连续工作约 2h 后，停机检查一次。

　　（7）作业后，切断电源，卷好电缆，如有破损应及时修理或更换。清理机面余土。

　　（8）蛙式打夯机需定期进行保养。分一级保养和二级保养，各级保养的周期和工作内容，见表 2.4.3。

表 2.4.3　　　　　　　　　　　蛙式打夯机的保养间隔与保养工作内容

保养级别	间隔（h）	工作内容	备注
一级保养	60~300	1. 全面清洗外部 2. 检查传动轴轴承、大带轮轴承磨损程度，必要时拆卸修理或更换 3. 检查偏心块的联结是否牢固 4. 检查大带轮及固定套是否有严重的轴向窜动 5. 检查动力线是否有破损 6. 高速 V 带的松紧度 7. 全面润滑	轴承松旷不及时修理或更换会使传动轴摇摆
二级保养	400	1. 进行一级保养的全部工作内容 2. 拆检电动机、传动轴、前轴，并对轴承、轴套进行清洗和换油 3. 检查夯架、托盘、操纵手柄、前轴、偏心套等是否有变形、裂纹和磨损 4. 检查电动机和电器开关的绝缘程度，更换破损的导线	轴承磨损过甚时，需修理或更换。应及时修复各种故障或缺陷

4.2.8　钻孔灌浆机械的安全管理

　　1. 一般规定

　　（1）钻孔灌浆机械的操作人员，必须受过安全生产教育，熟悉机械的技术操作规程，并严格遵守。

　　（2）对现场运行的施工机械临时进行修理时，必须与运转操作人员取得联系。

　　（3）遇到台风或六级以上的大风时，必须迅速做好以下几项工作：

　　1）卸下钻架布并妥善放置，检查钻架并做好加固。

　　2）在不能进行工作时，必须切断电源，盖好设备，报表工具应装箱保管，严密封盖孔口。

　　3）经常检查及修补设备的防水设施，确保安全运行。

　　（4）钻机平台必须平整坚实牢固，满足最大负荷 1.3~1.5 倍的承载安全系数。

　　（5）安装、拆卸钻架必须遵守下列规定：

　　1）立、拆钻架工作必须在机长或指定的有关人员统一指挥下进行，参加工作人员必须全神贯注。听从指挥信号动作，不得擅动。腿架起落范围内不得有人，严格按照起重架设的有关安全操作规程有秩序地进行。

　　2）必须严格遵守先立钻架后装机，先拆机后拆钻架，立架应从下而上，拆架从上而下的原则。

（6）在架空输电线路下面工作时，钻架顶与架空线的最近距离不应小于表 2.4.4 的规定。

表 2.4.4　　　　　　　　　　钻架顶与架空线的最近距离

输电线路电压	1kV 以下	1~20kV	35~110kV	154kV	220kV
允许与输电线的最近距离（m）	1.5	2.0	4.0	5.0	6.0

（7）钻架腿应用坚固的杉木或相应的木材制作，穿紧孔距架腿顶不得小于 20cm。孔的上下部位要用铁丝或铁板加固，在深孔或其他故障负载超过钻台重量的情况下，架腿必须安座在地梁上，并用夹板螺栓固定牢靠。钻架结构规格尺寸必须满足表 2.4.5 的要求。

表 2.4.5　　　　　　　　　　钻 架 结 构 规 格 尺 寸

架腿长度（m）	梢径不小于（mm）	穿梁直径（mm）	适用孔深（m）	备　　注
6~7	140	30	0~100	穿梁螺母要装设紧固开口销
8~9	150	35	100~200	

（8）钻架立毕必须做好下列加固工作：

1）腿根要打有牢固的柱窝或其他防滑设施。

2）腿架至少有两面要绑扎加固拉杆。

3）钻架不论长期或短期使用，至少加固对称缆风绳 3 根，缆绳与水平角一般不大于 45°。遇特殊情况不能满足，要作相应加固措施。

（9）移动钻架、钻机要有安全措施。若人力移动时，架子腿不要离地面过高并注意拉绳，抬动时要同时起落，并要清除移动范围内的障碍物。

（10）机电设备拆装必须遵守下列规定：

1）机械拆装解体的部件，要用支架稳固垫实，对回转机构要卡死。

2）拆装各部件，禁止使用铁锤直接猛力敲击，要以硬木或钢棒承垫。铁锤活动方向不得有人。

3）拆装螺栓使用扳手，用力要均匀对称，同时必须一手用力，一手做好支撑防滑措施。

4）电机设备必须安装在干燥、清洁的地方，严防油水杂物侵入，电机设备及启动、调整装置的外壳应有良好的保护接地装置，有危险的传动部位必须装设安全保护罩，照明电线必须与铁架绝缘。

（11）作业前应重点检查：

1）各部位螺丝、水接头丝扣紧固、机身平稳、水平移动刹车装置模合。

2）将各操纵手把放在不同位置，油压调到最大限度，检查油路系统是否正常，并按规定对各部位加注润滑油。

3）各操作手把、离合、刹车、安全阀应灵活可靠。

4）传动机构正常，转向正确，防护设施齐备牢固。

5）动力系统正常，线路绝缘良好。

6）卡盘在松开状态，机上钻杆能滑动自然，有异常，必须进行修整。

7）钻机安装好后，滑车、立轴、钻孔三者的中心应在同一条直线上，钻杆应卡在卡盘的中心位置。

8）新旧程度和材质不同的钻杆，要分孔、分组使用，避免或减少钻具折断事故。

9）扫孔或钻进中遇阻力过大时，不得强行开车。

10）认真检查塔架腿脚、回转、给进机构安全稳固。确认卷扬提引系统符合起重工作规定，方可开始升降工作。

11）未送冲洗液前，应保持钻具离孔底50cm以上，待确认冲洗液已送到孔底后，方能开钻。

（12）作业时：

1）水接头要系好保护绳，开车时要互相关照，防止过大摆动缠绕，以防发生危险事故。

2）使用升降机刹车时，严禁使用手把结合脚刹。

3）钻杆直径单边磨损达2mm或均匀磨损达3mm、弯曲超过3mm/m，岩芯管磨损超过壁厚1/3、弯曲超过2mm/m，以及各种钻具有微小裂隙、丝扣严重磨损、旷动或明显变形时，均不得下入孔内。

4）机械转动时不许拆装零件，不许触摸和擦洗运转着的部位。

5）操作升降机，不得猛刹猛放，在任何情况下都不准用手或脚直接触动钢丝绳，如缠绕不规则时，可用木棒拨动。

6）孔口操作人员必须站在钻具起落范围以外，摘挂提引器时要注意回绳碰打，提引器未升过横轴箱（手把式钻机）以前，必须扶导正直提升，防止碰撞翻机。

7）使用普通提引器，倒放或拉起钻具时，开口必须朝下，钻具下面不得站人。

8）起放粗径钻具，手指不得伸入管内去提拉，应用一根有足够拉力的麻绳将钻具拉开。

9）升降钻具时，若中途发生钻具脱落，不准用手去抓。

10）松脱过紧的钻杆时，经冲击3~5次仍拧卸不脱，不得强行拧卸，而应用管钳人工拧卸，并找出原因排除故障。

11）发现钻具（塞）刚刚被卡时应立即活动钻具（提塞），严禁无故停泵。

12）钻具（塞）在提起中途被卡时，应用管子钳扳扭，或设法将钻具（塞）放下一段，同时开泵送水冲洗，上下活动慢速提升，严禁猛提硬拉，严禁用升降机与给进把同时起拔事故钻具。

13）在需要油压系统和升降机同时顶拔事故钻具时，事先应对整个系统的有关机件进行可靠的全面检查，操作中先用油缸上顶至最高额定负荷，再用升降机继续提拉，卸载时应先松升降机，后回油，不得用升降机承受全部荷载。

2. 冲击钻

（1）安装钻机的场地应平整、坚实。如地基松软应进行处理后铺设垫木，以免成孔机在冲击过程中发生局部下沉，影响成孔精度。

（2）钻机的安装与拆除均应在机长的指导下进行。

（3）安装钻机的专用底车架，在拖运时轮子应向上，卸架翻转应做到轻放。

（4）人工安装钻机，可采用人力拉牵、倒链绞磨、手摇绞车等，具体要求如下：

1）先将已安装好的底车架的轮子用三角木前后垫紧，并在其两侧铺设略高于底车架面和具有足够宽度的车道板，车道板应平坦牢固，坡度应小于12.5%。

2）在钻机前梁中心，用直径25mm的优质麻绳绑牢，作前进方向拉牵；另在桅杆中点加绑保险绳，分两侧同时着力，稳住钻机，以防钻机向任何一侧倾倒。

3）拉运必须统一号令，专人指挥，精力集中，缓慢、准确地拉动钻机，严禁猛拉猛拖。随钻机移动，须有专人负责移动车轮的三角木塞垫工作。

（5）当钻机拉运至底车架位置后，应用相同规格的千斤顶将钻机两边底梁顶住，再缓慢下降千斤顶，使钻机平稳就位。千斤顶与钻机底梁之间必须加垫木板，以防受力打滑，千斤顶一次下降高度不应大于5cm。

（6）机械吊装钻机时应满足以下要求：

1）吊装钻机的吊车，一般应选用起吊能力10t以上的型号，严禁超负荷吊装。

2）套挂用的钢丝绳必须完好，直径不小于16mm。

3）套吊拴挂必须稳固，并经检查认为可靠后方能试吊。

4）吊装钻机必须先行试吊，试吊高度一般为离地10～20cm，检查钻机套挂是否平稳，吊车的制动装置以及套挂的钢丝绳是否可靠，确认无误方可正式起吊。下降必须缓慢，装入底车架必须轻放就位。

（7）钻机就位后，应用水平尺找平后才能安装。

（8）钻机地锚埋深不能小于1.2m，引出的绳头应用钢丝绳，不宜用脆性材料。

（9）钻机后面的电线，必须架空，以免妨碍工作及造成可能的触电事故。

（10）钻机桅杆必须装置避雷针。

（11）作业前：

1）检查钻具重量是否与钻机性能相符，要求所有钻头和抽筒均应焊有易拉、易挂、易捞装置。

2）操作人员开钻前，必须对钻场的安全设施及一切设备进行全面细致检查。要做到：润滑部位应有足够的润滑油；各部机械螺丝不能松动；检查并调整各操纵系统，使之灵活可靠；液压、动力传动系统正常，线路绝缘良好；钻机上应有的安全防护装置必须齐备、适用、可靠；检查冲击臂缓冲弹簧，其压紧程度要求两边应一致，否则应进行调整；按电气操作规程检查电气部分，三相按钮开关必须安装在操纵手把附近便于操作；开机前应拉开所有离合器，严禁带负荷启动。

3）为杜绝翻车事故的发生，凡属下列情况时严禁开车：钻头距离钻机中心线2m

以上时；钻头埋紧在相邻的槽孔内或在深孔内提起有障碍时；钻机未挂好，收紧绑绳时；孔口有塌陷痕迹时。

（12）作业时：

1）钻进过程中应注意检查机器的运行情况，如发现轴瓦、钢丝绳、皮带等有损坏或机件操作不灵等情况，应及时停机检查修理，严禁带"病"作业。

2）冲孔时，应随时察看钢丝绳回弹和回转情况，耳听冲击声音，借以判断孔底情况。

3）用卷扬机提升冲击钻时，应在钢丝绳上作标记，以控制冲程。冲击钻到底后要及时收绳，以免大绳松多反缠卷筒；同时也可提高冲击频率，但不宜过早收绳，防止空击。

4）作业过程中，冲击钻的刃口处会受到不断的磨损，尤其是冲击基岩、漂石时磨损更快，当冲击钻磨损比原尺寸小 30~40mm 或刃口磨钝时，应及时进行补焊。

5）冲击成孔时，要注意检查转向装置、泥浆黏度和密度，注意在使用低冲程一段时间后要换用高一些冲程，让冲击钻有转动的时间，以免梅花孔、十字孔的出现。

6）下钻速度不能过快，应用闸把控制下落速度，以免翻转、卡钻。

7）每次取下钻具，抽筒必须有 3 人操作，并检查钻角、提梁、钢丝绳、绳卡、保护铁、抽筒活门、活环螺丝等处的完好程度，发现问题要及时处理，具体要求如下：钻角磨损 2cm，应补焊至原来直径；钻具提梁直径磨损超过 1/3 者，应补焊至原来直径；主绳绳卡不得少于 3 个，副绳绳卡不得少于 2 个，提渣斗绳卡不少于 3 个，绳卡螺丝必须紧固；如保护铁磨损至钢丝绳与提梁直接接触时，应更换保护铁。抽筒活门必须灵活，活环螺丝必须紧固；当钢丝绳断丝超过 10% 或一股的 1/2 以上者，应将破坏部分割去，否则禁止继续使用，破坏部分较多时，应更换新的。

8）钻机突然发生故障，应立即拉开离合器，如离合器操作失灵，应立即停机。

9）钻机需要变速时，要先拉开离合器，切断动力可变速。

10）操作离合器手把时，用力必须平稳，不得猛拉猛推，以免造成钻机振动过大或拉断钢丝绳。

11）暴风、雷电时，禁止开车，并切断电源。

12）钻进中突然发现有塌孔迹象或成槽以后突然大量漏浆都应立即采取一定的安全技术措施进行处理。

13）运行中，如遇钢丝绳缠绞，应立即停机拨开，在钻机未停稳前，严禁拨弄。

14）改变电动机转向，必须在电机停稳后方可进行。

15）当钻具提升到槽口时，应立即打开大链离合器，同时将卷筒闸住，钻头应放置在钻头承放板上，放时要慢速、轻放，以免承放板断裂伤人。

16）孔内发生卡钻、掉钻、埋钻等事故，必须摸清情况，分析原因，采取有效措施后，方能进行处理。不得盲目行事。

17）上桅杆进行高处作业时，必须配戴安全带；安排专人看管动力闸刀。严禁高处作业人员与地面人员闲谈、说笑。

18）电动机停止运行前，禁止检查钻机和加注黄油，严禁在桅杆上工作。

（13）作业后：

1）钻机移动前必须将车架轮的三角木取掉，松开绷绳，摘掉挂钩，钻头、抽筒应提出孔口，经检查确认无障碍时，方可移车。

2）对机械各部要经常检查，发现异常现象要及时采取措施处理。

3. 灰浆搅拌机、灌浆泵

（1）灰浆搅拌机开机前，必须按电机安全技术操作规程检查电气部分，按操作规程和技术要求紧固所有连接螺丝，加注润滑油。

（2）搅拌机安置要平稳牢固，进料口及皮带，齿轮传动部分的防护罩要完善可靠。否则，严禁开机运行。

（3）搅拌机运转时不准用手或其他物件伸入拌浆筒中清除杂物，需要掏灰必须停机清理。

（4）停机后，操作人员进入搅拌机清理之前，必须切断电源，闸刀开关箱应加锁，并挂上"有人操作，严禁合闸"的标示牌，严防误伤人，搅拌槽内照明灯电压以12V为宜。

（5）使用泥浆泵输送泥浆时应遵守下列各项规定：

1）启动前应检查并拧紧所有应当紧固的零件。

2）检查连杆衬瓦间、十字头销间、曲柄轴轴径间等各部间隙是否符合要求。

3）检查齿轮箱内及各摩擦部分润滑油是否足量和清洁。

4）检查压力表是否指示正确，安全阀是否开启灵活。必要时测试压力在大于30kPa时，安全阀能否起作用。

5）检查泥浆泵皮带位置是否正确，皮带松紧程度是否适当，皮带防护罩是否完好。

6）盖好泵盖，注意严密。

7）进出浆皮管接头应绑扎牢固。

8）开机前用手拉动皮带轮，使活塞转动1~2个行程，检查是否灵活。

9）启动时应警告周围人员离开机械及其转动部分。

10）启动后，要监听机械各部声响，察看排浆情况，认为正常后，才能把排浆三通阀转至工作位置，并调整压力至规定的范围之内，严禁超过规定压力运转。

11）严禁在运转过程中修理机器、调整零件，水泵必须按额定转数运行。

12）应经常保持管路畅通，不可将皮管随便扭结。出现管路堵塞时，应先关闭三通阀门，然后用小锤平打皮管再送泥浆，不可用手弯折皮管。

（6）在运转中，安全阀必须无故障，运转前应进行校正，校正后不随意转动。

（7）高压灌浆对高压调节阀应设置防护装置，调压人员应配戴防护镜。

（8）灌浆用各种设备，必须密闭性能好，并尽量采用自动化操作。

（9）灌浆前必须先行试压，以便检查各种设备仪表及其安装是否符合要求，当试验设备仪器发生故障（如搅拌器运转不正常、搅拌棒断裂、系统漏气等），应立即停止运转，关掉电源，进行修复处理。

4.2.9 挖装机械的安全管理

1. 一般规定

（1）机械运转中不准登车，必须上下时要通知司机停车。

（2）铲斗起落时，上不准碰天轮，下不准碰翻板，先装碎石，后装大块。

（3）回转时，铲斗必须先离开掌子面，防止铲斗碰掌子面的大块石。

（4）在回转半径范围以内禁止一切人员停留。

（5）装车时，禁止铲斗从汽车驾驶室顶部通过，车不停稳不许装车；装渣时铲斗距车厢边以 0.2m 为宜，禁止刮车帮和把大块石偏装。

（6）挖渣高度一般应不超过天轮高度。

（7）在边坡下挖渣时，边坡上禁止施工，以防坠石伤人和砸坏机械。

（8）爆破前，挖掘机应退出危险区避炮，同时做好必要的防护。

（9）出渣路线应保持平整通畅。

（10）卸渣地点靠边沿处应有挡轮木和明显标志并设专人指挥。

（11）要根据掌子面的情况，采用不同的铲掘方法，禁止铲斗载荷不均或单边受力，铲掘时铲斗切入不宜过深。

2. 挖掘机

挖掘机作业前规定：

（1）作业前应检查挖掘机的工作装置、行走机构、各部位的安全防护装置、各种仪表、钢丝绳、液压传动部件以及电气装置等，确认齐全完好，方可起动作业。

（2）检查或加注燃油时，禁止吸烟或接近明火，对漏油处应及时补漏。燃油着火时，应用泡沫灭火器或砂扑灭，严禁浇水。

（3）钢丝绳在卷筒上应排列整齐，放出后尾端不得少于 3 圈，铲臂的钢丝绳在一个节距内（即每股钢丝搓拧一周的长度）断丝超过 10% 时，禁止继续使用。

（4）启动发动机前，应将离合器分离，各操纵杆置于空挡位置。按发动机启动程序启动。

（5）正式作业前，应先鸣号，并试挖，检查各制动器是否灵活可靠。确认正常后，方可正式作业。

（6）禁止挖掘机在未经爆破的五级以上岩石或冻土地区作业。

（7）作业场地松软，应垫道木或垫板，沼泽地段应先作路基处理或更换专用履带。

（8）挖掘悬崖时，应采取防护措施，作业面不得留有伞沿及松动大块石，若发现有塌方危险应立即处理。

挖掘机作业时规定：

（1）挖掘机应保持水平位置，将行走机构制动住，并将轮胎或履带楔牢。

（2）操作力求平稳、准确，不得过猛、过急。

（3）机身停稳以后方可挖土。当铲斗未离开工作面时，不得作回转行走等动作。在满斗时，不得悬空行驶或变换铲臂仰角。

（4）禁止在挖掘机工作时进行转动部位注油、调整、修理或清扫。

（5）挖掘机挖渣、装车，要有专人指挥。铲斗回转前司机要鸣号。

（6）遇较大石块或障碍物时，应待清除后方可挖掘，不得用铲斗破碎石块，或用单边硬啃。

（7）作业时做到：不碰天轮；不碰保险牙；不碰履带板及机架；不碰缓冲木；不准"三条腿"作业。

（8）铲斗装满回转时不得紧急制动，以防飞料肇事。

（9）卸料时，铲斗应放低，不准在高空向汽车卸料。装满料后，应鸣号通知对方。

（10）液压挖掘机作业时，应注意液压缸的伸缩极限，防止极限块被撞出。当需制动时，应将变速阀置于低速位置。

（11）液压挖掘机如发现挖掘力突然变化，应停机检查，找出原因，及时处理，严禁自行提高分配阀压力。

（12）作业或行走时，严禁靠近架空输电线路，机械与架空输电线的安全距离应符合有关规定。

（13）挖掘机不宜长距离行驶。行走前要对行走机构进行全面保养，行走时每隔45min 必须停机检查，并对行走机构加注润滑油。

（14）作业及行走时，驱动轮应在行驶方向的后面，臂杆应与履带处于同一方向。

（15）挖掘机停车地面倾斜度不得超过5%。

（16）运转中应随时监听各部位有无异常声响，监视各仪表是否指示在正常范围之内。

（17）严禁用铲斗进行起吊作业。

挖掘机作业后规定：

（1）挖掘机司机离开驾驶室时，不论时间长短，必须将铲斗落地。

（2）挖掘机作业后应停放在坚实、平坦、安全的地带，铲斗落地，使提升绳松紧适当，臂杆降至40°～50°。

3. 装载机

装载机作业前：

（1）发动机启动前应检查：

1）各液压管路及接头处应无渗漏。

2）液压油量充足。

3）轮胎气压符合规定；制动器灵敏可靠。

4）检查各润滑部位并加添润滑油。

（2）发动机启动后的注意事项：

1）检查各仪表指针数值是否处在正常范围之内。

2）观察有无异常的振动、噪音、气味。

3）检查机油、燃油、液压油和冷却水有无渗漏。

（3）装载机运距不宜过大，行驶道路应平整，在石方施工场地作业时，应在轮胎上加装保护链条或用钢质链板直边轮胎。

（4）作业前，作业区内不得有障碍物和无关人员，场地的倾斜度不超过规定要求。

（5）起步前应先鸣号，将铲斗提升离地面0.5m左右，行驶中不得进行升降和翻转铲斗动作。

装载机作业时：

（1）装载机在后退时应连续鸣号，以免伤人。

（2）装载机装有报警蜂鸣装置，在行驶或作业时蜂鸣器鸣叫时，必须停车检查，排除故障时方可继续作业。

（3）采用装载机挖装时，装载机应低速铲切，不得采用加大油门高速猛冲的方式。

（4）装车时，应待汽车司机离开驾驶室后进行。放低铲斗或开斗门时，不得撞击汽车任何部位。

（5）装料时，铲斗应从正面插入，防止单边受力。推料时不得转向。

（6）卸料时，卸渣应缓慢，严禁装偏。

（7）铲斗前翻和回位时不得碰撞车厢。臂杆下降时，中途不得突然停顿。

（8）铲臂向上或向下动作到最大限度时，应将操纵杆回到中立位置，防止在安全阀作用下发出噪声和引起故障。

（9）作业时应使用低速挡，严禁铲斗载人。

（10）行驶时，须将铲斗和斗柄的液压缸活塞杆完全伸出，使铲斗、斗柄和动臂靠紧，并将铲斗提离地面500mm左右。

（11）在松散不平场地作业时，可把铲臂放在浮动位置，使铲斗平稳作业，如推进阻力过大，可稍稍提升铲臂。

（12）作业时注意机械工作情况，发现异常，应立即停车检查，待故障排除后，方可继续作业。

装载机作业后：

（1）作业后，应将装载机放在平坦坚实的地面上，并将铲斗落地，将滑阀手柄放在空挡位置，拉好手制动器。

（2）寒冷季节应全部放净未加防冻液的冷却水。

4. 推土机

（1）推土机的坡度规定：行驶时纵坡小于35°、横坡小于25°；工作时纵坡小于30°、横坡小于10°。

（2）作业前：

1）作业前应作以下检查：各系统管路有无裂纹或泄漏；各部位螺栓连接件是否紧固；操纵杆和制动踏板的行程间隙，履带、传动链的松紧度等应符合要求；绞盘、液压缸等处无污泥。

2）作业前，禁止在履带或刀片的支架上站人。机械四周应无障碍物，确认安全方可启动。

3）发动机启动后，应试验离合器、刹车和油压操纵系统是否灵活可靠。

4）牵引其他机械时，应有专人负责指挥。钢丝绳的连接应牢固可靠，在坡道或长距离牵引时，应用牵引杆连接。

5）推土机在3~4级土壤或多石土壤地带作业时，应先进行爆破或用松土器疏松。

（3）作业时：

1）夜间作业时，机械的前后灯应完好无损。

2）在深沟、基坑或陡坡地段作业时，应有专人指挥，其垂直边坡深度一般不超过2m，否则应放出安全边坡。

3）填沟作业驶近边坡时，刀片不得越过边缘，倒退时应先换挡，方可提升刀片进行倒车。

4）推土机上坡不得换挡，不得拐死弯；下坡不得脱挡滑行，下陡坡可将刀片放下接触地面，并倒车下行。

5）推土机在超过25°的斜坡上横向堆渣时，应先设法挖填凸凹部位，以便使机械能平稳地工作。

6）如需在陡坡上推土时，应先进行挖填，使机身保持平衡，方可作业。

7）推土机在上坡途中，如发动机突然熄火应立即放下刀片，踏下并锁住制动，切断主离合器，方可重新启动。

8）推土机发生故障时，如无可靠措施不得在斜坡上修理。

9）严禁推带有钢筋或与地基基础联结的混凝土建筑物。

10）两台以上推土机在同一地段作业时，前后距离应大于8m，左右距离大于1.5m。

11）在浅水地带作业时，应查明水深，应以冷却风叶不接触水面为限；下水前，应对行走装置各部注满润滑脂。

12）推土机在工作中发生陷车时，禁止用另一台推土机的刀片在前、后硬推。

13）推土作业遇到过大阻力，履带产生"打滑"或发动机出现减速现象时，应立即停止铲推，不得强行作业。

14）进行保养、检修或加油时，必须关闭引擎放下刀片。

（4）作业后：

1）停机时，应先切断离合器，放下刀片，锁住制动，将操纵杆置于空挡位置，然后关闭发动机。

2）坡道停机时，应将变速杆挂低挡，接合主离合器，并将履带楔住。

3）作业后，应将推土机开到平坦安全地段，落下刀片，关闭发动机，锁好门窗，方可离开。

5. 铲运机

（1）铲运机操作人员必须了解本机性能，熟悉操作程序，经考试合格后，方能独立操作。

（2）行驶道路要平坦，以利旋转、前进、后退和调头。拖式铲运机的上下纵坡不得超过25°，横坡不得超过6°。

（3）铲运机轮胎气压必须符合规定，轮胎压条须压牢坚固，并随时清除轮胎上的油脂污物。

（4）铲运机若用拖拉机牵引时，应使用销子进行连接，两机之间必须有加强保险的装置，以免脱钩发生事故。被牵引的速度应限制在 30km/h 以内。

（5）铲斗与机身不正时，不得铲土。

（6）铲运机作业时：

1）不准急转弯进行铲土，以免损坏铲运机刀片。

2）在行驶途中遇有大块石等障碍物时，应避让，以免损坏机械。

3）工作中驾驶员必须离开机械时，应将操纵杆放在空挡位置，关闭发动机，将铲斗放到地面。

4）下坡时禁止空挡滑行。

5）铲运机在崎岖的道路上行驶转弯时，铲斗不得提得太高，防止机身倾倒。

6）双胎铲运机应随时检查两胎中间，如夹有硬物应立即清除。

7）清除铲斗内积土时，应先将斗门顶牢或将铲斗落地，再进行清扫。

8）多台铲运机同时作业时，应注意以下事项：

a. 多台拖式铲运机同时作业时，前后距离不得小于 10m；多台自行式铲运机同时作业时，两机间距不得小于 20m。

b. 铲土时前后距离可适当缩短，但不得小于 5m，左右距离不得小于 2m。

c. 多台铲运机在狭窄地区或道路上行走时，未征得前机同意，后机不得强行超越。两车会车时，彼此间应保持适当距离，并减速行驶。

9）土壤中如有较大石块或树根时，应先用推土机除去再进行铲运作业，不准强行铲运，以免损坏机械造成事故。

10）在斜坡横向卸土时，禁止倒退。若坡度较大，车身左右偏斜过多时，均不得铲运或卸土。

（7）作业后：

1）作业完毕，必须对铲运机内外及时进行全面的例行保养，保养内容包括：清洁、滑润、调整、紧固和防腐；对钢丝绳认真检查，并涂上黄油，以便下次作业。

2）在检修和保养铲斗时，必须用道木垫实铲斗。

6. 采砂船

（1）采砂船工作处的实际水深应大于规定的吃水水深。

（2）船上一切安全设施禁止乱拆。消防救生用具按规定配备齐全，并定期检查，严禁挪用。

（3）船上不准明火取暖。非规定地点不许烧煮食物。

（4）锚泊定位、开挖施工时，应注意水下电缆和架空电线。

（5）在通过桥梁、跨河架空线等时，应注意电线的净高和桥梁的净空尺寸，保证船舶安全通过。

（6）船在航道上航行作业或停泊时，必须按《内河避碰规则》的规定悬挂灯号或其他信号标志。

（7）在由拖轮拖拽转移时，船长应全面了解新泊位以及转移中所经过的航区的航道、地质、水文等情况，并向全体船员交底，制定转移方案，组织实施。

（8）采掘时应注意斗桥的振动和声响，发现异常应提升斗桥进行检查。

（9）船上向外伸出的绳索、锚链或其他物体有碍其他船只（或竹排、木排）行驶时，应在伸出方向显示明显标志。不得阻碍船排正常航行。

（10）冬季作业应做好防滑工作。

（11）电气设备要有保安器具，应有妥善的防雨、防潮设施。

（12）两艘以上的采砂船同时进行生产时，彼此必须保持一定距离。

（13）采砂船应给过往船队让出一定距离的航道，以不妨碍过往船队航行为原则。

7. 挖泥船

（1）施工标志设立。

1）挖槽设计位置应以明显标志显示，标志可采用标杆、浮标或灯标，纵向标志应设在挖槽中心线和设计上开口边线上，横向标志应设在挖槽起讫点、施工界线及弯道处。平直河段每隔50～100m设立一组横向标志，弯道处应适当加密。

2）在沿海、湖泊以及开阔水域施工时，各组标志应以不同形状的标牌相间设置。为便于夜间区分标志，同组标志上应安装颜色相同的单面发光灯，相邻组标志的灯光，应以不同的颜色区别。

3）水下卸泥区应设置浮标、灯标或岸标等标志，指示卸泥范围和卸泥顺序。

4）在挖泥区通往卸泥区、避风锚地的航道上，应设置临时性航标，指示航行路线。

在水道狭窄、航行条件差、船舶转向特别困难时，应在转向区增设转向标志。

在施工船舶避风水域内，应设置泊位标，并在岸上埋设带缆桩或在水上设置系缆浮筒以利船舶紧急停泊。

5）在施工作业区内必须设置水尺，并应符合下列规定：

a. 水尺间距应视水面比降、地形条件、水位变化及开挖质量要求而定，当水面比降小于1/10000时，宜每公里设置一组，当水面比降不小于1/10000时，宜每0.5km设置一组。

b. 水尺应设置在便于观测、水流平稳、波浪影响最小和不易被船舶碰撞的地方，必要时应加设保护桩和避浪设备。

c. 水尺零点宜与挖槽设计底高程一致，施工水尺应满足五等水准精度要求。

d. 施工区远离水尺所在地，当挖泥船操作人员不能清楚地观察水尺读数时，应在水尺附近设置水位读数标志，由专人负责，定时悬挂水位信号，或采用其他通信方式通报水位。

（2）排泥管线架设。

1）排泥管线应平坦顺直，弯度力求平缓，避免死弯，出泥管口伸出围堰坡脚以外的长度不宜小于5m，并应高出排泥面0.5m以上。

2）排泥管接头应坚固严密，整个管线和接头不得漏泥漏水，发现泄漏应及时修补。

3）排泥管支架必须牢固可靠，不得倾斜和摇动；水陆排泥管连接应采用柔性接头，以适应水位的变化。

4）排泥管线尽量避免穿越公路、铁路或大堤。必须穿越时，按照有关部门规定实施。

5）水上浮筒排泥管线力求平顺。为避免死弯，可视水流及风浪条件，每隔适当距离抛设一只浮筒锚。

当绞吸式挖泥船直接由浮筒排泥管卸泥时，其浮筒末端可采用打桩或抛锚等措施加以固定，但须防止锚缆埋死。

（3）水下排泥管（潜管）。

1）当排泥管线跨越通航河道或受气候、海况等条件限制不能使用水上浮筒管线进行疏浚或吹填作业时，可采用潜管，潜管宜在水流平稳、河槽稳定、河床横向变化平缓的水域内敷设。

2）潜管敷设前，必须对潜管进行加压检验，各处均达到无漏气、漏水要求时，方可用于敷设。

3）潜管的敷设和拆除应符合下列规定：

a. 敷设前，应对预定敷潜管的水域进行水深、流速和地形测量，根据地形图布置潜管，确定端点站位置。

b. 潜管节间的连接，宜采用柔性接头，即钢管与橡胶管沿管线方向相间设置并用法兰连接。

c. 潜管的起止端宜设置端点（浮体）站，配备充排气、水设施、锚缆和管道封闭闸阀等，以操纵潜管下沉或上浮。

d. 潜管沉放完毕，应在其两端设置明显标志，严禁过往船舶在潜管作业区抛锚或拖锚航行。

e. 跨越航道的潜管，如因敷设潜管不能保证通航水深时，可采用挖槽设置，但必须同时满足潜管可以起浮的要求。

f. 拆除潜管，应由端点站向管内充气，使其逐节缓缓起浮，待潜管全部起浮后，拖运至水流平稳的水域内妥为置放。

g. 潜管在敷设、运用或拆除期间有碍通航时，应向当地港航监督部门提出临时性封航申请，经批准后实施。

4）潜管操作运行时应符合下列规定：

a. 挖泥船开机前应先打开端点排气阀放气，以防潜管起浮，开机时必须先以低速吹清水，确认正常后，再开始吹泥。

b. 排泥或吹填过程中，凡需停机时，必须先吹清水，冲去潜管中的泥砂，直到排泥管口出现清水时为止，以防潜管堵塞。

c. 在潜管注水下沉或充气上浮时，均应缓慢进行。

（4）挖泥船定位与抛锚。

1）采用定位桩施工的绞吸式挖泥船，在驶近挖槽起点 20～30m 时，航速应减至极慢，待船停稳后，应先测量水深，然后放下一个定位桩，并在船首抛设两个边锚，逐步将船位调整到挖槽中心线起点上，船在行进中严禁落桩。

2）绞吸式挖泥船的横移地锚必须牢固，逆流向施工时，横移地锚的超前角不宜大于 30°，落后角不宜大于 15°。

3）抓斗、链斗、铲扬式挖泥船分别由锚缆、斗桥和定位桩定位。当挖泥船驶进挖槽时，其航速应减至极慢，顺流开挖时先抛尾锚，逆流开挖时先抛首锚，无强风强流时可将斗桥、铲斗或抓斗下放至泥面，辅助船舶定位。

4）斗式挖泥船施工抛锚时，应按下列规定执行：

a. 主锚：应抛在挖槽中心线上，泥层厚薄不均匀时，宜偏于泥层较厚的一侧，水流方向不正时，宜偏于主流一边，锚缆应尽可能放长，必要时可设置架缆船。

b. 尾锚：顺流施工时必须抛设，逆流施工时可不抛设。

c. 边锚：逆流施工时，抛在挖泥船侧前方，顺流施工时，抛在挖泥船侧后方。

5）挖泥船抛锚时，宜先抛上风锚，后抛下风锚，收锚时，应先收下风锚，后收上风锚。

6）施工地段的所有水下锚位均应系上浮标。

4.3 特种设备管理

4.3.1 一般规定

特种设备是指由国家认定的，因设备本身和外在因素的影响容易发生事故，并且一旦发生事故会造成人身伤亡及重大经济损失的危险性较大的设备。它包括电梯、起重机械、客运索道、锅炉及压力容器（第十一章专门介绍）、厂内机动车辆、游艺机与游乐设施、防爆电气设备等。

（1）电梯：是指沿固定的刚性导轨从一个高度运行到另一个高度的运送乘客和货物的升降装置。可分为乘客电梯、载货电梯、病床电梯（医梯）、服务电梯（杂物梯）、观光电梯、车辆电梯、自动扶梯、自动人行道等。简易电梯是指在工厂、仓库等固定使用的（不含建筑工地施工、矿井专用提升设备和船用电梯），仅限于载运货物的，有轿厢和刚性导轨的，但安全装置不齐全且不符合国家电梯安全标准要求的垂直运输机械。

（2）起重机械：是以间歇工作方式，使物件在空间实现垂直升降和水平位移的机械设备，包括电动葫芦、桥式起重机（行车）、门式起重机、汽车起重机、随车起重机、轮胎起重机、履带起重机、塔式起重机、门座起重机、装卸桥、集装箱正面吊、擦窗机（高空吊挂作业平台）等。

（3）厂内机动车辆：是指在企业厂区范围内（含码头、货场、矿场等生产作业区域和施工现场）从事运输作业的各类机动车辆，包括叉车、堆垛机、固定平台搬运车、牵引车、推土机、挖掘机、装载机、压路机、摊铺机等。

（4）游艺机与游乐设施：是指公共场所中供大众娱乐用的机械、声光电设备和其他无动力设施。如过山车、高空观览车、碰碰车、卡丁车、转马等。

（5）客运索道：是利用架空绳索支撑和牵引轿厢运送乘客的机械运输设备。

4.3.2 特种设备安全管理

根据国务院令第 373 号《特种设备安全监察条例》，特种设备是指涉及生命安全、危险性较大的锅炉、压力容器（含气瓶，下同）、压力管道、电梯、起重机械、客运索道、大型游乐设施。

有关特种设备的事故基本都发生在使用过程中，因此，使用过程的安全管理是特种设备的管理重点。特种设备使用单位必须对特种设备使用和运营的安全负责。按照相关要求，做好使用过程的管理工作。

1. 特种设备的选购

特种设备的选购，除满足生产要求外，根据有关规定，必须保证安全要求，选购必须进行严格审查，保证产品质量符合出厂标准，同时达到使用和安全要求。特种设备使用单位应当使用符合安全技术规范要求的特种设备。特种设备投入使用前，使用单位应当核对购置的特种设备是否附有以下相关文件：

（1）安全技术规范要求的设计文件。

（2）产品质量合格证明。

（3）安装及使用维修说明。

（4）监督检验证明等文件。

2. 对特种设备使用单位的安全管理要求

（1）应当建立、健全特种设备安全管理制度和岗位安全责任制度。

（2）人员培训。应当对特种设备作业人员进行特种设备安全教育和培训。保证特种设备作业人员具备必要的特种设备安全作业知识。

（3）特种设备使用单位应当建立安全技术档案，安全技术档案应包括以下内容：

1）特种设备的设计文件、制造单位、产品质量合格证明、使用维护说明等文件以及安装技术文件和资料。

2）特种设备的定期检验和定期自行检查的记录。

3）特种设备的日常使用状况记录。

4）特种设备及其安全附件、安全保护装置、测量调控装置及有关附属仪器仪表的日常维护保养记录。

5）特种设备运行故障和事故记录。

（4）特种设备使用单位应当对在用特种设备进行经常性日常维护保养，并定期自行检查。

（5）特种设备使用单位对在用特种设备应当至少每月进行一次自行检查，并作出记录。

特种设备使用单位在对在用特种设备进行自行检查和日常维护保养时发现异常情况的，应当及时处理。

（6）特种设备使用单位应当对在用特种设备进行如下项目的检查，并进行定期校验、检修，并作出记录：

  1）安全附件。

  2）安全保护装置。

  3）测量调控装置及有关附属仪器仪表。

（7）特种设备使用单位应当按照安全技术规范的定期检验要求，在安全检验合格有效期届满前一个月向特种设备检验检测机构提出定期检验要求。未经定期检验或者检验不合格的特种设备，不得继续使用。

（8）特种设备出现故障或者发生异常情况，使用单位应当对其进行全面检查，消除事故隐患后，方可重新投入使用。

（9）特种设备存在严重事故隐患，无改造、维修价值，或者超过安全技术规范规定使用年限时，特种设备使用单位应当及时予以报废，并应当向原登记的特种设备安全监督管理部门办理注销手续。

（10）特种设备使用单位应当制定特种设备的事故应急措施和救援预案。

（11）特种设备使用单位应当对特种设备作业人员进行特种设备安全教育和培训，保证特种设备作业人员具备必要的特种设备安全作业知识。

特种设备作业人员在作业中应当严格执行特种设备的操作规程和有关的安全规章制度。

（12）特种设备作业人员在作业过程中发现事故隐患或者其他不安全因素时，应当立即向现场安全管理人员和单位有关负责人报告。

4.3.3 特种设备的管理

1. 特种设备生产的主要管理规定

（1）特种设备生产单位应执行《特种设备安全监察条例》以及国家质量技术监督局制订并公布的安全技术规范的要求，进行生产活动。

（2）特种设备的设计单位需经省一级质量技术监督局的许可，方可从事设计活动。

（3）锅炉、压力容器中的气瓶、氧舱和客运索道、大型游乐设施的设计文件，应当经省一级（含副省级）质量技术监督管理部门核准的检验检测机构鉴定，方可用于制造。

（4）特种设备出厂时，应附有安全技术规范要求的设计文件、产品质量合格证明、安装及使用维修说明、监督检验证明等文件。

（5）从事特种设备的安装、改造、维修等活动的单位，需取得质量技术监督管理部门的许可资格，方可从事相应的活动。跨省从事特种设备的设计、制造、安装、改造、维修活动还需凭已取得的许可资格，到该地质量技术监督部门办理备案手续。

（6）特种设备安装、改造、维修的施工单位应当在施工前到质量技术监督部门办理报装手续，报装批复后方可施工。

（7）特种设备的安装、改造、维修竣工后30日内，施工单位将有关技术资料移交使用单位，使用单位应当将其存入该特种设备的安全技术档案。

（8）特种设备需经由国务院特种设备安全监督管理部门核准的检验检测机构监督检验合格后，方可交付使用。

2. 特种设备使用的主要规定

（1）特种设备投入使用前或者使用后30日内，特种设备使用单位应当向直辖市或者设区的市的特种设备安全监督管理部门登记。登记标志应当置于或者附着于该特种设备的显著位置。

（2）特种设备使用单位应当建立特种设备安全技术档案。安全技术档案内容如下：

1）特种设备的设计文件、制造单位、产品质量合格证明、使用维护说明等文件以及安装技术文件和资料。

2）特种设备的定期检验和定期自行检查的记录。

3）特种设备的日常使用状况记录。

4）特种设备及其安全附件、安全保护装置、测量调控装置及有关附属仪器仪表的日常维护保养记录。

5）特种设备运行故障和事故记录。

（3）特种设备使用单位应当对在用特种设备进行经常性日常维护保养，并定期自行检查，每月至少进行一次，并作出记录。在用特种设备进行自行检查和日常维护保养时，如发现异常情况，应当及时处理。

（4）特种设备使用单位应当按照安全技术规范的定期检验要求，在安全检验合格有效期届满前15日，向特种设备检验检测机构提出定期检验要求。未经定期检验或者检验不合格的特种设备，不得继续使用。

（5）特种设备出现故障或者发生异常情况，使用单位应对其进行全面检查，消除事故隐患后，方可重新投入使用。特种设备使用单位应当制定特种设备的事故应急措施和救援预案。

（6）特种设备存在严重事故隐患，无改造、维修价值，或者超过安全技术规范规定使用年限时，特种设备使用单位应当及时予以报废，并应当向原登记的特种设备安全监督管理部门办理注销。

（7）特种设备的作业人员，应当按照国家有关规定，经特种设备安全监督管理部门考核合格，取得国家统一格式的特种作业人员证书，方可从事相应的作业或者管理工作。

本章习题

2.4.1 简述起重机作业时的安全管理规定。

2.4.2 简述混凝土振捣器作业时的安全注意事项。

2.4.3 简述钻孔灌浆机作业时的安全管理规定。

2.4.4 冲击钻作业时有哪些安全管理规定？

2.4.5 简述挖掘机作业时的安全管理规定。

2.4.6 简述装载机作业时的安全管理规定。

2.4.7 挖泥船作业时必须在作业区设置水尺，设置水尺有哪些规定？

2.4.8 简述推土机作业时的安全管理规定。

2.4.9 简述采砂船作业时的安全管理规定。

2.4.10 简述挖泥船作业时的安全管理规定。

2.4.11 简述特种设备使用时的安全管理规定。

第 5 章　起重与运输安全管理

　　教学要求：本章主要包括起重与运输安全管理的基本规定，起重设备与机具、运输机械的安全管理等内容。重点掌握塔式起重机、履带式起重机、自卸车、卷扬机、混凝土泵、施工船舶运行前、运行时、运行后的安全管理知识；理解运输机械作业时应注意的安全事项；了解起重与运输安全管理的一些基本规定；通过学习，提高学员对起重机械与运输工具安全管理的能力。

5.1　起重与运输基本规定

　　（1）各级建设行政主管部门，负责建筑工地起重机械的租赁、安装、使用、维修、检验、检测活动的监督管理工作，核准审批安装资质，培训考核操作人员，办理登记使用手续。

　　（2）起重机械的使用单位应当建立起重机械安全管理制度，制定事故应急预案，使用单位的主要负责人，应在各自的职责范围内对本单位建筑工地起重机械的使用安全负责。

　　（3）起重机械安装单位必须持有建设行政主管部门颁发的起重机械安装资质和安全生产许可证，方可从事建筑工地起重机械安装业务。

　　（4）安装单位安装前应具备的资料和手续：

　　1）安装单位的资质证、安装人员的资格证。

　　2）生产（制造）许可证、产品合格证、安装使用说明书。

　　3）安装方案、安全保证措施。

　　4）安装合同协议书及各方的安全责任。

　　5）应急救援预案。

　　6）法律、法规和规范标准规定及其他要求；以上资料由施工总承包单位负责审查、工程监理单位审批并告知施工现场各有关单位后方可进行安装。在安装过程中应当服从施工总承包单位对施工现场的安全生产管理，遵守施工现场的安全生产要求，落实有关安全防护措施。

　　（5）安装单位在安装与拆除起重机械前，由安装拆除方案编制人员或技术负责人向建筑工地起重机械操作人员进行安全技术交底。由专业技术人员监督实施，统一指挥。安装区域应设置警戒线，划出警戒区，由专人进行监护。安装单位应当在投入使用前将有关安装工程资料移交使用单位和租赁单位，使用单位应将其存入工程项目安全技术资料档案中。

（6）验收和定期检验。起重机械安装结束后，安装单位应按照安全技术规范及技术说明书的有关要求对起重机械进行自检和调试，自检合格后申请特种设备监督管理部门核准的检验检测机构进行验收检验，未检验和检验不合格的起重机械不得投入使用。起重机械实行定期检验制度，其周期为两年（施工升降机为一年）。包括新设备首次启用；经大修、改造的；若遇可能影响其安全技术性能的自然灾害或者发生重大机械事故，以及停止使用一年以上再次使用的起重机械，都应在验收检验合格后方可使用。

（7）使用单位应当严格执行建筑安全生产的法律、法规及标准规范，不得将未经安全认证和存在安全隐患的设备投入使用；自行购置的起重机械应建立安全技术档案，首次安装投入使用前，必须经检验机构检验合格。

（8）使用中要加强管理，明确责任人，认真落实安全使用制度和日常维护保养制度，严禁设备带故障运行。

（9）起重机械的安装、操作、拆除等工作都必须由取得主管部门相应资格的单位和人员完成，禁止无证人员操作。

（10）起重机械备案登记。建筑工地起重机械首次启用，使用单位应当在验收合格之日起30日内向建设行政主管部门登记备案。登记标志应当置于或附着于该设备的显著位置。登记备案时应出具有关资料。

（11）事故处理。起重机械发生事故时，施工单位应立即采取有效措施组织抢救，防止事故扩大，并按照《特种设备安全监察条例》的规定，及时报告当地主管部门和按照国家相关规定处理。

5.2 起重设备与机具

5.2.1 起重设备的安全管理

1. 一般规定

（1）每台起重机械必须由经过培训、考核合格，并持有操作证的司机操作。

（2）司机接班时，应对制动器、吊钩、钢丝绳和安全装置进行检查。发现性能不正常时，应在操作前排除。

（3）起重机的行驶轨道，必须严格按制造厂的技术要求进行铺设。轨道要有良好的接地，接地电阻不得大于10Ω，轨道终端的限位装置要经常保持完好。

（4）开车前，必须鸣铃或报警。操作中接近人时，应给以铃声或报警。

（5）操作应按指挥信号进行。对紧急停车信号，不论何人发出，都应立即执行。

（6）司机进行维护保养时，应切断主电源并挂上标志牌或加锁；必须带电修理时，应戴绝缘手套、穿绝缘鞋、使用带绝缘手柄的工具，并有人监护。

（7）起重机在中波无线电广播发射天线附近施工时，凡与起重机接触的人员，均应穿戴绝缘手套和绝缘鞋。

（8）作业前：

1）起重机作业应有足够的工作场地，起重臂杆起落及回转半径内无障碍物，夜间应有充足的照明设备。

2）作业前必须对现场周围环境、行驶道路、架空电线、建筑物以及构件重量和分布等进行全面了解。

3）起重机的变幅指示器、力矩限制器以及各种行程限位开关等保护装置，必须齐全完备、灵敏可靠。严禁用限位装置代替操纵机构进行停机。

4）起重机不得靠近架空输电线路作业，必须在线路旁作业时，应采取安全保护措施。起重机与架空输电线路的安全距离不得小于表 2.5.1 规定。

表 2.5.1　　　　　　　　起重机与架空输电线的安全距离

项　　目	<1kV	1~15kV	20~40kV	60~110kV	220kV
允许沿输电网线垂直方向最近距离（m）	3	3	4	5	6
允许沿输电网线水平方向最近距离（m）	80	1.5	2	4	9

5）起重机使用的钢丝绳规格、强度必须符合该型起重机的要求，应以生产厂的技术文件作使用依据。无证件时，应经试验合格后方可使用。

6）卷筒上钢丝绳应连接牢固、排列整齐。放出钢丝绳时，卷筒上至少保留 3 圈以上。不得使用扭结、变形的钢丝绳，所有活动的钢丝绳均不得有接头。

7）钢丝绳采用编结固接时，编结长度不得小于钢丝绳直径的 20 倍，并不得短于300mm，在编结部分应捆扎细钢丝。

8）钢丝绳采用绳卡固接时，数量不得少于 3 个。最后一个卡子距绳头的长度不得小于 140mm。绳卡夹板应在钢丝绳受力的一侧，U 形螺栓须在钢丝绳尾端，不得正反交错。卡子应拧紧到使两绳直径高度压扁 1/3 左右。绳卡固定后，待钢丝绳受力后应再次紧固。绳卡的规格数量与钢丝绳直径匹配见表 2.5.2。

表 2.5.2　　　　　　　　绳卡数量与绳径匹配

钢丝绳直径（mm）	<10	10~20	21~26	28~36	36~40
最少绳卡（个）	3	4	5	6	7
绳卡间距（mm）	80	140	160	220	240

9）闭合主电源前，应使所有的控制器手柄置于零的位置。

（9）作业时：

1）操作人员进行起重机吊钩升降、回转、变幅、行走等动作前，应鸣号示意。

2）作业时，操作人员和指挥人员必须密切配合。指挥人员必须熟悉所指挥起重机的性能，操作人员应严格执行指挥信号，如信号不清或错误，操作人员可拒绝执行。

3）重物下方不得有人员停留或通过，严禁用起重机吊运人员。

4）操作人员必须按规定的起重性能作业，不得超负荷和起吊不明重量的物件。特殊情况需超负荷时，必须有保证安全的技术措施，经企业技术负责人批准，并有专人在现场监护，方可起吊。

5）严禁用起重机斜拉、斜吊和起吊地下埋设或凝结在地面上的重物。现场浇筑的混凝土构件或模板，必须全部松动后，方可起吊。

6）起重机提升和降落速度应均匀，左右回转动作应平稳，严禁忽快忽慢和突然制动。当回转未停稳前不得作反向动作。非重力下降式起重机，严禁带载自由下降。

7）操纵各控制器时应依次逐级操作，严禁越挡操作。

8）在变换运转方向时，应将控制器转到零位，待电动机停止转动后，再转向。操作时严禁急开急停。

9）起重机起吊满负荷或接近满负荷时，应先将重物吊起离地面200~500mm停机，检查起重机的稳定性、制动器的可靠性、重物的平稳性、绑扎的牢固性。检查无误后，方可再行起吊。

10）工作中突然断电时，应使所有的控制手柄扳回零位；在重新工作前，应检查起重机动作是否正常。

11）起吊重物应绑扎牢固，保证平稳，对可能晃动的重物，应拴拉绳。不得在起吊重物上堆放或悬挂零星物件。标有绑扎位置或记号的物件，应按标明位置绑扎，绑扎钢丝绳与物件的夹角不得小于30°。

12）履带式、电动式起重机不得在斜坡上吊装或旋转。必须工作时，应将斜坡道路垫平。行驶上坡不大于25°，正在上坡时不得旋转。

13）起重机在雨雪天气作业时，应先经试吊，证明制动器灵敏可靠后，方可进行作业。

14）遇有六级及以上大风或大雨、大雪、大雾等恶劣天气时，应停止起重机露天作业，并将起重机锚定住。

（10）作业后：

1）每个工作日后，应对钢丝绳所有可见部位及钢丝绳的联结部位进行检查。钢丝绳表面磨损或腐蚀使其名义直径减少7%时，或在规定长度内断丝根数达到表2.5.3规定时应及时更新。

表2.5.3   **钢丝绳断丝更新标准**

钢丝绳结构形式	断丝长度范围（d＝绳径）	钢 丝 绳 型 号			
		$6 \times 19 + 1$	$6 \times 31 + 1$	$6 \times 61 + 1$	$L8 \times 19 + 1$
交互捻	$6d$	10	19	29	27
	$30d$	19	38	58	54
同向捻	$6d$	5	10	15	18
	$30d$	10	19	30	27

2）作业后，塔式起重机吊钩升至上限位，小车收进，操纵杆置于零位，切断电源，关闭驾驶室门窗。轨道式塔机应开至轨道中部停放，并用夹轨钳夹紧在轨道上。

3）履带式起重机应停在坚硬可靠的地基上。

4）工作休息时，不得将重物悬挂在空中。

2. 塔式起重机

（1）塔式起重机应按技术性能和出厂说明书规定使用。

（2）塔式起重机应有专职司机操作，司机必须持证上岗，并由专职指挥工持证指挥。

（3）起重机的安装、顶升、拆卸必须按照原厂规定进行，并制订安全作业措施，由专业队（组）在队（组）长统一指挥下进行，并要有技术和安全人员在场监护。

（4）新安装、搬迁或修复后的塔机，应按规定进行试运转。经有关部门验收后，方可正式使用。

（5）起重机的行驶轨道，必须按制造厂技术要求进行铺设。轨道要有良好的连接，接地电阻不大于10Ω。

（6）起重机在气温低于－15℃、雷雨、大雾和六级以上风力时，禁止作业。大风时起重臂应转至顺风方向，小车应移至40cm处，吊钩升至极限位置，大车要锁紧夹轨器。

（7）塔式起重机整体安装或内爬式塔机每次爬升，或附着式塔机每次附着升节后，必须按规定验收合格后，方可使用。

（8）起重机安装后，在无载荷情况下，塔身与地面的垂直度偏差值不得超过3/1000。

（9）起重机专用的临时配电箱，宜设置在轨道中部附近，电源开关应符合规定要求。电缆卷筒必须运转灵活，安全可靠，不得拖缆。

（10）起重机驾驶室内应铺设橡胶绝缘垫。电器设备外壳和金属结构均要可靠接地。

（11）起重机必须安装行走、变幅、吊钩高度等限位器和力矩限制器等安全装置，并保证灵敏可靠。对有升降式驾驶室的起重机，断绳保护装置必须可靠。

（12）起重机的塔身上，不得悬挂标语牌。

（13）检查轨道应平直、无沉陷，轨道螺栓无松动，排除轨道上的障碍物，松开夹轨器并向上固定好。

（14）电动起重机检修时应切断电源，并挂上"禁止合闸"等警告牌。

（15）作业前。

1）对起重机进行以下项目的检查：检查机械结构的外观情况，各传动机构应正常；检查各齿轮箱、液压油箱的油位，应符合标准；检查主要部位连接螺栓应无松动，各主要部位焊缝无开裂；检查钢丝绳磨损情况及穿绕滑轮应符合规定；检查供电电缆应无破损；各转动部位不得有异物，滑轮、托、辊、卷筒情况正常，钢丝绳无扭曲、挤压现象，卡头紧固；各制动轮表面必须保持清洁；各接触器应保持完好。限位开关齐全，位置正确、动作可靠。

2）起重机轨道的固定部位必须牢固完好。

3）塔式起重机必须有可靠接地，所有电气设备外壳都应与机体妥善连接。

4）检查电源电压应达到380V，其变动范围不得超过±20V。送电前启动控制开关应在零位。

5）松开夹轨器，清除轨道上的及周围的障碍物。

6）空载运转，检查行走、回转、起重、变幅等机构的制动器、安全限位、防护装置等，经试运转正常后，方可正式作业。

7）轨道式塔式起重机的行驶轨道不得有障碍物或下沉现象。轨道压板螺栓应完整有效，轨道末端应有止挡装置和限位器撞杆。

（16）启动后应检查各传动机构的齿轮啮合是否正常，各仪表指针位置是否正常，各接触器、限位开关及制动器动作是否灵敏可靠。

（17）作业时。

1）操作人员必须得到指挥信号后，方可进行操作，作业前，必须按电铃、发信号。

2）有下列情况之一时，司机不应进行操作（"十不吊"）：

a. 起重臂和吊起的重物下有人停留或行走时不准吊。

b. 起重指挥应由技术培训合格的专职人员担任，无指挥或信号不清时不准吊。

c. 细长和多根物件必须捆扎牢靠，多点起吊。单头"千斤"或捆绑、吊挂不牢或不平衡，可能引起滑动时不准吊。

d. 多孔板、积灰斗、手推翻斗车不用四点吊或大模板外挂板不用卸甲不准吊，预制钢筋混凝土楼板不准双拼吊。

e. 吊砌块必须使用可靠的砌块夹具，吊砖必须用砖笼，并堆放整齐，木砖、预埋件等零星物件应用盛器堆放稳妥，叠放不齐不准吊。

f. 楼板、大梁等吊物上站人不准吊。

g. 埋入地面的板桩、井点管等，以及粘连、附着的物件不准吊。

h. 多机作业，应保证所吊重物距离不小于3m，在同一轨道上多机作业，无安全措施不准吊。

i. 工作场地昏暗，无法看清场地、被吊物情况和指挥信号时不准吊。

j. 斜拉重物或超过机械允许荷载不准吊。

3）起吊重物的重量，不得超过制造厂规定的在不同幅度时的允许值。重物吨位不明时，应在检查确认后，方可起吊。

4）起重机回转操作：

遇到大风时，应用第"Ⅰ"挡缓慢启动，而不快速推进到第"Ⅱ"挡位，以免造成启动过猛。无风时可较快加速。

遇顺风且风力较大时，应先在第"Ⅰ"挡位停留约2s后，即切换至第"Ⅱ"挡位，以免造成回转速度过快。

5）禁止越级调速和高速时突然停车。

6）正常作业时，一般应先将重物调离地面30cm左右。检查人员检查被吊重物绑扎的牢固性和平稳性，确认可靠后再继续起升。

7）操作必须平稳，起动或停止应缓慢进行。在机械未停止运转前，禁止变换运转方向。

8）当机构出现不正常现象时，应及时停车，将重物放下，切断电源，找出原因，排除故障后才能继续工作，禁止在作业过程中调整或检修。

9）内爬式塔式起重机爬升操作时，应按说明书规定的步骤进行。注意校正垂直度，偏差不大于0.1%。四级风以上不准爬升。

10）附着式塔式起重机爬升操作时，四级风以上应停止爬升。爬升过程中，严禁回转，必须按说明书规定步骤操作，注意撑脚和销子到位。QTZ80塔机的升节必须有专职安全监护。

11）附着式塔式起重机的附着形式和位置，必须按施工组织设计的规定进行，垂直偏差不大于0.1%。

12）大车行走时，应有专人负责注意电缆的收放和大车的运行。发现问题立即通知司机停车或手动断开大车的行程开关。

13）起重机离轨道尽头不得少于3m。

14）不得故意利用限位开关等安全保护装置来达到停机的目的。

15）运转中，应经常察听各传动部位的声音，检查各部位的轴承温度不得超过85℃，各电动机的温升不得超过60℃，发现问题要及时停机处理。

16）夜间作业必须有充足的照明。

17）提升重物后，严禁自由下降。重物就位时，可用微动机构或使用制动器使之缓慢下降。提升的重物平移时，应高出其跨越的障碍物0.5m以上。

18）动臂式起重机的起重、回转、行走三种动作可以同时进行，但变幅只能单独进行。每次变幅后要对变幅部位进行检查。

19）严禁在轨道转弯处进行吊装作业或吊重物转弯。

20）两台起重机在同一轨道上或在相近轨道上作业时，应保持两机的接近部位的距离至少5m。

21）作业时发生停电或其他故障，应设法将被吊重物放下，不得悬在空中。

22）作业时，不得进行调整或检修。

23）不得利用起重机来推、拉其他机械或车辆。

（18）作业后：

1）作业休息或作业后，不得将重物悬挂在空中。

2）作业后，轨道式塔机应停放在轨道中部，用夹轨钳夹紧在轨道上，吊钩上升到上限位，起重臂转至平行于轨道方向。如遇八级大风时，应另拉缆风绳与地锚或建筑物固定。

3）动臂变幅式塔机起重臂应放到最大回转半径处，小车变幅式塔机的小车收至里端。

4）作业后，内爬式塔机吊钩应提起，小车收进，所有操作杆置于零位，切断电源，锁好配电箱，关闭司机室门窗。

3.门式起重机

门式起重机作业前应注意：

（1）新机安装或搬迁、修复后投入运转时，应按规定进行试运转，经检查合格后方可正式使用。

（2）启动前应检查：

1）检查行走轨道基础，接地装置应保持良好。

2）行走轨道、回转盘及各种传动机构开式齿轮的啮合面上应无障碍物。

3）检查各减速箱的油量和油质，按规定对各润滑部位加添润滑油，润滑油脂必须保持清洁，牌号符合要求。

4）检查并保持各限位开关等安全保护装置的灵活性与可靠性。

5）检查钢丝绳的磨损与断丝情况。每节距内断丝超过7%时，应即予更换。钢丝绳与卷筒的连接必须牢固。

6）检查各制动器的间隙及效能。

7）检查各电动机、减速箱、卷筒机构等基础螺栓及各部位的连接螺栓，如发现松动，应予紧固。

8）各接触器应完好，限位开关齐全，位置正确。

9）电缆应无破损。

10）电源电压应符合规定，变动范围不得超过规定值的 −5% ~ +10%。

（3）启动后，应检查各传动机构齿轮啮合是否正常，各仪表指针位置是否正确，接触器、限位开关及制动器动作应灵活可靠。

门式起重机作业中应注意：

（1）起吊物件的重量不得超过制造厂规定的最大起重量。

（2）每次作业，一般应先将物件吊离地面30cm左右，由作业人员检查被吊物件绑扎的牢固性和平稳性，然后再继续起升。

（3）起吊接近满负荷重物时，在吊离地面10cm左右后，停机检查起重机的稳定性、制动器的可靠性和钢丝绳的受力状况，确认正常方可继续起吊。

（4）起吊重要物件时应采取必要的安全措施。

（5）回转时，操作要平稳、转动要均匀，无冲击现象。

（6）操作过程中要避免紧急制动。

（7）吊钩下降到最低位置或臂杆下落到最大幅度位置时，起升和变幅卷筒上的钢丝绳至少要留有3圈。钢丝绳在卷筒上要排列整齐。

（8）起吊重物时，升降要平稳。快速下降不宜时间过长。当重物的下降速度大于电动机的同步转速时，不允许越挡直接进行反接制度。

（9）行走时，应由专人监视电缆的收放和台车的运行。发现问题应立即通知司机停车，或手动断开台车限位开关，起重机离轨道尽头不得少于3m。

（10）运转中，应经常察听各传动部位声音，检查各部轴承的温度不得超过85℃，各电动机的温升不得超过60℃。发现问题要及时停机处理。

（11）传动部位的调整和检修工作必须在停机后进行。

（12）作业时遇突然停电或发生其他故障，应设法使被吊物件下落着地，不得停在空中。

（13）两台向型门机抬吊，应经机电及安全部门批准，并做好安全措施。统一指挥。其抬吊重量不得超过双机额定起重量的75%。每机所分担的负荷不得超过该机额定起重量的80%。

（14）吊运特大件时尽量用平衡梁吊挂，无平衡梁时，应随时保持钢丝绳垂直。

（15）两台门机不得在同一跨横桥上作业。两机在同一轨道上作业时，相距不得小于9m。并要注意回转方向，避免臂杆相碰。

门式起重机作业后应注意：

（1）将臂杆落至最大幅度位置，转至顺风方向，空钩升至距臂杆顶端5~6m处。

（2）将各控制操作手柄置于零位，并应切断电源。

（3）按规定做好各部位的日常保养工作，清点工具，做好防火检查。

（4）如停机时间较长，应将台车行走轮用防爬器塞住，回转机构脚踏制动器用重锤制动住，变幅机构开式齿轮中间用木模塞住。

（5）关门上锁，断开外部电源。

4. 履带式起重机

履带式起重机作业前应注意：

（1）驾驶员必须持证上岗，作业前，在执行规定的各项检查与保养后，方可起动发动机。

（2）应检查各种仪表指示，确认正常后，方可开始工作。

（3）作业前，应试运转，检查各限位保险装置是否齐全正常，制动器是否灵敏可靠，各机构工作是否正常，发现问题应及时调整或维修。

（4）钢丝绳在卷筒上应排列整齐，并应经常检查钢丝绳的接头及钢丝绳与轧头结合处的牢固情况。

（5）起重机各部位的钢丝绳必须符合规定要求的强度。

（6）检查起重机尾部回转范围50cm内有无障碍物。

（7）起重机必须置于坚硬而水平的地面上，如地面松软不平，应整实垫平。

履带式起重机作业时应注意：

（1）起重机吊重物时，被提升的重物不应大于起重机的容许起重量，并应注意起吊物的升降不使起重吊钩到达顶点。

（2）禁止吊钩钢丝绳在不垂直的状态下进行起吊。

（3）起重臂的最大仰角一般不超过78°，在起重机作业后要将臂杆降至40°~60°，并转到顺风方向。

（4）起重机吊起满载重物时，应先吊离地面200~500mm，停机检查起重机的稳定性、制动器的可靠性和绑扎的牢固度等，确认可靠后，方可继续起吊。

（5）履带式起重机在接近满负荷作业时，要避免将起重机的臂杆回转至与履带成垂直方向的位置，以防止因失稳造成起重机倾覆。

（6）禁止使用起重机直接起吊埋在地下的物体。

（7）满负荷作业时不得行车。如要短距离移动时，吊车所吊的负荷不得超过允许起重量的70%。

（8）起吊速度要均匀平稳；落下重物时，须低速轻放，禁止忽快忽慢或突然制动。

（9）严禁同时进行两个动作。

（10）禁止起重机在斜坡上吊着重物回转。

（11）遇重大构件必须使用两台起重机同时起吊时，构件重量不得超过两台起重机所允许起重量总和的3/4。绑扎时，应注意负荷的分配，每台起重机分担的负荷不得超过该机允许负荷的80%。起吊时，必须对两台起重机进行统一指挥，使两台起重机动作协调，互相配合。整个吊装过程，两台起重机的吊钩滑车组都应保持垂直状态。

（12）吊着重物左右回转时，应平稳进行，不得使用紧急制动或未停稳前作反方向旋转。

（13）起重机转移，应用平板拖车运送。需自行转移时，应卸去配重，拆短臂杆，主动轮应在后面，回转、臂杆、吊钩等必须处于制动位置，每行驶500~1000m对行走机构进行检查和润滑。

（14）起重机进行回转、行走、起吊各动作前，指挥人员必须检视周围情况，待确认安全后，方可向驾驶员发出信号。

（15）起重机行驶时，转盘、吊杆、吊钩的制动器必须刹住。

（16）起重机行走时，转弯不应过急，如转弯半径过小，应分次转弯，下坡时严禁空挡滑行。

（17）雨雪天工作时，应防止各部制动器受潮失效。雨后应先检查各部制动器并进行试吊，确认稳妥后，方可正式工作。

（18）工作中驾驶员由专人指挥，但对任何人发出的危险信号，驾驶员均应听从。

（19）起重机带负荷时尽量避免吊杆变幅，如必须变幅，一定要检查吊杆传动机构和制动器，确认良好可靠，并采取措施后方可进行。但荷重不得超过吊杆下降后的角度所允许的负荷量，绝对禁止在吊杆落稳前变换操纵杆。

（20）雨雪天工作除应保持良好视线外，并应防止各部制动器受湿失效。雨后应先检查各部制动器并进行试吊（吊起重物离地面50cm连续上下数次），确认稳妥后，才能进行工作。

履带式起重机作业后应注意：

（1）作业结束，起重臂停在40°~60°之间，离开作业面，停在坚硬可靠的地基上，发动机熄火，关闭电源，操纵杆至空挡位置，制动器处于制动状态，锁好驾驶室门窗。

（2）冬期作业每日作业结束后，应将起重机水箱、水套中的水放尽，水门打开。

（3）起重机转移工作地点应使用平板拖车运送，不得已要自行时，吊杆应降至20°~0°，将吊钩收起，如吊杆接长超过制造厂规定时，必须拆短后方能行走；如遇道路不平应垫平后用低速通过。

（4）起重机通过桥梁、水坝、排水沟等构筑物时，必须查明允许荷载后再通过。通过铁路、地面水管、电缆等设施时，应铺设木板保护，通过时不得在其上转弯。

5. 汽车式起重机和轮胎式起重机

（1）新机或经过大修以及改变了原主要性能的起重机，应经载荷试验和检查验收合格后，方可投入运行。

（2）超过预修期而需继续运行时，必须通过技术鉴定，规定允许超期使用期限，采取相应措施，并经机电、技安部门批准后，方可继续使用。

（3）操作人员必须经过专门技术训练，经考试合格，才能上机操作。

（4）起重机进入现场，应检查作业区域周围有无障碍物。起重机应停放在作业点附近平坦坚硬的地面上，全部伸出支腿。地面松软不平时，支腿应用垫木垫实，使起重机处于水平状态。

（5）起重机上配备的变幅指示器、重量限制器及各种行程限位开关等安全保护装置，禁止拆封，要求保证动作灵敏可靠。

（6）不得以安全装置代替操作机构进行停机。

（7）夜间作业时，机上及工作地点必须有足够的照明。

（8）遇六级以上大风或雷雨、大雾时，应停止作业。

（9）作业前：

1）启动前要检查冷却水、润滑油、燃油、液压油是否充足，轮胎气压是否达到规定标准，各连接部位的螺栓是否牢固。

2）每次启动时间不得超过10s，一次启动未成，约停30s后，方可再次启动。如果3次未成，则应检查原因，设法排除故障。

3）发动机启动后，缓慢放松离合器踏板，观察各仪表的指针是否动作、机油压力是否达到本机要求的压力。

4）观察发动机有无异声、焦臭气味、漏油、漏水、漏气等现象。

5）在机油压力和水温未达到规定要求的最低标准之前，不得高速运转。无论何时，发动机都不应在无负荷的情况下长时间高速运转。

6）起吊前，应查表确定臂杆长度、臂杆倾角、回转半径及允许负荷间的相互关系，每一数据都应在规定范围以内。绝不许超出规定，强行作业。

7）起吊前，要检查蓄能器压力矩限制器、过绕断路装置、报警装置等是否灵敏可靠。

（10）作业中：

1）起重机支腿后，轮胎不可接触地面。

2）放支腿时，应先放后支腿，后放前支腿；收支腿时，必须先收前支腿，后收后支腿。

3）QY－8型起重机应检查稳定器油缸活塞是否伸出，并通过挂钩吊住后钢板弹簧整机倾斜度不得大于1.5；NK400型起重机支腿时，应将机身校正。

4）作业时，不要扳动支腿操作机构。如需调整支腿时，必须将重物放至地面，臂杆转至正前方或正后方，再进行调整。

5）变幅应平稳，变幅角度或回转半径应与起重量相适应。严禁猛然起落臂杆。

6）必须在回转运动停止后，方可改变转向。当不再回转时，应锁紧回转制动器。

7）起吊作业应在起重机的侧向和后向进行，向前回转时，臂杆中心线不得越过支腿中心。

8）带副杆的臂杆外伸时，要取出副杆根部销轴，并把它插入第一节下的固定销位。

9）臂杆向外延伸，当超过限制器发生警报时，应立即停止，不得强行继续外伸。

10）当臂杆外伸或降到最大工作位置时，要防止超负荷。

11）副杆的延伸与收存的规则：

a. 延伸或收存副杆时，各支腿应完全伸出。

b. 收存时应根据指挥信号，拆卸或存放副吊钩。在操作中，力矩限制器可能会使起重机停止动作，此时，应操作力矩限制器释放扭矩，以便使收存工作继续进行。

c. 收存时应特别注意不可将钢丝绳绞得太紧。

12）为防止作业时离合器突然脱开，应用离合器操纵杆加以锁紧。

13）正式起吊时，先将重物吊离地面 20～50cm，然后停机检查重物绑扎的牢固性和平稳性、制动的可靠性、起重机的稳定性，确认正常后，方可继续操作。

14）作业中如突然发生故障，应立即卸载，停止作业，进行检查和修理。

15）禁止在作业时对运转部位进行修理、调整、保养等工作。

16）起吊钢丝绳从卷筒上放出时，剩余量不得少于 3 圈。

17）雨雪天气，为了防止制动器受潮失灵，应先经过试吊，确认可靠后，方可作业。

18）要注意吊钩起升高度，应防止升过极限位置，以免造成事故。

19）应尽量避免双机抬吊。确因工作需要双机抬吊时，必须两机性能相同，负荷分配均匀，荷重不得超过两机总起重量的 75%，起吊时动作要一致。

（11）行驶：

1）行驶前，必须先将稳定器上的调整螺丝松开，收回支腿，插好销轴。

2）将起重机回转制动器锁住，各操纵杆放在中间位置，关闭操作室车门。

3）用钢索将吊钩拉牢在保险杠上，但要保持一定的松动量，不得过紧。

4）应注意行驶线路上的架空电线、桥梁与涵洞的高度和允许载重吨位，不得冒险通过。

（12）作业后：

1）停机时，必须先将重物落地，不得将重物悬在空中停机。

2）起重机应停在安全、平坦、不妨碍交通的地方（或指定的停车位置），拉紧手刹车，挂入低速挡。在坡道停车，车头向上坡时挂一挡，车头向下坡时挂倒挡，并用三角木把车轮塞死。

3）按规定进行保养。

6. 履带式电动起重机

除严格遵守履带式起重机安全操作规定外，并应遵守下列各条：

（1）使用外来电源，必须符合电动机额定电压；接线处应设有带罩的保险开关，并标以"危险"字样，接地应确实可靠，电缆曲度半径不得小于600mm，并不得有任何折裂。

（2）电气装置如遇跳闸时，应查明原因，排除故障，不得强行合闸。

（3）所用保险丝，必须符合规定规格，严禁用铜丝或铁丝代替。

（4）所有电气设备必须由专职的电工修理或在电工指导下进行工作。

（5）机械移行时，应由穿戴绝缘手套和绝缘鞋的人员挪移电缆，并防止电缆擦损。

（6）起动后应检视各仪表，必须在正常指示下，才能允许开始操作。

（7）应经常检查机械的电气部分、电磁制动器、安全装置的灵敏可靠性。

（8）机械如遇漏电失火，应先切断电源，禁止用水泼浇。

（9）发生触电人身事故，应先切断电源，然后进行紧急救治。

（10）在运转中变换方向，应先将控制器扳到零位，待电动机停止转动后，再逆向扳动，禁止直接变更运转方向。

7. 缆索起重机

（1）缆索起重机（以下简称缆机）运转人员必须是身体健康，应经医生检查具备高处作业条件，证明无心脏病、高血压、耳聋、眼花等禁忌性疾病。

（2）缆机运转人员必须熟悉缆机的性能、构造和用途，熟悉缆机起重作业信号及规则，具有操作和维护缆机的技能，方可操作。

（3）没有专门的技术安全措施和未经机电管理安全保卫部门的批准，禁止吊运人员及危险易爆易炸物品。

（4）在小车上或在塔吊栏杆外危险部位作业时，应系上安全带，安全带必须经过试验合格才能使用。

（5）各部机构应保持完整无缺，发现缺损时要及时增补或修复。

（6）经常检查轨道终端限位器，限位装置必须可靠。

（7）夜间作业，机房、操作室、台车移行区域及起吊和卸料等作业地点，应有足够的照明。塔顶应有警戒信号灯。

（8）作业时，必须保持通信联络畅通，无干扰。

（9）遇六级以上大风时，应停止作业，放下负荷，升起吊钩，将小车牵至塔头停靠。将主、副塔开至适当地点，锁上锚定器，并用三角木将主塔、副塔行走轮塞死。

（10）各电动机发动机的检视孔在运转中不得打开。

（11）作业前：

1）作业前，需进行以下项目的检查：

a. 检查各仪表盘指针位置及通信系统。

b. 检查各抱闸是否正常工作。

c. 滑轮和索道系统如有冰雪时，应以一挡速度牵引空载小车在索道上来回各两次，同时用一挡速度提升和下降空钩上下若干距离，以碾除索道和滑轮上的冰雪。

2）将各操纵杆置于零位，机长得到各部位助手"可以起动"的回答信号后，发起动命令。

3）启动主电机时必须两人进行，一人监视，一人操作，发现有异常及主电机反转等情况，立即断开油开关，查明原因，作出处理后，方可再次启动。

4）主电机启动后，发电机组空载试运转10min，确认各指示仪表正常、机组无异常震动、响声和气味后，启动励磁机。

5）缆机起吊点和卸料点要分别配备信号工和通信设备。信号工口齿清楚，具有一定起吊作业经验。

6）信号工工作位置要选择得当，必须在起吊点附近、安全、通视良好、外界干扰少的地方。起吊点与卸料点信号工能见范围要互相连接。无法判断吊钩与障碍物的相互位置或看不清吊钩时，信号工不得随便发令。

（12）作业中：

1）按照信号指挥操作，密切配合，应经常注意仪表指示。

2）发现吊钩位置有问题时，应停止工作，不得擅自进行与信号指挥不相容的动作。

3）运转途中突然停电时，司机应将操纵杆置于零位。

4）尽量避免将起重机各机构开到极限位置。不允许采取碰撞限位开关的办法使某机构停止。

5）每次挂钩起升时，须得到挂钩人员"可以起升"信号后，才可提升。吊物最低点超过障碍物3m以上，才可发令水平方向移动。

6）提升或下降必须逐挡加速，逐挡减速，操作要平稳。严禁越挡变速。

7）应经常注意吊钩上、下限位置，在接近极限位置时，应及时减速。

8）吊钩下落到最低位置时，缠绕在卷筒上的钢丝绳最少不得小于3圈，提升负荷时钢丝绳在滚筒上要排列整齐，不得重叠。

9）牵引小车应逐挡减速，逐挡加速，然后推至零位。禁止越挡变速。

10）小车在主索两端，距塔架35m（其他缆机一般为跨度的1/10）范围内，不允许吊重，以免牵引电机过载。

11）空载小车靠近塔架时，应将吊钩升至最高处，用一挡速度缓缓靠近。

12）经常倾听各部传动机构有无异常音响，轴承的温度不得超过85℃。

13）电机温升不超过60℃，电气设备有无异常气味。

14）注意各控制盘的信号灯是否显示，电流、电压表、指示是否正常。发现问题立即通知司机，停机检查处理。

（13）塔架移行：

1）塔架移行前，司机先发信号通知主塔行走机构助手和副塔助手，并检查和排除轨道上和基础平台上各种障碍物。

2）严禁吊物放在地面，未经脱钩就移行塔架。

3）经常注意主、副塔架位差指示，当位差超过厂家规定数值时要及时调整。

4）当塔架接近轨道尽头时，司机和助手应密切注意限位开关的动作。当限位开关已动作。而移行电机仍不停止工作时，要立即切断移行电机电源，使塔架停止移行。

5）当多台缆机立体布置，上层缆机要跨越下层缆机时，应卸除负荷，将吊钩升至最高位置后，方可移行跨越。

（14）作业后：

1）停机前必须卸除负荷，并将小车牵引至主塔停靠。

2）停机时应将各操纵杆置于零位。停机时间较长时应断开电机的主开关，使主电动机停止运转。

3）下班前机长组织全机人员交换运转情况、故障原因、处理结果、存在问题，记录在交接班本上准备交班。

4）断开隔离开关，将机器房、操作室、副塔开关房及配电室的门全部上锁。

5.2.2 起重机具

施工现场常用的起重机具有：钢丝绳、尼龙纤维绳、吊钩和滑车、独脚扒杆、人字扒杆、龙门扒杆（龙门架）、牵缆式扒杆等。

1. 钢丝绳

（1）钢丝绳的安全系数应符合下列规定：

1）用于升降起重臂或梳杆起重机拉索的，不得小于3.5mm。

2）用于手动起重机的一般不得小于4.5mm。

3）用于机动起重机的一般不得小于5.5mm，少数不经常使用的，不得小于5mm，使用频繁和冶炼、铸造用的不得小于6mm。

4）用于绑扎起重物的绑扎绳为6～100mm。

（2）钢丝绳的使用注意事项：

1）不允许钢丝绳扭成结，不得使钢丝绳穿过破损的滑车，不允许钢丝绳在运行中与地面或其他物体接触摩擦，特别是与金属相摩擦，不允许抛掷钢丝绳，即使高度不大也不许可。

2）钢丝绳穿过滑轮时，滑轮槽下口的宽度应比绳的直径大1～3mm。过大，钢丝绳容易压扁；过小，钢丝绳容易磨损。滑轮直径与钢丝绳直径的关系见表2.5.4。

表2.5.4　　　　　　　　滑轮直径与钢丝绳直径的关系　　　　　　　单位：mm

滑轮直径	钢丝绳直径		滑轮直径	钢丝绳直径	
	适用	最大		适用	最大
70	5.7	7.7	210	20.0	23.5
85	7.7	11.0	245	23.5	25.0
115	11.0	14.0	280	26.5	28.0
135	12.5	15.5	320	30.5	32.5
165	15.5	18.5	360	32.5	35.5
185	17.0	20.2	—	—	—

3）使用新钢丝绳时出现"走油"现象，应视为是正常现象，因新绳受拉伸长变细，绳芯中的油被挤出所致。如使用旧绳因超过安全负荷而出现"走油"现象时，应

停止工作进行检查，或更换钢丝绳。

4）用作起吊绳的环绳的允许荷重与其张开角度关系见表 2.5.5，一般捆绑绳间夹角不大于 90°，使用吊环时绳间夹角不大于 60°。

表 2.5.5　　　　　　　　　　起吊环绳夹角与荷重的关系

环绳角度（°）	0	45	60	90	120
允许荷重（%）	100	97	86	70	50

5）使用新钢丝绳前，应以它的 2 倍实际最大吊重的力作载重试验 15min；对重要工作也应在使用前作此试验。

6）切断钢丝绳时，必须先将欲切断部分的两边用细铁丝绑扎，以免切断后绳头松弹伤人。

7）用绳索捆绑有棱角的重物时，在其棱角处必须垫木板、管子皮、麻袋、胶皮板或其他柔软垫物，以免绳索被割断或磨损。

8）钢丝绳应避免突然受力和承受冲击荷载，起吊重物时，起动和制动均必须缓慢。

9）每次使用完毕后，应用钢丝刷将钢丝绳上的铁锈和尘垢刷净，并涂上油脂，妥善保管。

10）存放在仓库里的钢丝绳应成卷排列，避免重叠堆放；保持干燥，以防钢丝绳锈蚀。

（3）钢丝绳的寿命和报废。钢丝的断裂主要是由于钢丝绳绕过滑轮和卷筒时，在很大拉力作用下，反复弯曲和挤压引起金属疲劳，再加上磨损而引起的。断丝数达到和超过规定的报废标准时，必须调换新绳。断丝数是指在一个编捻的节距内（即绳股绕一周在螺旋线上又到起始位置）的钢丝断裂数。对于交叉绕绳，报废标准为断丝数达到总丝数的 10%；对于同向绕绳，报废标准为断丝数达到总丝数的 5%；对于 w 形绳，细钢丝作 1、粗钢丝作 1.7 计算；对于运送人或危险物品的钢丝绳，报废断丝数标准减半。旧钢丝绳的合用程度的判别方法见表 2.5.6。

表 2.5.6　　　　　　　　　　钢丝绳合用程度判别的关系

类别	钢 丝 绳 表 面 现 象	合用程度（%）	备　注
甲	1. 各股钢丝已有变位、压扁及凸出现象，但未露出绳芯 2. 个别部分有轻微锈痕 3. 有断头丝，每米钢丝绳长度内断头数目不多于钢丝总额的 3%	75	重要场所
乙	1. 每米钢丝绳长度内断头数目超过钢丝绳总数的 3%，但不多于 10% 2. 有明显锈痕	50	次要场所
丙	1. 绳股有明显的扭曲、凸出现象 2. 钢丝绳全部均有锈痕，将锈痕刮去后钢丝上留有凹痕 3. 每米钢丝绳长度内断头数超过 10%，但少于 25%	40	不重要场所或辅助工作

注　表中合用程度百分比，也就是相当于相同规格的新的钢丝绳破断拉力值的百分比。

钢丝绳有下列情况之一，应予以报废或截除：钢丝绳在一个捻距内的断丝根数达到表 2.5.7 所列数值；钢丝绳中有断股者；钢丝绳的表面钢丝磨损或腐蚀达钢丝直径的 40% 以上；钢丝绳表面起毛刺严重；钢丝绳的断丝数目不多，但断丝增加很快；钢丝绳受冲击负荷后，这段钢丝绳的伸长率超过 0.5%，应将这段钢丝绳截除。

表 2.5.7　　　　　　　　　　钢丝绳报废标准（一个捻距内的断丝数）

采用的安全系数	钢丝绳种类					
	6×19＝114		6×37＝222		6×61＝366	
	交互捻	同向捻	交互捻	同向捻	交互捻	同向捻
6 以下	12	6	22	11	36	18
6~7	14	7	26	13	38	19
7 以上	16	8	30	15	40	20

注　一个节距约为 8 倍钢丝绳直径。

2. 纤维绳

（1）麻绳、棕绳或棉纺绳用作一般的起重绳。

（2）麻绳、棕绳或棉纺绳在潮湿状态下，允许荷重应减半使用。

（3）麻绳、棕绳或棉纺绳的滑轮或卷筒直径，不应小于绳径的 10 倍。

3. 滑车

（1）对没有制造厂铭牌或换过零件的链式起重机，应根据链条、蜗母轮的计算能力做荷重试验合格后，规定其工作荷重。

（2）链式起重机的链条、齿轮、轴承发生变形、生锈或链条磨损 15% 时，禁止使用。

（3）使用链式起重机时，应先检查其刹车和传动装置是否良好，然后方可投入使用。

（4）两人同时拉一链式起重机时，速度不可太快，防止重物摇摆或振动。

（5）链式起重机用完后，不可乱扔，应把它挂起来，以防锈蚀损坏。

4. 人字架和绞磨

（1）人字架所用圆木必须仔细检查，有节疤、腐朽、横向裂纹等，不得使用。所用拖拉绳、地锚绳及地锚均应计算。地锚绳的安全系数应为 3.5。

（2）固定人字架或走线支架时，各拖拉绳应紧拉在地锚上。人字架的夹角一般以 30° 为宜。

（3）移动人字架，应保持上下平衡，不得倾斜，架底绊脚绳不得解开。

（4）使用人字架起重时，必须详细检查：

1）基础或垫木、地锚是否稳固。

2）走线绳、缆风绳是否拉紧，地锚绳是否紧固。

3）起吊荷重是否超过允许荷重。

（5）绞磨使用要求：

1）绞磨应设有制动及逆止的安全装置，否则禁止使用。

2）绞磨拽引钢丝绳必须在磨芯上绕四圈半以上，并不许重叠。磨芯应有防止绳索跑出来的安全装置。

3）松紧绞磨拽引钢丝绳的工作，应由有经验的起重工来进行，并有专人指挥，谨防拽引绳被从附近通过的车辆挂住拖走。

5. 电动和手动卷扬机

（1）卷扬机应安装在坚固的基础上，安装地点必须使工人能清楚地看见重物的起吊位置。

（2）禁止在黑暗或光线不足的地方进行起重工作。

（3）钢构件或重大设备起吊，必须使用齿轮传动的卷扬机，禁止使用摩擦式或皮带式卷扬机。

（4）卷扬机必须有可靠的制动装置（棘轮停止器和滚柱停止器、手闸、脚闸），用来防止机构逆转，如制动装置失灵，未修复前不得使用。

6. 扒杆、人字扒杆及斜臂扒杆

（1）木制独脚扒杆及人字扒杆，一般只用在起重量6t以下，起吊高度不超过6m。

（2）独脚扒杆至少应有4根互相成为90°角拉开张紧的缆风绳，人字扒杆至少应有两根缆风绳，缆风绳与地面的角度不宜大于45°。

（3）扒杆顶端系有起重滑车组，起重绳的跑头经过扒杆底部的转向滑轮引向卷扬机，在转向滑轮的另一侧，必须设留绳，以防止起吊时扒杆被拉动。

（4）缆风绳和留绳都要用地锚固定。

（5）斜臂扒杆的斜臂与水平面所成的角度不得小于30°也不得大于80°。

（6）用以固定斜臂扒杆的滑轮组，其固定点与扒杆底支轴的中心线及起吊点应在同一垂直面上。

（7）斜臂扒杆的起重滑轮组，除了向扒杆所在平面外，不得向其他方向倾斜。

5.2.3 大件吊装

1. 水轮发电机组吊装

（1）机组主轴竖立时采用两个吊钩悬空进行。如用一个吊钩时，应在主轴与地面接触的法兰面下垫以木方，起吊应缓慢，严防滑动。

（2）机架和转子中心体，若采用一个吊钩翻身时，吊点应在重心以上，以防翻身时发生冲击。

（3）大件起吊、翻身，两个吊钩抬吊、翻身时，钢丝绳应保持垂直状态，以防钢丝绳脱出卷筒或滑轮槽，或与设备棱角相割，以及钢丝绳磨刮小车架。

（4）吊装现场必须有足够照明，指挥人员应站在起重司机能看见的部位。

（5）厂房内吊运大件时，应选好路线，计算好起吊高度，使得重物与其他设备或建筑物间有不小于1m的安全距离。

（6）吊运细长部件和材料时，禁止兜底吊运。

2. 变压器等电气设备吊装

（1）变压器吊装钟罩和铁芯时，钢丝绳的顶角一般不大于60°，以免因水平分力过大而引起外壳或吊耳变形。

（2）变压器注油后起吊时，应有防止钢丝绳窜动的措施，以防油液波动引起重心变化而造成歪斜。

（3）变压器在拖拉中转向时，必须随时注意千斤顶的稳定性及其头部与变压器外壳接触处是否有变形，如有异常立即停止工作，采取措施。

（4）在厂房内吊运各种电气设备前，应检查吊环是否拧到底，设备上有无杂物，设备上活动部件是否取下或已固定牢固，严防吊运中落下伤人。在带电的开关站内吊装作业时，必须遵守带电作业的有关安全规定。

5.3 运输机械的安全管理

5.3.1 自卸汽车

（1）汽车驾驶员必须遵守国家颁发的有关文件规定和技术要求，持有驾驶证、行车证及养路票证；不得驾驶与证件不相符合的车辆。不准任意将车辆交给他人驾驶。

（2）车辆不准超载运行，不准带病工作。发动机未熄火前，不得加添燃油。

（3）车辆的零部件、附属装置，随机完整齐全，技术状况必须良好，性能必须达到规定要求。

（4）汽车启动时必须遵守以下规定：

1）发动机启动前，应按照例行保养的规定项目，做好各项检视工作。

2）带有液压助力转向装置的汽车，在液压油泵缺油的情况下，严禁启动发动机。

3）每次启动时间最长不得超过 10s。一次不成，再次启动时，间隔时间不小于20s，连续 3 次不能启动时，应查明原因，待故障排除后，方可再行启动。

4）冬季气温低严禁用火焰烘烤燃油、管道及油箱，汽油发动机应用热水、蒸汽预热，然后用手摇柄摇转发动机 20 转以上，感到轻松，无卡滞现象时为止。柴油机除采用上述方法外，还可烘烤机油盘，然后启动。

5）在低温冷车启动或蓄电池电力不足时，应用手摇柄启动，而不可勉强使用启动机。

6）启动后应保持怠速运转 3~5min，然后将转速提高到 1000~1500r/min，发动机温度未上升前不准进入高速运转，也不可低温时进行长时间的怠速运转。

7）发动机启动后，按例行保养规定进行启动后的检视工作。待温度上升后，进行低、中、高速运转，检查发动机有无异响，各仪表、警告信号或蜂鸣器的工作情况是否正常，有无漏油、漏水、漏气、漏电及焦臭气味。保修后第一次启动发动机，还应检查液压转向助力器的油位。

8）在陡坡、冰雪、泥泞的滑道，交通情况复杂的路段，没有可靠的制动条件的情况下，禁止采用拖、推、溜坡及倒车等方法启动发动机。

（5）起步时必须遵守以下规定：

1）起步前各部位必须合格，温度、气压表读数符合规定，全部警告信号解除。

2）上坡起步时一手紧握制动杆并调节轻重，一手把牢方向盘，对正方向，一脚踩踏加速踏板，一脚适当缓松离合器踏板，待离合器大部分接合，汽车开始前进时，进一步放松手制动器，并完全松开离合器踏板，适度踏下加速踏板，使汽车稳步前进。上坡起步时必须使用手制动器。

3）下坡起步时，挂上变速挡位后，应缓松离合器踏板，稍踩加速踏板，同时放松手制动器。

4）冰雪或泥泞道上起步时，如驱动轮打滑空转，应采取铺设砂石或清除轮下冰雪、泥浆等物的方法，使车辆平稳起步。有差速锁止装置的车辆可采用锁止器，不准猛踩加速踏板和猛抬离合器踏板，使车辆遭受来回冲击方法来实现起步。

（6）车辆运行时必须遵守以下规定：

1）应根据车型、拖载、道路、气候、视线和当时的交通情况，在交通规则规定的范围内，确定适宜的行驶速度。在良好的平路上，应使用经济车速，严禁超速行驶。起步后温度未升到70℃时，不准挂入高速挡。

2）后车与前车应保持适当的安全距离，在公路上行驶时，应不小于30m；遇气候不良或道路不明时，还应适当延长。

3）行驶中不得将脚踩在离合器踏板上，并尽量使用紧急制动。行驶中应注意避让尖石、铁钉、菱角物、拱坑、碎玻璃等物并及时剔除嵌入轮胎间的石块。

4）所有车辆在山区或陡坡路段严禁熄火滑行。

5）涉水前应观察水深和流速，将电路电线妥为防水，拆去风扇皮带以免带水，通过应采用低挡徐徐通过，不能在中途停留或变速，涉水后应缓行一段路程，并时踏刹车，使刹车令水分蒸发。

6）重车下坡时，尽量少用制动，应选择合适的挡位，辅以间歇制动，以控制车速。不可紧急制动或中途换挡。

7）道路泥泞、积雪、结冰、陡坡、狭路、急弯阴暗、风雪、雨雾、黄昏、黑夜、视线不清；车辆危险品货物超高、超宽、超长等情况下严禁滑行。

8）雾天行驶应开启小光灯和防雾灯，按能见度掌握车速，能见度在30m内，则时速不应超过15km并多鸣短号，严禁超车；能见度在5m以内时，应停止行驶。

9）在冰雪路段行车，必须安装防滑链条减速行驶。

10）装载危险物品时，要严格按指定路线和时间行驶，车上应挂有红黄旗标志。行驶中避免紧急制动和滑行。

11）以挖掘机装料时，汽车在就位后要停稳刹住，驾驶室内应无搭乘人员停留，必要时司机也应离开，防止挖斗越过驾驶室顶时发生意外。

12）向坑洼地区卸料时，汽车后轮与坑边要注意保持适当安全距离，防止坍塌和翻车。

13）自卸汽车卸料时应注意上方空间有无架空线，卸料后车厢应及时复位并用锁定装置锁定，后挡板在卸料完毕后应即拴牢，防止行车时震颠脱落产生事故，在有横向坡度的路面上卸料，要防止车厢举升后重心偏移而翻车。

14）检查、保养、修理自卸车倾卸装置或向油缸加油时，在车厢举升后必须用安全撑竿将车厢顶稳，防止倾卸油缸突然失效、车厢骤然降落而发生事故。

15）轮胎温度、气压上升时，应在避阴处停车适当休息，不准以放气降压和浇泼方法降温。

16）倒车应观察四周地形及道路，显示倒车信号，注意车辆转向，防止碰撞，不得超过5km/h，缓行倒退，要有专人指挥。

17）尽量避免在坡道狭窄、交通繁忙处倒车或调头，禁止在桥梁、隧洞或公路铁路交叉处、路口上进行调车。

（7）汽车维修注意事项：

1）禁止在斜坡上停车进行修理，如果必须在斜坡上检修时，则应采取防止溜车、倒车措施。

2）汽车修理完毕试车时，首先仔细检查刹车总泵拉杆、开口销、刹车油及其他各部情况，挂上试车牌，在指定的路线进行试车。

5.3.2 皮带机

（1）除本班值班司机人员外，其他人员一概不准拆卸或开动机械。

（2）皮带机架各部必须连接牢固，不能有裂纹、变形或异常响声；移动式皮带机的行走轮必须用三角木前后塞死，防止移动。

（3）电工要经常检查电气设备的接地保护和绝缘情况，电动机要经常用仪表测量检查，并定期保养，防止日晒雨淋。

（4）皮带机沿线的适当地点应安设横跨天桥，皮带机跨越道路时，必须在道路上方搭设隔离棚架及棚板。

（5）固定式皮带机，应安装在稳固的基础上；移动式皮带机应用三角木将轮子塞住或用制动器刹住，以防在工作中走动。

（6）固定式皮带沿线要搭风雨棚，夏季防止阳光暴晒，冬季防止冰雪冻结。

（7）保养和修理必须停车进行。

（8）开机时必须注意以下事项：

1）开机前，必须对以下部分进行认真检查，经检查无问题时才能发信号开车。

a. 电气设备，绝缘应良好，接地（零）完整可靠，电线接头要牢固。

b. 检查皮带机的电气和机械部分：如电机、电缆、控制设备、减速箱、传动齿轮、联轴节、拉紧装置、挡板、刮板、支架、托滚等是否良好、齐全，调整器是否适当，皮带松紧是否合适。

c. 启动前应检查皮带卡子是否歪扭和断裂；尾轮是否被砂、土杂物塞住；前后防漏板（溜子）是否有割皮带之处；拉紧装置是否良好。

d. 减速箱油位润滑情况，松开夹轨器为槽形导轮和反向压辊加注黄油。

e. 如皮带机长期未用，应检查电机和控制设备的绝缘电阻，其值不得少于0.5MΩ。

f. 检查电源电压，其波动值不应超过额定电压的 −5% ~ +10%。

2）经检查确认正常后，才可启动开车。皮带机运转后，应检查各部是否正常，如发现异常情况，应立即切断电源，停车后进行处理；检查各滚是否漏油，电机和滚筒轴承温度是否正常。

3）注意皮带上是否有人和其他杂物。

4）多节皮带串联时，其开机的顺序是卸料端至喂料端依次启动。

5）皮带机开动以后，先空转3~5min，经检查各部正常时，才能载负荷运行。

（9）皮带机运行中必须注意以下事项：

1）作业时要有统一的操作信号。

2）夜间作业时，工作场地要有完好照明设备和充足的光线。

3）皮带机运行后，操作人员必须集中思想坚守岗位，看守皮带的人员要经常沿线巡视，发现问题，及时排除。

4）在皮带机空转并达到稳定速度后，方可通知放料。未起动下料时切不可猛放，应使漏斗均匀下料，严禁皮带机超负荷运转和超负荷启动。

5）一般空载不得连续起动超过3次，若不能起动，应查找原因。

6）运转中不得换托滚，不得用木棒、铁锹、撬棍等去撬筒内的泥砂、石头、冰块等。

7）如发现皮带跑偏、打滑、乱跳等异常现象时，应及时进行调整。皮带打滑时，严禁往转轮和皮带间塞草。皮带松紧度不合适，要及时调整拉紧装置。

8）要注意检查电动机、变速箱、传动齿轮、轴承轴瓦、联轴器、传动皮带、滚筒、托辊等是否正常；清扫刮板及制动装置是否有效，特别是上行下行皮带的制动装置必须绝对可靠，防止飞车。

9）数台皮带机作串联运送物料时，应等第一台皮带机达到正常运转后，才能开动第二台，待全部运送系统达到正常后，方可进料。

10）运转中要经常用高压水冲洗粘在皮带滚筒上的泥土。严禁不停机用三角扒、铁锹、木棒等清理。

11）往皮带上加料一定要均匀，防止加料过多，压死皮带，影响机械安全运转。

12）运送大块物件时，皮带两边应装置挡板或挡栅。

13）如轴承发热超过正常温度时，应进行下列各项检查：

a. 轴承润滑是否良好。

b. 轴承是否松动，轴承是否与轴承盖相摩擦。

c. 传动链条是否拉得过紧。

14）严禁重车停车（紧急事故除外）；如突然停电，应立即将事故开关拉下。

（10）皮带机运行中，遇到下列情况必须紧急停机：

1）皮带撕开、断裂或拉断。

2）皮带被卡死。

3）机架倾斜、倒塌或严重变形。

4）电机冒烟，温度过高；或机械轴承、轴瓦烧毁。

5）转动齿轮打坏、转轴折断。

6）多皮带串联其中一台发生故障停机。

7）发生其他意外事故。

（11）皮带机停机时的注意事项：

1）停机前要首先停止给料，待皮带上的物料全部卸完后，才能发信号停机。

2）多节皮带串联时，其停机顺序是从喂料端至卸料依次停机。

3）停机后，在检查机械各部件的同时，必须注意做好清洁工作。并认真填写台班运转记录和交接班记录，把当班的情况给下一班当班人员交代清楚。

5.3.3 卷扬机

（1）卷扬机工作时应有专人指挥，各项信号应预先加以规定。

（2）电动卷扬机的电气部分不得有漏电现象，电动机和开关不带电的金属外壳应接地良好。

（3）能倒顺转动的卷扬机应辨明电动机的旋转方向，并应与操作开关上标明的方向一致。

（4）卷扬机的基础应稳固结实，并将卷扬机固定牢固。

（5）卷扬机露在外面的皮带和齿轮等均须安装防护罩，并不得任意拆下。

（6）卷扬机应设置工作制动装置和保险制动装置。电源开关应设在司机操作室内，并应设保护箱。

（7）卷扬用钢丝绳应按抗拉极限强度进行选择，其安全系数应大于5。

（8）卷扬机卷筒外沿，距最外一层钢丝绳外边的距离不小于钢丝绳直径的2.5倍。

（9）工作前，应检查钢丝绳接头是否牢固；离合器、制动器、保险轮和滑轮等是否灵敏可靠。

（10）工作中：

1）卷扬机牵引斗车运行速度最大不应超过5km/h（相当1.39m/s），牵引荷载不准超过卷扬机额定牵引力，不准降低钢丝绳及连接设备的安全系数。

2）经常检查钢丝绳的断裂情况，不准有结节、扭绕现象。当某一捻距内钢丝绳的断裂根数达总根数的5%时，则应更换。

3）不准卷扬超过规定重量的物件。

4）卷扬机起动或停止时，速度须逐渐增大或减小。

5）钢丝绳在卷筒上要排列整齐，钢丝绳不可全部放完，在卷筒上至少应保留3圈。收绕钢丝绳时禁止用手引导。

6）电动卷扬机在工作中应经常注意电动机的温度，如发现过热应立即停车检修，不得勉强使用。

7）制动带不得受潮和沾染油污，如因打滑制动失灵时，应立即停止工作，进行清洗和调整。

8）夜间工作时，工作场所应有足够的照明设备。

9）卷扬机在运转时不得进行任何修理、调整或保养清除工作。

10）电动卷扬机在工作中，如遇停电或检查保养时，应立即将电源开关拉开，操作手柄置于停止位置上。

11）重物提升过程中，如需在空中停留时，除使用制动器外，并应用棘轮保险。

（11）工作后：

1）工作停止后应切断电源，锁上开关箱。

2）工作完毕或中间休息时，重物应停放在地面不得悬在空中。

5.3.4 混凝土泵

（1）混凝土泵操作人员，必须经过训练，了解机械性能、操作方法，方可进行操作。

（2）混凝土泵的安装及导管安装：

1）混凝土泵应尽量安装在靠近浇灌工作面的地点。地基必须坚实。保持泵体水平。开动时不允许有震动现象。

2）连接导管前，应检查导管数量是否够用，导管是否完好，内壁是否光滑。

3）混凝土导管的连接，要保证管路成直线和水平，每节导管下至少要有 2 个支架，以便随时拆接锁接，提高工效。混凝土导管应放置在支架中央，不得偏斜。

4）混凝土泵和导管、导管和导管的连接处，必须紧密；接头橡皮圈，必须垫平、扣紧，以免漏浆。

5）安装弯管部分，至少离开泵头 6m 以外才能装接。并应和混凝土泵总管路同心接紧，在弯管背部，用木楔塞紧，以免震动过大。

6）混凝土泵的最大输送距离不准超过设备铭牌规定。

7）泄水阀应装在水平管路最低处，针阀应装在混凝土泵前端（6～8m 处），如管路无升高或升高处距混凝土泵较远的可不装。

8）导管的末端应尽量装在最高处，距离挡板应有 400～600mm，距顶应有 350～400mm，以利混凝土自由下泻。在出口处应安装防溅罩，但在隧洞衬砌浇灌中，如导管装置在顶拱内时可不装。

（3）混凝土泵未安装稳固前，禁止运转。

（4）启动前应检查以下各部：

1）检查混凝土泵阀门间隙，关闭时，其间隙和混凝土中的最大骨料粒径应相当，否则应调节拉杆长度并重新安插阀门拉杆的孔洞，以校正阀门位置。

2）检查各部螺栓、螺帽有无松动现象。

3）润滑所有滑动的工作表面，必要时应灌满或更换新油。

4）检查传动机构的电动机和搅拌器的电动机的回转方向是否正确。电动机的接线是否牢固，绝缘应良好，外壳应装好接地线。

5）检查阀门的填料装置是否合适，注意在任何情况下不得将填料封圈压得太紧。

6）用以清洗活塞和混凝土导管的给水系统中，必须有足够的水量。

7）必须将混凝土导管中的存水放尽。

8）检查活塞的橡皮头是否良好，清洗活塞筒柱的水绝不允许漏出，如水流进阀箱，将引起混凝土的离析和导管的阻塞。

9）检查导管的装接及支架是否牢固。

（5）混凝土泵开机操作事项：

1）开机前必须有明确的信号。

2）经检查一切正常，才能开车启动、试车，如有异常音响应停机检查原因，处理后再启动。

3）混凝土泵启动后，打开活塞清洗水，空车运行10min，察看拉杆情况，必要时适当调节阀门紧密圈。

4）承料斗内混凝土必须拌和均匀后方可压送。在向承料斗内倒入混凝土之前需先开动搅拌器，以免电动机启动超负荷，损坏设备。

（6）混凝土泵运行中应遵守以下规定：

1）搅拌机转动时，禁止清理承斗中的混凝土。

2）在向高处输送混凝土时，应在距离泵口6~10m处的导管装上一个针阀。

3）运转时搅拌器和喂送器应连续不歇地运动。

4）每隔20~30min，用润滑油润滑阀门一次，在每次润滑阀门时，必须打开泄油开关，检查阀门润滑油空间内是否含有砂浆。污浊的润滑油要加以更换，紧密圈要有轻微的压力。阀门润滑好后，油管上的开关要关紧。

5）经常注意联动机构的滚轮、螺栓、支架和基座，曲柄轴承等处的工作情况。

6）混凝土泵运行中如导管发生阻塞，应用高压水或压缩空气导通，禁止用泵去打通，以免泵超负荷发生危险。

7）禁止泵发生故障及破损之后仍继续工作。

8）中途暂时停车，应每隔5min转动二三转。混凝土泵的排送阀应处在关闭状态，以减少电动机的启动转矩。

（7）停机：

1）当压力超过3.04MPa个大气压、电流超负荷时或阀门被卡塞时，应立即拉闸停机。

2）停车前，必须将承斗中所有混凝土运送到混凝土导管中去，按电动机关闭电钮进行停车。

3）如遇特殊情况停车，预计导管内混凝土有可能凝固堵塞时，应用压力水或压缩空气将管内之混凝土全部压出。

4）混凝土泵停止后，才能打开导管上的锁接。在卡栓没有放松前，不准拆开锁接。

5）停车后混凝土泵和导管的清洗按下列规定进行：

a. 将泵端的混凝土导管拆开，再将锥形管及其临近数节导管拆开。

b. 在混凝土导管节中，装进两个浸湿的麻布塞。麻布塞的边缘要平整，保证麻布塞在导管中推进时不致受到阻碍和边缘处有漏水等现象。

c. 用水将泵斗内所有的混凝土冲洗出去，再去掉泵吸入阀门上的楔形垫板，装上水阀，然后开动泵，小心清洗（水阀的接触表面应洗干净，安装时将橡皮紧密圈压在下面）。

d. 混凝土泵清洗即在装有麻布塞的导管和泵的管节上接上清洗软管。

e. 在装载承料斗中装满水，并将水注入泵的工作腔内后才可开动混凝土泵对导管进行清洗。

f. 清洗混凝土导管时，可中速运转混凝土泵，但不要连续不断地灌水。

g. 清洗混凝土导管，要有专人随时注意麻布塞在管内的位置（可用小锤轻击导管，探查）。

h. 当麻布塞到达导管末端时应立即停泵，以防止导管中的清洗水冲坏新浇好的混凝土工程。导管出口前严禁站人。

（8）停机后必须检查下列各部分：

1）检查全部接头是否牢固。

2）检查活塞橡皮头的状况，必要时加以紧固或变换。

3）检查缸衬套、阀及阀箱铜套。

4）将水阀拆下，装上楔形垫板；水阀要上好油并收藏好，以备下次清洗再用。

5）将混凝土泵擦洗干净，并清除其周围的混凝土。

6）检查及整理所有混凝土导管管节。

（9）混凝土泵的检修和维护，应按检修规定执行。

5.3.5 施工船舶调遣

1. 水上调遣

（1）施工船舶调遣前，应查勘调遣线路，制定调遣计划及安全措施，向当地港航监督部门提出申请，按照船舶设计使用说明书及有关部门规定进行封舱与船舶编队，落实调遣组织等准备工作。

（2）施工船舶在海上调遣时，除应遵守港航监督部门的有关规定进行封舱外，尚应符合下列规定：

1）链斗式挖泥船，斗链不得自由下垂低于船底，且应牢固系在斗桥上，斗桥应升至最高位置，用保险绳系牢，并在其燕尾槽上搁置坚固枕木，将斗桥固定楔紧。

2）绞吸式挖泥船，应将定位桩倾放在甲板支架上，并加以固定，绞刀桥架应升至水面以上，并系牢、楔紧，吸排泥口应以铁板封堵。

3）自航耙吸式挖泥船，应将耙桥升至最高位置加保险绳，泥门应紧闭，并固定保险。

4）抓斗式、铲扬式挖泥船，应将抓斗、铲斗拆卸，并妥为置放，吊架要搁牢，吊机应用钢索固定。

5）吸泥船，应将吸泥管及排泥管系牢或拆卸，泥驳的泥门应关紧，并加保险销子固定。

6）小型辅助船，浮筒及排泥管等设备应装在泥驳、货驳或其他船上调遣。

7）出海调遣中，非自航式挖泥船上的工作人员应离开本船，只留少数有经验的主要船员在主拖拖轮上负责检查和联系，遇有险情，可及时回到本船采取应急措施。

8）在封舱的船上应备有灯光或其他通信联络装置，供调遣途中应用。

9）拖航期间应定时向有关主管部门报告航行情况及船舶方位。

（3）施工船舶在内河长途调遣时，除应遵守港航监督部门的有关规定外，尚应符合下列规定：

1）对调遣线路，事先应作详细调查，除必须具有足够的航行尺度外，对沿途桥闸、电力、通信线路和水底电缆等跨河建筑物的净空及水位变化等尺寸，应取得可靠数据。

2）施工船舶上的游动及可拆卸部件，参照上条规定妥善置放或系牢。

3）浮筒应分段组排，系牢后拖运。

4）在被拖船舶上，应派有经验的船员值班，负责检查和联系。挖泥船上应备有抛锚设备，并能随时抛锚，机舱排水系统要保持完好。

（4）施工船舶拖带编队应符合下列规定：

1）船队的外围尺寸不得超过航道允许尺度，且应使航行的水流阻力最小，最大最坚固的船只应安排在队首，其余船只按大小顺序向后排列。当采用双排或多排一列式编队时，船队后面的宽度，不得超过前面的宽度。船队内各船舶之间应联结牢固，横向缆绳必须拉紧，纵向缆绳应处于松弛状态。

2）海上调遣宜采用一列式吊拖方式。

3）内河调遣宜采用吊拖、傍拖、顶推等方式。

4）长距离拖带时，宜将挖泥船的绞刀桥架、泥斗桥放在与行驶方向相反的一面。

2. 陆上调遣

（1）小型挖泥船、辅助工程船舶、拼装式挖泥船、浮筒、排泥管以及索铲、推土机、铲运机等设备，当不具备水上调遣条件或经济上不合理时，可采用陆上调遣。

（2）设备调遣前，应做好下列准备工作：

1）根据可拆卸设备的部件尺寸、重量及运输条件，选择合理的运输方式和工具，落实运输组织，制定运输计划，申请运输车辆。

2）主要设备拆卸前，应按设计图纸绘制拆卸部件组装图。

3）设备拆卸后，应核定组装件的尺寸及重量，并编号、登记、造册。对精密部件、仪表及传动部件，应按设备使用说明书规定，清洗加油，包扎装箱。

4）采用公路运输时，应对运输线路进行查勘，查明公路的等级、弯道半径、坡度、路面情况、桥涵承载等级和结构状况，以及所穿越的桥梁、隧道及架空设施的净空尺寸等，对不能满足大件运输要求的路段和设施，应采取切实可行的措施，并报请有关部门核准。

（3）疏浚设备组装场地应具备下列条件：

1）场地大小应满足车辆运输、部件堆放，以及必要的车间、仓库、生活用房等要求。地面高程应高于组装期间河、湖最高水位，防止淹没。

2）设置滑道的水域及水深条件，应满足船舶能沿滑道下水并拖运至施工作业地点的要求。滑道坡度宜为1:15～1:20，或根据船舶要求专门设计。

（4）设备装车系缚必须牢固、稳妥，载运途中应严格遵守交通运输部门的有关规定。

（5）陆上土方施工机械不宜作长距离自行转移。

5.3.6 公路运输

1. 道路

（1）施工现场对内及对外交通道路，在编制施工组织设计时，规划应具体周密，以满足施工需要，保证安全运输。

（2）为工程服务的临时性交通道路（如土石方开挖施工过程中的临时性出渣线路等），其标准应符合下列要求：

1）路基坚实、边坡稳定。

2）根据选用的运输车型确定路宽：双车道一般不得窄于7.0m，单车道不得窄于4.0m，并须设错车场地。

3）路的两端应修建回车场地。

4）道路转弯半径一般不小于15m，纵坡一般应控制在8%以下，个别短距离地段最大不得超过13%。

（3）若修建道路是考虑临时和永久相结合，须综合当地交通和规划建设方案，根据公路设计标准进行设计。

（4）施工现场架设的跨越沟槽的临时性便桥，其宽度为：人行便桥不得小于1.2m，手推车便桥不得小于1.5m，斗车或汽车便桥不得小于3.5m。

（5）在公路的急弯、陡坡、狭路，视距不足，桥头引桥，高路堤，交叉口和地形险峻等地段，应按规定设置标志、护柱、护墙等安全设施。无明确规定者，应采取安全措施。

（6）运送超宽、超长或重型设备时，事先必须组织专人对路基、桥涵的承载能力、弯道半径、险坡以及沿途架空线路高度、桥洞净空和其他障碍物等进行调查分析，确认可靠后方可办理运输。

2. 机动车运输

（1）各种机动车辆均不准带病或超载运行。

（2）车辆在施工区域内行驶，时速不得超过15km/h，洞内时速不超过8km/h，在会车、弯道、险坡段不得超过3km/h。

（3）自卸汽车、油罐车、平板拖车、起重吊车、装载机、机动翻斗车及拖拉机除驾驶室外，不准乘人，驾驶室不准超额坐人。

（4）车辆在泥泞坡道上或冬季在冰雪路上行驶，必须安装防滑链，并减速行驶。

（5）各种机动车辆均不得停放于斜坡路上，因故必须临时停放时，一定要拉紧手闸，切断电路，并于轮胎处垫好卡木（三角木），确保车辆不致溜滑。

（6）车辆过渡时必须遵守渡船的有关安全规定，听从渡口工作人员的指挥。

（7）车辆涉水过河前，水面超过汽车排气管时不得行车过河。

（8）自卸汽车，除必须遵守上述有关规定外，并应严格遵守下列规定：

1）向低洼地区卸料时，后轮与坑边要保持适当安全距离，防止坍塌和翻车。

2）在坚实地区陡坎处向下卸料时，必须设置牢固的挡车装置，其高度应不低于车轮外缘直径的1/3，同时必须设专人指挥，夜间设红灯标识。

3）车厢未降落复位，不准行车。

4）禁止在有横坡的路面上卸料，以防止因重心偏移而翻车。

5）不得不在车厢升举状态下作检修维护工作时，必须使用有效的撑杆将车厢顶稳，并在车辆前后轮胎处垫好卡木。

（9）油罐车，除遵守上述有关安全规定外，并应严格遵守下列规定：

1）必须装有明显的防火标志，配备专用灭火器材，并装有金属链条。

2）装卸油时不准穿带有钉子的鞋上下油罐，同时必须将接地线妥善接地，以防静电产生火花，引起火灾。

3）装有油料时，遇雷雨天气不准停放在大树和高大建筑物之下。

4）检修油罐时，必须先除油放气进行清洗，确认罐内无油及油气，并在打开加油口后方可焊补，若修理人员欲进入罐内作业，则必须采取装设抽风装置等可靠的安全措施。

5.3.7　船舶运输

1. 基本规定

（1）除航道部门设立的航标外，水利水电施工部门在施工水域内应设置简易航标，保障船舶安全航行。

（2）航行船舶要保持适航状态，必须配备取得合格证件的驾驶人员、轮机人员和符合安全定额的船员，配备适当的消防、救生设备；执行有关客货装载和拖带的规定。

（3）船舶应按有关规定悬挂灯号、信号，不准超速航行，且必须遵守交通部颁发的《内河避碰规则》。

（4）必须配备消防设备与救生器材，并有专人对消防设备、救生器材定期检查，加强保养与管理，使之保持良好状态，便于使用。

（5）船舶应在规定地点停泊。停泊期间，船上应配备值班船员，维护船舶安全。

（6）船舶航行中遇狂风暴雨、浓雾及洪水暴涨，要立即选择安全地点停泊，不准强行航行。

（7）严禁在航道中、轮渡线上、桥下以及有水上架空设施的水域内抛锚、装卸货物，严禁船舶在航道中设置渔具。

（8）在狭窄航道上各种船舶均不准抢越。在航道相遇要安全礼让，各种船舶要让交通指挥船，木帆船让机动船，上水船让下水船，小船让大船，空船让重船。

（9）船舶过浅滩时，要严格执行"当看必看"、"当转必转"、"当吊必吊"、"当跑必跑"的规定，不准冒险航行。

（10）船员必须经过专业培训，取得合格船员证件才能顶岗操作。船员还应熟悉水性，基本掌握水上自救技能。

（11）严禁在装运易燃、易爆危险品的船上使用明火。

2. 航道

（1）严禁在主航道上设栅栏、拦网和种植水生作物。

（2）严禁向河道内倾倒垃圾、砂石、工业废渣，堵塞河道，污染水源。

（3）严禁在航道上空、水面或水下任意架设跨江（河）电线、电缆、水管。严禁损坏、盗窃航道的护坡、护岸块石、树木、航标或其他设施。

（4）严禁在航道上任意打桩、造桥或修建其他跨越航道的碍航建筑。

（5）严禁在航道两岸坡上种植农作物或填土、挖土，以防水土流失，淤浅航道。

3. 码头与临时停靠

（1）在航道两岸建造码头等临时建筑物时，其位置应在最高通航水位横断面之外，以满足安全通航的要求。

（2）码头、栈桥等临时建筑物，应选在直线段上，不得占用主航道；应在最高通航水位横断面之外，再加上标准船舶3～4倍的宽度，向岸侧伸进。

（3）船舶停靠码头应早停车，使船速降低到倒车易于控制的速度，再进行安全停靠。

（4）船舶在无码头设施的情况下需要停靠，必须选择水流平缓并有足够水深的河段进行停泊作业。同时应仔细观察岸坡是否安全可靠。

4. 船舶与行驶

（1）遇洪水暴发、大风或其他恶劣天气，开航有危险的时候，必须停止渡运。

（2）渡船在开航前3min应显示信号或鸣放声号，在停靠前3min也要显示信号与鸣放声号。

（3）渡船严禁装载易燃易爆危险品，必须切实加强防火防爆工作，保证乘客和船员的安全。

（4）在枯水、洪水、冰冻、强风等季节，必须加强预防措施，适当减低船舶载重量和临时增加船工，容易发生危险的小船，应当停止渡运或生产。

（5）严禁船舶载重超过吃水线航行。

（6）严禁在狭窄、弯曲航道、引航道、险滩处与其他船只追驶或齐头并进。两船迎面或交叉相遇，必须遵照《内河避碰规则》的有关规定及时交换会让信号，并使信号统一准确无误，严禁信号不明就会船。

（7）航行到控制河段，应严格听从信号台的指挥，在未悬挂准许本船通行的信号前，决不准冒进。

（8）船舶通过船闸、桥梁或其他水工建筑物时必须做到以下几个方面：

1）严格遵照该区段有关规定。

2）重视可航度与净空高度对通航船舶尺寸的限制。

3）进入水工建筑物、渠槽时，进槽前一定摆好航位，如船位不正则立即纠正，进槽后切忌由进槽航向一舵转向对准航标行驶，以免发生意外。

（9）雾天航行时，应遵循以下规则：

1）根据船上助航设备情况，适当减速，谨慎驾驶，必要时选择安全地点停泊。

2）在岸边物标隐约可见的情况下，行驶的船舶应当按照慢车航行和鸣放雾号，随时做好停车、倒车、抛锚准备。

3）上水船遇雾，一般沿深水岸上驶；但遇下水船时，应及时主动让出主航道，以免碰撞。

（10）浅滩航行时，应遵循以下规则：

1）船舶上滩时，船舶首尾线与浅滩力求处于垂直状态，在可能情况下，应使航向平行于流向，以防发生偏移。

2）浅滩横流影响大的情况下，船舶在横流推压下易搁浅，操作要十分谨慎，防止越出航道界限。

5. 汛期船舶安全

（1）避洪停泊。

1）洪水漫坪后，主流改道，河床不易识别，航标移位、漂流、熄火，按航运规定，必须避洪停泊。

2）停泊应在能避风防浪、泥沙淤积少、退水时不易搁浅的地点。

3）停泊地点应让出主航道，远离装卸危险品的专用码头、水底过江电缆以及其他水下障碍物。

4）锚泊船因受到水流、风等外力的作用，一般锚链长度要大于水深的 3～8 倍，若感到锚的抓力不足，锚链还要增加放长。

（2）防汛缆索。

1）在避洪停泊中，除抛锚停泊外，还要按规范规定加系防汛缆索，以保安全。

2）汛前必须认真检查防汛缆索，磨损超过允许标准的必须更换或修复，钢丝绳不准有结节、扭绕现象，如在一个节距内断丝超过 10% 应予换新。

3）系缆时，要严格检查接头是否牢固，系缆桩是否完好，岸地的锚桩必须能承受足够的拉力。

（3）防护。

1）汛期洪水中杂草、树木等漂流物较多，要根据河床水势、漂流物的动向，采取"躲"、"等"、"让"的方法，以防打损车舵，损坏船体。

2）防汛工地应及早准备抢险船只。

3）汛中水流和风的作用很大，容易断链、断缆或走锚。为保证船舶安全，对锚链、缆索应时刻加强观察，严密注意是否出现异常的现象和响声，及时果断采取措施，加抛锚或加系缆索。夜间更应提高警惕。

4）洪峰之后，局部航道淤沙较多，要定时测量水深，及时移动船舶，防止搁浅。

（4）通信。

1）汛期要加强通信联络，及时掌握航道报告、水情、气象预报，结合航次任务、船舶速度、操纵性能，制定安全防范措施。

2）汛期一般能见度低，多雷雨云雾，除使用旗号、声号、灯号外应加强无线电通信，电台、对讲机要有专人掌管，及时联系。

6. 预防大风、台风的规定

（1）各级生产调度部门应将大风、台风消息警报及时通知在航、在港船舶，并要求做好防范措施。同时根据风讯情况、船舶技术状态、船队大小及其在港和航段条件，及早决定抛锚、避风或续航。

（2）台风季节前，各轮、驳应对船体结构、水密门、窗、盖以及主要设备、工器具等进行一次检查，消除隐患，堵塞漏洞，增强抗风力。

（3）在船舶收到台风警报时应做到以下几点：

1）根据台风发展趋势和本船（队）条件，凡在风力加强之前不能赶抵附近港口或目的港避风时，应就近选择安全锚地避风。

2）避风时以选择能避风、水深足够、底质较好、有回转余地的锚地为宜。

3）锚泊时应松足锚链。锚链长度一般为水深的 6～8 倍，必要时加抛双锚。如系船队还应根据情况，散绑锚泊，但拖轮应在驳船附近抛锚，万一驳船遇到危险便于及时抢救。

4）锚泊后应加强值班，注意检查泊位、锚链情况，并注意周围船舶动态，发现本船或他船走锚时，要及时采取措施。

5）甲板上和舱内货物、活动的工器具或其他可移动的物件等，均应采取收存、解下、缚牢、紧固等措施。

（4）在港船、停修船收到本地区台风警报时应做到以下几点：

1）全体船员在船留守，加强值班和检查，机动船备好主机待用。

2）加强所有绳缆靠垫的检查，要求绳缆松紧一致，受力均匀，大型船舶系浮筒时，船首应出锚链系带。

3）系泊设备已拆修的船舶，必要时应赶紧安装应用，排上船舶应加强系缆，并开启船底阀。

7. 事故预防与处理

（1）堵漏。船舶由于碰撞、触礁、搁浅等原因，造成水线以下船体破损进水而采取的堵塞漏洞的各种应急措施叫堵漏。

1）任何船舶均应按规定配备各种堵漏用具和材料：堵漏席、堵漏板、堵漏棋、堵漏木塞、堵漏草袋、堵漏螺丝杆、充满堵漏袋、弓形堵漏夹、堵漏支撑柱、堵漏垫木及排灌设备等。

2）堵漏用具应存放于固定处所，便于及时取用。

3）漏洞的直径不大于 60mm 为小孔堵漏，用浸过油漆的棉絮或破布再包上木楔打入漏洞止水。

4）裂缝堵漏：先在裂缝两端各钻一个小孔防裂缝扩大，用包有浸过油漆的破布或棉絮的木模片打入止水。

5）在凸凹不平的船体发生漏洞或裂缝时，用快凝快硬水泥堵漏。

（2）消防。

1）火灾是造成船舶严重事故的原因之一，根据船舶消防工作的需要，船上应备有足够的、有效的消防器材。主要有消防栓、消防水带、水枪、手提化学灭火器、毯子、消防水桶、太平斧、手提电池灯等。万一发生火灾，应根据不同的起火原因，区别采用冷却法、窒息法、隔离法、抛弃法等灭火方法。

2）船舶应建立严密的消防安全制度，万一发生火灾，全体船员一定要有组织、有领导，迅速、正确地行动，扑灭火灾。

3）电气设备失火首先应切断电源，再用二氧化碳灭火机施救。在没有切断电源的情况下，切不可用水浇，以免造成触电死亡事故。

4）火灾发生进行施救的同时，悬示火警信号，借助通信设备以求其他船只协助。

（3）救生艇。

1）船员均应熟悉水性。能迅速、机警、熟练地进行救生工作。

2）艇上船员应能迅速、正确穿着救生衣，并有一名船员专门负责掌握。

3）定期进行救生演习，按照拟定救生分工表，进行救生衣、救生圈的使用等演习。

4）软木救生圈要能支持14.5kg铁块浮在淡水中24h不沉没；木棉救生圈应保证1kg铁块24h后能继续浮起15min，方为合格。救生圈每半年油漆一次，要保持其红白颜色十分鲜明。

5）软木制救生衣要能支持7.5kg铁块浮在淡水中24h不沉没；木棉制救生衣除能支持7.5kg铁块浮在淡水中24h不沉没外，24h后再加1.6kg铁块能继续浮起15min，方为合格。

6）救生艇在岁修时，要全部检查、整修、重新油漆。每隔3年应将艇上油漆全部刮去，检查有无裂痕，再根据具体情况进行修理。

本章习题

2.5.1　简述塔式起重机安全作业时应注意的事项。

2.5.2　简述起重机作业时与高压线的安全距离。

2.5.3　简述自卸车作业时的安全管理规定有哪些内容？

2.5.4　简述钢丝绳使用过程中应注意的问题。

2.5.5　简述卷扬机运行时的安全管理规定。

2.5.6　简述混凝土泵运行时应注意哪些问题？

2.5.7　简述机动车运输时应注意哪些问题？

2.5.8　简述船舶运行时预防大风、台风应采取哪些措施？

第6章　爆破器材及爆破安全作业

> **教学要求**：爆破是水利水电施工经常遇到的作业，也是比较危险的作业。本章包括基本规定、爆破器材库、爆破器材管理、爆破器材的检验、爆破作业、爆破通风、水下爆破、拆除爆破八部分内容。掌握爆破材料的运输、存放的安全管理，掌握爆破作业的安全管理；理解爆破器材库、水下爆破、拆除爆破的管理内容；了解爆破作业的基本规定、爆破器材的检验等内容。通过学习，提高学员的爆破安全管理能力。

6.1 基本规定

（1）爆破器材的采购、运输、储存保管和使用，都必须按照《中华人民共和国民用爆炸物品管理条例》执行。

（2）采用新的爆破器材和爆破技术均需经上级领导批准，制定相应的安全规定，否则禁止采用。

（3）从事有关爆破工作的人员必须经专门培训并须经考试合格。

（4）禁止进行爆破器材加工和爆破作业的人员穿化纤衣服。

（5）从事爆破工作的单位，必须建立严格的爆破器材领发制度、清退制度、工作人员的岗位责任制、培训制以及重要爆破技术措施的审批制度。

（6）爆破器材必须用专用仓库储存，不得任意存放，严禁将爆破器材分发给承包户或个人保存。

（7）露天、地下、水下和其他爆破，必须按审批的爆破设计书或爆破说明书进行。

1）硐室爆破、蛇穴爆破、深孔爆破、拆除爆破以及特殊环境下的爆破工作，都必须编制爆破设计书。

2）裸露药包爆破和浅眼爆破应编制爆破说明书。

3）爆破设计书应由单位的主要负责人批准，爆破说明书由单位的总工程师或爆破工作领导人批准。

6.2 爆破器材库

6.2.1 安全距离

（1）爆破器材仓库或露天堆放爆破材料料堆至各种保护对象的距离，应由以下条件确定：

1）外部距离的起算点是库房的轴线、药堆的边缘线、隧道式峒库的洞口地面中心。

2）爆破器材储存区内有一个以上仓库或药堆时，应按每个药堆分别核算外部距离并取最大值。

（2）根据前条原则，仓库和药堆与住宅区或村庄边缘的距离，规定如下：

1）地面库房或药堆与住宅区或村庄边缘的最小外部距离按表2.6.1确定。

表2.6.1　　　　　　　　库房或药堆与住宅区或村庄边缘的最小外部距离

存药量（t）	150～200	100～150	50～100	30～50	20～30	10～20	5～10	≤5
最小外部距离(m)	1000	900	800	700	600	500	400	300

2）隧道式峒库至住宅区或村庄边缘的最小外部距离按表2.6.2确定。

表2.6.2　　　　　　　　峒库至住宅区或村庄边缘的最小距离

与洞口轴线交角（α）		存药量（t）				
		50～100	30～50	20～30	10～20	≤10
最小距离（m）	0°至两侧70°	1500	1250	1100	1000	850
	两侧70°～90°	600	500	450	400	350
	两侧90°～180°	300	250	200	150	120

3）由于保护对象不同，因此在使用当中对表2.6.1、表2.6.2的数值应加以修正（保护系数），见表2.6.3。

表2.6.3　　　　　　　　对不同保护对象的最小外部距离修正系数

序号	保护对象	修正系数
1	村庄边缘、住宅边缘、乡镇企业围墙、区域变电站围墙	1.0
2	地县级以下乡镇、通航汽轮的河流航道、铁路支线	0.7～0.8
3	总人数不超过50人的零散住户边缘	0.7～0.8
4	国家铁路线、省级及以上公路	0.9～1.0
5	高压送电线路 500kV	2.5～3.0
	220kV	1.5～2.0
	110kV	0.9～1.0
	35kV	0.8～0.9
6	人口不超过10万人的城镇规划边缘、工厂企业的围墙、有重要意义的建筑物、铁路车站	2.5～3.0
7	人口大于10万人的城镇规划边缘	5.0～6.0

注　上述各项外部距离，适用于平坦地形。地形条件有利时可适当减少，反之应增加。

（3）爆破器材库房间的最小允许距离应符合下列规定。

1）炸药库房间（双方均有土堤）的最小允许距离见表2.6.4。

表 2.6.4　　　　　　　炸药库房间（双方均有土堤）的最小允许距离

存药量 （t）		炸　药　品　种			
		硝铵类炸药	梯恩梯	黑索金	胶质炸药
最小允许 距离 （m）	150～200	42	—	—	—
	100～150	35	100	—	—
	80～100	30	90	100	—
	50～80	26	80	90	—
	30～50	24	70	80	100
	20～30	20	60	70	85
	10～20	20	50	60	75
	5～10	20	40	50	60
	≤5	20	35	40	50

注　1. 相邻库房储存不同品种炸药时，应分别计算，取其最大值。
　　2. 在特殊条件下，库房不设土堤时，本表数字增大的比值为：一方有土堤为 2.0，双方均无土堤为 3.3。
　　3. 导爆索按每万米 140kg 黑索金计算。

2）雷管库与炸药库、雷管库与雷管库之间的最小允许距离见表 2.6.5（双方均有土堤）。

表 2.6.5　　　　雷管库与炸药库、雷管库与雷管库之间的最小允许距离

库房名称		雷　管　数　量 （万发）									
		200	100	80	60	50	40	30	20	10	5
最小允许 距离（m）	雷管库与炸药库	42	30	27	23	21	19	17	14	10	8
	雷管库与雷管库	71	50	45	39	35	32	27	22	16	11

注　当一方设土堤时，表中数字应增大比值为 2；双方均无土堤时，增大比值为 3.3。

3）无论查表或计算的结果如何，表 2.6.4、表 2.6.5 所列库房间距均不得小于 35m。

6.2.2　储存库

1. 地面总库储存量和库区布局

（1）爆破器材库的储存量规定：

1）地面库单一库房允许的最大储量不得超过表 2.6.6 的规定。

表 2.6.6　　　　　　　　　地面库单一库房允许的最大储量

爆破器材名称	允许最大储量 （t）	爆破器材名称	允许最大储量 （t）
大于硝化甘油炸药	40（净重）	导爆索	120（皮重）
梯恩梯	120（净重）	导火索	不限
硝铵炸药 （如 2 号岩石水胶炸药、 浆状炸药）	200（净重）	雷管、继爆管、 导爆管起爆系列	120（净重）
		硝酸铵、硝酸钠	400（净重）

2）地面总库的容量：炸药不超过本单位半年生产用量，起爆器材不超过一年生产用量。

（2）库区布局：

1）必须配备足够的消防设施，库区围墙内的杂草必须及时清除。

2）库房不得设在有山洪或地下水危害的地方，并充分利用山上等自然屏障。

3）位置设在远离被保护对象的较安全的地方，其外部安全距离和库房彼此间的距离应符合表2.6.1～表2.6.5的规定。

4）设在草原和森林地区的库房须修筑防火沟渠，沟渠边距离围墙至少10m，沟宽为1～3m，深1m以上。

5）周围应设围墙，围墙高度不应低于2.0m，围墙至最近库房墙脚的距离至少25m。

6）库区值班室应设在围墙外侧，距离一般不应小于25m，食堂、宿舍距危险品库房应不小于200m。

7）库房设置防护土堤时，土堤堤基至库房墙壁的距离为1～3m，对有套间的一侧可达5m；土堤与库房之间应设砖石砌成的排水沟。

（3）库房的结构：

1）库房建筑物应根据使用年限确定建筑等级、耐火和防火等级。

2）库房应采用钢筋混凝土梁柱承重，也可采用三七砖墙承重，墙体应坚固。

3）库房的门宜采用外开式。门的数量根据库房的大小确定。

4）库房采光通风窗的采光面积与地板面积之比应为1/30～1/25，采光窗台距地板高度应小于1.8m，向阳面的窗宜采用光玻璃，地板通风窗设金属丝网。

5）库内净高不得低于3m，炎热地区不得低于3.5m。

6）库房墙面要求防潮防腐蚀，地板应严密，同时铺上软垫。

7）多雨地区的库房入口处设置雨棚。

2. 地面分库

（1）地面分库系临时性储存爆破材料的库房，其最大储存量：炸药不超过3个月生产用量，起爆器材不超过半年生产用量。

（2）地面分库的安全距离标准应与地面总库相同。

（3）库房应通风良好且有防潮设施。

（4）有足够的防火器材，且经常处于完好状态。

（5）照明、防雷装置合乎标准。

（6）应设有单独的雷管库。

3. 库区的照明

（1）从库区变电站到各库房的外部线路，应采用铠装电缆埋地敷设或挂设，外部电气线路不应通过库房的上空。

（2）库房照明禁止安装电灯，宜自然采光或在库外安设探照灯进行投射采光，灯具距库房的距离不应小于3m。

（3）电源开关和保险器，应设在库外，并安装在配电箱中。

（4）采用移动式照明时，应使用防爆手电筒，不应使用电网供电的移动手提灯。

（5）地下爆破器材库的照明，还应遵守下列规定：

1）应采用防爆型或矿用密闭型电气器材，电源线路应采用铠装电缆。

2）库区电压宜为36V。

3）贮存室内不应安装灯具。

4）电源开关和保险器，应设在外包铁皮的专用开关箱内，电源开关箱应设在辅助硐室内。

5）地下库区存在可燃性气体和粉尘爆炸危险时，应使用防爆型移动电灯和防爆手电筒；其他地下库区，应使用蓄电池灯、防爆手电筒或汽油安全灯作为移动式照明。

4. 库区防雷与接地

（1）使用年限超过一年的各种爆破器材库和覆盖厚度小10m的地下库，均应设置防雷装置。

（2）爆破器材库区各类建筑物的防雷等级与防雷装置，应参照建筑物防雷设计的有关规定执行。

（3）爆破器材库区各类建筑物的防雷设施应根据防雷等级要求设置，高度为h的单支避雷针在地面的保护半径宜为1.5h，接地电阻值不应大于10ω，接闪器、引下线和接地装置所用的材料应有足够的机械强度和截面积，并满足耐腐蚀的要求。全部金属导电部分应采取防锈、防腐蚀措施。

（4）库房内所有金属物体应全部接地，接地电阻值不应大于4ω。

（5）避雷针与建筑物的距离应大于3m，每个避雷针应设单独的接地极板。

（6）库区的防雷装置应定期检查，凡不符合要求的应及时处理。

5. 库区消防

（1）库区应配备足够的消防设施，库区围墙内的杂草应及时清除。

（2）进入库区严禁烟火，不应携带引火物。

（3）进入库区不应穿带钉子的鞋和易产生静电的化纤衣服，不应使用能产生火花的工具。

（4）库区的消防设备、通信设备和警报装置应定期检查。

（5）在库区应设置消防水管。没有条件设置消防水管的库量较小的库区，宜在库区修建高位消防水池：库容量小于100t时，水池容量应为50m³；库容量100~150t时，水池容量应为100m³；库容量超过500t时，应设消防水管，消防水池距库房不应大于100m，消防管路距库房不应大于50 m。

（6）草原和森林地区的库区周围，应修筑防火沟渠，沟渠边缘距库区围墙不小于10m，沟渠宽1~3m，深1m。

6.3 爆破器材的管理

6.3.1 爆破材料的装卸

（1）装卸爆破器材应有专人负责。要求装卸运输人员必须经过专门培训，并熟悉相关的安全技术知识。

（2）雷管与炸药不准在同一地点同时装卸。

（3）严禁无关人员进入装卸现场，装卸时要有专人清点数目，严格交接手续，发现问题，立即报告有关部门。

（4）装卸爆破器材时严禁吸烟和携带发火物品，夜间严禁装卸雷管。

（5）装卸时应小心谨慎，轻搬轻放，禁止爆破器材冲击、撞击、抛掷、拖拽、翻滚。

（6）装有爆破器材的容器，堆放时不准在上面踩踏。

（7）雷管的装车高度要低于车厢10cm，车厢底部铺软垫，雷管箱层间、车厢与爆破器材箱之间也应铺有软垫。

（8）雷电期间不得装卸爆破器材。

6.3.2 爆破材料的运输

（1）运输爆破器材必须有押运人员，并按指定路线运输。运输人员严禁吸烟和携带发火物品。

（2）运输车辆不准在人多的地方和交叉路口停留，在途中必须停留时，要远离建筑设施和人烟稠密的地方，并有专人看管。

（3）装有爆破器材的车辆严禁中途加油或修理。

（4）运输爆破器材的车辆应有帆布覆盖，并设有明显标志，非押运人员不得乘坐。

（5）运输爆破器材时，不准超过车辆的额定载重量。车厢与爆破器材箱之间必须铺软垫，并防止散落。

（6）禁止用翻斗车、拖车、三轮车、自行车、摩托车和畜力运输爆破器材。如用柴油车运输时，应有防火星措施。

（7）出车前，应认真仔细检查并清除车内一切杂物，如有酸、碱、油脂和石灰等应认真清洗。

（8）硝化甘油炸药与其他炸药，雷管与炸药、导爆索，爆破器材与其他易燃、易爆物品，不得同车、同罐运输。

（9）气温低于10℃运输易冻的硝化甘油炸药或气温低于 –15℃运输难冻的硝化甘油炸药时，必须有保温防冻措施。

（10）运输车辆行车间距应大于50m，汽车开行速度不得超过20km/h，工区内时速不得超过15km/h，在路面狭窄、弯多坡陡路段，时速宜在5km/h以内。

6.3.3 爆破材料的储存与保管

（1）爆破器材必须储存在专用仓库内，储存量不准超过设计容量。

（2）管理人员必须严格执行爆破材料的验收及统计制度。严禁在库内吸烟；严禁将容易引起燃烧、爆炸的物品带入仓库；严禁在库内住宿和进行其他活动。

（3）使用爆破器材的单位临时存放爆破器材时，要选择在安全可靠的地方单独存放，指定专人看管，经所在地公安市、县局批准，并领取爆炸物品临时储存许可证后，方能储存；临时少量存放的，经所在地公安派出所备案，没有派出所的地方，向人民政府备案。

（4）库内严禁存放其他物品。禁止使用油灯、蜡烛、非防爆灯或其他明火照明。

（5）储存仓库应干燥、通风良好，相对湿度不大于65%，库内温度应保持在18～30℃之间。

（6）批号混乱、不同品种的产品必须分别存放，特别是硝化甘油类炸药必须单独储存。雷管和炸药不得混存。

（7）爆破材料不宜直接堆放在库内地面上，最好垫上方木或木板。炸药和雷管应分开、分库存放；炸药要分类存放，硝化甘油炸药必须单独放存。

（8）爆破材料的箱盒堆放必须平放，不得倒放，不准抛掷、拖拉、推送、敲打、碰撞，亦不得在仓库内打开药箱。

（9）药箱堆高不超过1.8m，袋堆高不超过1.2m。箱堆间距不小于0.7～0.8m，箱堆与墙壁间距不小于0.5m（坑内炸药库为0.2m）。

（10）雷管箱应放在木架上，木架每格只堆放一层，最上层格板距地面高度不超过1.5m；若存放在地面时，高度不超过1m，其间距与药箱间距相同。地面应敷设软垫或木板。

6.3.4 爆破材料的销毁

（1）变质或过期失效的爆破器材，应及时清理出库，并加以销毁。

（2）常用爆破器材的销毁方法：

1）硝铵炸药可以采用水溶、爆炸等方法。

2）胶质炸药、雷管、导爆索销毁只准采用爆破法。

3）导火索只准采用燃烧法。

（3）销毁工作应有专人负责组织指挥，单位领导和安全技术人员以及公安保卫人员参加，并指令有经验的人员进行销毁。

（4）销毁爆破器材应选择在白天进行，禁止在暴风、雷雨、大雪天和风向不定的天气或夜晚进行。

（5）销毁前，对所用的器材、起爆材料、场址及安全设备等，应进行认真细致的检查，并在销毁地区设置安全警戒人员，禁止一切无关人员和车辆进入危险区，以确保安全。

（6）销毁过后清理场地时，必须在场地冷却后进行，并确保销毁完全彻底。

6.4 爆破器材的检验

6.4.1 一般规定

（1）当爆破器材从制造厂家直接送到仓库，确认完好无损并附有合格证，在进行外观检查后即可验收，否则必须事先进行试验，合格后方可验收。

（2）爆破器材使用前，应有技术部门《爆破器材使用通知书》，否则不得使用。

（3）对运输、保管不当，质量可疑及储存过期的爆破器材均应进行检验。检验合格的与不合格的应分开储存。禁止将不合格的爆破器材发放使用或转让他人使用。

（4）各种爆破器材的试验，应在与库区隔离的安全地点进行。爆破试验时，应有安全警戒，无关人员不得在场。禁止单人或无组织地进行爆炸试验工作。

6.4.2 常用炸药的检验与使用注意事项

（1）应定期对每批炸药的外观和质量进行检验。

（2）对硝化甘油类炸药每月复查一次，对硝铵类炸药每3个月复查一次，对大爆破使用的炸药，事前进行检验。

（3）硝酸铵类炸药的检验，应符合下列要求：

1）外观检查：包皮无破损、无浸湿痕迹、封缄完整且无结块为合格，外观检查不合格时，应从该箱中取一个整包或从散装袋中至少取1kg作其他项目的检验。

2）含水量测定：称取10g试样，置于60~70℃的烘箱中烘干至恒重，再放入盛有氯化钙的干燥箱内冷却，然后称其重量和计算含水量。对岩石硝铵炸药，含水量不大于0.5%，对露天硝铵炸药，含水量不大于1%，对用于大量爆破的铵油炸药，含水量不大于4%时为合格。

3）殉爆试验：取6筒药卷做3次试验。在试验场的均质土面上，用木棒（其直径同于药径）压出半圆形直线槽，每次将两药卷置于槽内时，应将主炸药卷的凹入端对准殉爆药卷的平面端，且端面间距应符合新检验炸药说明书规定的殉爆距离，主爆药卷用8号雷管引爆；传爆后，若殉爆卷药放置处爆轰出现深坑且没有残留炸药，即认为已殉爆，否则为不殉爆或不完全殉爆。

4）猛度、爆力、爆速试验：试验方法和标准可参照兵器工业部制定的有关规程执行。

（4）使用注意事项：

1）硝铵类炸药的优点是对外界作用的敏感度较安全，用火焰和火星不易点燃。缺点是吸水性大，久存易胶结和结块，爆炸后产生大量有毒气体。

2）普通硝化甘油炸药在8~10℃会冻结，冻结后非常危险，受轻微撞击或摩擦就会引起爆炸。耐冻硝化甘油炸药-5℃能冻结，冻结后同样很危险，在储存与使用时，必须严格遵守有关安全规定。

3）黑火药易溶于水，吸湿性强，受潮后不能使用；敏感性强、易燃烧，火星可以点燃，敲打摩擦易引起爆炸。黑火药不宜裸露爆破药包，在有瓦斯或矿尘危险的工作面不准使用。

6.4.3 即发电雷管与迟发秒电雷管的检验与使用注意事项

1. 检验方法

（1）取样：从每批不同的箱中至少20个盒内任意抽取200发。

（2）外观检查：金属壳雷管表面有绿色斑点和裂缝、皱痕或起爆药浮出；纸壳雷管表面有松裂、管底起爆药有碎裂以及脚线有扯断者均不能使用。

（3）导电检查：在试样中抽取 20 发，以输出电流不大于 30mA 的专用爆破仪表或爆破电桥检测。无断路、短路现象，电阻值稳定且同一线路中各电雷管电阻差应小于 0.2Ω 为合格。

（4）安全电流试验：在试样中（外观合格者）任取 20 发，通以 50mA 的恒定直流电流，持续 5min 不爆炸为合格；5min 内即爆炸为不合格。

（5）震动试验：震动 5min，不允许爆炸、结构损坏、断电、短路。

（6）防水试验：取 10 发雷管连同脚线一并浸入 0.5m、15～20℃ 静水中，经 2h 后取出作爆力试验，10 发均能击穿铅板（厚 5mm）且穿孔直径大于雷管直径，则防水性合格。若只有 1 发不合格，可加倍复试，复试每发合格时，可认为防水性仍合格；若有 2 发以上不合格或 1 发不合格，经复试仍不合格时，则认定防水性不合格。

（7）延期秒量试验：取 10 发延期电雷管，用精度不低于 0.15 的计时仪器逐个试测（对毫秒延期电雷管用示波仪测定），延期时间符合产品说明书的规定为合格。

2．使用注意事项

（1）电雷管使用前，应做上述检验。检验时，雷管应放置在挡板后面距工作人员 5m 以外的地方。

（2）使用电雷管时必须了解其号数、电阻、齐发性、安全电流、发火电流。

（3）电雷管制线如为纱包装，只可用于干燥地点爆破；如为绝缘线，可用于潮湿地点爆破。

（4）在制作起爆体时，电雷管的脚线要防止与地面摩擦，要轻拿轻放。

6.4.4　迟发毫秒电雷管的检验与使用注意事项

（1）导电检查：用不大于 0.05A 的直流电检查雷管是否导通，不导通的不能使用。

（2）铅板炸孔检验：5mm 厚的铅板，炸穿孔径不小于雷管外径。使用注意事项与即发电雷管相同。

6.4.5　导火索的检验与使用注意事项

1．检验方法

（1）在 0.5m 深静水中浸泡 4h 后，燃速和燃烧性能必须正常。

（2）外观检查：取全样（20m）检查。凡粗细均匀（外径误差为 ±0.1mm），无折伤变形，外壳无裂缝、发霉、油污，以及剪断处无散头露心，包裹严密，纱线编制均匀，外观整洁，包皮无松开破损等现象者为合格。具有上列缺点之一者为不合格。

（3）喷火强度试验：取 0.1m 长的两根导火索，分别插入内径 6～7mm、长 200mm 的洁净玻璃管内，两线段端头相距 40mm，一根点燃后能引燃另一根为合格，否则不合格。

（4）燃速试验：取一样长的线段 5 根，燃速（用秒表记录）为 100～125s/m，且无断火、透火、外壳燃烧、爆声及速燃、慢燃等现象者为合格。出现上述现象之一者为不合格。然后根据燃速将导火索剪到所需的长度，两端平整，不得有毛头，检查两端药芯是否正常。

（5）耐水性试验：取导火索约 5m，两端用防潮剂浸封约 5cm，并盘成内径不小于 25cm 的线卷，然后浸入 1m 深静水（水温 10～30℃）中，2h（塑料导火索浸 5h）后将试样取出揩干，切除防潮剂浸封部分，顺取 1m 长试样 4 根作燃速试验，符合上述要求为合格，否则为不合格。

2．使用注意事项

在存放温度不超过 40℃，通风、干燥条件下，保证期为 2 年。

6.4.6　导爆索的检验与使用注意事项

1．检验方法

（1）在 0.5m 深的水中浸泡 24h，仍能可靠传爆。

（2）外观检查：取全样 4 卷检查。包皮无破损、无折伤、无油脂污垢，无药粉洒出、松皮、中空现象，端部不松散且涂料及粗细均匀（外径误差 ±0.1mm）等为合格，任一卷中具有上列缺点之一则为不合格。

（3）防潮性能试验：取 5m 长的导爆索，两端用防潮剂密封（塑料导爆索带防潮帽），盘成直径大于 25cm 的索卷，放入深 0.5m（塑料导爆索浸深 2m）、温度 10～25℃的静水中浸 24h，端头留在水外面。取出切成 1m 长的 5 根，用水手结连接，用雷管引爆能完全传爆者为合格，否则为不合格。

（4）拉力试验：取 0.5m 长导爆索，施加 50kg 拉力，在 1min 内不被拉断且仍符合要求者为合格，否则为不合格。

（5）塑料导爆索的端面药芯被火焰导火线点燃时不引起爆轰为合格，否则为不合格。

2．使用注意事项

在温度不超过 40℃，通风、干燥条件下保证期为 2 年。使用温变应在 -20～50℃范围内。

6.4.7　导爆管的检验方法

（1）外观检查：导爆管无破洞断裂，无变形，未老化且色泽均匀；导爆管与雷管接头无松动；雷管外壳正常无气孔者为合格。有上述缺陷之一者为不合格。

（2）表面损伤（孔洞、裂口等）或管内有杂物不能使用。

（3）起爆感度试验：试样每组分别起爆，各组的 8 发均起爆者为合格。若有 1 发不爆，应加倍复试，复试后仍有不起爆者，即认定不合格。

（4）延期秒量试验：另取 80 发导爆管，逐发用精度不低于 0.1s 的计时仪器测试，延期时间符合产品说明书的规定为合格。

（5）在80m深水处浸48h，起爆正常。

（6）在卡斯特落锤10kg、150cm落高的冲击作用下，不起爆。

6.5 爆破作业

6.5.1 基本规定

（1）爆破工作要根据批准的设计或爆破方案进行，每个爆破工地都要有专人负责放炮指挥和组织安全警戒工作。凡从事爆破作业的人员必须受过爆破技术的专门训练或培训。

（2）在同一地点，露天浅孔爆破不得与深孔、洞室大爆破同时进行。

（3）地下井挖洞内空气含沼气或二氧化碳浓度超过1%时，禁止进行爆破作业。

（4）每批爆破材料使用前必须进行检查和作有关性能的试验，不合格的爆破材料禁止使用。

（5）爆破作业地点有下列情形之一时，禁止进行爆破工作：

1）有冒顶或边坡滑落危险。

2）支护规定与支护说明书的规定有较大出入或工作面支护损坏。

3）通道不安全或通道阻塞。

4）爆破参数或施工质量不符合设计要求。

5）工作面20m内风流中沼气含量达到或超过1%，或有沼气突出征兆。

6）工作面有涌水危险或炮眼温度异常。

7）危及设备或建筑物安全，无有效防护措施。

8）危险区边界上未设警戒。

9）光线不足或无照明。

10）未严格按本规程要求做好准备工作。

11）在无照明的夜间、中大雨、浓雾、雷雨和大风时，不得进行露天爆破作业。

（6）起爆药包只能在爆破工地于装药前制作，不许做成成品备用。

（7）严禁边打眼、边装药、边放炮。装药只准用木、竹制成的及铝、铜制成的炮棍。

（8）裸露药包因容易产生飞石伤人一般不宜采用；必须采用时，应严格控制装药量。采用扩大药壶时，不得将起爆药卷的导火索点燃后丢进炮眼。扩大眼深超过4m时，宜采用电雷管或导爆索起爆。

（9）在进行爆破时，要把规定的信号、放炮时间预先通告，使附近人员均能正确识别。在完成警戒布置并确认无误后，方可发布起爆信号。在一个地区，同时有几个场地进行爆破作业时，应统一行动，并有统一指挥。

（10）制作每茬炮的起爆药包所使用的炸药、雷管、导火索、传爆线，必须是同厂家、同批号经过检查合格的产品。

（11）利用电雷管起爆的作业区、加工房以及接近起爆电源线路的任何人，均不准携带不绝缘的手电筒，以防引起爆炸。

（12）爆破后炮工应检查所有装药孔是否全部起爆，如发现瞎炮，应及时按照瞎炮处理的规定妥善处理，未处理前，必须在其附近设警戒人员看守，并设明显标志。

（13）炮眼爆破后，无论眼底有无残药，不得打残眼。

（14）爆破完后，应仔细检查工作场地，发现问题及时处理。

6.5.2 爆破安全距离

（1）爆破作业设计时，爆炸源与人员和其他保护对象之间的安全允许距离应按爆破各种有害效应（地震波、冲击波、个别飞石等）分别核定，并取最大值。

（2）确定爆破安全允许距离时，应考虑爆破可能诱发滑坡、滚石、雪崩、涌浪、爆堆滑移等次生有害影响，适当扩大安全允许距离或针对具体情况划定附加的危险值。

（3）各种爆破器材库之间及仓库与临时存放点之间的距离，应大于相应的殉爆安全距离。各种爆破作业中，不同时起爆的药包之间的距离，也应满足不殉爆的要求。

（4）电雷管网路爆破区边缘与高压线最近点之间的距离不应小于表2.6.7的规定（亦适用于地下电源）。

表2.6.7 爆破区边缘与高压线最近点之间的距离

高压电网 （kV）	水平安全距离 （m）
3~10	20
10~20	50
20~50	100

（5）飞石。

1）爆破时，个别飞石对被保护对象的安全距离不应小于表2.6.8及表2.6.9规定的数值。

表2.6.8 爆破个别飞散物对人员的最小安全距离

爆破类型和方法			爆破飞散物的最小安全距离 （m）
露天岩石爆破	破碎大块岩矿	裸露药包爆破法	400
		浅孔爆破法	300
	浅孔爆破		200（复杂地质条件下或未形成台阶工作面时不小于300）
	浅孔药壶爆破		300
	蛇穴爆破		300
	深孔爆破		按设计，但不小于200
	深孔药壶爆破		按设计，但不小于300
	浅孔孔底扩壶		50
	深孔孔底扩壶		50
	洞室爆破		按设计，但不小于300
	爆破树墩		200
	爆破拆除沼泽地的路堤		100

爆破类型和方法			爆破飞散物的最小安全距离（m）
水下爆破	水面无冰时的裸露药包或浅孔、深孔爆破	水深小于1.5m	与地面爆破相同
		水深大于6m	不考虑飞石对地面或水面以上人员的影响
		水深1.5~6m	由设计确定
	水面无冰时的裸露药包或浅孔、深孔爆破		200
	水底洞室爆破		由设计确定
拆除爆破、城镇浅孔爆破及复杂环境深孔爆破			由设计确定
地震勘探爆破	浅井或地表爆破		按设计，但不小于310
	在深孔中爆破		按设计，但不小于30

表 2.6.9   **爆破飞石对人员的安全距离**

序号	项目	爆破种类及爆破方法		危险区域的最小半径（m）
1	岩基开挖工程	一般钻孔法爆破		不小于300
		药壶法	扩壶爆破	不小于30
			药壶爆破	不小于300
		深孔药壶法	扩壶爆破	不小于10
			药壶爆破	根据设计定但不小于300
		深孔法	松动爆破	根据设计定但不小于300
			抛掷爆破	根据设计定
2	地下开挖工程	平洞开挖爆破	独头的洞内	不小于200
			有折线的洞内	不小于100
			相邻的上下洞间	不小于100
			相邻的平行洞间	不小于50
			相邻的横洞或横通道间	不小于50
		井开挖爆破	井深小于3m	不小于200
			井深为3~7m	不小于100
			井深大于7m	不小于50
3		裸露药包法爆破		不小于400
4		用放在坑内的炸药击碎巨石		不小于400
5		用炸药拔树根的爆破		不小于200
6		泥沼地上塌落土提的爆破		不小于100
7	水下开挖工程	非破质土壤上爆破		不小于100
		岩石上爆破		不小于300
		有冰层覆盖时土壤和岩石爆破		不小于300

2）洞室爆破个别飞石的安全距离，不应小于表2.6.10的规定数值。

表 2.6.10　　　　　　　　　　洞室爆破个别飞石安全距离　　　　　　　　　　单位：m

最小抵抗线		对 于 人 员					对于机械及建筑物				
		n 值					n 值				
		1.0	1.5	2.0	2.5	3.0	1.0	1.5	2.0	2.5	3.0
安全距离	1.5	200	300	350	400	400	100	150	250	300	300
	2.0	200	400	500	600	600	100	200	350	400	400
	4.0	300	500	700	800	800	150	250	500	550	550
	6.0	300	600	800	1000	1000	150	300	550	650	650
	8.0	400	600	800	1000	1000	200	300	600	700	700
	10.0	500	700	900	1000	1000	250	400	600	700	700
	12.0	500	700	900	1200	1200	250	400	700	800	800
	15.0	600	800	1000	1200	1200	250	400	700	1000	1000
	20.0	700	800	1200	1500	1500	350	400	900	1000	1000
	25.0	800	1000	1500	1800	1800	400	500	900	1000	1000
	30.0	800	1000	1700	2000	2000	400	500	1000	1200	1200

注　n 为最大药包的爆破作用指数。当 n < 1 时，可将抵抗线值修改为 $W_p = 5W/7$，再按 n = 1 的条件查表。

3）在浅水中进行爆破，当最小抵抗线（W）大于 2 倍水深时，对于人员的安全距离可参照表 2.6.8 的规定；当 W 小于 2 倍水深时，W 安全距离可适当缩小；当水深大于 6m 时，可不考虑飞石安全距离。

6.5.3　爆破冲击波

（1）进行地面爆破时，应参照下列条件确定空气冲击波的安全距离：

1）对在掩体内的人员，其最小安全距离按下式确定：

$$R_k = 25 \sqrt[3]{Q}$$

式中　R_k——对掩体内人员的最小安全距离，m；

　　　Q——一次爆破的炸药量，kg。

2）爆破作用指数 n < 3 时，随着药包埋深的增加，空气冲击波的效应迅速减弱，此时对人的防护应首先考虑飞石和地震安全距离。

（2）进行地下爆破时，对人员保护的安全距离应根据洞型、巷道分布、药量以及损害程度等因素，经测试确定。

（3）水中爆破冲击波对人员的安全距离可参照表 2.6.11 执行。

表 2.6.11　　　　　　　　　水中爆破冲击波对人员的最小安全距离

装药及人员状况			炸药量（kg）		
			≤50	50～200	200～1000
最小安全距离（m）	水中裸露装药	游泳	900	1400	2000
		潜水	1200	1800	2600
	钻孔或药室装药	游泳	500	700	1100
		潜水	600	900	1400

（4）水中爆破冲击波对施工船舶的安全距离执行表 2.6.12 的规定，对客船按 1500m 确定。

表 2.6.12　　　　　　　水冲击波对船舶的最小安全距离

爆破方式	装药量（kg）	非机动船最小安全距离（m）	机动船 A 最小安全距离（m）	
			停泊	航行
裸露药包	5～20	90	120	200
钻孔装药	200～500			
裸露药包	50～150	120	150	300
钻孔装药	100～500			

6.5.4　爆破震动

（1）为防止房屋、建筑物、岩体等因爆破震动而受到损坏，应按照允许振速确定安全距离。

（2）爆破对建筑物和构筑物的爆破震动安全判据，宜采用保护对象所在地的质点峰值振动速度和主振频率，以主振频率的频段确定相应的振动速度，其安全标准见表 2.6.13。

表 2.6.13　　　　　　　爆 破 震 动 安 全 标 准

序号	地面建筑物和隧道的分类		不同频段的爆破振动速度（cm/s）		
			1～10Hz	10～50Hz	50～100Hz
1	土窑洞、土坯房、毛石房屋				
2	一般专房、非抗震的大型砌块建筑物		1.0	1.0～2.5	2.5～3.0
3	钢筋混凝土框架房屋		2.0	2.0～4.0	4.0～5.0
4	一般古建筑与古迹		0.2	0.2～0.6	0.6
5	水工隧洞		5	5～8	8
6	交通隧道		7	7～12	12～15
7	矿山巷道		20	20～40	40～60
8	水电站及发电厂中心控制室设备		0.2	0.2～0.5	0.5
9	电站中控室、厂房及输变电设备		3.0	3.0～4.5	4.5～5.0
10	新浇筑大体积混凝土	龄期 1～3d	1.5	1.5～2.0	2.0～2.5
		龄期 3～7d	2.5	2.5～5.0	5.0～7.0
		龄期 7～28d	7.0	7.0～9.0	9.0～10.0

注　1. 主振频率系指最大振幅所对应的震波频率。
　　2. 频率范围应根据现场实测结果确定。也可参考下列数据：硐室爆破小于 15Hz；深孔爆破为 10～15Hz；浅孔爆破为 15～60Hz。个别情况可超出上述频率范围。

（3）爆破震动安全允许距离，可按下式计算：

$$R = \left(\frac{K}{V} \right)^{\frac{1}{\alpha}} Q^{\frac{1}{3}}$$

式中　R——爆破震动安全允许距离，m；

　　　Q——计算药量，齐发爆破时 Q 为总药量，秒延时和毫秒延时爆破 Q 为最大一段药量，kg；

　　　V——保护对象所在地的质点振动安全允许振速，cm/s；

K、α——爆破点至计算保护对象间的地形、地质条件有关的系数和衰减指数，可按表 2.6.14 选取，或通过现场试验确定。

表 2.6.14　　　　　　　　　　　爆区不同岩性的 K、α 值

岩　性	K	α
坚硬岩石	50～150	1.3～1.5
中硬岩石	150～250	1.5～1.8
软岩石	250～350	1.8～2.0

6.5.5　装药及堵塞

（1）制作药包前，首先应该检查炸药的质量，要选用干燥、松散的炸药。

（2）制作药包时必须保证其装药密度，需要防潮时，在药包外还应套以塑料防水套并加以包扎。

（3）装药前，非爆破作业人员和机械设备均应撤离至指定安全地点或采取防护措施，撤离之前不得将爆破器材运到工作面。

（4）在装药或填塞前，先用炮棍检查炮眼是否畅通。

（5）装药时，严禁将爆破器材放在危险地点或机械设备和电源火源附近。

（6）大爆破装药量应根据实测资料校核修正，经爆破工作领导人批准。

（7）使用木质炮棍装药。

（8）装起爆药包、起爆药柱和硝化甘油炸药时，严禁投掷或冲击。

（9）深孔装药出现堵塞时，在未装入雷管、起爆药柱等敏感爆破器材前，应采取铜制或木制长杆处理。

（10）禁止使用冻结的或解冻不完全的硝化甘油炸药。

（11）在下列情况下，禁止装炮：

1）炮孔位置、角度、方向、深度不符合要求者。

2）孔内岩粉未清除。

3）孔内温度超过 35℃。

4）炮区内的其他人员未撤离。

（12）药卷不得冲击或抛掷入孔，深孔装药可用带钩的提绳吊送，应遵守以下规定：

1）检查起吊设备及容器是否安全可靠。

2）有无漏电现象，若有及时处理。

3）严禁雷管、炸药同时吊运。

4）绳子下放速度不得超过1m/s。

5）雷管箱必须绝缘。

（13）堵塞前，应组织专人对回填前的一切准备工作进行验收，并做好原始记录。

（14）炸药装完后，立即进行堵塞，堵塞时不得撞击炸药，不得损坏起爆网路。

（15）堵塞时，最初装入的堵塞物（最好在炸药与堵塞物之间用废水泥袋纸隔开），不可用力挤压；以后装入的用炮棍轻轻捣紧，到炮口附近的填塞物，则需要用力捣紧。

（16）堵塞物应采用土壤、细砂或其他混合物，禁止使用石块和易燃材料填塞炮孔。

（17）装药和堵塞过程中，要注意保护导火索、导爆索、导电线及电雷管脚线的完整。严防有坚硬的物质混入炮泥中，以免毁坏脚线。

（18）禁止在深孔装入起爆药包后直接用木楔填塞。

（19）深孔的装药、堵塞作业时，应有爆破技术人员在现场进行技术指导和监督。应有两人配合操作，并有专人复核。

6.5.6 起爆

1. 火花起爆

（1）深度超过4m的炮眼，应装两个起爆雷管，并同时点燃。深度超过10m的炮眼，禁止采用火花起爆法。

（2）炮孔的孔排距较密时，导火索的外露部分不得超过1.0m，以防止导火索互相交错而产生起火现象。

（3）当一次点炮数目超过5炮时，应使用信号导火索和信号雷管，以便控制点炮时间。信号雷管的导火索应比炮眼中最短的导火索短8cm；多人点炮时，应指定专人负责指挥，并明确分工。

（4）点炮人员应事先记好炮位，找好避炮地点，检查导火索切口。听到撤离信号（如信号雷管的响声）时，无论点完炮与否，必须迅速撤离点炮区。

（5）当信号炮响后，全部人员必须立即撤出炮区，迅速到安全地点掩蔽。

（6）禁止用火柴、香烟和打火机点燃导火索，必须使用香或专用点火工具点燃导火索。

2. 电力起爆

（1）用于同一爆破网路内的电雷管，应为同厂、同型号产品。康铜桥丝雷管的电阻极差不得超过0.25Ω；镍铬桥丝雷管的电阻极差不得超过0.5Ω。

（2）放炮导线应事先做导电、电阻检验。

（3）敷设电爆网路的区域内，所有电气装置及动力、照明线路，从开始装炮起应完全停止供电，如遇雷雨停止作业，雷雨天严禁采用电爆网路。

（4）电力起爆宜使用有手柄的闸刀开关，并在爆破前指定专人负责保管。爆破前要检查电爆网路的电阻，若与设计电阻不符，应及时采取措施。

（5）同一网路中各支线（组）电阻应平衡。当并入母线后，必须量测总电阻值，测定与计算的电阻值相差不得超过5%。

（6）网路中的支线、区域线和母线彼此连接之前，各自的两端应短路绝缘。

（7）供给每个电雷管的实际电流应大于准爆电流。具体要求是：直流电源不小于2.5A，对于洞室或大规模爆破不小于3A。交流电源不小于3A，对于洞室或大规模爆破不小于4A。

（8）测量电阻只许用经过检查的专用爆破测试仪表或线路电桥。严禁使用其他电气仪表进行量测。

（9）给电后若发生拒爆，必须立即切断母线电源，将母线两端拧在一起，锁上电源开关箱进行检查。检查时，如炮孔用即发电雷管，至少在10min以后检查；如炮孔用延发电雷管，则至少需在15min以后才可进行检查。

3. 导爆索起爆

（1）导爆索禁止打结或移作绑扎物品。

（2）只准在临起爆前将起爆雷管绑结于导爆索上。

（3）导爆索要用刀子切割，严禁用剪刀剪断。

（4）用搭接法连接时，接头搭接长度不得小于8cm，并用胶布包扎牢固。分支与干线连接时，必须使支线的接头方向迎着干线爆炸波的传播方向。

（5）起爆导爆索的雷管，应捆扎在距导爆索的端头10～15cm处，用胶布包好。雷管底部应指向导爆索的传播方向。敷设雷管时，导爆索上不得有线扣或死弯，线路交叉部分应用厚度不小于15cm的衬垫物隔开。

（6）导爆索接触铵油炸药的部位必须用塑料布包好，避免导爆索的药芯被柴油浸染，发生拒爆。

（7）导爆索装入炮孔后，不得任意切割，严禁对导爆索撞击或投掷任何物体。

（8）在同一导爆索网路上有两组导爆索时，应同时起爆。

4. 导爆管起爆

（1）导爆管连接处不得进入杂质和水，使用卡口接头连接时，卡口接头要接牢，防止连接过程中因网路扯动而脱落。

（2）用导爆管起爆时，必须有设计起爆网路，并进行传爆试验。网路中所使用的连接元件必须经过技术鉴定。

（3）导爆管爆破施工中应注意打结、对折、管壁破损、异物入管等问题。

（4）一个8号传爆雷管连爆簇起导爆管的数量不宜超过40根，层数不宜超过3层。

（5）只有确认网路连接正确，与爆破无关人员已经撤离，才准许接入引爆装置。

（6）应遵守厂家出厂说明书的规定进行使用。

6.5.7 爆破警戒与信号

（1）爆破工作开始前，必须确定危险区的边界，并设置明显的标志。

（2）地面爆破应在危险区的边界设置岗哨，使所有通路经常处于监视之下，每个岗哨应处于相邻岗哨视线范围之内。

（3）地下爆破应在有关的通道上设置岗哨。回风巷应使用木板交叉钉封或设支架路障，并挂上"爆破危险区，不准入内"的标志。爆破结束，巷道经过充分通风后，方可拆除回风巷的木板及标志。

（4）在爆破空气冲击波危险范围外的回风巷道设置岗哨，岗哨应配带自救器。

（5）爆破前必须同时发出音响和视觉信号，使危险区内的人员都能清楚地听到和看到。

1）第一次信号：预告信号。所有与爆破无关人员应立即撤到危险区以外，或撤至指定的安全地点。向危险区边界派出警戒人员。

2）第二次信号：起爆信号。确认人员、设备全部撤离危险区，具备安全起爆条件时，方准发出起爆信号。根据这个信号准许爆破员起爆。

3）第三次信号：解除警戒信号。未发出解除警戒信号前，岗哨应坚守岗位。除爆破工作领导人批准的检查人员以外，不准任何人进入危险区，经检查确认安全后，方准发出解除警戒信号。

6.5.8　爆破后的安全检查和处理

（1）爆破后，爆破员必须按规定的等待时间进入爆破地点，检查有无冒顶、危石、支护破坏和瞎炮等现象。

（2）爆破员如果发现冒顶、危石、支护破坏和瞎炮等现象，应及时处理，未处理前应在现场设立危险警戒标志。

（3）只有确认爆破地点安全后，经当班爆破班长同意，方准人员进入爆破地点。

（4）每次爆破后，爆破员应认真填写爆破记录。

6.5.9　瞎炮的原因、预防

1．产生瞎炮的原因分析

（1）火花起爆法产生瞎炮的原因：

1）导火索、雷管储存、运输或装药后受潮变质，导火索浸油渗入药芯造成断火。

2）起爆雷管加工质量不合格，造成瞎火。

3）装药、充填不慎，使导火索受损，或使雷管与导火索拉开。

4）点炮时漏点、带炮等。

（2）电力起爆法产生瞎炮的原因：

1）采用过期变质的电雷管。

2）爆破网路有短路、接地、连接不紧或连接错误；电雷管电阻差过大，超出允许范围；在同一电爆网路中采用不同厂不同批的电雷管。

3）爆破工作面有水使雷管受潮（纸壳电雷管和秒差电雷管的可能性更大）。

（3）导爆索起爆法产生瞎炮的原因：

1）爆破网路连接方法错误。

2）导爆索浸油（如在铵油类炸药中）渗入药芯则产生拒爆。

3）导爆索受潮，起爆量不够。

4）充填过程中导爆索受损或落石砸断。

5）多段起爆时，被前段爆破冲坏。

（4）导爆管起爆法产生瞎炮的原因：

1）产品质量不好产生拒爆。

2）对该系统的性能不了解漏连等而产生拒爆。

3）起爆网路连接不好和施工中应注意问题没做好而引起的拒爆。

2. 防止产生瞎炮的措施

（1）改善保管条件：防止雷管、导火索和导爆索受潮；发放前应严格检验爆破材料质量，对质量不合格的应予报废；发放时对电雷管应注意同厂同批，对燃速不同的导火索要分批使用。

（2）改善爆破网路质量及连接方式：网路设计应保证准爆条件，设置专用爆破线路，防止接地和短路，避免电源中性点接地，加强对网路的测定或敷设质量的检查工作。

（3）改善操作技术：对火雷管要保证导火索与雷管紧密连接，避免导火索与雷管脱离或雷管与药包脱离；对电雷管应避免漏接、接错和防止折断脚线；经常检查开关、插销和线路接头；导爆索网路要注意接法正确，并加强网路的维护工作。

（4）在有水工作面装药时，应采取可靠的防水措施，避免爆破材料受潮。

6.5.10 瞎炮处理方法

发现瞎炮应及时处理，处理方法要确保安全，并力求简单有效。不能及时处理的瞎炮，应在其附近设置明显标志，并采取相应措施。对难处理的瞎炮，应在爆破负责人的指导下进行。处理瞎炮时禁止无关人员在附近做其他工作。在有自爆可能性的高硫高温矿床内产生的瞎炮应划定危险区，瞎炮处理后，要检查和清理残余未爆材料。确认安全后，方可撤去警戒标志，进行施工作业。

（1）发现瞎炮或怀疑有瞎炮，应立即报告并及时处理。若不能及时处理，应在附近设明显标志，并采取相应的安全措施。

（2）难处理的瞎炮，应请示爆破工作领导人，派有经验的爆破员处理，大爆破的瞎炮处理方法和工作组织，应由单位总工程师批准。

（3）处理瞎炮时，无关人员不准在场，应在危险区边界设警戒，危险区内禁止进行其他作业。

（4）禁止拉出或掏出起爆药包。

（5）电力起爆发生瞎炮时，须立即切断电源，及时将爆破网路短路。

（6）瞎炮处理后，应仔细检查爆堆，将残余的爆破器材收集起来，未判明爆堆有无残留的爆破器材前，应采取预防措施。

（7）处理浅眼爆破的瞎炮可采用下列方法：

1）经检查确认炮孔的起爆线路完好时，可重新起爆。

2）打平行眼装药爆破。平行眼距瞎炮孔口不得小于0.3m，对于浅眼药壶法，平行眼距瞎炮壶边缘不得小于0.5m。为确定平行炮眼的方向，允许从瞎炮孔口起取出长度不超过20cm的填塞物。

3）用木制、竹制或其他不发生火星的材料制成的工具，轻轻地将炮眼内大部分填塞物掏出，用聚能药包诱爆。

4）在安全距离外用远距离操纵的风水管吹出瞎炮填塞物及炸药，但必须采取措施，回收雷管。

5）瞎炮应在当班处理，当班不能处理或未处理完毕，应将瞎炮情况（瞎炮数目、炮眼方向、装药数量和起药包位置、处理方法和处理意见）在现场交接清楚，由下一班继续处理。

（8）处理深孔瞎炮可采用下列方法：

1）爆破网路未受破坏，且最小抵抗线无变化者，可重新联线起爆；最小抵抗线有变化者，应验算安全距离，并加大警戒范围后，再联线起爆。

2）在距瞎炮孔口不小于 10 倍炮孔直径处另打平行孔装药起爆，爆破参数由爆破工作领导人确定。

3）所用炸药为非抗水硝铵类炸药，且孔壁完好者，可以预见部分填塞的，向孔内灌水，使之失效，然后作进一步处理。

（9）处理硐室爆破的瞎炮可采用下列方法：

1）如能找出起爆网路的电线、导爆索或导爆管，经检查正常，仍能起爆者，可重新测量最小抵抗线，重划警戒范围，联线起爆。

2）沿竖井或平硐清除填塞物，重新敷设网路，联线起爆或取出炸药和起爆体。

（10）处理水下裸露爆破的瞎炮可采用下列方法：

1）在瞎炮附近另行投放裸露药包，使之殉爆。

2）小心地将药包提出水面，用爆炸法销毁。

（11）处理水下炮孔瞎炮可采用下列方法：

1）造成瞎炮的因素消除后，可重新起爆。

2）填塞长度小于炸药的殉爆距离或全部用水填塞者，可另装入起爆药包起爆。

3）在瞎炮附近投放裸露药包爆破。

6.6 爆破通风

6.6.1 爆破施工现场的作业环境

爆破施工现场的作业环境应符合下列卫生标准：

（1）道内氧气含量按体积不应小于 20%。

（2）有害气体浓度容许值：

1）一氧化碳（CO）最高容许浓度为 $30mg/m^3$。在特殊情况下，施工人员必须进入工作面时，容许值可为 $100mg/m^3$，但工作时间不得超过 30min。

2）二氧化碳（CO_2）按体积计浓度容许值不得大于 0.5%。

3）氮氧化物（NO_2）浓度容许值不得大于 $5mg/m^3$。

4）甲烷（瓦斯）按体积计浓度容许值不得大于 0.5%。

5）二氧化碳浓度容许值不得超过 15mg/m³。

6）硫化氢浓度容许值不得超过 10mg/m³。

（3）坑道内气温不宜高于 28℃。

6.6.2　通风方式及要求

（1）承包人应将施工期间通风设计提交监理工程师批准，并须为每座隧道的掘进提供已批准的通风设施。风速和风量要求：全断面开挖（包括竖井）时应不少于 0.15m/s，坑道内应不小于 0.25m/s，但均不得大于 6m/s；供风量应保证每人供应新鲜空气不小于 3m³/min。

（2）通风方式：实施机械通风，必须具有通风机和风道，按照风道的类型和通风安装位置，有如下几种通风方式：

1）风管式通风。风流经由管道输送，分为压力式、抽出式、混合式三种方式。风管式通风的优点是设备简单，布置灵活，易于拆装，故被一般隧道施工所采用。

2）巷道式通风。适用于有平行坑道的长隧道。这种通风方式断面大、阻力小，可提供较大的风量，是目前解决长隧道施工通风比较有效的方法。

3）风墙式通风。这种方法适用于较长隧道。

（3）压入式进风管口或吸出式通风管口应设在洞外适当位置，并做成烟囱式，防止污染空气再回流进入洞内。

（4）通风管靠近工作面的距离，压入式通风管的出风口距工作面不宜大于 15m，吸出式通风管吸风口不宜大于 5m。

（5）采用混合式通风时，当一组风机向前移动，另一组风机的管路即相应接长，始终保持两组管相邻端交错不小于 20~30m。局部通风时，吸出式风管的出风口应引入主风流循环的回风流中。

（6）通风机应装有保险装置，当发生故障时能自动停机。

（7）通风设备应有适当的备用数量，一般为计算能力的 50%。通风系统应定期测试通风的风量、风速、风压，检查通风设备的供风能力和动力消耗。

（8）如通风设备出现事故或洞内通风受阻，所有人员应撤离现场，在通风系统未恢复正常工作和经全面检查确认洞内已无有害气体以前，任何人均不得进入洞内。

（9）如风机假日停止运转，在假日过后进入隧道工作以前，风机应至少提前 2h 启动，并要进行上述同样检查工作。

6.6.3　风流及其质量的量测

（1）掘进工作中安全监理工程师或领班应连续监测瓦斯，在其他时间内也需经常监测，以确保洞内工作安全。同时记录测试数据，随时提交监理工程师核查。

（2）在每班工作期间，应用手持式风速仪或皮托管风速量测计，对风道内的风量至少量测一次。如有通风不足，应予记录并立即报告监理工程师。

（3）承包人应提供瓦斯浓度、缺氧及游离二氧化硅（SiO_2）等检测试验所需的设备，还应为检测试验人员提供经批准的防毒面罩。

6.6.4　通风设备

（1）隧道施工必须采用机械通风。在进口和出口处设置消声器，施工场所的噪声不得超过 90dB。

（2）无论采用何种通风方式，通风管宜采用钢制可拆装的刚性管，也可用不可燃性材料制作的管，刚性管道长不宜超过 6m。

6.6.5　风量确定

地下工程采用爆破方法施工时，需排除因钻孔、爆破等原因而产生的有害气体和岩尘，以保证供给工人必要的新鲜空气，并改善洞内温度、湿度和气流速度。

（1）掘进速度不超过 40m 时，可以采用自然通风，否则需要采取机械通风（压入式、吸出式和混合式）。

（2）通风量计算：按下式计算的最大值再考虑 20%～50% 的风管漏风损失。

1）按洞内同时工作的最多人数计算：每人所需通气量为 3m³/min；

2）按冲淡有害气体的需要量计算：

$$Q = \frac{A \times B}{1000 \times 0.02\% \times t} = 5AB/t$$

式中　Q——通风量，m³/min，洞内使用内燃机应另加（按每马力 3m³/min 通风量计算）；

A——工作面同时爆破的最大炸药量，kg；

B——每千克炸药产生的一氧化碳气体量，可按 40L 计算；

0.02%——一氧化碳浓度降低到 0.02% 以下人员才可进入工作面；

t——通风时间，可按 20min 计算。

3）按洞内温度与风速要求计算，根据洞内温度确定洞内风速。

$$Q > v_{最小风速} S_{最大}$$

式中　$v_{最小风速}$——全断面开挖时不小于 0.15m/s，导洞内不小于 0.25m/s；

$S_{最大}$——洞最大断面，m²。

6.7　水下爆破

6.7.1　一般规定

（1）水下爆破作业应由具备相应资质的专业队伍承担，作业人员应持证上岗。

（2）在通航水域进行水下爆破作业时，应向当地港航监督部门和公安部门申报，并按时发布水下爆破施工通告。

（3）爆破工作船及其辅助船舶，应按规定悬挂特殊信号（灯号）。

（4）在黄昏和夜间等能见度差的条件下，不宜进行水下爆破的装药工作；如确需进行水下爆破作业时，应有足够的照明设施，确保作业安全。

（5）进行水下爆破作业前，除按照 GB 6722—2003《爆破安全规程》中的有关要求外，还应准备救生设备，检查爆破工作船的技术性能，爆破器材的水上运输和贮存，危险区的船舶、设备、管线及临水建筑物的安全防护措施，水域危险边界上警示标志、禁航信号、警戒船舶和岗哨等的设置，检查水域中遗留的爆炸物和水体带电情况等各项安全工作。

（6）爆破作业船上的工作人员，作业时应穿好救生衣，无关人员不准登上爆破作业船。

（7）爆破工作负责人应根据爆区的地质、地形、水位、流速、流态、风浪和环境安全等情况布置爆破作业。

（8）水下爆破应使用防水的或经防水处理的爆破器材；用于深水区的爆破器材，应具有足够的抗压性能，或采取有效的抗压措施；用于流速较大区的起爆器材还应有足够的抗拉性能，或采用有效的抗拉措施；水下爆破使用的爆破器材应进行抗水和抗压试验，起爆器材还应进行抗拉试验。

（9）水下爆破器材加工和运输的安全要求：

1）水下爆破的药包和起爆药包，应在专用的加工房内或加工船上制作。

2）起爆药包，只准由爆破员搬运；搬运起爆药包上下船或跨船舷时，应有必要的防滑措施；用船只运送起爆药包时，航行中应避免剧烈的颠簸和碰撞。

3）现场运输爆破器材和起爆药包，应专船装运；用机动船装运时，应采取严格的防电、防振、防火、防水、隔潮及隔热等措施。

（10）水下爆破作业时的安全要求：

1）水下爆破严禁采用火花起爆。

2）装药及爆破时，潜水员及爆破工不得携带对讲电话机和手电筒上船，施工现场亦应切断一切电源。

3）用电力和导爆管起爆网路时，每个起爆药包内安放的雷管数不宜少于2发，并宜连成两套网路或复式网路同时起爆。

4）水下电爆网路的导线（含主线连接线），应采用有足够强度且防水性和柔韧性良好的绝缘胶质线，爆破主线路呈松弛状态扎系在伸缩性小的主绳上，水中不应有接头。

5）在水流较大、较深的爆破区放电炮连线时，应将连线接头架离水面，以免漏电造成电流不足而导致瞎炮。

6）不宜用铝（或铁）芯线做水下起爆网路的导线。

7）起爆药包使用非电导爆管雷管及导爆索起爆时，应做好端头防水工作，导爆索搭接长度应大于0.3m。

8）导爆索起爆网路应在主爆线上加系浮标，使其悬吊；应避免导爆索网路沉入水底造成网路交叉，破坏起爆网路。

9）起爆前，应将爆破施工船舶撤离至安全地点。应按设计要求进行爆破安全警戒。

10）盲炮应及时处理，遇有难以处理而又危及航行船舶安全的盲炮，应延长警戒时间，继续处理，直至完毕。

（11）水下钻孔爆破时的安全要求：

1）水下钻孔位置应准确测定，经常校核；孔口应有可靠的保护措施。

2）用金属或塑料筒加工成防水药筒盛装非抗水的散装炸药时，应在药面采取隔热措施，才准许用沥青和石蜡封口。

3）水下钻孔爆破，应采取隔绝电源和防止错位等安全措施，方准许边钻孔边装药。

4）钻孔装药时应拉稳药包提绳，配合送药杆进行，不应从管口或孔口直接向孔内投掷药包，不应强行冲压卡塞的钻孔药包；用护孔管装药时，每装入一节药包，应提升一次护孔管，待该孔装药完毕，护孔管提离药包顶面后，才准填入填塞物。

5）水下深孔采取分段装药时，各段均应装有起爆药包。各起爆药包的导线应标记清楚，防止错接。

6）提升套管（含护孔管）应注意保护药包引出线，移船时应注意保护起爆网路，在急流区对孔口段的导线应加以保护。

（12）水下裸露药包爆破的安全要求：

1）水下裸露药包（含加重物）应有足够的重量能顺利自沉，药包表面应包裹良好，防止与礁石（或被爆破物）碰撞、摩擦。

2）捆扎药包和连接加重物，应在平整的地面或木质的船舱板上进行，并应捆扎牢实。

3）在施工现场，已加工好的裸露药包，允许临时存放在爆破危险区外的专用船上或陆地上，并派专人看守，但不得过夜存放。

4）投药船应用稳定性和质量好的船只，工作舱内和船壳外表不应有尖锐的突出物。

5）药包投放应使用绳、缆、杆牵引，不得直接牵引起爆网路。

6）在急流河段爆破时，投药船应由定位船或有固定端的缆绳牵引，定位船的位置应设标控制，防止走锚移位。

7）在投药船的作业舱内，不应存放任何带电物品。投药船离开投放药包的地点后，应反复检查船底和船舱、推进器、装药设备等是否挂有药包或缠有网路线。

8）已投入水底的裸露药包，严禁拖曳和撞击，并采取防止漂移措施。若有药包漂出水面，不准起爆。

6.7.2　钻孔爆破施工准备

（1）水下爆破施工应具有下列资料：

1）设计文件、施工图纸、施工区间的地质、水文地质及水文、气象、河流、海象等资料。

2）原航道通航情况。

3）爆区周围地上、地下、水面和水下环境资料。

（2）施工前应做好下述准备：

1）应按施工图纸、设计文件、有关工程地质、水文地质和水文、气象、河流等资料，以及承包合同编制施工组织设计与质量计划、施工安全、环保措施。

2）对钻爆工作船、钻具、安全防护器具设施的安全性、可靠性进行检查、验收。

3）做好爆区水面的陆上警戒标识及警报信号，并与公安部门联合发布《爆破通告》。

4）有通航的工程部位，水下爆破应通知当地港航监管部门，并就爆破、安全措施取得一致。

（3）在有通航要求区段进行水下爆破时，每次爆破均应提前三天通知港航监督部门。

（4）与港航监督部门协商落实下列内容：

1）水下爆破影响航道区段、时间、警戒范围、警报信号、安全标志等。

2）水下爆破作业时，应派出巡逻艇指挥危险区水域的安全撤离及安全警戒。

6.7.3 钻孔爆破的设计

（1）水下钻孔爆破设计，包括下列内容：

1）爆破区地形、地质条件。

2）水流流速、流态的影响。

3）爆破区周围环境及质量、安全控制标准。

4）梯段高度。

5）边坡轮廓、建基面、爆区附近建筑物及文物等防护。

6）爆破参数。

7）炸药品种。

8）装药方法与堵塞。

9）爆破方式与起爆方法。

10）单响最大起爆药量。

11）爆破安全距离计算。

12）施工技术要求和质量、安全措施。

13）绘制下列图表：①钻孔爆破环境平面图。②孔网平面布置及剖面图。③单孔装药结构图及排孔装药量明细表。④起爆网路敷设图。

（2）应充分考虑和计算下列情况的爆破安全：

1）水下爆破产生的冲击波（含水击波、地震波），对附近岸坡和建（构）筑物的安全影响。

2）水深小于6m时，爆破飞石对水面和附近地面的危险范围。

3）药包离水面深度与药包半径之比，即比例水深小于5时，应校核空气冲击波对附近地面、水面的影响范围及程度。

6.7.4 钻孔爆破施工

（1）钻孔爆破部位应进行水下测量、水面投放标志。

（2）钻机工作平台应不受水流、风浪、水位升降而产生摆动或位移。

（3）严格按爆破设计要求进行布孔，确保钻孔、装药及起爆网路连接的质量。

（4）水下钻孔应在套管保护下施钻，套管底部应嵌入岩体。

（5）水下钻孔爆破的药量计算、孔网参数与水深有关，浅水与陆上钻爆相同，深水则应考虑水的影响。

（6）水下爆破使用的爆破器材，必须具有良好的抗水、耐水压力及抗杂散电流的性能，药包综合密度应大于 $1.1g/cm^3$。

（7）水下装药应在套管保护下进行，孔内分层（段）装药时，各层（段）均应设有起爆药包，引出的导线应做好标识。

（8）孔口堵塞应在套管拔出前用砂土填实。

（9）爆破网路连接与陆上钻孔爆破相同。

（10）起爆 15min 后方能进入爆破作业区查炮。

（11）下列情况下应停止水下爆破作业：

1）水位变幅大，流速超过 3m/s，浪高超过 80cm。

2）雾天或雷电天气。

6.7.5 岩塞爆破

（1）水下岩塞爆破应在隧洞工程及其金属结构安装完毕，并通过验收后进行。

（2）编制爆破设计时应具有下述资料：

1）进水口岸坡及水下地形图。

2）进水口地质图。

3）进水口岩塞地质纵模剖面图。

4）岩塞工程地质报告。

5）岩塞进水口洞脸、集渣坑围岩等稳定分析资料。

6）其他相关资料。

（3）水下岩塞爆破应满足下列要求：

1）顶留岩塞一次爆通。

2）岩塞口成型良好。

3）岩塞进水口洞脸及附近山坡安全、稳定。

4）岩塞口附近建（构）筑物安全。

5）集渣坑安全稳定。

6）施工过程安全。

（4）小断面岩塞可用排孔爆破，岩塞直径大于 5m 时可用洞室装药爆破，亦可采用排孔与洞室相结合的爆破方式。

（5）水下岩塞爆破设计应有下列内容：

1）爆破方案。

2）钻孔爆破施工组织和施工程序。

3）排孔或是洞室布置和装药结构。

4）周边预裂孔网及其爆破参数。

5）爆破作用指数，单位岩石耗药量。

6）起爆分段顺序时差、起爆网路计算。

7）爆破地震、水击波对附近建（构）筑物、设施、山坡稳定影响的计算，预防发生危害性的安全技术措施。

8）爆破器材品种、规格、数量。

9）绘制：①排孔或洞室布置平面图、剖面图；②装药结构图；③起爆网路连接图。

（6）集渣坑开挖应按下列规定执行：

1）周边应采用预裂防震或光面爆破。

2）单响最大段起爆药量应确保闸门结构及岩塞体的安全。

3）开挖后的集渣坑周边岩体应完整、稳定。

4）集渣坑开挖的石渣应清至洞外。

（7）药室及导洞开挖应用浅孔、小药量、多循环的钻爆方法。控制单响最大段起爆药量，确保施工安全。

（8）上部药室不允许超挖，其他药室的超欠挖控制在±20cm范围内。

（9）岩塞钻孔爆破必须设有超前孔探测漏水，最后一个循环的超前孔不得穿透岩面。

（10）药室或排孔出现漏水，渗漏量较少可将其引出，渗漏量较大时应采用灌浆或水库内堵漏。

（11）采用关门爆通方式时，应有防井喷的措施以防闸门门叶和止水启闭设备的破坏。

（12）采用开门爆通方式时，应加强闸门底槛、门轨及门楣的防护。

（13）应采取复式爆破网络，确保岩塞一次爆通。

6.8 拆除爆破

6.8.1 一般规定

（1）拆除爆破作业前，应编制专门的施工方案和专项安全技术措施，经上级工程技术部门和地方相关部门批准后实施。拆除爆破工作应由具有资质的专业队伍承担作业，并有技术和安全人员在现场监护。

（2）拆除爆破应进行封闭式施工，对爆破作业地段进行围挡，设置明显的警戒标志，并安排人员警戒。在作业地段张贴施工公告及发布爆破公告，接近交通要道和人行通道的部位应设置防护屏障。规定封锁道路的地段和时间。

（3）起爆前，应对网路覆盖及近体防护等进行验收。

（4）进入爆破作业现场的施工人员，应佩带标志。与爆破作业无关的人员，严禁进入现场。

（5）每个药包均应严格按爆破设计要求准确称量，并按药包重量、雷管段别、药包个数分类编组放置。药包应由专人保管，履行领取登记手续。应安排专人对装药作业进行监督检查。

（6）起爆网路应采用电爆网路或复式导爆管起爆网路，不应采用导火索、火雷管起爆。在城镇进行的拆除爆破，不宜采用导爆索起爆网路。

（7）当起爆网路附近有输电线和无线电发射台时，为防止感应电流和射频电引起误爆，宜采用非电起爆网路。

（8）在有瓦斯和可燃粉尘的环境进行拆除爆破，应参照煤矿井下爆破的有关规定，制定安全操作细则。

（9）起爆前，应在危险区边缘设置警戒，并安排专人检查，确认危险区无人后，报告爆破施工指挥部或爆破工作负责人，经许可后，方可下达起爆指令。

6.8.2 钻孔爆破准备

（1）爆破设计时应具有下列资料：

1）被拆除建筑物的总体布置图和技术资料。

2）被拆除建筑物的细部结构竣工图和工程施工技术总结及质量检验报告。

3）扩机机坑基础工程地质和水文地质资料。

4）爆区邻近运行机组、建筑物的安全防护标准和技术要求。

5）爆区 200m 范围内环境平面图。

（2）钻孔爆破施工前应按批准后的爆破设计要求，对邻近的机组、建筑物作好安全防护。

（3）结合拆除工程应作小规模的钻爆试验，以便调整钻爆参数和完善设防措施。

6.8.3 厂房扩建钻孔爆破

（1）应采用控制爆破。沿厂房端部扩建时可分层抽槽，成槽后再行扩挖。

（2）选用爆破参数必须考虑爆破产生的地震波、空气冲击波等对被保护对象的不利影响。

（3）应作好飞石、粉尘和噪声的防护措施。

（4）装药结构应按爆破试验成果确定。

（5）施工过程中必须加强监测，每次爆破均有测试记录。发生超标现象应立即对被保护对象进行检查，并采取相应的措施。

6.8.4 坝体改建钻孔爆破

（1）拆除钢筋混凝土时，应先割断钢筋网，再进行钻孔爆破。

（2）应采用浅孔、小药量爆破形成临空面。

（3）钻爆参数可用工程类比法选取或结合生产性试验获得。

（4）设计开挖轮廓线的预裂防震或光面爆破应按《水利水电工程爆破施工技术规范》有关规定执行。

（5）结构复杂部位应先打防震孔，宜用切割爆破法施工。

（6）竖井可采用反井钻机完成导井开挖，再行扩挖。

（7）爆破产生的地震波、冲击波对坝体及其附属设施的影响应进行追踪监测，严禁超标。

（8）几个工作面同时进行钻孔爆破时，严防串段、地震波叠加，确保质点振动速度不超标。

6.8.5 临时挡水建筑物与石埂钻孔爆破

（1）工程开工前除具有 6.7.2 段规定的相关资料外，还应有附近建筑物的防护标准。

（2）应按 6.7.2 段有关规定编制施工组织设计和爆破设计。

（3）围堰基础石埂较宽时，应先爆除堰体基础外的岩石。

（4）挡水建筑物水下部分的拆除，如堰体已有留孔，清孔后再加深炮孔至石埂底部。

（5）孔内出现坍孔，应采取套管法施钻。

（6）爆破参数类同于明挖钻孔爆破，但应考虑侧水压力的作用；单响最大段起爆药量应确保被防护对象的安全。

（7）钻孔质量应符合下列要求：

1）孔位偏差。一般爆破孔为孔距、排距、抵抗线的 5%，预裂、光爆孔距为 5%。

2）倾角与方向偏差。一般爆破孔为 ±2.5% 孔深（+为超，−为欠）；预裂、光爆孔为 ±1.5% 孔深。

3）终孔高程偏差。一般爆破孔 0~20cm；预裂、光爆孔 ±5cm。

4）爆后边坡壁面、建基面超欠挖应控制在 20cm 以内。

（8）孔内遇渗漏水，应采用防水型爆破器材。

（9）应采用复式爆破网路，确保水下部分一次爆通。

本章习题

2.6.1 爆破器材储存库库区布局应注意哪些事项？

2.6.2 爆破材料的运输应注意哪些事项？

2.6.3 爆破材料的储存与保管有哪些规定？

2.6.4 简述常用炸药的检验与使用注意事项。

2.6.5 简述导火索的检验与使用注意事项。

2.6.6 试述瞎炮产生的原因、预防措施及处理方法。

2.6.7 爆破施工现场的作业环境有哪些要求？

2.6.8 水下钻孔爆破设计包括哪些内容？

2.6.9 简述爆破通风方式有哪几种？

第7章 焊接与气割安全作业

> **教学要求：** 本章包括基本规定、焊接场地和设备、焊接方式的安全管理、气焊与气割安全管理、氧气乙炔气集中供气系统安全、特种设备管理、电焊作业危害因素分析及预防措施等内容。主要掌握焊接方式的安全、气焊与气割安全管理、氧气乙炔气集中供气系统安全、特种设备管理对安全管理的要求。理解焊接场地和设备、焊接方式的安全管理两节安全管理要求。了解焊接与气割安全作业的基本规定和电焊作业危害因素分析及预防措施。通过本章学习，提高学员焊接与气割安全作业管理能力。

7.1 基本规定

（1）气焊（割）工必须经过有关部门安全技术培训，取得特种作业操作证后，方可独立上岗操作；明火作业必须履行审批手续。

（2）作业场地周围应清除易燃、易爆物品或进行覆盖、隔离。

（3）氧气瓶、燃气（乙炔、液化石油气等）瓶必须经检验合格并且标志清晰有效，减压器、压力表等安全附件齐全好用。应远离高温、明火和熔融金属飞溅物 10m 以上，氧气瓶避免直接受热。

（4）氧气瓶、氧气表及焊割工具上，严禁沾染油脂。

（5）搬运气瓶时，必须使用专用的抬架或小车，不得直接用肩膀扛运或用手搬运，严禁从高处滑下或在地面滚动，禁止用起重设备直接调运，氧气瓶、燃气瓶应有防震胶圈，旋紧安全帽，避免碰撞和剧烈震动，并防止曝晒。冻结时应用热水加热，不准用火烤。氧气瓶、燃气瓶必须按规定单独摆放，使用时确保两者间的安全距离。

（6）溶解乙炔气瓶使用时只能直立，不能横放，防止丙酮流出引起燃烧爆炸，表面温度不应超过 30～40℃，不能遭受剧烈震动或撞击，避免瓶内多孔性填料下沉形成空洞（据资料介绍，下沉量超过 150ml 便会有爆炸危险）。

（7）使用的气体胶管必须符合国家要求，保存和使用时保证胶管清洁和不受损坏，避免阳光曝晒、雨雪浸淋，防止与酸、碱、油类及其他有机溶剂等影响胶管质量的物质接触，氧气与燃气胶管不能混用和相互替代。

（8）作业人员必须按照要求佩戴劳动保护用品，进行登高作业时应有可靠和安全的工作面，必须佩戴安全帽、安全带，必要时设置安全网。

（9）使用焊（割）炬点火前（我国一般使用射吸式），必须先检查其射吸性能是否正常以及各连接部位及调节手轮的针阀等处是否漏气，点火时焊（割）枪口不准对人，正在燃烧的焊（割）枪不得放在工件或地面上。不得手持连接胶管的焊（割）枪爬梯、登高。

（10）严禁在带压的容器或管道上焊、割，焊（割）接带电设备时必须先切断电源。

（11）在贮存过易燃、易爆及有毒物品的容器或管道上焊、割时，应先把容器或管道清理干净，并将所有的孔、口打开，必要时进行强制换气通风，佩戴隔离式呼吸器等安全用具。

（12）进行铅、铜、镁等有色金属作业时，场地应通风良好，皮肤外露部位应涂护肤用品，工作完毕应洗漱。

（13）工作完毕，应将氧气瓶、燃气瓶的气阀关好，氧气瓶应拧上安全罩。检查操作场地，确认无着火危险，方准离开。

7.2　焊接场地和设备

（1）焊接设备上的电机、电器、空压机等设备应按有关规定执行，并有完整的防护外壳，一次、二次接线柱处应有保护罩。

（2）作业现场的电焊机应设置在固定或移动的工作台上，焊机各接线点应接触良好，有可靠的独立接地。设有可防雨、防潮、防晒的机棚，并备有消防用品。

（3）焊接电缆须具备以下要求：

1）焊接电缆应具有良好的导电能力和绝缘外层，一般是用紫铜芯（多股细线）线外包胶皮绝缘套制成，绝缘电阻不小于$1M\Omega$。

2）轻便柔软，能任意弯曲和扭转，便于操作。

3）焊接电缆应具有抗机械损伤力、耐油、耐热和耐腐蚀等性能。

4）焊接电缆太长则电压降增大，太短则对工作不方便，一般电缆长取$20\sim30m$。

5）焊接电缆的截面积要根据焊接电流的大小，按规定选用，以保证不致因过热而烧坏绝缘层。

6）焊接电缆应该用整根，中间不应有接头。如需要用短线接长时，则接头不应超过2个。接头应用铜导体做成，要坚固可靠，绝缘良好。

7）电焊线通过道路时，必须架高或穿入防护管内埋设在地下；如通过轨道时，必须从轨道下面穿过。

8）不得将焊接电缆放在电弧附近或炽热的焊缝金属旁，以避免烧坏绝缘层，也要避免碾压磨损等。

9）焊接电缆与焊机的接线，必须采用铜（或铝）线鼻子，以避免二次端子板烧坏，造成火灾。

10）每半年检查一次焊接电缆的绝缘情况，不合格要及时更换。

11）焊机与配电盘连接的电源线，因电压高，除保证良好的绝缘外，其长度不应超过3m。如确需较长导线时，应采用间接安全措施，即应离地2.5m以上沿墙用瓷瓶布设。

12）严禁将电源线沿地铺设，更不能落入泥水中。

（4）焊钳和焊枪应具备下列要求：

1）结构轻便、易于操作。手弧焊钳的重量不应超过600g，要采用国家定型产品。

2）有良好的绝缘性能和隔热能力，手柄要有良好的绝热层。气体保护焊的焊枪头应用隔热材料包裹保护。焊钳由夹条处至柄联处止，间距为150mm。

3）焊钳和焊枪与电缆的连接必须简便牢靠，连接处不得外露，以防触电。

4）焊钳应与手把线连接牢固，不得用胳膊夹持焊钳。清除焊渣时，面部应避开被清的焊缝。

5）等离子焊枪应保证水冷却系统密封，不漏气、不漏水。

6）焊钳应完好无损，能夹紧焊条，更换方便。不得使用有缺陷的焊钳。

（5）电焊机的电源熔断丝，应根据焊机工作的最大电流来选定，禁止使用其他金属代替。

（6）电焊机的熔断器应单独设置，禁止两台或两台以上的电焊机共用一组熔断器。

（7）高空焊接或切割时，必须挂好安全带，焊件周围和下方应采取防火措施并有专人监护。

（8）焊接时，焊接和配合人员必须采取防止触电、高空坠落、瓦斯中毒和火灾等事故的安全措施。

（9）严禁在运行中的压力管道、装有易燃易爆物品的容器和受力构件上进行焊接和切割。

（10）焊接铜、铝、锌、锡、铅等有色金属时，必须在通风良好的地方进行，焊接人员应戴防毒面具或呼吸滤清器。

（11）在容器内施焊时，必须采取以下措施：

1）容器上必须有进、出风口并设置通风设备。

2）容器内的照明电压不得超过12V。

3）焊接时应两人轮流施焊，外面一人作监护。

4）严禁在已喷涂过油漆或塑料的容器内焊接。

（12）焊接预热焊件时，应设挡板隔离焊件发出的辐射热。

（13）检查接地线和手把线。接地线及手把线都不得搭在易燃、易爆和带有热源的物品上，接地线不得接在管道、机床设备和建筑物金属构件或轨道上，接地电阻不大于4Ω。

（14）焊接时，应经常检查电焊机的温度，如超过A级60℃、B级80℃时，必须停止运转并降温。

（15）施焊现场10m范围内，不得堆放氧气瓶、乙炔发生器、木材等易燃易爆物。

（16）长期停用的电焊机，使用前，须检查其绝缘电阻不得低于0.5MΩ，接线部分不得有腐蚀和受潮现象。

（17）雨天不得露天施焊。在潮湿地带作业时，操作人员应站在铺有绝缘物品的地方并穿好绝缘鞋。

（18）作业后，清理场地、灭绝火种，切断电源，锁好电闸箱，消除焊料余热后，方可离开。

7.3 焊接方式的安全管理

7.3.1 交流电焊机的安全管理

（1）应注意初、次级线，不可接错，输入电压必须符合电焊机的铭牌规定。严禁接触初级线路的带电部分。

（2）次级抽头连接铜板必须压紧，接线柱应有垫圈。合闸前详细检查接线螺帽、螺栓及其他部件应无松动或损坏。

（3）移动电焊机时，应切断电源，不得用拖拉电缆的方法移动焊机，如焊接中突然停电，应切断电源。

（4）工作结束后应拉下焊机闸刀，切断电源。

7.3.2 直流电焊机的安全管理

1. 旋转式电焊机

（1）新机使用前，应将换向器上的污物擦干净，使换向器与电刷接触良好。

（2）启动时，检查转子的旋转方向应符合焊机标志的箭头方向。

（3）启动后，应检查电刷和换向器，如有大量火花时，应停机查明原因，经排除后，方可使用。

（4）数台焊机在同一场地作业时，应逐台启动，并使三相载荷平衡。

2. 硅整流电焊机

（1）电焊机应在原厂使用说明书要求的条件下工作。

（2）使用时，须先开启风扇电机，电压表指示值应正常，仔细察听应无异响。停机后，应清洁硅整流器及其他部件。

（3）严禁用摇表测试电焊机主变压器的次级线圈和控制变压器的次级线圈。

7.3.3 埋弧自动、半自动焊机的安全管理

（1）焊接过程中应保持焊剂连续覆盖，以免焊剂中断露出电弧。并应采取措施，防止焊工吸入焊剂粉尘。

（2）检查送丝滚轮的沟槽及齿纹应完好。滚轮、导电嘴（块）磨损或接触不良时应更换。

（3）检查减速箱油槽中的润滑油，不足时应添加。

（4）软管式送丝机构的软管槽孔应保持清洁，定期吹洗。

（5）半自动焊的焊接手把安放妥当防止短路。当焊机发生电器故障时，应切断电源由电工修理。

7.3.4 对焊机的安全管理

（1）对焊机应安置在室内，并有可靠的接地（接零）。如多台对焊机并列安装时，

间距不得少于 3m，并应分别在不同相位的电网上，分别有各自的刀型开关。导线的截面面积应不小于表 2.7.1 的规定。

表 2.7.1		导 线 截 面 面 积						
对焊机的额定功率（kVA）	25	50	75	100	150	200	500
一次电压为 220V 时的导线截面面积（mm²）	10	25	35	45			
一次电压为 380V 时的导线截面面积（mm²）	6	16	25	35	50	70	150

（2）对焊机的压力机构应灵活，夹具应牢固，气、液压系统无泄漏，确认正常后，方可施焊。

（3）断路器的接触点、电极应定期擦磨，二次电路全部连接螺栓应定期紧固。

（4）焊接前，应根据所焊钢筋截面，调整二次电压，不得焊接超过对焊机规定直径的钢筋。

（5）冷却水温度不得超过 40℃，排水量应根据温度调节。

（6）焊接较长钢筋时，应设置托架，配合搬运人员操作，在焊接时要注意防止火花烫伤。

（7）闪光区应设挡板，焊接时无关人员不得入内。

（8）冬季施工时，室内温度应不低于 8℃。

（9）连续焊接作业时，每 3~4h 清理焊渣一次。

7.3.5 点焊机的安全管理

（1）作业前，检查电极头的直径大小和清洁程度，必须清除上、下两电极的油污。通电后，机体外壳应不漏电。

（2）启动前，首先应接通控制线路的转向开关，调整好极数，接通水源、气源后再接通电源。

（3）电极触头应保持光洁，如有漏电时，应立即更换。

（4）作业时，气路、水冷系统应畅通，流量压力稳定。排水温度不得超过 40℃，排水量可根据气温调节。

（5）同一焊接件相邻两焊点间的距离不小于 25mm。

（6）严禁在引燃电路中加大熔断器。当负载过小使引燃管内电弧不能发生时，不得闭合控制箱的引燃电路。

（7）控制箱如长期停用，每月应通电加热 30min。如更换晶闸管亦应预热 30min，正常作业时控制箱的预热不得少于 5min。

（8）作业结束，应关闭电源、气源、水源，清理焊渣，灭绝火种，锁好闸箱。

7.4 气焊与气割安全管理

气焊是利用可燃气体与氧气混合燃烧的火焰所产生的高热熔化焊件和焊丝而进行金属连接的一种焊接方法。所用的可燃气体主要有乙炔气、液化石油气、天然气和氢气等，目前常用的是乙炔气，因为乙炔在纯氧中燃烧时放出的有效热量最多。

氧气气割是利用金属在高温（金属燃点）下与纯氧燃烧的原理而进行气割。气割开始时，用氧—乙炔焰（预热火焰）将金属预热到燃点（在纯氧中燃烧的温度），然后通过气割氧（纯氧），使金属剧烈燃烧生成氧化物（熔渣）。同时放出大量热，熔渣被氧气流吹掉，所产生的热量和预热火焰一起将下层金属加热到燃点，如此继续下去就可将整个厚度切开。

7.4.1　常用的气焊（割）设备及工具

（1）乙炔发生器。是水与电石相互作用，产生并储存乙炔的设备。按乙炔的压力 P 可分为低压式乙炔发生器（$P < 0.045MPa$）和中压式乙炔发生器（$P = 0.045 \sim 0.15MPa$）。

（2）氧气瓶。储存和运输高压氧气的高压容器，外表面涂天蓝色。常用容积为 40kg，工作压力为 15MPa，可容 $6Nm^3$。

（3）双气体燃料发生器。这是一种推广使用的新产品，在发生器内可将水电解成氢气和氧气，然后按最佳比例混合，从而取代氧气瓶和乙炔发生器。

（4）氧气减压器。用于显示氧气瓶内氧气及减压后氧气的压力，并将高压氧气降到工作所需要的压力，并且保持压力稳定。

（5）焊炬。是气焊时用来混合气体使产生火焰的工具。按可燃气体与氧气的混合方式分为射吸式焊炬和等压式焊炬两类。

（6）割炬。是氧—乙炔火焰进行气割的主要工具。火焰中心喷嘴喷射切割氧气流对金属进行切割。也分射吸式和等压式。

气焊所用材料主要是焊丝和电石，其次是气焊粉。焊丝的化学成分直接影响焊缝金属的机械性能，应根据工件成分来选择焊丝。气焊丝的直径为 2 ~ 4mm，电石可用水解法制取乙炔气；为保护熔池与提高焊缝质量需采用气焊粉，其作用是除去气焊时熔池中形成的高熔点氧化物等杂质，并以熔渣覆盖在焊缝表面，使熔池与空气隔离，防止熔池金属氧化。在焊铸铁、合金钢及各种有色金属时必须采用气焊粉，低碳钢的气焊不必用气焊粉。

气焊规范指对焊气直径、火焰能率、操作时的焊嘴倾斜角和焊接速度应根据不同工件正确选用，并严格执行。

7.4.2　焊炬和割炬的安全使用要求

（1）焊炬与割炬上装接的可燃气与氧气胶管严禁颠倒位置和混用。

（2）点火前，应检查焊炬、割炬的射吸性能。方法是连接氧气胶管，打开乙炔气阀门，用手指堵在乙炔气进口处，若感到有一定的吸力，表明性能正常，否则须进行检查修理。

（3）点火前应检查焊炬、割炬的气密性。方法是将各阀门和连接点涂抹肥皂水，或浸入清水中，将已接通的氧气和可燃气阀门开启进行检查。若有跑气现象，须修好再用。

（4）点火时应先开乙炔阀门，点燃后立即开氧气阀门，以防止点火时的回火和鸣爆；停用时，应先关乙炔阀门，后关氧气阀门。

（5）发生回火时，应迅速关闭乙炔阀门，随后立即关闭氧气阀门。

（6）点燃的焊炬、割炬严禁靠近可燃气瓶、乙炔发生器和氧气瓶。

（7）焊炬、割炬的喷嘴发生堵塞时，应停止操作，将喷嘴拆下修理好后再用。

（8）停止使用时，严禁将焊炬、割炬与气源相通放在工具箱和容器等空气不流通处。

（9）使用割炬时，除了要注意以上方面外，还要注意以下几点：

1）点火试验。如果点火后，火焰突然熄炮，则说明割嘴没有装好，这时应松开割嘴进行检查。

2）正常工作停止时，应先关闭切割氧气阀门，再关闭乙炔气阀门，最后关闭预热氧阀门。

3）发生回火时，应立即关掉乙炔阀门，再关预热氧阀门和切割氧阀门。

4）切割前，应将工件表面的漆皮、锈层、油污和水清除掉。

5）在水泥地面上切割时，应将工件垫高，以防金属爆溅伤人。

（10）严禁在氧气和乙炔阀门同时开启时用手或其他物体堵住焊、割枪嘴子的出气口，以防止氧气倒入乙炔发生器而引起爆炸。

（11）焊炬、割炬的旋钮不灵活或手柄破损的一律不得使用。

（12）焊炬、割炬的内外部、送气管及调节阀等处，均不得沾染油脂。

（13）焊炬停止使用后，应拧紧调节手轮并挂在适当位置，或卸下焊炬和胶管。

（14）为使用方便而不卸下胶管的做法是不允许的（焊炬、胶管和气源做永久性连接），同时也不允许连有气源的焊炬放在容器里或锁在工具箱内。

7.5 氧气、乙炔气集中供气系统安全

7.5.1 胶管的安全使用要求

（1）使用前，必须将胶管内留存的空气和化石粉吹除干净后再正式点火使用。

（2）在胶管使用与保管期间，要防止与酸、碱、油类以及其他有机溶剂接触，以防胶管腐蚀破坏。

（3）使用时要避免受到外界挤压和碰砸，管身不可折叠，不得与炽热的工件接触。

（4）氧气瓶与乙炔胶管不得混用，所用胶管必须符合国家标准要求：氧气胶管为红色，内径为8mm，长度为30m，允许工作压力为1.5MPa；乙炔胶管为黑色，内径为10mm，长度为30m，允许工作压力为0.3MPa。

（5）胶管原则上不能有接头，特殊情况需接头时，接头处不得用纯铜管连接，且接头处必须保证无漏气现象。

（6）胶管的长度不可过长，过长会增加不安全因素。一般每根15～20m为宜。

（7）胶管如有鼓包、裂纹、漏气现象，不得采用贴补或包缠的办法处理，应切除或换新。

（8）胶管的连接处应用卡子或铁丝扎紧，使用中若发现胶管接头脱落或着火时，

应迅速关闭供气阀，不得用手弯折胶管等待处理。

（9）气割时，气瓶阀应全部打开，以便保证足够的流量和稳定的压力，这样可防止回火和倒燃进入氧气胶管引起爆炸着火。

（10）胶管应按不同要求定期进行安全技术检查，不合格者禁止继续使用。

7.5.2　乙炔发生器使用安全要求

（1）一次加电石 10kg 或每小时有 $5m^3$ 发气量的乙炔发生器应采用固定式，并建立乙炔站（房），站周围 10m 以内禁止有火源，四周应设围栏，悬挂"严禁烟火"标志。

（2）在工作场所设置的移动式乙炔发生器应遵照下列规定：

1）储存电石的数量不得超过 10kg。

2）严禁放在锻工、铸工和热处理车间，严禁靠近运行的锅炉、空气压缩机和通风机的进气口。

3）必须设有回火防止器。

4）在同一台设备上连接的焊割枪不得超过两把。

5）焊炬的乙炔消耗量不得超过 300L/h。

（3）乙炔发生器应放在操作地点的上风处，不得放在高压线及一切电线的下面。不得放在强烈日光下曝晒。

（4）同一地点有两个以上乙炔发生器时，其间距不得小于 10m。

（5）乙炔发生器与氧气瓶、焊接作业点相距在 10m 以内，严禁在乙炔发生器的浮桶上压置重物或用于加压及摇晃浮筒。

（6）制作乙炔发生器的零件和专用工具，应采用含铜量在 70% 以下的合金材料，严禁使用纯铜（紫铜）避免产生乙炔铜而引起爆炸。

（7）乙炔发生器（站）、氧气瓶及软管、阀、表均应齐全有效，紧固牢靠，不得松动、破损和漏气。

（8）露天使用乙炔发生器，冬季应防止冻结，夏季应防止曝晒。乙炔发生器结冰时，应用热水或水蒸气加热解冻，严禁用火烤或敲击。当环境温度低于 0℃ 启用发生器时，可加入温水（水温在 40℃ 为宜）或适量加入氯化钠以降低冰点（电石在冷水中分解较慢）。

（9）乙炔发生器在使用中应注意水温不可过高，若水温超过 80℃ 时，应采取冷却措施或加入冷水。但不可将盖子打开或放水，防止因电石过热遇空气产生自燃和爆炸。"水管给水式"乙炔器中的冷却水温不允许超过 50℃。

（10）乙炔发生器必须设有防爆和回火装置，使用前应检查水封回火器的水位。

（11）电石的储存地点必须干燥，通风良好，室内不得有明火或敷设水管、水箱。电石桶应密封，桶上必须标明"电石桶"和"严禁用水灭火"等字样。如电石有轻微受潮时，应轻轻取出电石，不得倾倒。

（12）如用新品种电石时，在使用前应作温水浸试，并经试验无爆炸危险时，才能使用。

（13）碎电石应掺入小块电石内装入乙炔发生器中使用，不得完全使用碎电石。夜间加添电石不得用明火照明。

（14）乙炔发生器用水应使用无任何油污或杂质的洁净水。

（15）乙炔发生器应装置压力表，储气罐应装有经调试达到设计标准的安全排气阀，产气后应注意观测压力变化，遇有压力上升过快，或安全阀动作等情况时应立即停止发气，待查明原因，采取措施后再重新启动。

（16）发生器停用或中间添加电石时，应先将电石篮提至最高处，脱离水面，关闭出气管阀门。此时如遇着火，应立即盖上盖子，使之与空气隔绝，待冷却后再开盖子和放水。

（17）发生器停止工作后须将筒内的水和电石灰放掉、冲净。

（18）电石分解后的残渣不得随地乱倒，更不允许倒于江河中，防止污染水源引起公害。

7.5.3 乙炔瓶的使用、运输和储存安全技术要求

（1）乙炔瓶在使用、运输和储存时，环境温度一般不超过40℃；超过时，应采取有效的降温措施。

（2）乙炔瓶在运输、储存和使用过程中，要不受震动，不允许填料下沉，不能直接受热，不能操作失误等，以免发生爆炸事故。

（3）乙炔瓶的漆色必须经常保持完好，不得涂改。使用中的乙炔瓶漆色工作由充气单位或专业检验单位负责进行。

（4）使用乙炔瓶时的安全技术要求：

1）禁止敲击、碰撞。

2）不得靠近热源和电气设备；夏季要防止曝晒，与明火的距离一般不小于10m（高空作业时，应是与垂直地面处的水平距离）。

3）工作地点不固定且移动较频繁时，应装在专用小车上；同时使用乙炔瓶和氧气瓶时，应尽量避免放在一起。

4）使用时注意固定，要立放，严禁卧放使用，以防丙酮流出，引起着火爆炸（丙酮蒸气与空气混合的爆炸极限为2.9%～13%）。

5）严禁放置在通风不良及有放射性射线的场所，且不得放在橡胶等绝缘体上。

6）吊装、搬运时应使用专用夹具和防震的运输车，严禁用电磁起重机和链绳吊装搬运。

7）必须装设专用的减压器、回火防止器。开启时，操作者应站在阀口的侧后方，动作要轻缓。

8）气瓶立放15～20min后，才能开启瓶阀使用。拧开瓶阀时，不要超过1.5圈，一般情况只拧3/4圈。

9）瓶阀冻结，严禁用火烘烤，必要时可用40℃以下的温水解冻。

10）使用压力不得超过0.15MPa，输气流速不应超过1.5～2.0m³/（h·瓶）。

11）严禁铜、银、汞等及其制品与乙炔接触，必须使用铜合金器具时，合金含铜

量低于70%。

12）瓶内气体严禁用尽，必须留有不低于表2.7.2规定的剩余压力。

表 2.7.2　　　　　　　　　　　　　　剩余压力与环境温度关系

环境温度（℃）	<0	0~15	15~25	25~40
剩余压力（MPa）	0.05	0.1	0.2	0.3

13）每三年进行一次安全技术检查，不合格者一律禁止使用。

（5）运输乙炔瓶时的安全技术要求：

1）应轻装轻卸，严禁抛、滑、滚、碰。

2）车、船装运时应妥善固定。汽车装运乙炔瓶，横向排放，头部应朝向一方，且不得超过车厢高度；直立排放，车厢高度不得低于瓶高的2/3。

3）夏季要有遮阳设施，防止曝晒，炎热地区应避免白天运输。

4）车上禁止烟火，并应备有干粉或二氧化碳灭火器（严禁使用四氯化碳灭火器）。

5）严禁与氯气瓶、氧气瓶及易燃物品同车运输。

6）严格遵守交通和公安部门颁布的危险物品运输条例及有关规定。

（6）储存乙炔瓶时的安全技术要求：

1）在使用乙炔瓶的现场，储存量不得超过5瓶；超过5瓶但不超过20瓶，应在现场或车间内用非燃烧体或难燃烧体墙隔成单独的储存间，应有一面靠外墙；超过20瓶，应设乙炔瓶库；储存量不超过40瓶的乙炔瓶库，可与耐火等级不低于二级的生产厂房毗连建造，其毗连的墙应是无门、窗和洞的防火墙，并严禁任何管线穿过。

2）储存间与明火或散火地点的距离，不得小于15m，且不应设在地下室或半地下室内。

3）储存间应有良好的通风、降温等设施，要避免阳光直射，要保证运输道路通畅，在其附近应设有消火栓和干粉或二氧化碳灭火器（严禁使用四氯化碳灭火器）。

4）乙炔瓶的集中储存地点应设瓶架，保证瓶处于直立位置，并有防止倾倒的措施。

5）严禁与氯气瓶、氧气瓶及易燃物品同间储存。

6）储存间应有专人管理，在醒目的地方应设置"乙炔危险"、"严禁烟火"的标志。

7）乙炔瓶库的设计和建造应符合 GBJ 16—87《建筑设计防火规范》和 TJ31—78《乙炔站设计规范》的有关规定。

7.5.4　安全泄压装置的安全使用要求

1. 安全阀安全使用要求

（1）安全规则规定，安全阀的开启压力为 0.115MPa。使用时应通过调节螺栓调节好开启压力值，使其符合安全要求。

（2）要经常（或定期）检查排气情况是否正常，防止排气管、阀体及弹簧等被乙炔气流中的灰渣、黏性杂质及其他脏物堵塞或黏结，以保证安全阀的灵敏有效。

（3）如发现安全阀有漏气或不停的排气现象时，应立即停止工作，待检修和调整好后，方可再用。

2. 爆破片安全使用要求

（1）发生爆炸，要按规定使用的爆破片及时更换新的。

（2）不得使用铜板、铝板、铁板等代替。

7.5.5 氧气瓶的安全使用要求

（1）出厂前，必须按照《气瓶安全监察规程》的规定，严格进行技术检验合格后，方可使用。

（2）氧气瓶在使用、运输和储存时，环境温度不得超过60℃，严禁曝晒。

（3）氧气瓶在使用、运输和储存时，应避免受到剧烈震动、撞击和阳光直接曝晒。尤其是严寒季节，在低温情况下，金属材料易发生脆裂造成气瓶爆炸。

（4）在使用氧气瓶时应注意：

1）在标准状态下，瓶内压缩气态氧体积会在瞬间膨胀790倍。使用时须用专用减压器，以保证所需的稳定工作压力和用气量。氧气瓶的规格见表2.7.3。

表2.7.3 氧 气 瓶 的 规 格

容积 （L）	外径 （mm）	长度 （mm）	壁厚 （mm）	重量 （kg）
12	141	960	5	17.2
15	168	975	7	27.7
25	219	925	7	35.0
30	219	1080	8	54.0
33	219	1173	8	58.0
40	219	1390	8	67.0
45	219	1545	8	73.0
50	219	1700	8	80.0
55	219	1855	8	90.0

2）使用前应检查瓶阀、接管螺纹、减压器及胶管是否完好。发现瓶体、瓶阀有问题要及时报告。禁止带压拧动瓶阀阀体。

3）检查气密性时，应用肥皂水涂在瓶口上试验，严禁用火试验。

4）瓶阀手轮反时针方向旋转则瓶阀开启。瓶阀开启时，不得朝向人体，且动作要缓慢。减压器与瓶阀连接的螺扣要拧紧，并不少于4~5扣。

5）操作时严禁用沾有油脂的工具、手套接触瓶阀、减压器；一旦被油类污染，应及时用二氯乙烷或四氯化碳去油擦净。

6）开启瓶阀和减压器的操作时，防静电火花和绝热压缩。当瓶阀或减压器开得过快时，随氧气高速流动的水滴和固体微粒，与管壁产生摩擦而出现静电火花，成为氧气瓶和减压器爆炸着火的因素；减压器内局部（高压室或低压室）的气体受突然压缩时，瞬时产生的热量会使温度剧增，可能使橡胶软隔膜、衬垫等材料着火，甚至会使铜和钢等金属燃烧，造成减压器完全烧坏，还会导致氧气瓶着火爆炸。

7）当瓶阀或减压器发生冻结时，只能用热水或蒸汽进行解冻，严禁用力敲击、用明火烘烤或烧红金属去烫。

8）使用时要注意固定，防止滚动、倾倒，不宜平卧使用，应将瓶间一端垫高或直立。

9）氧气瓶严禁用于通风换气，严禁用作气动工具的动力气源，严禁用于吹扫容器、设备和各种管道。

10）气瓶内要始终保持正压，不得将气用尽，瓶内至少应留有 0.3MPa 以上的压力。留有余气防止可燃气体进入瓶内，同时便于瓶内气体成分化验。

（5）在运输氧气瓶时应注意：

1）搬运气瓶时，应用专门的抬架或小推车，不得肩背手扛，禁止直接使用钢绳、链条、电磁吸盘等吊运氧气瓶。要轻装轻卸，严禁从高处滑下或在地面滚动。运输时，气瓶必须有护圈和戴好瓶帽。

2）车辆装运时应妥善固定。汽车装运应横向码放，不宜直立。

3）易燃物品、油脂和带有油污的物品，不得与氧气瓶同车装运。

4）运输时，气瓶须装有瓶帽和防震圈，注意轻搬、轻放。

（6）储存氧气瓶时应注意：

1）氧气瓶储存处周围 10m 内，严禁堆放易燃易爆物品和动用明火，并不能靠近热源和电气设备。

2）与乙炔瓶的距离不得小于 5m。

3）氧气瓶应码放整齐，直立放置时，要用栏杆或支架加以固定，防止气瓶突然倾倒。

4）同一储存间严禁存放其他可燃气瓶和油脂类物品。

5）超过检验期限的气瓶不得使用。

6）按照安全规程的规定，氧气瓶必须做定期性技术检验，规程规定每三年检验一次。

7.6　电焊作业危害因素分析及预防措施

电焊又称电弧焊，这是通过焊接设备产生的电弧热效应，促使被焊金属的截面局部加热熔化达到液态，使原来分离的金属结合成牢固的、不可拆卸的接头工艺方法。根据焊接工艺的不同，电弧焊可分为自动焊、半自动焊和手工焊。自动焊和半自动焊主要用于大型机械设备制造，其设备多安装在厂房里，作业场所比较固定；而手工焊由于不受作业地点条件的限制，具有良好的灵活性特点，目前用于野外露天施工作业比较多。由于工作场所差别很大，工作中伴随着电、光、热及明火的产生，因而电焊作业中存在着各种各样的危害。

7.6.1 作业危害

1. 易引起触电事故

（1）焊接过程中，因焊工要经常更换焊条和调节焊接电流，操作时要直接接触电极和极板，而焊接电源通常是220V/380V，当电气安全保护装置存在故障、劳动保护用品不合格、操作者违章作业时，就可能引起触电事故。如果在金属容器内、管道上或潮湿的场所焊接，触电的危险性更大。

（2）焊机空载时，二次绕组电压一般都在 60~90V，由于电压不高，易被电焊工所忽视，但其电压超过规定安全电压 36V，仍有一定危险性。假定焊机空载电压为 70V，人在高温、潮湿环境中作业，此时人体电阻 R 约 1600Ω，若焊工手接触钳口，通过人体电流 I 为：$I = V/R = 70/1600 = 44mA$，在该电流作用下，焊工手会发生痉挛，易造成触电事故。

（3）因焊接作业大多在露天，焊机、焊把线及电源线多处在高温、潮湿（建筑工地）和粉尘环境中，且灶机常常超负荷运行，易使电源线、电器线路绝缘老化，绝缘性能降低，易导致漏电事故。

2. 易引起火灾爆炸事故

由于焊接过程中会产生电弧或明火，在有易燃物品的场所作业时，极易引发火灾。特别是在易燃易爆装置区（包括坑、沟、槽等），贮存过易燃易爆介质的容器、塔、罐和管道上施焊时危险性更大。这方面的事故案例还是比较多的，如 2000 年 12 月 25 日洛阳特大火灾事故，就是因为商厦违章电焊作业、管理不善引起周围易燃物品着火，共造成 309 人死亡的惨剧。2003 年 5 月 26 日，北京东方化工厂安排焊工对储运过丙烯酸甲酯的火车槽车人孔盖轴销螺母进行施焊时，由于事先没有对槽车进行清洗置换，动火前又没有对槽车里的可燃气体进行分析，在没有任何措施的情况下，结果造成槽车闪爆，把人孔盖掀开，击中焊工导致死亡。

3. 易致人灼伤

因焊接过程中会产生电弧、金属熔渣，如果焊工焊接时没有穿戴好电焊专用的防护工作服、手套和皮鞋，尤其是在高处进行焊接时，因电焊火花飞溅，若没有采取防护隔离措施，易造成焊工自身或作业面下方施工人员皮肤灼伤。

4. 易引起电光性眼炎

由于焊接时产生强烈火的可见光和大量不可见的紫外线，对人的眼睛有很强的刺激伤害作用，长时间直接照射会引起眼睛疼痛、畏光、流泪、怕风等，易导致眼睛结膜和角膜发炎（俗称电光性眼炎）。

5. 具有光辐射作用

焊接中产生的电弧光含有红外线、紫外线和可见光，对人体具有辐射作用。红外线具有热辐射作用，在高温环境中焊接时易导致作业人员中暑；紫外线具有光化学作用，对人的皮肤都有伤害，同时长时间照射还会使外露的皮肤脱皮，可见光长时间照射会引起眼睛视力下降。

6. 易产生有害的气体和烟尘

由于焊接过程中产生的电弧温度达到 4200℃ 以上，焊条芯、药皮和金属焊件融熔后易发生气化、蒸发和凝结现象，会产生大量的锰铬氧化物及有害烟尘；同时，电弧光的高温和强烈的辐射作用，还会使周围空气产生臭氧、氮氧化物等有毒气体。长时间在通风条件不良的情况下从事电焊作业，这些有毒的气体和烟尘被人体吸入，对人的身体健康有一定的影响。

7. 易引起高空坠落

因施工需要，电焊工要经常登高焊接作业，如果防高空坠落措施没有做好，脚手架搭设不规范，没有经过验收就使用；上下交叉作业采取防物体打击隔离措施不到位；焊工个人安全防护意识不强，登高作业时不戴安全帽、不系安全带，一旦遇到行走不慎、意外物体打击作用等原因，有可能造成高坠事故的发生。

8. 易引起中毒、窒息

电焊工经常要进入金属容器、设备、管道、塔、储罐等封闭或半封闭场所施焊，如果这些场所储运或生产过有毒有害介质及惰性气体等，一旦工作管理不善，防护措施不到位，极易造成作业人员中毒或缺氧窒息，这种现象多发生在炼油、化工等企业。

7.6.2 防范措施

1. 防触电措施

总的原则是采取绝缘、屏蔽、隔绝、漏电保护和个人防护等安全措施，避免人体触及带电体。具体方法如下：

（1）提高电焊设备及线路的绝缘性能。使用的电焊设备及电源电缆必须是合格品，其电气绝缘性能与所使用的电压等级、周围环境及运行条件要相适应；焊机应安排专人进行日常维护和保养，防止日晒雨淋，以免焊机电气绝缘性能降低。

（2）当焊机发生故障要检修、移动工作地点、改变接头或更换保险装置时，操作前都必须先切断电源。

（3）在给焊机安装电源时不要忘记同时安装漏电保护器，以确保人一旦触电会自动断电。在潮湿或金属容器、设备、构件上焊接时，必须选用额定动作电流不大于 15mA，额定动作时间小于 0.1s 的漏电保护器。

（4）对焊机壳体和二次绕组引出线的端头应采取良好的保护接地或接零措施。当电源为三相三线制或单相制系统时应安装保护接地线，其电阻值不超过 4Ω；当电源为三相四线制中性点接地系统时，应安装保护零线。

（5）加强作业人员用电安全知识及自我防护意识教育，要求焊工作业时必须穿绝缘鞋、戴专用绝缘手套。禁止雨天露天施焊；在特别潮湿的场所焊接时，人必须站在干燥的木板或橡胶绝缘片上。

（6）禁止利用金属结构、管道、轨道和其他金属连接作导线用。在金属容器或特别潮湿的场所焊接，行灯电源必须使用 12V 以下安全电压。

2. 防火灾爆炸措施

（1）在易燃易爆场所焊接，焊接前必须按规定事先办理用火作业许可证，经有关部门审批同意后方可作业，严格做到"三不动火"。

（2）正式焊接前检查作业下方及周围是否有易燃易爆物，作业面是否有诸如油漆类防腐物质，如果有应事先做好妥善处理。对在临近运行的生产装置区、油罐区内焊接作业，必须砌筑防火墙；如有高空焊接作业，还应使用石棉板或铁板予以隔离，防止火星飞溅。

（3）如在生产、储运过易燃易爆介质的容器、设备或管道上施焊，焊接前必须检查与其连通的设备、管道是否关闭或用盲板封堵隔断；并按规定对其进行吹扫、清洗、置换、取样化验，经分析合格后方可施焊。

3. 防灼伤措施

（1）焊工焊接时必须正确穿戴好焊工专用防护工作服、绝缘手套和绝缘鞋。使用大电流焊接时，焊钳应配有防护罩。

（2）对刚焊接的部位应及时用石棉板等进行覆盖，防止脚、身体直接触及造成烫伤。

（3）高空焊接时更换的焊条头应集中堆放，不要乱扔，以免烫伤下方作业人员。

（4）在清理焊渣时应戴防护镜；高空进行仰焊或横焊时，由于火星飞溅严重，应采取隔离防护措施。

4. 预防电光性眼炎措施

根据焊接电流的大小，应适时选用合适的面罩护目镜滤光片，配合焊工作业的其他人员在焊接时应配戴有色防护眼镜。

5. 预防辐射措施

焊接时焊工及周围作业人员应穿戴好劳保用品。禁止不戴电焊面罩、不戴有色眼镜直接观察电弧光；尽可能减少皮肤外露，夏天禁止穿短裤和短褂从事电焊作业；有条件的可对外露的皮肤涂抹紫外线防护膏。

6. 防有害气体及烟尘措施

（1）合理设计焊接工艺，尽量采用单面焊双面成型工艺，减少在金属容器里焊接的作业量。

（2）如在空间狭小或密闭的容器里焊接作业，必须采取强制通风措施，降低作业空间有害气体及烟尘的浓度。

（3）尽可能采用自动焊、半自动焊代替手工焊，减少焊接人员接触有害气体及烟尘的机会。

（4）采用低尘、低毒焊条，减少作业空间中有害烟尘的含量。

（5）焊接时，焊工及周围其他人员应配戴防尘毒口罩，减少烟尘吸入体内。

7. 防高坠措施

焊工必须做到定期体检，凡有高血压、心脏病、癫痫病等病史人员，禁止登高焊接。焊工登高作业时必须正确系挂安全带，戴好安全帽。焊接前应对登高作业点及周围环境进行检查，查看立足点是否稳定、牢靠，以及脚手架等安全防护设施是否符合安全要求，必要时应在作业下方及周围拉设安全网。涉及上下交叉作业应采取隔离防护措施。

8. 防中毒、窒息措施

（1）凡在储运或生产过有毒有害介质、惰性气体的容器、设备、管道、塔、罐等封闭或半封闭场所施焊，作业前必须切断与其连通的所有工艺设备，同时要对其进行清洗、吹扫、置换，并按规定办理进设备作业许可证，经取样分析，合格后方可进入作业。

（2）如条件发生变化应随时取样分析；同时，现场还应配备适量的空（氧）气呼吸器，以备紧急情况下使用。

（3）作业过程应有专人安全监护，焊工应定时轮换作业。对密闭性较强而易缺氧的作业设备，采用强制通风的办法予以补氧（禁止直接通氧气），防止缺氧窒息。

本章习题

2.7.1 焊接时，焊钳和焊枪有哪些安全要求？

2.7.2 简述点焊机作业时应注意的事项。

2.7.3 常用的气焊（割）设备、工具有哪些？

2.7.4 简述焊炬和割炬的安全使用要求。

2.7.5 使用乙炔瓶时应注意哪些安全使用要求？

2.7.6 简述氧气瓶的安全使用要求。

2.7.7 简述乙炔发生器使用时的安全要求。

2.7.8 试述电焊作业时有哪些危害，应采取哪些预防措施？

第8章 锅炉及压力容器安全管理

> **教学要求**：本章主要包括基本规定、锅炉安装管理、锅炉运行、压力容器安全管理、气瓶、溶解乙炔瓶六部分内容。掌握锅炉的安全运行管理、压力容器的安全运行管理；理解锅炉安装的安全技术要求，理解气瓶、溶解乙炔瓶的安全使用要求；了解锅炉及压力容器安全管理的一些基本规定；通过学习，提高学员对锅炉及压力容器安全管理的能力。

8.1 基本规定

（1）压力容器的设计、制造、安装、使用、修理、改造等必须符合国家有关规程、条例，经主管部门和国家劳动人事部（或当地劳动部门）批准生产的产品，方准购置、使用。

（2）购置的压力容器及其安全附件，必须有出厂合格证、当地检验部门证明、安装使用说明书和必要的结构图纸等资料；压力容器的设计总图上必须有劳动部门审查批准字样。

（3）压力容器的制造单位，必须具备保证产品质量所必需的加工设备、技术力量和检验手段。焊接工人必须经过考试，取得当地锅炉压力容器安全监察机构颁发的合格证，才准焊接受压元件。

（4）制造压力容器的单位，须经所在省（自治区、直辖市）主管部门和锅炉压力容器安全监察处审查同意。对于制造压力为一个表压以上的蒸气锅炉的单位和制造三类压力容器的单位，还须报国务院主管部门和国家劳动总局锅炉压力容器安全监察局批准，由国家劳动总局发给制造许可证。未履行上述手续的单位，不准制造这种设备。对于产品质量低劣又无改进的制造单位，应取消其制造资格。

（5）压力容器制造单位，必须按照有关规定，严格执行原材料验收制度、工艺管理制度和产品质量检验制度，保证产品的质量。不合格的产品不准出厂。

（6）对压力容器的受压部件进行重大修理和改造，应符合安全监察规程和有关标准的要求，并将修理和改造方案报当地锅炉压力容器安全监察机构审查同意。

8.2 锅炉安装管理

8.2.1 锅炉专业安装单位

锅炉安装技术性强、涉及面广，要确保锅炉安装质量，锅炉安装任务必须由具有一定技术水平和安装经验的专业性队伍来承担。

1. 锅炉专业安装单位应具备的条件

锅炉专业安装单位必须具备下列条件：

（1）具有一定的锅炉安装经验，一般应有 3 年以上的锅炉安装历史，安装质量良好。

（2）拥有安装需要的各类技术人员（必须是安装单位的正式职工，文化程度一般为中专学历，分别掌握锅炉结构施工工艺、技术检验、土建、电气、机械等有关知识，并能贯彻执行相关规程、规定和标准）。

（3）具有安装所需要的各类专业工种。焊工应是合格的焊工，其操作技能应与申请的安装设备相适应；胀管工人应具有胀接方面的基本知识和熟练的操作技能。

（4）具有正式的施工工艺程序、焊接工艺评定试验及胀接工艺。

（5）具有与所申请的安装设备相适应的安装机具。

（6）具有完整的质量检验制度及原材料、锅炉元件验收制度。

2. 锅炉专业安装单位的管理

锅炉专业安装单位必须严格加强管理，制止无证锅炉安装、施工和粗制滥造，其具体要求如下：

（1）锅炉专业安装单位的审批，一般只在现有的安装单位中进行，对新建锅炉安装单位应严加控制。

（2）专业安装单位经本省（自治区、直辖市）特种设备监督部门批准后，跨省安装时，不需要再办理审批手续，但应接受当地锅炉压力容器安全监察机构对其安装质量的监督。

（3）安装单位不能保证安装质量，多次发生安装质量问题，或因安装质量问题发生重大事故或爆炸事故，原审批省（自治区、直辖市）特种设备监督部门可责令限期整顿，以致撤销其安装资格。

3. 锅炉安装前的准备工作

锅炉安装前的准备工作十分重要，是保证锅炉安装质量的重要一环，对整个工程的顺利进行有非常密切的关系。因此，每个锅炉专业安装单位都必须十分重视锅炉安装前的准备工作。

（1）熟悉和审查锅炉安装的技术资料。安装单位对技术资料进行自审。锅炉安装前，安装单位要组织工程技术人员和其他施工人员，对甲方提供的技术资料进行阅读、熟悉和审查。需要审查的资料包括：

1）锅炉出厂时，应附带与安全有关的技术资料，具体有：①锅炉图样（总图、安装图和主要受压部件图）；②受压元件的强度计算书；③安全阀排放量的计算书；④锅炉质量证明（包括出厂合格证、金属材料证明、焊接质量证明和水压试验证明）；⑤锅炉安装说明书和使用说明书；⑥受压元件设计更改通知书；⑦监检证明书。

2）锅炉房设计有关资料，具体有：①标明与有关建筑物距离的锅炉房建筑红线图；②规划、环保、消防等部门批复的函件；③锅炉房工艺布置及工艺系统图；④锅房建筑设计施工图及安装基础图。

（2）三方对技术资料进行会审。在建设单位和安装单位双方对锅炉安装资料进行自审的基础上，建设单位、安装单位和设计单位三方组织有关工程技术人员及施工人员对锅炉安装资料进行会审。会审要拟定程序，详细记录会审中发现的问题，研究解决这些问题的具体措施。如发现资料不全、设计图纸有错误或锅炉总图审查批准标记及产品合格证上检验检测部门监检签章等有疑问时，应及时设法解决处理。

（3）向当地特种设备监督部门及时报审。如锅炉房设计中有违背相关规程、规范的地方，特种设备监督部门有权监督设计部门按相关规程、规范进行修改、变更；如锅炉出厂资料不全或不符合要求时，有权责令锅炉制造厂按要求补全资料。建设单位和安装单位双方在未得当地特种设备监督部门获准或明确处理结果以前，不准擅自施工。

4. 勘察锅炉安装施工现场

在进行图纸资料会审和了解锅炉设备的基础上，应对锅炉安装现场进行实地勘察。根据现场实际情况，划分好作业场所。对于零部件的进出通道、吊装和运输的方法，现场材料的堆放，水、电、气的供应，各种机具的布置都应有所考虑，给拟订施工方案创造条件。较大锅炉的安装，最好绘出施工平面布置图。

5. 编制安装施工方案

（1）施工方案编制。较大型锅炉的安装工程是比较复杂的，施工工种多，交叉作业多，高空作业多，技术要求高，工期安排紧，为保证锅炉安装保质保量顺利安全地按期完成，要求结合本单位的人员、机具、设备以及场地、时间和技术关键等具体情况，编制好锅炉安装施工方案。

（2）施工方案的编制原则：

1）要符合国家相关规程、标准的要求。

2）要满足建设单位的合理要求。

3）施工工地布置要紧凑、合理。

4）要尽量提高机械化、自动化程度，节约劳动力，减轻劳动强度。

5）充分发挥机具设备和施工人员的作用，节约开支，以确保安装任务按期或提前完成。

6）优选技术先进、操作安全、经济方便的施工方案。

（3）施工方案的基本内容。施工方案的基本内容应包括以下几个方面：

1）锅炉安装工程概述，包括锅炉和各项技术参数、工种特点、安装工程量等。

2）锅炉的安装工艺程序，包括操作流水程序、交叉作业程序和方法。

3）锅炉安装的主要工艺，包括安装通用工艺、专用工艺和检验工艺等。

4）锅炉安装的质量要求和验收标准。

5）锅炉安装质量保证体系的建立健全和运转要求。

6）锅炉安装网络计划，包括施工进度、机具设备、劳动力的安排、找出工程的主要矛盾和完成任务的关键。绘制网络计划图，确定关键工序。

7）锅炉安装的其他事项。

6. 特种设备监督部门负责办理锅炉安装审批手续

锅炉安装工程正式开工前，必须向当地特种设备监督部门报告并办理施工手续。报送下列材料：

（1）甲乙双方签订的锅炉安装合同。

（2）规划、环保、消防等专业部门手续。

（3）锅炉产品出厂时的技术资料。

（4）锅炉房有关锅炉安装的技术资料。

（5）锅炉安装施工方案。

（6）锅炉安装许可证副本，焊工、无损检测工的资格等级证。

（7）已填好的《特种设备安装维修改造告知书》3份。

经特种设备监督部门审查批准后，签发开工申请报告施工准许证明，否则，不准施工。

7. 设备与部件的清点和验收

（1）清点验收中的注意事项：

1）建设单位和安装单位都必须有工程技术人员和检验人员参加。

2）开箱时应先将箱体上的积灰、泥土清扫干净，以防开箱后污损涂油的零部件。对怕震动的零件，开箱时不得用大锤敲击箱体，以保证设备完整无损。

3）检查后不能马上使用，应重新除锈，设备本身带防护装置应尽量不拆掉，以避免设备损坏。

4）开箱后要对安装的部件、附件、工具、材料等进行编号、分类，妥善保管，对暂时不能安装的设备，应在验收后重新装好，以防损坏和丢失。

（2）清点验收的基本方法：

1）清点验收技术资料是否齐全完整。

2）按图纸清单对设备名称、型号、规格及箱号、箱数、件数及零件包装情况进行清点和检查。如发现缺少和包装已损坏，应查明情况，分清责任。

3）开箱可以先清点数量，再检查质量，也可以点件和验收同时进行。

4）设备和部件的验收以两个规程、两个规范和专业技术标准为依据，对于制造质量达不到国家有关标准的零部件，应由使用锅炉单位采取补救措施。

《蒸汽锅炉安全技术监察规程》规定，锅炉安装前，安装单位对零部件质量应进行检查，发现有质量问题不能保证安装质量的，有权拒绝安装并报告当地特种设备监督部门。

8.2.2 锅炉安装的工艺程序

1. 基础砌筑和基础画线

（1）基础砌筑方法。可由土建部门建造锅炉房时一并做好锅炉基础，也可由锅炉安装单位核对实物尺寸后自己砌筑锅炉基础。

（2）基础画线方法。基础验收合格后，即可进行安装前的基础画线工作，主要有锅炉纵向中心线、锅炉横向中心线和锅炉标高三条基准线。这三条基准线可以将锅炉及辅助设备的安装位置按设计的要求全部画在基础上。

2. 锅炉钢结构的安装

（1）钢结构的组成部分。锅炉钢结构包括钢架的立柱、横梁、汽包座、联箱支座及平台、通道和扶梯等。

（2）钢结构的安装方法：

1）钢结构的组合安装。适合于大型锅炉和起重吊装力量较强的安装单位。其方法是：在地面上将立柱、横梁等按设备要求组合成大片结构，然后起吊就位，再将各片之间的横梁就位焊成一个整体。

这种安装能加快工期，几何尺寸容易控制，减少空中作业，也相对比较安全。有条件的单位应尽量选用此方法。

2）钢结构的单件安装。单件安装的方法是：先立钢柱，后装横梁，将钢柱的底板对准基础上的轮廓线就位，然后用可调钢丝绳拉紧，经粗调后即可上横梁。先用螺栓固定，而后进行调整，合格一件点焊固定一件，同时将其他结构件连好，经全面复检尺寸合格后，可以进行固定焊接。

（3）钢结构的找平找正。可按以下步骤进行：

1）调整钢柱底板在基础上的位置。

2）利用标高基准线校核立柱上的一米标高线。

3）调整立柱的垂直度。

4）调整横梁的标高和水平度。

5）调整立柱间的相互位置。

（4）钢结构安装的注意事项：

1）根据钢结构的形式特点确定适当的焊接位置和焊接顺序，以防焊接时温度过于集中造成构件变形。

2）钢结构焊接，焊完一件检查一件，避免变形误差叠加，以致无法校正。变形可采取变换焊接位置或采用假焊法消除变形，但不允许用大锤敲打的方法进行校正。

3）钢结构就位一件找正一件，不允许在未找正的钢架上进行下一个部件的安装。

4）钢柱的垫铁比钢柱底板略长 10 mm 左右，一般不超过 3 块，并与底板焊牢。

5）钢结构的二次灌浆，应在钢结构各部位找平找正后进行。灌浆层厚度应为 25 ~ 60 mm。

6）锅炉平台、通道、托架和扶梯应配合钢架的安装尽早安装，以保证钢结构的稳定和安全施工。

7）各种钢结构件上不应任意开孔，有必要切割时应与建设单位协商并应对切割处进行加固，然后做好记录。

3. 锅筒、集箱的安装

（1）安装前的检查：

1）检查锅筒、集箱外表面有无裂纹、撞伤、龟裂、分层等缺欠，焊接质量有无上述缺欠。

2）检查管孔、管座（管接头）、法兰、人孔门的数量、质量和尺寸是否符合要求。

3）检查锅筒、集箱上的中心标记是否准确，必要时应予以调整。

4）测量锅筒、集箱和弯曲度。

5）按图核对锅筒内部装置内外壁上的铁锈和其他杂质。

（2）锅筒的就位。锅筒支座的安装先根据锅炉基础给定的纵横基准线和图纸尺寸，确定锅筒中心线，再按标高基准线确定锅筒的纵向水平中心线标高。然后由此确定支座的位置和标高，最后按预定的方向安装好固定支座和滑动支座。

支座安装好后即可进行锅筒就位。上锅筒就位需设临时支架。锅筒吊装时，要按要求绑扎好锅筒，防止吊装过程中锅筒滑脱或碰伤管孔、管座，引起锅筒变形等。临时支架要保证锅筒固定，不得发生位移。拆除时不允许用大锤敲打，以防锅筒动摇，松动管口。

上锅筒就位后，则利用上锅筒吊装下锅筒。锅筒与支座接触应良好。支座与锅筒间应垫石棉板、石棉绳，以便消除热膨胀。

（3）锅筒的找正。对于散装锅炉来说，锅筒的位置安装正确与否是极其重要的。如锅筒装得不正，下一步对流管束的安装则不可能安好，因此要非常重视锅筒找正。具体操作方法是：下锅筒就位以后，应以基础上的纵横中心线、标高基准线和锅筒上的纵横中心线为基准进行找平，找好后加以固定。再以下锅筒为基准找正上锅筒。上、下锅筒可以互相调整找正，如通过上锅筒的纵向中心线可以找正锅筒的中心线和基础的中心线；通过上、下锅筒水平中心线的标高调整纵向水平度；通过下锅筒可找出上、下锅筒的间距等。

（4）锅筒、集箱安装的注意事项：

1）运输和吊装必须注意设备和人身安全。

2）制造临时支架时和互相固定拉撑时，均不得在锅炉本体任何受压部件上试焊、点焊和打火引弧。

3）安装锅筒、集箱、管子及其他附件时，注意按设计要求留出纵向膨胀间隙。

4. 受热面管子的安装

（1）安装前的检查：

1）检查管子的外观，不应有重皮、裂纹、压扁、严重锈蚀等缺欠。

2）检查管子金属质量、管壁厚薄和管径大小。

3）检查直管的弯曲、弯管的变形偏差。

4）检查管子的椭圆度。

（2）胀管法安装：

1）胀管的工作原理。利用管端的塑性变形和管孔的弹性变形使管子与管孔紧密结合，即为胀管的工作原理。

2）胀管前的试胀。在正式胀接前应进行试胀工作，以检查胀管器的质量和管材的胀接性能。根据试胀结果，确定合理的胀管率。

3）管端的退火处理。退火长度不小于100 mm，退火方法采用铅浴法，退火温度为600～650℃，退火加热要均匀，加热后冷却时应缓慢。

4）管端的打磨。打磨的长度比管孔壁厚长50 mm，打磨的方式为手工打磨或碎磨机打磨，打磨后管端显出金属光泽。

5）管孔清理和检查。先用棉纱将孔内的防锈油和污垢擦去，然后用细砂布沿圆筒方向将铁锈打磨干净。

6）管子与管子的选配。为了提高胀接质量，管子和管孔之间需要认真选配，使全部管子与管孔之间有比较均匀一致的间隙。选配的前提是对管端和管孔进行认真的测量，根据测量结果，对管子和管孔进行选配。

7）检查胀管器的质量和性能。胀管操作分固定胀管（或称初胀、紧固胀或挂管）和翻边胀管（或称板边胀、终胀或复胀）两道工序。为保证胀接质量、防止管口松动，一般胀管采用反阶式胀管顺序。

8）做好胀接记录，要对全部胀口计算胀管率。

（3）胀管的注意事项：

1）胀管前必须进行试胀和试胀工艺评定。

2）要严格控制胀管率，设专人测量、专人记录、专人检查、专人计算。

3）初胀的几根管子必须认真检查，并进行单管水压试验。

4）胀管工作环境温度应为0℃以上，防止胀口产生冷脆裂纹。

5）第一次胀管时，胀管率应取小一些，一般在1.2%左右。这样留有余地，防水压试验渗漏时，可以进行补胀，但补胀次数一般不应超过3次。

（4）焊接法安装：

1）焊接工艺评定试验和焊接规范的选择。锅炉安装施焊前必须进行焊接工艺评定试验，从中选取合理有效的焊接规范。焊接工艺评定所选用的钢材、焊接材料、接头形式和焊接方法及位置与工程实际相类似。

2）焊条及部分焊接参数的选择。在选用焊条时，通常根据组成焊接结构钢材的化学成分、机械性能、可焊性、工作条件等要求，以及焊接结构形式、刚性大小、受力情况和焊接设备等方面进行综合考虑。焊接电流和电弧电压的选择对保证焊接质量有非常重要的作用，要根据焊接工艺评定的结果来选择确定。

3）认真检查施焊的管束、机具、量具、卡具等，做好焊条的烘干和领用工作。

4）几种主要对接管的焊接。

水平固定管的焊接：这种焊接要求焊工进行仰、立、平所有空间位置的焊接，是手工电弧焊全位置焊接的基本形式，也是焊接难度最大的操作技术之一。

垂直固定管的焊接：在锅炉安装中，这种使焊接缝处于环向水平位置的横向焊接，一般占整个管子焊接的30%～40%。这种焊接方式使焊条熔化时容易下淌，呈泪珠状，要控制焊波形成是比较困难的。

倾斜固定管的焊接：锅炉受热面管子与锅筒、集箱的焊口，有相当一部分处于倾斜的位置，习惯上称为斜焊。它的焊接工艺与前两焊相比，既有共同之处，又有特殊的地方，特殊之处在于它既有立焊的特点，又有全位置焊的特点，因此需要更认真地对待这种焊接。

锅炉范围内的管道和辅助管道的焊接。

5. 燃烧设备的安装

燃烧设备是锅炉机组用于燃烧的设施，是锅炉的重要组成部分。它包括手烧炉、抛煤机炉、链条炉排炉、振动炉排炉、往复推饲炉排炉、煤粉炉、沸腾炉、燃油炉和燃气炉等不同的燃烧设备。安装质量的好坏直接影响锅炉的安全运行，也将直接影响锅炉的热效率。因此，必须认真安装，仔细调试。

6. 尾部受热面的安装

（1）省煤器的安装。包括散装钢管式省煤器和铸铁肋片式省煤器的安装。安装时要注意按图纸的技术条件做好基础和托、吊支架，留足膨胀间隙，保证严密不渗漏，不堵塞，安装完毕做好单体水压试验。

（2）空气预热器安装。一般先将管内尘土和铁锈清除干净，检查管箱和管板的焊缝质量。安装时注意起吊安全，索具应作用在框架上，不得使管子受力变形，上下管方向不得装反，防磨套管与管孔配合要适当，膨胀节的连接应良好，不应有泄漏现象。安装完毕与冷、热风道同时进行风压试验。

7. 锅炉的炉墙炉拱的砌筑

在整个锅炉的安装过程中，筑炉是锅炉本体安装的最后一道工序，它包括炉墙、炉拱、炉顶、炉门和隔烟墙等的砌筑，它不同于一般房屋砌筑。一些安装单位往往只注意受压元件的安装，而忽视锅炉的筑炉工作，这是不对的。

锅炉筑炉质量的好坏，直接影响锅炉机组运行的安全经济性，并对保持环境卫生、改善劳动条件、保障运行人员的身心健康有非常重要的意义。

要求一切砌筑设施要紧固可靠，要有一定的承重、承压能力，有足够的抗震、抗湿、抗裂性能。炉墙要有一定的耐火性、较好的绝热性和良好的密封性，保持长时间在高温下工作而不致被损坏。

8. 快装锅炉的安装

炉外部包有密封铁皮的快装锅炉，应采用以水位表的水连管为基准找出端面横向水平度，或将快装锅炉的前烟箱打开，以最上面一排烟火管为端面水平线（也可在烟管上部画一条直线），进行端面水平度的找正。如果法兰表面平洁且为同样高度时，可垫上长平尺，用水平尺测量纵横水平度，进行找正。这样可以杜绝水位表一高一低的现象。较短的锅筒可以直接用水平尺测定纵向水平度。对锅筒的标高，用水准仪测量上部法兰或对锅筒的纵横向水平中心线进行测定。

9. 立式锅炉的安装

（1）要砌筑锅炉的基础，并加装地脚螺栓。

（2）安装前将人孔、头孔、手孔、检查孔等打开检查，对内部的横竖水火管、炉胆、炉顶、下脚圈进行检查，特别检查炉门圈炉膛中的伸出量，伸出量如果过长应割去。

（3）认真检查炉体的铅垂直度，应参照两支水位表的水平度进行找正，应保证两支水位表的高度在同一水平面上。

8.3 锅炉运行

8.3.1 锅炉启动的安全要点

锅炉启动指锅炉由非使用状态进入使用状态，一般包括冷态启动及热态启动两种。冷态启动指新装、改装、修理、停炉等锅炉的生火启动；热态启动指压火备用锅炉的启动。这里介绍的是冷态启动。

由于锅炉是一个复杂的装置，包含着一系列部件、辅机，锅炉的正常运行包含着燃烧、传热、工质流动等过程，因而启动一台锅炉要进行多项操作，需要较长的时间、各个环节协同动作，逐步达到正常工作状态。

锅炉启动过程中，其部件、附件等由冷态（常温或室温）变为受热状态，由不承压转变为承压，其物理形态、受力情况等产生很大变化，最易产生各种事故。据统计，锅炉事故约有半数是在启动过程中发生的，因而对锅炉启动必须进行认真的准备。

1. 全面检查

锅炉启动前一定要进行全面检查，符合启动要求后才能进行下一步操作。检查的内容有：检查汽水各级系统、燃烧系统、风烟系统、锅炉本体和辅机是否完好；检查人孔、手孔、看火门、防爆门及种类阀门、接板是否正常；检查安全附件是否齐全、完好并使之处于启动要求的位置；检查各种测量仪表是否完好。

2. 上水

为防止产生过大应力，上水水温最高不应超过 $90 \sim 100℃$；上水速度要缓慢，全部上水时间在夏季不小于 1h，在冬季不小于 2h。冷炉上水至最低安全水位时间应停止上水，以防受热膨胀后水位过高。

3. 烘炉和煮炉

烘炉应根据事先制定的烘炉升温曲线进行，整个烘炉时间根据锅炉大小、型号不同而定，一般为 $3 \sim 14$ 天。烘炉后期可以同时进行煮炉。

煮炉时在锅水中加入碱性药剂，步骤为：上水至最高水位；加入适量药剂（$2 \sim 4kg/t$）；燃烧加热锅水至沸腾但不升压，维持 $10 \sim 12h$；减弱燃烧，排污之后适当放水；加强燃烧并使锅炉升压到 25% $\sim 100\%$ 工作压力，运行 $12 \sim 24h$；停炉冷却，排除锅水并清洗受热面。

4. 点火与升压

一般锅炉上水后即可点火升压；进行烘炉煮炉的锅炉，应待煮炉完毕、排水清洗后再重新上水，然后点火升压。

应注意的问题有：

（1）防止炉膛内爆炸。

（2）防止热应力和热膨胀造成破坏。

（3）监视和调整各种变化。

5. 暖管与并气

暖管就是用蒸汽缓慢加热管道三阀门、法兰等元件，使其温度缓慢上升，避免向冷态或较低温度的管道突然供入蒸汽，以防止热应力过大而损坏管道、阀门等元件。同时将管道中的冷凝水驱出，防止在供汽时发生水击。冷态蒸汽管道的暖管时间一般不少于2h，热态蒸汽管道的暖管时间一般为0.5～1h。

并汽也叫并炉、并列，即投入运行的锅炉向共用的蒸汽供汽。并汽时应燃烧稳定、运行正常、蒸汽品质合格以入蒸汽压力稍低于蒸汽总管内气压为宜。

8.3.2 锅炉运行中的安全要点

（1）锅炉运行中，保护装置与联锁不得停用。需要检验或维修时，应经有关主要领导批准。

（2）锅炉运行中，安全阀每天人为排汽试验一次。电磁安全阀电气回路试验每月应进行一次。安全阀排汽试验后，其起座压力、回座压力、阀瓣开启高度应符合规定，并作记录。

（3）锅炉运行中，应定期进行排污试验。

8.3.3 锅炉停炉时的安全要点

1. 正常停炉（计划内停炉）

停炉中应注意的主要问题是：防止降压降温过快，以避免锅炉部件因降温收缩不均匀而产生过大的热应力。

锅炉正常停炉应是先停燃料供应，随之停止送风，降低引风；同时逐渐降低锅炉负荷，相应地减少锅炉上水，但应维持锅炉水位稍高于正常水位。锅炉停止供汽后，应隔绝与蒸汽母管的连接，排汽降压。同时应继续收察锅炉，待锅内无汽压时，开启空气阀，以免锅内因降温形成真空。

2. 紧急停炉

（1）锅炉运行中出现如下情况时应停炉：

1）锅炉水位低于水位表的下部可见边缘。

2）不断加大向锅炉给水及采取其他措施，但水位仍下降。

3）锅炉水位超过最高可见水位（满水），放水仍见不到水位。

4）给水泵全部失效或给水系统故障，不能向锅炉进水。

5）水位表或安全阀全部失效。

6）锅炉部件损坏，危及运行人员安全。

7）燃烧设备损坏，炉墙倒塌或锅炉构架被烧红等严重威胁锅炉安全运行。

8）其他异常情况危及锅炉安全运行。

（2）紧急停炉的操作顺序：

立即停止添加燃料和送风，减弱引风，同时设法熄灭炉膛内的燃料，对于一般层燃炉可以用砂土或湿灰灭火，链条炉可以开快挡使炉排快速运转，把红火送入灰坑；灭火后即把炉门、灰门及烟道挡板打开，以加强通风冷却，锅内可以较快降压并更换锅水，锅水冷却至70℃左右允许排水。但因缺水紧急停炉时，严禁给锅炉上水，并不得开启空气阀及安全阀快速降压。

紧急停炉是为防止事故扩大产生更为严重的后果而采取的必要措施，但紧急停炉操作本身势必导致锅炉部件快速降温降压，产生较大的热应力，以致损害锅炉部件。

8.3.4　锅炉停炉时保养

锅炉停炉后，为防止腐蚀必须进行保养。常用的保养方法有干法、湿法和热法三种。

1. 干法保养

干法保养只用于长期停用的锅炉。正常停炉后，水放净，清除锅炉受热面及锅筒内外的水垢、铁锈和烟灰，用微火将锅炉烘干，放入干燥剂。而后关闭所有的门、孔，保持严密。1月之后打开人孔、手孔检查，若干燥剂成粉状、失去吸潮能力，则更换新干燥剂。视检查情况决定缩短或延长下次检查时间。若停用时间超过3个月，则在内外部清扫后，受热面内部涂以防锈漆，锅炉附件也应维修检查，涂油保护，再按上述方法保养。

2. 湿法保养

湿法保养也适用于长期停用的锅炉。停用后清扫内外表面，然后进水（最好是软水），将适量氢氧化钠或磷酸钠溶于水后加入锅炉，生小火加热使锅炉外壁面干燥，内部由于对流使各部位碱浓度均匀，锅内水温达80~100℃时即可熄火。每隔5天对锅内水化验一次，控制其碱度在5~12mg/L范围。

3. 热法保养

停用时间在10天左右宜用热法保养。停炉后关闭所有风道、烟道闸门，使炉温缓慢下降，保持锅炉汽压在大气压以上（即水温在100℃以上）即可。若汽压保持不住，可生小火或用运行锅炉的蒸汽加热。

8.4　压力容器安全管理

8.4.1　压力容器安全管理规定

（1）设计单位应严格执行容器规程和《压力容器安全技术监察暂行规程》的规定，并对所设计的压力容器的安全技术性能负责。

（2）制造压力容器，必须经省级主管部门和省劳动局锅炉压力容器安全监察处审查批准，发给许可证。制造三类容器，还必须报劳动部锅炉压力容器安全监察局批准。

（3）压力容器的施工安装，必须经各级安全监察机构批准的安装单位才能进行。安装压力容器时，必须严格按照图纸施工，并应符合国家有关技术规范。

（4）从事压力容器安装的单位必须是已取得相应的制造资格的单位或者是经安装单位所在地的省级安全监察机构批准的安装单位。从事压力容器安装建监理工程师应具备压力容器专业知识，并通过国家安全监察机构认可的培训和考核，持证上岗。

（5）压力容器发生下列异常现象之一时，操作人员应立即采取紧急措施，并按规定的报告程序，及时向有关部门报告。

1）压力容器的工作压力、介质温度或壁温超过规定值，采取措施仍不能得到有效控制。

2）压力容器的主要受压元件发生裂缝、鼓包、变形、泄漏等危及安全的现象。

3）安全附件失效。

4）接管、紧固件损坏，难以保证安全运行。

5）发生火灾等直接威胁到压力容器安全运行。

6）过量充装。

7）压力容器液位超过规定，采取措施仍不能得到有效控制。

8）压力容器与管道发生严重振动，危及安全运行。

9）其他异常情况。

（6）压力容器检验、修理人员在进入压力容器内部进行工作前，使用单位必须按《在用压力容器检验规程》的要求，做好准备和清理工作。达不到要求时，严禁人员进入。

（7）采用焊接方法对压力容器进行修理或改造时，一般应采用挖补或更换，不应采用贴补或补焊方法，且应符合以下要求：

1）压力容器的挖补、更换筒节及焊后热处理等技术要求，应参照相应制造技术规范，制订施工方案及适合于使用的技术要求。焊接工艺应经焊接技术负责人批准。

2）缺陷清除后，一般均应进行表面无损检测，确认缺陷已完全消除。完成焊接工作后，应再做无损检测，确认修补部位符合质量要求。

3）母材焊补的修补部位，必须磨平。焊接缺陷清除后的修补长度应满足要求。

4）有热处理要求的，应在焊补后重新进行热处理。

5）主要受压元件焊补深度大于1/2壁厚的压力容器，还应进行耐压试验。

（8）改变移动式压力容器的使用条件（介质、温度、压力、用途等）时，由使用单位提出申请，经省级或国家安全监察机构同意后，由具有资格的制造单位更换安全附件，重新涂漆和标志；经具有资格的检验单位进行内、外部检验并出具检验报告后，由使用单位重新办理使用证。

（9）容器的定期检验分为外部检验、内外检验和耐压试验三种。检验间隔为：

1）外部检验：每年至少进行一次。

2）内外检验：安全状况等级为1级、2级，每6年至少一次；安全状况为3级，每3年至少一次。

3）耐压试验：对固定式压力容器，每两次内外部检验期间内，至少进行一次耐压试验；移动式压力容器，每6年至少进行一次耐压试验。

（10）安全阀爆破片的制造单位必须持有国家劳动部发给的制造许可证，才能进行制造。使用单位不得自行制造。

（11）安全阀的使用管理按本厂安全阀管理安全管理办法执行。

（12）容器上装有爆破片时，爆破压力不得超过容器的设计压力，并能保证使容器内的压力迅速泄放。

（13）有毒、易爆介质容器的爆破片排口应设放空导管，并引至安全地点或妥善处理。

（14）爆破片应每年更换一次，超压未爆破的爆破片，应立即更换。

（15）爆破片的爆破压力复验时（在工作条件下试验）应有设备主管和安全技术人员在场。

（16）压力表的装设应符合国家计量部门的规定，压力表至少每年校验一次，新购进的压力表应经校验后才能使用。经检验后的压力表应有合格证铅封。

（17）压力表必须经计量部门批准的单位和人员进行检验。

（18）低压容器的压力表精度不低于2.5级，中压以上容器的压力表精度应不低于1.5级。

（19）压力表盘直径不得小于100mm，表盘刻度极限值应为容器最高工作压力的1.5～3倍，最好取2倍。装设压力表的位置，应便于操作人员观察，且避免受高温、冻结及震动的影响。

（20）压力表与容器之间应装三通旋塞式形阀，以便拆下校对或更换压力表，盛装蒸汽的容器压力表与容器之间应有存水弯管。盛装高温及强腐蚀介质的容器与压力表之间，应有隔离缓冲装置。

（21）工作介质为气液两相共存的容器，应装设液面计或液面指示器。

（22）盛装易燃、剧毒、有毒介质的液化气体的容器，必须采用板式玻璃液面计式自动液面指示器。

（23）液面计或液面指示器上应有防止液面计泄漏的装置和保护罩。

（24）液面计的汽、液相连管上应装设有切断阀，还应有排污阀，以便清洗和更换。

8.4.2 正确使用压力容器

正确合理地操作使用压力容器，是保证安全运行的重要措施，因为即使是容器的设计完全符合要求，制造、安装质量优良，如果操作不当，同样会造成压力容器事故。

压力容器作为石油化工生产工艺过程中的主要设备，要保证其安全运行，必须做到：

1. 平稳操作

压力容器在操作过程中，压力的频繁变化和大幅度波动，对容器的抗疲劳破坏是不利的。应尽可能使操作压力保持平稳。同时，容器在运行期间，也应避免壳体温度的突然变化，以免产生过大的温度应力。

压力容器加载（升压、升温）和卸载（降压、降温）时，速度不宜过快，要防止压力或温度在短时间内急剧变化对容器产生不良影响。

2. 防止超载

防止压力容器超载，主要是防止超压。反应容器要严格控制进料量、反应温度，防止反应失控而使容器超压，储存容器充装进料时，要严格计量，杜绝超装，防止物料受热膨胀使容器超压。

3. 状态监控

压力容器操作人员在容器运行期间要不断监督容器的工作状况，及时发现容器运行中出现的异常情况，并采取相应措施，保证安全运行。容器运行状态的监督控制主要从工艺条件、设备状况、安全装置等方面进行。

（1）工艺条件。主要检查操作压力、温度、液位等是否在操作规程规定的范围之内；容器内工作介质的化学成分是否符合要求等。

（2）设备状况。主要检查容器本体及与之直接相联接部位如人孔、阀门、法兰、压力温度液位仪表接管等处有无变形、裂纹、泄漏、腐蚀及其他缺陷或可疑现象；容器及与其联接管道等设备有无震动、磨损；设备保温（保冷）是否完好等情况。

（3）安全装置。主要检查各安全附件、计量仪表的完好状况，如各仪表有无失准、堵塞；联锁、报警是否可靠投用，是否在允许使用期内；室外设备冬季有无冻结等。

4. 紧急停运

压力容器发生下列异常现象之一时，操作人员应立即采取紧急措施，并按规定程序报告本单位有关部门。这些现象主要有：

（1）工作压力、介质急剧变化、介质温度或壁温超过许用值，采取措施仍不能得到有效控制。

（2）主要受压元件发生裂缝、鼓包、变形、泄漏等危及安全的缺陷。

（3）安全附件失效。

（4）接管、紧固件损坏，难以保证安全运行。

（5）发生火灾直接威胁到压力容器的安全运行。

（6）过量充装。

（7）液位失去控制。

（8）压力容器与管道严重振动，危及安全运行等。

8.5 气瓶

8.5.1 一般规定

（1）凡表压为 $0.098 \sim 29.4$ MPa，容积不大于 $1m^3$，盛装压缩气体和液化气体的钢质气瓶，应遵守本规定。但不适用于盛装溶解乙炔的气瓶、灭火用的气瓶和机器设备的附属瓶式容器。

（2）气瓶的防护装置，如瓶帽、瓶帽上的泄气孔及气瓶上应戴的两个防震圈，必须齐全、可靠。

（3）气瓶的制造要求和涂漆颜色，应符合现行的《气瓶安全监察规程》的规定，并有出厂合格证。

（4）气瓶内外表面不得有裂纹和重皮等影响强度的缺陷。

（5）气瓶必须经过逐个水压试验和气密性试验。逐个测定实际重量和容积。

8.5.2 气瓶的充装

（1）充气单位在充装前，必须有专人对气瓶进行检查。有下列情况之一者，应事先进行妥善处理，否则严禁充装气体。

1）漆色、字样和所装气体不符合规定的，或漆色、字样脱落不易识别气瓶种类的。

2）安全附件不全、损坏或不符合规定的。

3）未判明装过何种气体或瓶内没有余压的。

4）钢印标记不全或不能识别的。

5）超过检验期限的。

6）瓶体经外观检查有缺陷，不能保证安全使用的。

7）氧气瓶或强氧化剂气瓶的瓶体或瓶阀沾有油脂的。

（2）气瓶在充装压缩气体时，充装结束时压力不得超过设计压力。

（3）液化气体的充装系数，必须符合《气瓶安全监察规程》第22条的规定，并应遵守下列充装规定：

1）严禁过量充装。

2）认真填写充装记录。

3）称重衡器要准确。

4）操作人员相对稳定，并定期进行教育和考核。

8.5.3 气瓶的运输与储存

（1）运输气瓶时应遵守下列规定：

1）旋紧瓶帽，轻装，轻卸，严禁抛、滑或碰击。

2）气瓶装车时应妥善加以固定。汽车装运气瓶一般应横向放置，头部朝向一方。装车高度不得超过车厢高度。

3）夏季要有遮阳设施，防止曝晒。

4）车上禁止烟火。运输可燃、有毒气体气瓶时，车上应备有灭火器材或防毒用具。

5）所装介质相互接触后能引起燃烧、爆炸的气瓶，不得同车运输。

（2）储存气瓶应符合下列规定：

1）旋紧瓶帽，放置整齐，留有通道，妥善固定；气瓶卧放应防止滚动，头部朝向一方，高压气瓶堆放不应超过5层。

2）盛装有毒气体的气瓶，或所装介质互相接触后能引起燃烧爆炸的气瓶，必须分室储存，并在附近设有防毒用具或灭火器材。

3）盛装易起聚合反应气体的气瓶，必须规定储存期限。

（3）储存气瓶的仓库建筑，应符合《建筑设计防火规范》的规定。

8.5.4 气瓶的使用

（1）使用气瓶应遵守下列规定：

1）禁止敲击、碰撞。

2）瓶阀冻结时，不得用火烘烤。

3）气瓶不得靠近热源。可燃、助燃性气体气瓶，与明火的距离不得小于 10m。

4）不得用电磁起重机搬运。

5）夏季要防止日光曝晒。

6）瓶内气体不能用尽，必须留有剩余压力。

7）盛装易起聚合反应气体的气瓶，不得置于有放射性射线的场所。

（2）气瓶的漆色必须经常保持完好，且不得任意涂改。

（3）气瓶附件应符合以下要求：

1）瓶阀材料，必须根据气瓶所装气体的性质选用。

2）氧气瓶和强氧化剂气瓶的瓶阀密封填料，必须采用不燃烧和无油脂的材料。

3）瓶阀应有防护装置，如气瓶配戴瓶帽，瓶帽上必须有泄气孔。

4）气瓶上应配戴两个防震圈。

（4）使用气瓶的单位应根据气体性质制定具体的管理制度。

8.5.5 气瓶的检验

（1）气瓶应定期进行检验。定期检验的期限：

1）盛装一般气体的气瓶，每 3 年检验一次。

2）盛装惰性气体的气瓶，每 5 年检验一次。

3）盛装腐蚀介质的气瓶，每 2 年检验一次。

4）使用过程中发现有严重腐蚀或损坏时，应提前检验。

（2）盛装剧毒或高毒介质的气瓶，技术检验时应同时做气密性试验。

（3）气瓶定期检验的项目：

1）内、外表面检查。

2）水压试验，容积大于 12L 的高压气瓶，同时做容积残余变形测定。

3）有下列情况之一的，应测定气瓶最小壁厚：①高压气瓶的容积残余变形率大于6%；②大于 12L 的高压气瓶，重量损失超过 5% 的；③气瓶有严重腐蚀或其他影响强度的缺陷。

（4）气瓶水压试验压力为设计压力的 1.25 倍。试验方法要求和容积残余变形率的计算，应符合《气瓶安全监察规程》的要求。

（5）气瓶有下列情况之一的，应降压使用或报废。

1）瓶壁有裂纹、渗漏或明显变形的应报废。

2）按所测的最小壁厚进行强度校核，不能按原设计压力使用的。

3）高压气瓶的容积残余变形率大于 10% 的。

8.6 溶解乙炔瓶

8.6.1 一般规定

（1）乙炔瓶是由钢质气瓶、多孔性填料、溶剂、溶解乙炔及附件等组成。乙炔瓶的内外表面不得有裂纹、重皮等影响强度的缺陷。

（2）乙炔瓶必须逐个进行水压试验和气密性试验，逐个测定实际容积和重量。水压试验压力为 5.88MPa，气密性试验压力为 2.94MPa。

（3）水压试验和气密性试验方法、要求与合格标准，应符合《气瓶安全监察规程》附录 1 和附录 2 的有关规定。

（4）对乙炔瓶附件的要求如下：

1）瓶阀材料应采用碳素钢或低合金钢。瓶间应有易熔塞，侧面接头采用环形凹槽结构，下端应设置过滤用的毛毡和不锈钢网。

2）钢瓶肩部至少应设置一个易熔塞。

3）易熔合金熔点为 100±5℃。

4）瓶阀的密封材料，必须采用与乙炔、丙酮不起化学反应的材料。

5）检验标记环为铅制，装于瓶间和颈圈之间，要能转动。

6）钢瓶应配有固定式的瓶帽，在不拆卸瓶帽的情况下，应能转动检验标记环和看清钢印标记。

7）钢瓶应有颈圈和底座，且必须牢固可靠。

8）同一规格、型号、商标的瓶阀和瓶帽成品的重量应相同。瓶阀成品重量允许误差 5%，瓶帽成品重量允许误差 8%。

9）各附件应按统一的标准、规格和技术要求进行制造。

8.6.2 充装

（1）充气前须对乙炔瓶进行检查。发现下列情况之一者，应妥善处理，否则严禁充气。

1）未经审查批准而制造的。

2）漆色、字样不符合规定或脱落的。

3）附件不全、损坏或不符合规定的。

4）瓶内剩余压力不符合表 2.7.2 规定的。

5）钢印标记不全或不能识别的。

6）超过检验期限的。

7）经外部检查，属于报废的。

8）乙炔瓶（公称容积 40L 以上）的实际重量减去剩余乙炔量后，超过乙炔瓶净重 0.5kg 以上的，或不足量超过 3kg 的。

（2）充装前，必须逐个测定实际重量和瓶内剩余压力，并求出瓶内的剩余乙炔量。计算方法按《溶解乙炔气瓶安全监察规程》的规定。

（3）乙炔瓶充装前，必须根据乙炔瓶净重、实重和剩余乙炔量，确定丙酮补加量。

丙酮补加量按下式计算：

$$丙酮补加量 = 瓶净重 + 剩余乙炔量 - 实重$$

补加丙酮后，必须对丙酮充装量进行复核，允差 0.5kg。超差的乙炔瓶应将瓶中的丙酮或水进行回收处理。

（4）充装乙炔，在 15℃ 时，限定充装压力为 1.52MPa 以下。充装乙炔，一般分两次进行，第一次充气后应静置不少于 8h，第二次充气，无论分几次充气，根据不同环境温度，充气静止后的限定压力，应以此为准进行换算。充气时，瓶壁温度不得超过 40℃。

（5）乙炔瓶充气流速一般为：

1）间歇充气时，不宜超过 $0.8m^2/$（h·瓶）。

2）一次充气时，不宜超过 $0.6\ m^2/$（h·瓶）。

采用强制冷却快速充气方法时，不受此限。

（6）充气后，应逐个测定瓶内乙炔重量。其限定充装量按下式计算：

$$G = 0.198\delta V$$

式中　G——乙炔限定充装量，kg；

δ——填料空隙率，% ；

V——钢瓶实际容积，L。

瓶内乙炔重量超过限定充装量时严禁出厂。钢瓶单位容积乙炔充装量低于 0.12kg/L 时，必须妥善处理。

（7）充气后，必须进行质量检验，并认真填写记录。

8.6.3　使用、运输与储存

乙炔气瓶使用、运输与储存的安全技术要求详见第 7 章 7.5.3 段的内容。

8.6.4　检验

（1）乙炔瓶至少每 3 年进行一次技术检验。检验项目包括：外部检查、填料检查、瓶阀和易熔塞的检查、壁厚测定和气压试验等。

（2）遇有下列情况之一时，应随时检验并妥善处理。

1）发现有严重腐蚀、损伤和变形。

2）充气时瓶壁温度超过 40℃。

3）对填料和溶剂的质量有怀疑。

（3）乙炔瓶的外部检查，有下列情况之一的应报废。

1）瓶体有裂纹或渗漏的。

2）有烧灼痕迹的。

3）瓶壁损伤深度超过壁厚 1/4、长度超过 50mm 的。

4）瓶壁凹陷直径超过 50mm、中心深度超过 5mm 的。

5）瓶壁点状腐蚀深度超过壁厚 1/3、面积超过 50m^2 时，密集点状腐蚀深度超过壁厚 1/4、面积超过瓶体表面 30% 的。

6）瓶体表面有鼓包或有明显膨胀、弯曲的。

7）瓶阀、易熔塞连接螺纹严重腐蚀或损坏的。

（4）乙炔瓶的填料检查有下列情况之一的应报废：

1）填料下沉。

2）有裂缝。

3）有火焰反击痕迹。

4）用手指轻推填料，移动超过 1mm。

5）用专用塞尺测量间隙，有一项超过规定。

（5）使用中的乙炔瓶，须作气压试验，气压试验的压力为 3.43MPa。所用气体为经过干燥的纯度不低于 97% 的氮气。试验时，将乙炔瓶浸入地下水槽内，静置 5min 后检查，如发现瓶壁渗漏时，此瓶应报废。

（6）测出的实际壁厚小于钢印标记壁厚时，此瓶应报废。

本章习题

2.7.1　锅炉安装单位应具备哪些条件？

2.7.2　简述锅炉启动时应注意的安全要点。

2.7.3　简述锅炉运行时应注意的安全要点。

2.7.4　简述锅炉停炉时应注意的安全要点。

2.7.5　压力容器发生哪些异常情况时应采取紧急停运？

2.7.6　气瓶充装时应注意哪些事项？

2.7.7　气瓶运输与储存时应注意哪些事项？

2.7.8　简述气瓶使用时的安全要求。

2.7.9　乙炔瓶每几年进行一次技术检验，检验的项目包括哪些，如何进行检验？

第9章 危险物品安全管理

> **教学要求**：通过本章的教学，使学员了解危险物品及油库安全管理的基本要求，掌握易燃物品、有毒有害物品、放射性物品的储存、装卸与运输、使用和安全防护的特点及内容，懂得放射性物品作业人员安全操作事项与放射性射源的安全管理要求，理解油库、油品、油罐的储存保管规定，以及油库消防器材配置、油品管线和阀门的检查与维修方法。

凡具有易燃、易爆、腐蚀、有毒等性质，在生产、贮运、使用中能引起人身伤亡、财产损毁的物品，均属危险物品。本章所述危险物品包括危险化学品和放射性物品。

危险化学品系指（GB 13690—92）《常用危险化学品的分类及标志》中规定的爆炸品、压缩气体和液化气体、易燃液体、易燃固体、自燃物品和遇湿易燃物品、氧化剂和有机过氧化物、有毒品和腐蚀品等的单质、化合物或混合物，以及有资料表明其危险的化学品。

本章主要介绍易燃物品、有毒有害物品、放射性物品和油库管理的安全要求。

9.1 基本规定

9.1.1 基本安全要求

（1）危险化学品生产、储存、经营、运输和使用危险化学品的单位和个人，应遵守现行《中华人民共和国消防法》、《危险化学品安全管理条例》、《易燃易爆化学物品消防安全监督管理办法》等规定。

（2）储存、运输和使用危险化学品的单位，应建立健全危险化学品安全管理制度，建立事故应急救援预案，配备应急救援人员和必要的应急救援器材、设备、物资，并应定期组织演练。

（3）储存、运输和使用危险化学品的单位，应当根据消防安全要求，配备消防人员，配置消防设施以及通信、报警装置，并经公安消防监督机构审核合格，取得《易燃易爆化学物品消防安全审核意见书》、《易燃易爆化学物品消防安全许可证》和《易燃易爆化学物品准运证》。

9.1.2 危险化学品保管

（1）储存危险化学品的仓库应有严格的保卫制度，人员出入应有登记制度。

（2）储存危险化学品的仓库内严禁吸烟和使用明火，对进入库区内的机动车辆应采取防火措施。

（3）储存危险化学品的仓库四周，应有良好的排水设施，设置刺网或围墙，高度不小于2m，与仓库保持规定距离，库区内严禁有其他可燃物品。

（4）严格执行有毒有害化学品入库验收、出库登记和检查制度。

（5）各种危险化学物品包装要完整无损，如发现破损、渗漏等，须立即进行处理。

（6）装过危险化学品的容器，应集中保管或销毁。

（7）销毁、处理危险化学品，应采取安全措施并征得所在地环境保护、公安等有关部门同意。

（8）使用危险化学品的单位，应根据化学危险品的种类、性质，设置相应的通风、防火、防爆、防毒、监测、报警、降温、防潮、避雷、防静电、隔离操作等安全设施。

（9）确定重点消防安全部位，设置防火标志，建立防火档案，实行严格管理；实行每日防火巡查，并建立巡查记录；对职工进行消防安全培训；制定灭火和应急疏散预案，定期组织演练。

9.1.3　危险化学品储存

（1）危险化学品应分类分项存放，堆垛之间的主要通道应有安全距离，不应超量储存。

（2）遇水、遇潮容易燃烧、爆炸或产生有毒气体的化学危险物品，不应在露天、潮湿、漏雨和低洼容易积水的地点存放；库房应有防潮、保温等措施。

（3）受阳光照射容易燃烧、爆炸或产生有毒气体的化学危险物品和桶装、罐装等易燃液体、气体应存放在温度较低、通风良好的场所，设专人定时测温，必要时应采取降温及隔热措施，不应在露天或高温的地方存放。

（4）化学性质或防护、灭火方法相互抵触的危险化学品，不应在同一仓库内存放。

9.2　易燃物品

9.2.1　储存易燃物品的库房

（1）库房应符合现行《建筑设计防火规范》有关建筑物的耐火等级和储存物品的火灾危险性分类的相关安全规定。

（2）库房位置宜选择在有天然屏障的地区，或设在地下、半地下，宜选在生活区和生产区年主导风向的下风侧。不应设在人口集中的地方，与周围建筑物间，应留有足够的防火间距。

（3）库房建筑宜采用单层建筑；应采用防火材料建筑；库房应有足够的安全出口，不宜少于两个；所有门窗应向外开。

（4）应设置消防车通道和与储存易燃物品性质相适应的消防设施；库房地面应采用不易打出火花的材料。易燃液体库房，应设置防止液体流散的设施。

（5）库房内不宜安装电器设备，如需安装时，应根据易燃物品性质，安装防爆或密封式的电器及照明设备，并按规定设防护隔墙。

（6）易燃液体的地上或半地下贮罐应按有关规定设置防火堤。

9.2.2　易燃物品的储存

（1）应分类存放在专门库房内。与一般物品以及性质互相抵触和灭火方法不同的易燃、可燃物品，应分库储存，并标明储存物品名称、性质和灭火方法。

（2）堆存时，堆垛不应过高、过密，堆垛之间，以及堆垛与堤墙之间，应留有一定间距；通道和通风口，其主要通道的宽度不应小于2m，每个库房应规定储存限额。

（3）遇水燃烧、爆炸和怕冻、易燃、可燃的物品，不应存放在潮湿、露天、低温和容易积水的地点。库房应有防潮、保温等措施。

（4）受阳光照射容易燃烧、爆炸的易燃、可燃物品，不应在露天或高温的地方存放。应存放在温度较低、通风良好的场所，并应设专人定时测温，必要时采取降温及隔热措施。

（5）包装容器应当牢固、密封，发现破损、残缺、变形、渗漏和物品变质、分解等情况时，应立即进行安全处理。对散落的易燃、可燃物品应及时清除出库。

（6）在入库前，应有专人负责检查，对可能带有火险隐患的易燃、可燃物品，应另行存放，经检查确无危险后，方可入库。

（7）性质不稳定、容易分解和变质以及混有杂质而容易引起燃烧、爆炸的易燃、可燃物品，应经常进行检查、测温、化验，防止燃烧、爆炸。

（8）在储存易燃、可燃物品的库房、露天堆垛、贮罐规定的安全距离内，严禁进行试验、分装、封焊、维修、动用明火等可能引起火灾的作业和活动。

（9）库房内不应设办公室、休息室，不应住人，不应用可燃材料搭建货架；库房区应严禁烟火。

（10）库房不宜采暖，如储存物品需防冻时，可用暖气采暖；散热器与易燃、可燃物品堆垛应保持安全距离。

（11）易燃、可燃液体贮罐的金属外壳应接地，防止静电效应起火，接地电阻应不大于10Ω。

9.2.3　易燃物品装卸与运输

（1）易燃物品装卸，应轻拿轻放，严防振动、撞击、摩擦、重压、倾置、倾覆。严禁使用能产生火花的工具，工作时严禁穿带钉子的鞋；在可能产生静电的容器上，应装设可靠的接地装置。

（2）易燃物品与其他物品以及性质相抵触和灭火方法不同的易燃物品，不应同一车船混装运输；怕热、怕冻、怕潮的易燃物品运输时，应采取相应的隔热、保温、防潮等措施。

（3）运输易燃物品时，应事先进行检查，发现包装、容器不牢固、破损或渗漏等不安全因素时，应采取安全措施后，方可启运。

（4）装运易燃物品的车船，不应同时载运旅客，严禁携带易燃品搭乘载客车船。

（5）运输易燃物品的车辆，应避开人员稠密的地区装卸和通行。途中停歇时，应远离机关、工厂、桥梁、仓库等场所，并指定专人看管，严禁在附近点火、吸烟，禁止无关人员接近。

（6）运输易燃物品的车船，应备有与所装物品灭火方法相适应的消防器材，并应经常检查。

（7）车船运输易燃物品，严禁超载、超高、超速行驶。编队行进时，前后车船之间应保持一定的安全距离；应有专人押运，车船上应用帆布盖严，应设有警示标志。

（8）油品运输槽车改变运输品种时，应对槽罐进行彻底的清理后，方可使用。

（9）装卸作业结束后，应对作业场所进行检查，对散落、渗漏在车船或地上的易燃物品，应及时清除干净，妥善处理后方可离开作业场所。

（10）各种机动车辆在装卸易燃物品时，排气管的一侧严禁靠近易燃物品，各种车辆进入易燃物品库时，应戴防火罩或有防止打出火花的安全装置，并且严禁在库区、库房内停放、加油和修理。

（11）运输易燃物品时，应遵守现行《危险化学品安全管理条例》中关于危险化学品运输的有关安全规定。

9.2.4 易燃物品的使用

（1）使用易燃物品，应有安全防护措施和安全用具，建立和执行安全技术操作规程和各种安全管理制度，严格用火管理制度。

（2）易燃、易爆物品进库、出库、领用，应有严格的制度。使用易燃物品应指定专人负责管理。

（3）遇水燃烧、爆炸的易燃物品，使用时应防潮、防水。

（4）怕晒的易燃物品，使用时应采取防晒、降温、隔热等措施。怕冻的易燃物品，使用时应保温、防冻。

（5）使用易燃物品时，应加强对电源、火源的管理，作业场所应备足相应的消防器材，严禁烟火。

（6）性质不稳定、容易分解和变质以及性质互相抵触和灭火方法不同的易燃物品应经常检查，分类存放，发现可疑情况时，应及时进行安全处理。

（7）作业结束后，应及时将散落、渗漏的易燃物品清除干净。

9.3 有毒有害物品

9.3.1 有毒有害物品储存

（1）有毒有害物品库房管理的安全要求：

1）库房设计应符合现行《建筑设计防火规范》的相关安全要求。

2）库房墙壁应用防火防腐材料建筑，应有避雷接地设施，应有与有毒有害物品性质相适应的消防设施。

3）库房应保持良好的通风，有足够的安全出口。

4）库房内应备有防毒、消毒、人工呼吸设备和备有足够的个人防护用具。

5）库房应与车间、办公室、居民住房等保持一定的安全防护距离。安全防护距离应由当地公安局、劳动、环保等主管部门根据具体情况决定，但不宜少于100m。

（2）有毒有害物品应储存在专用库房、专用储存室（柜）内，并设专人管理，剧毒化学品应实行双人收发、双人保管制度。

（3）化学毒品（如三氧化二砷、黄磷、汞等）储存管理的安全要求：

1）化学毒品应根据毒品的性质储存于专设的库房内，严禁将与其性能有抵触的物品一起存放。各种盛装毒品的容器，一律标记明显的"毒物"字样。

2）储存的金属容器或玻璃容器应密闭，包装应严密，如有破损现象，应进行处理；堆存时，堆垛间应留通道。

3）化学毒品库应备有专用称量工具，该工具不应称量其他物品，对散落的毒品，应及时清除干净。

4）遇水燃烧、爆炸或怕冻、怕晒的毒品，应根据其性质采取相应的防水、防潮、保温、防晒、降温等措施，并经常检查，发现情况及时处理。

5）在电镀、热处理等使用剧毒物品车间附设的仓库内，不应存放剧毒物品，领回后，应立即投入生产使用。

6）化学毒品严禁与粮食、蔬菜、医药、食品等同库存放。

7）无关人员，严禁进入剧毒物品库。

（4）化学毒品库，应建立严格的进、出库手续，详细记录入库、出库情况。记录内容应包括：物品名称，入库时间，数量来源和领用单位、时间、用途，领用人，仓库发放人等。

（5）对性质不稳定，容易分解和变质以及混有杂质可引起燃烧、爆炸的化学毒品，应经常进行检查、测量、化验，防止燃烧爆炸。

9.3.2 有毒有害物品装卸与运输

（1）装卸与运输化学危险物品，应轻拿轻放，防止撞击、拖拉和倾倒；碰撞、互相接触容易引起燃烧、爆炸或造成其他危险的化学危险物品，以及化学性质或防护、灭火方法互相抵触的化学危险物品，不应违反配装限制和混合装运；遇热、遇潮容易引起燃烧、爆炸或产生有毒气体的化学危险物品，运输时要采取防晒、降温、防潮措施。

（2）运输化学危险物品的车辆（火车除外）通过市区时，应当遵守所在地公安机关规定的行车时间和路线，中途不应随意停车。

（3）装卸有毒有害物品时，应穿戴个人防护用品或防毒用具。

（4）运输有毒有害物品的车船不应同时装载乘客、易燃、易爆物品。严禁同时装载蔬菜、粮食、食品、医药等物资。

（5）其他事项应参照"易燃物品装卸与运输"的有关安全规定。

9.3.3 有毒有害物品的使用

（1）使用有毒物品作业的单位应当使用符合国家标准的有毒物品，不应在作业场所使用国家明令禁止使用的有毒物品或者使用不符合国家标准的有毒物品。

（2）使用有毒物品作业场所，除应符合现行《中华人民共和国职业病防治法》规定的职业卫生要求外，还应符合下列安全要求：

1）使用有毒物品作业场所应当设置黄色区域警示线、警示标志；高毒作业场所应当设置红色区域警示线、警示标志。

2）在其醒目位置，设置警示标志和中文警示说明；警示说明应当载明产生危害的种类、后果、预防以及应急救治措施等内容。

3）设置有效的通风装置；可能突然泄漏大量有毒物品或者易造成急性中毒的作业场所，设置自动报警装置和事故通风设施。

4）作业场所与生活场所分开，作业场所不应住人。有害作业场所与无害作业场所分开，高毒作业场所与其他作业场所隔离。高毒作业场所设置应急撤离通道和必要的泄险区。

（3）从事使用高毒物品作业的用人单位，应当配备应急救援人员和必要的应急救援器材、设备、物资，制定事故应急救援预案，并根据实际情况变化对应急救援预案适时进行修订，定期组织演练。

（4）使用单位应当确保职业中毒危害防护设备、应急救援设施、通信报警装置处于正常适用状态，不应擅自拆除或者停止运行。对其进行经常性的维护、检修，定期检测其性能和效果，确保其处于良好运行状态。

（5）有毒物品的包装应当符合国家标准，并以易于劳动者理解的方式加贴或者拴挂有毒物品安全标签。有毒物品的包装应有醒目的警示标志和中文警示说明。

（6）使用化学危险物品，应当根据化学危险物品的种类、性能，设置相应的通风、防火、防爆、防毒、监测、报警、降温、防潮、避雷、防静电、隔离操作等安全设施。并根据需要，建立消防和急救组织。

（7）盛装有毒有害物品的容器，在使用前后，应进行检查，消除隐患，防止火灾、爆炸、中毒等事故发生。

（8）使用、保管化学毒品的单位，应指定专人负责，专人保管；应经单位主管领导批准，方可领用，如发现丢失或被盗，应立即报告。一次领用量不应超过当天所用数量。

（9）使用化学毒品的工作人员，应穿戴专用工作服、口罩、橡胶手套、围裙、防护眼镜等个人防护用品；工作完毕，应更衣洗手、漱口或洗澡；应定期进行体检。

（10）使用化学毒品场所或车间，应有良好的通风设备，保证空气清洁，各种工艺设备应尽量密闭，并遵守有关的操作工艺规程；工作场所应有消防设施，并注意防火。

（11）使用化学毒品的场所、车间还应备有防毒用具、急救设备。操作者应熟悉中毒急救常识和有关安全卫生常识；发生事故应采取紧急措施，保护好现场，并及时报告。

（12）销毁、处理有燃烧、爆炸、中毒和其他危险的废弃有毒有害物品，应当采取安全措施，并征得所在地公安和环境保护等部门同意。

（13）工作完毕，应清洗工作场所和用具；按照规定妥善处理废水、废气、废渣。

禁止在使用化学毒品的场所吸烟、就餐、休息等。

9.4 放射性物品

9.4.1 作业人员的安全管理

（1）从事放射性工作的人员，应按照国家现行《放射性同位素与射线装置放射防护条例》，取得从事放射性工作的许可证后，持证上岗。

（2）对于从事放射性工作的人员，应加强放射防护知识的教育，自觉遵守有关放射防护的规定，避免一切不必要的照射。

（3）从事放射性工作的人员，应经过就业前的健康检查，有不适应症者不应参加放射性工作。已经从事放射性工作的人员，应接受定期检查，每年至少进行一次职业性体检，若发现有不适应症时，应酌情予以减少接触、短期脱离、疗养或调离等处理。

（4）从事放射性工作的单位应建立从事放射性工作人员的健康、剂量监督等档案。

（5）从事放射性工作的人员，其接受全身照射的日最大允许剂量当量不应超过0.05rem；每周最大允许剂量当量为0.3rem，累计终身剂量当量不应超过250rem，每年最大允许剂量当量按表2.9.1的规定。

表2.9.1 　　　　　放射性工作人员全身照射的每年最大允许剂量当量　　　　　单位：rem

器官分类	受 照 射 部 位 名 称	每年最大允许剂量当量
第一类	全身、性腺、红骨髓、眼晶体	5
第二类	皮肤、骨、甲状腺	30
第三类	手、前臂、足、踝	75
第四类	其他器官	15

注　孕妇、哺乳期妇女（指内照射）、哺乳未满周岁婴儿每年受照当量应低于本表规定的3/10。

（6）从事放射性工作的单位，应设立防护监测组织，或配备专（兼）职防护人员，负责本单位射线防护监测工作。禁止将射源转让或借给无工作许可证的任何单位。

9.4.2 放射性射源的管理

（1）储存放射性射源的库房应干燥、通风、平坦，要划出警戒线，并采取一定的屏蔽防护。

（2）放射性射源应指定专人管理，保管员应掌握射源的物理、化学性质和毒性及防护措施等基本知识；应定期检查射源，严格领用制度。

（3）放射性同位素不应与易燃、易爆、腐蚀性物品放在一起，其储存场所应采取有效的防火、防盗、防泄漏的安全防护措施，并指定专人负责保管。储存、领取、使用、归还放射性同位素时应进行登记、检查，做到账物相符。

（4）存放过放射性物品的地方，应在卫生部门指派专业人员的监督指导下，进行彻底清洗，否则不应存放其他物品。

（5）施工现场不应存放射源，确需短时间存放时，应经单位主管领导批准，并应采取有效的防护措施，如制作铅储存容器、铅房等，并设围栏和醒目的标志，射源容器应加锁。

（6）射源容器需经计算，并经实测复核，确认符合安全要求后，方可使用。一般距射源容器0.5m处剂量率应低于3mrem/h。

（7）贮藏室应采取有效的防护措施，使相邻的非从事放射性工作人员接受辐射剂量不应超过从事放射性工作人员最大允许剂量的1/10。

9.4.3 放射性射源的运输

（1）托运、承运和自行运输放射性同位素或者装过放射性同位素的空容器，应按国家有关运输规定进行包装和剂量检测，经县以上运输和卫生行政部门核查后方可运输。

（2）长途托运或转让运输时，射源应妥善的包装好，并有可靠的防护措施。射源运到目的地后，应立即进行交接检查，确认射源是否完好，并办理交接手续。

（3）在现场搬运射源时，搬运人员应距射源容器不小于0.5m，容器抬起高度不应超过膝部。

（4）其他事项应参照有毒有害物品装卸与运输的有关安全规定。

9.4.4 放射性物品的使用

（1）放射性同位素的使用场所应设置防护设施。其入口处应设置放射性标志和必要的防护安全联锁、报警装置或者工作信号。

（2）对已从事和准备从事放射工作的人员，应接受体格检查，并接受放射防护知识培训和法规教育，合格者方可从事放射工作。

（3）放射工作单位应严格执行国家对放射工作人员个人剂量监测和健康管理的规定。

（4）从事放射工作的哺乳期妇女、妊娠初期3个月孕妇应尽量避免接受照射，在妊娠或哺乳期间不应参与造成内照射的工作，并不应接受事先计划的特殊照射。

（5）在现场进行射线探伤时，应根据现场防护要求，规定安全范围，并设置红色安全围栏，悬挂醒目警告牌，严禁非工作人员进入；操作时应由1人操作，1人监护；并经常测量工作场所的射线剂量；射源处于工作状态时，工作人员严禁离开现场，并密切注意工作场所状态。

（6）利用射源进行探伤时，应采取安全可靠的措施，防止射源失落。若发生失落时，现场所有人员应立即全部撤离。设专人守卫，并及时报告领导和保卫部门，在做好安全防护措施后，方可有组织的用仪器寻找。

（7）在进行探伤时，工作人员应极其小心谨慎，严格遵守操作规程，严守安全防护措施，避免发生意外。如工作场所在室内时，应注意经常换气。

9.4.5 放射安全防护

（1）凡从事放射性工作的人员均应有防护工作服、工作帽、面罩及橡皮手套等；工作服等防护用品应经常洗换，洗涤被污染的工作服应在专门的洗衣房或洗衣池内进行，不应和普通衣服混在一起洗，以免二次污染。

（2）从事放射性工作人员，进行工作时，对射源要轻装、轻卸，严禁肩扛、背负、棒捆、碰撞等。工作完毕，应脱掉个人防护用品，更衣洗手。

（3）沾染放射性物质的污物，应放在专门的污物室内的污物桶中，不应随意乱放；废水、废气需达到国家允许的排放标准后，才能排放；废渣送到指定地点进行处理。

（4）射源丢失或被盗时，应保护好现场，立即报请公安保卫部门和卫生部门查处。

（5）发生放射事故的单位，应立即采取防护措施，控制事故影响，保护事故现场，并向县以上卫生、公安部门报告。对可能造成环境污染事故的，应同时向所在地环境保护部门报告，在做好防护措施后，进行污染处理。

9.5　油库管理

9.5.1　油库的安全管理

（1）应根据实际情况，建立油库安全管理制度、用火管理制度、外来人员登记制度、岗位责任制和具体实施办法。

（2）在油库及其周围不应使用明火；因特殊情况需要用火作业的，应当按照用火管理制度办理用火证，用火证审批人应亲自到现场检查，防火措施落实后，方可批准。危险区应指定专人防火，防火人有权根据情况变化停止用火。用火人接到用火证后，要逐项检查防火措施，全部落实后方可用火。

（3）油库员工应懂得所接触油品的基本知识，熟悉油库管理制度和油库设备技术操作规程。

（4）油库清洗容器的污水、油罐的积水等，应有油水分离、沉淀处理等净化设施，污水的排放，应遵守当地环境保护的规定，失效的泡沫液（粉）等，应集中处理。

（5）油库排水系统，应有控制设施，严加管理，防止发生事故油品流出库外。

（6）清洗油罐及其他容器的油渣、泥渣，可作为燃料，或进行深埋等其他处理。

（7）油库应有绿化规划，多种树木、花草，美化环境，净化水源，调节空气，应创造条件，回收油气，防止污染。

（8）油库的电气设备应根据石油库设计规范和电器设备安装规定进行安装。

（9）油罐区、收发油作业区、轻油泵库、轻粘油合用泵房、轻油灌油间等的电气设备应确保用电安全。

9.5.2　油品的储存保管

（1）罐装油品在储存保管时，油罐应逐个建立分户保管账，及时准确记载油品的收、发、存数量，做到账货相符；油罐储油不应超过安全容量；对不同品种不同规格的油品，应实行专罐储存。

（2）桶装油品的储存保管：

1）储存保管安全要求：应执行夏秋、冬春季定量灌装标准，并做到标记清晰、桶盖拧紧、无渗漏；对不同品种、规格、包装的油品，应实行分类堆码，建立货堆卡片，逐月盘点数量，定期检验质量，做到货、卡相符；润滑脂类，变压器油、电容器油、汽轮机油、听装油品及工业用汽油等应入库保管，不应露天存放。

2）库内堆垛安全要求：油桶应立放，宜双行并列，桶身紧靠；油品闪点在28℃以下的，不应超过2层；闪点在28~45℃的，不应超过3层；闪点在45℃以上的，不应超过4层；桶装库的主通道宽度不应小于1.8m，垛与垛的间距不应小于1m，垛与墙的间距不应小于0.25~0.5m。

3）露天堆垛安全要求：堆放场地应坚实平整，高出周围地面0.2m，四周有排水设施。卧放时应做到双行并列，底层加垫，桶口朝外，大口向上，垛高不超过3层；放时要做到：下部加垫，桶身与地面成75°角，大口向上。堆垛长度不应超过25m，宽度不应超过15m，堆垛内排与排的间距，不应小于1m；垛与垛的间距，不应小于3m。汽油、煤油要斜放，不应卧放。润滑油要卧放，立放时应加以遮盖。

9.5.3 油罐保护管理

（1）罐体应无严重变形，无渗漏；罐体倾斜度不超过1%（最大限度不超过5cm）；油漆完好，保温层无脱落。

（2）油罐附件中的呼吸阀、量油口齐全有效；通风管、加热盘管不堵、不漏；升降管灵活，排污阀畅通，扶梯牢固，静电接地装置良好；油罐进、出口阀门无渗漏，各部螺栓齐全、紧固。

（3）油罐维修的安全要求。油罐出现下列问题时，应及时进行维修：

1）圈板纵横焊缝、底、圈板的角焊缝，发现裂纹或渗漏者。

2）圈板凹陷、起鼓、折皱的允许偏差值超过规定者。

3）罐体倾斜超过规定者。

4）油罐与附件连接处垫片损坏者。

5）使用5年以上的油罐，应结合清洗检查底板锈蚀程度，4mm的底板余厚小于2.5m，4mm以上的底板余厚小于3mm，顶板折裂腐蚀严重者。

6）直接埋入地下的油罐每年应挖开3~5处进行检查，发现防腐失效和渗漏者。

（4）油罐防静电的安全要求

1）地面立式金属油罐的接地装置技术要求要符合规定。其电阻值不应大于10Ω。油库中其他部位的静电接地装置的电阻值不应大于100Ω。

2）油罐汽车应保持有效长度的接地拖链，在装卸油前先接好静电接地线。使用非导电胶管输油时，要用导线将胶管两端的金属法兰进行跨接。

9.5.4 油品管线和阀门的检查与维修

（1）新安装和大修后的管线，输油前要用其工作压力1.5倍的水进行强度试验。使用中的管线每1~2年进行一次强度试验。

（2）地上管线和管沟、管线及支架应经常检修，清除杂草杂物，排除积水，保持整洁。

（3）直接埋入地下的管线，埋置时间满5年者，每年应在低注、潮湿地方，挖开数处检查，发现防腐层失效和渗漏者，应及时维修。

（4）油罐区、油泵房、装卸油栈台、码头、付油区和输油管线上的主要常用阀门，应每年检修一次，其他部位的阀门应每2年检修一次，平时加强保养。

（5）应及时拆除废弃不用的管线，地下管线拆除有困难时，应与使用中的管线断开。

（6）地上管线的防锈漆，应经常保持完好。油泵房和装卸作业区的管线、阀门，应按照油品的种类，涂刷不同颜色的油漆：汽油为红色，煤油为黄色，柴油为灰色。

9.5.5 油库消防器材的配置与管理

1. 灭火器材配置的安全要求

（1）加油站油罐库罐区，应配置石棉被、推车式泡沫灭火机、干粉灭火器及相关灭火设备。

（2）各油库、加油站应根据实际情况制订应急求援预案，成立应急组织机构。消防器材摆放的位置、品名、数量应绘成平面图并加强管理，不应随便移动和挪作他用。

2. 消防供水系统的管理和检修要求

（1）消防水池要经常存满水。池内不应有水草杂物。

（2）地下供水管线要常年充水，主干线阀门要常开。地下管线每隔2～3年，要局部挖开检查，每半年应冲洗一次管线。

（3）消防水管线（包括消火栓），每年要作一次耐压试验，试验压力应不低于工作压力的1.5倍。

（4）每天巡回检查消火栓。每月作一次消火栓出水试验。距消火栓5m范围内，严禁堆放杂物。

（5）固定水泵要常年充水，每天做一次试运转，消防车要每天发动试车并按规定进行检查、养护。

（6）消防水带要盘卷整齐，存放在干燥的专用箱里，防止受潮霉烂。每半年对全部水带按额定压力做一次耐压试验，持续5min，不漏水者合格。使用后的水带要晾干收好。

3. 油库消防系统的管理和检修要求

（1）空气泡沫液应储存于温度在5～40℃的室内，禁止靠近一切热源，每年检查一次泡沫液沉淀状况。化学泡沫粉应储存在干燥通风的室内，防止潮结。酸碱粉（甲、乙粉）要分别存放，堆高不应超过1.5m，每半年将储粉容器颠倒放置一次。灭火剂每半年抽验一次质量，发现问题及时处理。

（2）对化学泡沫发生器的进出口，每年做一次压差测定；空气泡沫混合器，每半年做一次检查校验；化学泡沫室和空气泡沫产生器的空气滤网，应经常刷洗，保持不堵不烂，隔封玻璃要保持完好。

（3）各种泡沫枪、钩管、升降架等，使用后都应擦净、加油，每季进行一次全面检查。

（4）泡沫管线，每半年用清水冲洗一次；每年进行一次分段试压，试验压力应不小于 1.18MPa，5min 无渗漏。

（5）各种灭火机，应避免曝晒、火烤，冬季应有防冻措施，应定期换药，每隔 1～2 年进行一次筒体耐压试验，发现问题及时维修。

本章习题

2.9.1　什么是危险物品？什么是危险化学品？

2.9.2　危险物品安全管理的基本要求是什么？

2.9.3　危险化学品应如何保管？

2.9.4　危险化学品储存应注意什么？

2.9.5　易燃物品应如何安全储存？

2.9.6　易燃物品应如何安全装卸与运输？

2.9.7　使用易燃物品时有哪些安全要求？

2.9.8　有毒有害物品应如何安全储存？

2.9.9　有毒有害物品应如何安全装卸与运输？

2.9.10　使用有毒物品的作业场所应符合哪些安全要求？

2.9.11　对从事放射性物品的作业人员有哪些安全规定？

2.9.12　运输放射性射源时有哪些安全要求？

2.9.13　避免放射性物品危害的安全防护措施有哪些？

2.9.14　桶装油品应如何储存保管？

2.9.15　维修油罐有哪些安全要求？

2.9.16　油品管线和阀门检查与维修时有哪些安全要求？

2.9.17　油库消防器材的配置与管理有哪些安全规定？

第 10 章　水利水电工程土建施工安全作业

教学要求：通过本章的教学，使学员理解水利水电工程土建施工安全作业的基本要求，掌握土石方工程施工、地基与基础工程施工、砂石料生产工程施工、混凝土工程施工、沥青混凝土施工等的安全操作的内容要点，熟悉砌石工程、堤防工程、疏浚与吹填工程、渠道工程、水闸与泵站工程、房屋建筑工程施工安全作业要求，理解材料监测及试验操作的特点与要求。

　　水利水电工程中地基与基础工程属于地下隐蔽工程，其施工质量要求高、工程技术复杂、施工难度大、工艺要求严格、施工连续性强、工期紧、干扰大，施工过程中的作业安全极其重要，必须严格执行各施工环节的操作规程和安全要求。

　　本章重点介绍土石方工程、地基与基础工程、砂石料生产工程、混凝土工程、沥青混凝土、砌石工程、堤防工程、疏浚与吹填工程、渠道、水闸与泵站工程、房屋建设工程、拆除工程、检测与试验作业等安全要求。

10.1　土石方工程

10.1.1　基本安全要求

　　（1）土石方开挖施工前，应掌握必要的工程地质、水文地质、气象条件、环境因素等勘测资料，根据现场的实际情况，制定施工方案。施工中应遵循各项安全技术规程和标准，按施工方案组织施工，在施工过程中注重加强对人、机、物、料、环境等因素的安全控制，保证作业人员、设备的安全。

　　（2）土石方开挖施工前，应根据设计文件复查地下构造物（电缆、管道等）的埋设位置和走向，并采取防护或避让措施。施工中如发现危险物品及其他可疑物品时，应立即停止开挖，报请有关部门处理。

　　（3）土石方开挖过程中应充分重视地质条件的变化，遇到不良地质构造和存在事故隐患的部位应及时采取防范措施，并设置必要的安全围栏和警示标志；应采取有效的截水、排水措施，防止地表水和地下水影响开挖作业和施工安全。

　　（4）合理确定土石方开挖边坡坡比，及时制定边坡支护方案。开挖程序应遵循自上而下的原则，并采取有效的安全措施。

10.1.2 土方开挖

1. 有边坡的明挖作业的安全要求

（1）在不良气象条件下，不得进行边坡开挖作业。当边坡高度大于5m时，应在适当高程设置防护栏栅。

（2）人工挖掘土方时，工具应安装牢固，操作人员之间应保持足够的安全距离，横向间距不小于2m，纵向间距不小于3m；开挖应遵循自上而下的原则，不得掏根挖土和反坡挖土。

（3）高陡边坡处作业时，作业人员应按规定系好安全带；边坡开挖中如遇地下水涌出，应先排水，后开挖；开挖工作应与装运作业面相互错开，应避免上、下交叉作业；边坡开挖影响交通安全时，应设置警示标志，严禁通行，并派专人进行交通疏导；边坡开挖时，应及时清除松动的土体和浮石，必要时应进行安全支护。

（4）施工作业过程当中应密切关注作业部位和周边边坡、山体的稳定情况，一旦发现裂痕、滑动、流土等现象，应停止作业，撤出现场作业人员。

（5）滑坡地段的开挖作业，应从滑坡体两侧向中部自上而下进行，不得全面拉槽开挖，弃土不得堆在滑动区域内。开挖时应有专职人员监护，随时注意滑动体的变化情况。

（6）在靠近建筑物、设备基础、路基、高压铁塔、电杆等构筑物附近挖土时，应制定防坍塌的安全措施。已开挖的地段，不得顺土方坡面流水，必要时坡顶设置截水沟。

（7）开挖基坑（槽）时，应根据土壤性质、含水量、土的抗剪强度、挖深等要素，设计安全边坡及马道。

2. 有支撑的明挖作业的安全要求

（1）挖土不能按规定放坡时，应采取固壁支撑的施工方法。

（2）在土壤正常含水量下所挖掘的基坑（槽），如系垂直边坡，其最大挖深，在松软土质中不得超过1.2m，在密实土质中不得超过1.5m，否则应设固壁支撑。

（3）操作人员上下基坑（槽）时，不得攀登固壁支撑，人员通行应设通行斜道或搭设梯子。

（4）雨后、春秋冻融以及处于爆破区放炮以后，应对支撑进行认真检查，发现问题，及时处理。

（5）拆除支撑前应检查基坑（槽）情况，并自上而下逐层拆除。

3. 土方暗挖作业的安全要求

（1）土方暗挖应按施工组织设计和安全技术措施规定的开挖顺序进行施工。

（2）土方暗挖应遵循"管超前、严注浆、短开挖、强支护、快封闭、勤量测、速反馈"的施工原则。

（3）作业人员到达工作地点时，应首先检查工作面是否处于安全状态，并检查支护是否牢固，如有松动的石、土块或裂缝应先予以清除或支护。

（4）土方暗挖的洞口施工，作业面应有良好的排水措施；应及时清理洞脸，及时锁口；在洞脸边坡外侧应设置挡渣墙或积石槽，或在洞口设置钢或木结构防护棚，其顺洞轴方向伸出洞口外长度不得小于5m；洞口以上边坡和两侧应采用锚喷支护或混凝土永久支护措施。

（5）开挖过程中，如出现整体裂缝或滑动迹象时，应立即停止施工，将人员、设备尽快撤离工作面，视开裂或滑动程度采取不同的应急措施。

（6）土方暗挖的循环控制在0.5～0.75m范围内，开挖后及时喷素混凝土加以封闭，尽快形成拱圈，在安全受控的情况下，方可进行下一循环的施工。

（7）土方暗挖作业面应保持地面平整、无积水，洞壁两侧下边缘应设排水沟；站在土堆上作业时，应注意土堆的稳定，防止滑坍伤人。

（8）洞内使用内燃机施工设备，应配有废气净化装置，不得使用汽油发动机施工设备。进洞深度大于洞径5倍时，应采取机械通风措施，送风能力应满足施工人员正常呼吸需要（3m³/min·人），并能满足冲淡、排除燃油发动机和爆破烟尘的需要。

4. 土方水力开挖作业的安全要求

（1）开挖前，应对水枪操作人员、高压水泵运行人员进行冲、采作业安全教育，并对全体作业人员进行安全技术交底。

（2）利用冲采方法形成的掌子面不宜过高，最终形成的掌子面高度一般不宜超过5m，当掌子面过高时可利用爆破法或机械开挖法，先使主体坍落，再布置水枪冲采。

（3）水枪布置的安全距离（指水枪喷嘴到开始冲采点的距离）一般不小于3m，同层之间距离保持20～30m，上、下层之间枪距保持10～15m。

（4）冲土应充分利用水柱的有效射程（一般不超过6m）。作业前，应根据地形、地貌，合理布置输泥渠槽、供水设备、人行安全通道等，并确定每台水枪的冲采范围、冲采顺序，并制定相应安全技术措施。

（5）水力冲采作业过程中，应符合下列安全要求：

1）水枪设备定置要平稳牢固，不得倾斜；转动部分应灵活，喷嘴、稳流器不得堵塞。

2）枪体不得靠近输泥槽，分层冲土的多台水枪应上下放在一条线上；与开采面应留有足够的安全距离，防止坍塌压伤人员和设备。

3）水枪不得在无人操作的情况下启动。水枪射程范围内，不得有人通行、停留或工作。冲采时，水柱不得与各种带电体接触。

4）结冰时，一般应停止冲采施工。每台水枪应由两人轮换操作，其中一人观察土体崩坍、移动等情况，并随时转告上、下、左、右枪手，一人离岗情况下，另一人不得作业。

5）冲采时，应有专职安全人员进行现场监护。停止冲采时，应先停水泵，然后将水枪口向上停置。

10.1.3 石方开挖

1. 石方明挖作业的安全要求

（1）机械凿岩时，应采用湿式凿岩，或装有捕尘效果达到国家工业卫生标准要求的干式捕尘装置，否则不得开钻。

（2）开钻前，应检查工作面附近岩石是否稳定、有无瞎炮，发现问题应立即处理，否则不得作业。不得在残眼中继续钻孔。

（3）供钻孔用的脚手架，应搭设牢固的栏杆。开钻部位的脚手板应铺满绑牢，板厚不小于50mm，架子本身结构要求应符合施工脚手架的有关安全要求。

（4）开挖作业开工前应将设计边线外至少10m范围内的浮石、杂物清除干净，必要时坡顶设截水沟，并设置安全防护栏。

（5）对开挖部位设计开口线以外的坡面、岸坡和坑槽开挖，应进行安全处理后再作业。

（6）对开挖深度较大的坡（壁）面，每下降5m，应进行一次清坡、测量、检查。对断层、裂隙、破碎带等不良地质构造，应按设计要求及时进行加固或防护，避免在形成高边坡后进行处理。

（7）进行撬挖作业时，严禁站在石块滑落的方向撬挖或上下层同时撬挖；在撬挖作业的下方严禁通行，并应有专人监护。

（8）撬挖人员应保持适当间距。在悬崖、35°以上陡坡上作业，应系好安全绳、配戴安全带，严禁多人共用一根安全绳。撬挖作业宜白天进行。

（9）露天爆破作业，应参照本章"石方爆破作业"的有关安全要求。

（10）高边坡石方开挖作业，应符合以下安全要求：

1）高边坡施工搭设的脚手架、排架平台等应符合设计要求，满足施工载荷，操作平台满铺、牢固，临空边缘应设置挡脚板，并经验收合格后，方可投入使用。

2）上下层垂直交叉作业，中间应设有隔离防护棚，或者将作业时间错开，并有专人监护。

3）高边坡开挖每梯段开挖完成后，应进行一次安全处理。在高边坡底部、基坑施工作业上方边坡上应设置安全防护设施。

4）对断层、裂隙、破碎带等不良地质构造的高边坡，应按设计要求及时采取锚喷或加固等支护措施。

5）高边坡施工时应有专人定期检查，并对边坡稳定进行监测。高边坡开挖应边开挖边支护，确保边坡稳定性和施工安全。

（11）石方明挖的挖运作业，应符合下列安全要求：

1）挖装设备的运行回转半径范围以内严禁人员进入。

2）电动挖掘机的电缆应有防护措施，人工移动电缆时，应戴绝缘手套和穿绝缘靴。

3）爆破前，挖掘机应退出危险区避炮，并做好必要的防护。

4）弃渣地点靠边沿处应有挡轮木或渣坝和明显标志，并设专人指挥。

2. 石方暗挖作业的安全要求

（1）洞室开挖作业，应符合以下安全要求：

1）洞室开挖的洞口边坡上不应存在浮石、危石及倒悬石。

2）作业施工环境和条件相对较差时，施工前应制定全方位的安全技术措施，并对作业人员进行交底。

3）洞口削坡，应按照明挖要求进行。不得上下同时作业，并做好坡面、马道加固及排水等工作。

4）进洞前，应对洞脸岩体进行察看，确认稳定或采取可靠措施后方可开挖洞口。

5）洞口应设置防护棚。其顺洞轴方向的长度，可依据实际地形、地质和洞型断面选定，一般不宜小于 5m。

6）自洞口计起，当洞挖长度不超过 15～20m 时，应依据地质条件、断面尺寸，及时做好洞口永久性或临时性支护。支护长度一般不得小于 10m。当地质条件不良、全部洞身应进行支护时，洞口段则应进行永久性支护。

7）暗挖作业中，在遇到不良地质构造或易发生塌方地段、有害气体逸出及地下涌水等突发事件，应立即停工，作业人员撤至安全地点。

8）暗挖作业设置的风、水、电等管线路应符合相关安全规定。

9）每次放炮后，应立即进行全方位的安全检查，并清除危石、浮石，若发现非撬挖所能排除的险情时，应采取其他措施进行处理。洞内进行安全处理时，应有专人监护。

（2）处理洞室冒顶或边墙滑脱等现象时的安全要求：

1）应查清原因，制定具体施工方案及安全防范措施，迅速处理。

2）地下水十分活跃的地段，应先治水后治塌。

3）准备好畅通的撤离通道，备足施工器材。

4）处理工作开始前，应先加固好塌方段两端未被破坏的支护或岩体。

5）处理坍塌，一般宜先处理两侧边墙，然后再逐步处理顶拱。

6）施工人员应位于有可靠的掩护体下进行工作，作业的整个过程应有专人现场监护。

7）随时观察险情变化，及时修改或补充原定措施计划。

8）开挖与衬砌平行作业时的距离，应按设计要求控制，但一般不应小于 30m。

（3）斜、竖井开挖作业，应符合下列安全要求：

1）斜、竖井的井口附近，应在施工前做好修整，并在周围修好排水沟、截水沟，防止地面水侵入井中。竖井井口平台应比地面至少高出 0.5m。在井口边应设置不低于 1.4m 高度的防护栏和不小于 350mm 高的挡脚板。

2）在井口及井底部位应设置醒目的安全标志。

3）当工作面附近或井筒未衬砌部分发现有落石、支撑发生响动或大量涌水等其他失稳异常表象时，工作面施工人员应立即从安全梯或使用提升设备撤出井外，并报告处理。

4）斜、竖井采用自上而下全断面开挖方法作业时，应锁好井口，确保井口稳定；设置防护设施，防止井台上弃物坠入井内；漏水和淋水地段，应有防水、排水措施。

5）竖井采用自上而下先打导洞再进行扩挖时，井口周边至导井口应有适当坡度，便于扒渣；爆破后必须认真处理浮石和井壁，并采取有效措施，防止石渣砸坏井底棚架。

6）扒渣人员应系好安全带，自井壁边缘石渣顶部逐步下降扒渣；导井被堵塞时，严禁到导井口位置或井内进行处理。

（4）不良地质地段开挖作业，应符合下列安全要求：

1）根据设计工程地质资料制定施工技术措施和安全技术措施，并向作业人员进行交底。作业现场应有专职安全人员进行监护作业。

2）不良地质地段的支护要严格按施工方案进行，待支护稳定并验收合格后方可进行下一工序的施工。

3）当出现围岩不稳定、涌水及发生塌方情况时，所有作业人员应立即撤至安全地带。

4）施工作业时，岩石既是开挖的对象，又是成洞的介质，为此施工人员需要充分了解围岩性质和合理运用洞室体形特征，以确保施工安全。

5）施工时采取浅钻孔、弱爆破、多循环，尽量减少对围岩的扰动。采取分部开挖，及时进行支护。每一循环掘进控制在 0.5 ~ 1.0m 左右。

6）在完成一开挖作业循环时，应全面清除危石，及时支护，防止落石。

7）在不良地质地段施工，应做好工程地质、地下水类型和涌水量的预报工作，并设置排水沟、积水坑和充分的抽排水设备。

8）在软弱、松散破碎带施工，应待支护稳定后方可进行下一段施工作业。

9）在不良地质地段施工应按所制定的临时安全用电方案实施，设置漏电保护器，并有断、停电应急措施。

（5）通风及排水，应符合下列安全要求：

1）洞井施工时，应及时向工作面供应 $3m^3/min \cdot$ 人的新鲜空气。

2）洞深长度大于洞径 3 ~ 5 倍时，应采取强制通风措施，否则不得继续施工。

3）采用自然通风，需尽快打通导洞。导洞未打通前应有临时通风措施；工作面风速不得小于 0.15m/s，最大风速：洞井斜井为 4m/s，运输洞通风处为 6m/s，升降人员与器材的井筒为 8m/s。

4）通风机吸风口，应设铅丝护网。

5）采用压风通风时，风管端头距开挖工作面在 10 ~ 15m 为宜；若采取吸风时，风管端距开挖工作面以 20m 为宜。

6）管路宜靠岩壁吊起，不得阻碍人行车辆通道，架空安装时，支点或吊挂应牢固可靠。

7）严禁在通风管上放置或悬挂任何物体。

8）施工前应充分考虑施工用水和外部影响的渗水量，妥善安排排水设施，以利施工机械设备、工作人员在正常条件下进行施工。

9）暗挖排水应符合施工排水的有关安全要求。

10.1.4 石方爆破作业

1. 露天爆破的安全要求

（1）在爆破危险区内有两个以上的单位（作业组）进行露天爆破作业时，应由监理、建设单位或发包方组织各施工单位成立统一的爆破指挥部，指挥爆破作业。各施工单位应建立起爆掩体，并采用远距离起爆。

（2）同一区段的二次爆破，应采用一次点火或远距离起爆。

（3）松软岩土或砂床爆破后，应在爆区设置明显标志，并对空穴、陷坑进行安全检查，确认无塌陷危险后，方准恢复作业。

（4）露天爆破需设避炮掩体时，掩体应设在冲击波危险范围之外并构筑坚固紧密，位置和方向应能防止飞石和炮烟的危害；通达避炮掩体的道路不应有任何障碍。

（5）露天爆破方法选用应得当、设计方案应合理、施工应符合规范，确保爆破作业安全可靠。

（6）现场运送运输爆破器材应符合有关安全要求。

2. 洞室爆破的安全要求

（1）洞室爆破的设计，应按设计委托书的要求，并按规定的设计程序、设计深度分阶段进行。

（2）洞室爆破设计应以地形测量和地质勘探文件为依据。

（3）洞室爆破设计文件由设计说明书和图纸组成。

（4）洞室爆破工程开工之前，应由施工单位根据设计文件和施工合同编制施工组织设计。

（5）参加爆破工程施工的临时作业人员，应经过爆破安全教育培训，经口试或笔试合格后，方准许参加装药填塞作业。但装起爆体及敷设爆破网路的作业，应由持证爆破员操作。

（6）A 级、B 级、C 级洞室爆破和爆破环境复杂的 D 级洞室爆破，洞室开挖施工期间应成立工程指挥部，负责开挖工程和爆破准备工作；爆破之前应成立爆破指挥部。

（7）洞室爆破使用的炸药、雷管、导爆索、导爆管、连接头、电线、起爆器、量测仪表，均应经现场检验合格方可使用。

（8）不应在洞室内和施工现场加工或改装起爆体和起爆器材。

（9）在爆破作业场地附近，应按符合爆破器材与爆破安全作业的有关安全要求设置爆破器材临时存放场地，场内应清除一切妨碍运药和作业人员通行的障碍物。

（10）爆破指挥部应了解当地气象情况，使装药、填塞、起爆的时间避开雷电、狂风、暴雨、大雪等恶劣天气。

（11）洞室爆破平洞设计开挖断面不宜小于 $1.5m \times 0.8m$，小井设计断面不宜小于 $1m^2$。

（12）平洞设计应考虑自流排水，井下药室中的地下水应沿横巷自流到井底的积水坑内。

（13）装药之前应由指挥长或爆破工作领导人组织对掘进工程进行检查、检测和验收。

（14）验收前应把平洞（小井）口0.7m范围内的碎石、杂物清除干净，并检查支护情况；应清除导洞和药室中一切残存的爆破器材、积渣和导电金属。

（15）验收时应检查井、巷、药室的顶板和边壁，发现药室顶板、边壁不稳固时，应采取支护措施。

（16）当药室有渗水和漏水时，应将药室顶板和边壁用防水材料搭成防水棚，导水至底板，由排水沟或排水管排出。如果药室底板积水不多，可设积水坑积水，并在其上铺盖木板。

（17）如采用电爆网路起爆，应在洞内检测杂散电流且其值不应大于30mA，否则应采取相应措施。

（18）各药室之间的施工道路应清除浮石，斜坡的通道宽度应不小于1.2m；当坡度大于30°时，应设置梯子或栏杆。

（19）应通过测量和地质测绘提交准确的药室竣工资料。资料中应详细注明药室的几何尺寸、容积、中心坐标，影响药室爆破效果的地质构造及其与药室中心、药包最小抵抗线的关系等数据。经测量，药室中心坐标的误差不应超过0.3m，药室容积不应小于设计要求。

（20）洞室爆破现场混制炸药应符合有关安全规定。

3. 洞室掘进施工的安全要求

（1）为防止落石及塌方，小井开挖前，应将井口周围1m以内的碎石、杂物清除干净；在土质或比较破碎的地表掘进小井，应支护井口，支护圈应高出地表0.2m；平洞开挖前，应将洞口周围的碎石清理干净，并清理洞口上部山坡的石块和浮石；在破碎岩层处开洞口，洞口支护的顶板至少应伸出洞口0.5m。

（2）导洞及小井掘进每循环进深在5m以内，爆破时人员撤离的安全允许距离应由设计确定。

（3）小井掘进超过3m后，应采用电力起爆或导爆管起爆，爆破前井口应设专人看守。

（4）每次爆破后再进入工作面的等待时间不应少于15min；小井深度大于7m，平洞掘进超过20m时，应采用机械通风；爆破后无论时隔多久，在工作人员下井之前，均应用仪表检测井底有毒气体的浓度，浓度不超过地下爆破作业点有害气体允许浓度规定值，才准许工作人员下井。

（5）掘进时若采用电灯照明，其电压应符合有关安全规定。

（6）掘进工程通过岩石破碎带时，应加强支护；每次爆破后均应检查支护是否完好，清除井口或井壁的浮石，对平洞则应检查清除平洞顶板、边壁及工作面的浮石。

（7）掘进工程中地下水量过大时，应设临时排水设备。

（8）小井深度大于5m时，工作人员不准许使用绳梯上下。

4. 洞室爆破作业的安全要求

（1）药室的装药作业，应由爆破员或由爆破员带领经过培训的人员进行。安装、连接起爆体的作业，应由爆破员进行，安装前应再次确认起爆体的雷管段别是否正确。

（2）洞室装药，应使用36V以下的低压电源照明，照明线路应绝缘良好，照明灯应设保护罩，灯泡与炸药堆之间的水平距离不应小于2m。装药人员离开洞室时，应将照明电源切断。装有电雷管的起爆药包或起爆体运入前，应切断一切电源，拆除一切金属导体，并应采用蓄电池灯、安全灯或绝缘手电筒照明。装药和填塞过程中不得使用明火照明。

（3）夜间装药，洞外可采用普通电源照明。照明灯应设保护罩，线路应采用绝缘胶线，灯具和线路与炸药堆和洞口之间的水平距离应大于20m。

（4）洞室内有水时，应进行排水或对非防水炸药采取防水措施。潮湿的洞室，不应散装非防水炸药。

（5）洞室装药应将炸药成袋（包）码放整齐，相互密贴，威力较低的炸药放在药室周边，威力较高的炸药放置在正、副起爆体和导爆索的周围，起爆体应按设计要求安放。

（6）用人力往导洞或小井口搬运炸药时，每人每次搬运量不应超过两箱（袋），搬运工人行进中，应保持1m以上的间距，上下坡时应保持5m的间距。往洞室运送炸药时，不应与雷管混合运送；起爆体、起爆药包或已经接好的起爆雷管，应由爆破员携带运送。

（7）填塞工作开始前，应在导洞或小井口附近备足填塞材料。

（8）平洞填塞，应在导洞内壁上标明按设计规定的填塞位置和长度。

（9）填塞时，药室口和填塞段各端面应采用装有砂、碎石的编织袋堆砌，其顶部用袋料码砌填实，不应留空隙。

（10）在有水的导洞和药室中填塞时，应在填塞段底部留一排水沟，并随时注意填塞过程中的流水情况，防止排水沟堵塞。

（11）填塞时，应保护好从药室引出的起爆网路，保证起爆网路不受损坏。填塞完毕，应有专人进行验收。

（12）洞室爆破应采用复式起爆网路，装药连线时操作人员应佩戴标志，未经爆破工作领导人批准，一切人员不得进入爆破现场。

（13）电力起爆网路的所有导线接头，均应按电工接线法连接，并确保其对外绝缘。在潮湿有水的地区，应避免导线接头接触地面或浸泡在水中。

（14）电力起爆网路导线应用绝缘性能良好的铜芯线；不宜使用裸露导线和铝芯线。

（15）洞室爆破时，所有穿过填塞段的导线、导爆索和导爆管，均应采取保护措施，以防填塞时损坏。非填塞段如有塌方或洞顶掉块的情况，还应对起爆网路采取保护措施。

（16）装入起爆体前后，以及填塞过程中每填塞一段，均应进行电阻值检测；当发现电阻值有较大的变化时，应立即清查，排除故障后才准许进行下一施工工序。

（17）敷设导爆索起爆网路时，不应使导爆索互相交叉或接近；否则，应用缓冲材料将其隔离，且相互间的距离不得少于100mm。

（18）每个起爆体的雷管数不应少于4发，起爆网路连接时应复核雷管段别。

（19）连接网路人员应持起爆网路图，按从后爆到先爆、先里后外的顺序连接；所有导爆管雷管与接力雷管，在接点部位应有明显段别标志；接头用胶布包紧，并不少于三层，然后再用绳扎紧。

（20）采用导爆管和导爆索混合起爆网路时，宜用双股导爆索连成环形起爆网路，导爆管与导爆索宜采用单股垂直连接。

（21）起爆网路应用电雷管或导爆管雷管引爆，不应用火雷管引爆；只有在爆破工作领导人下达准备起爆命令后，方准许向主起爆线上连接起爆雷管。

（22）电爆网路的连接，应符合下列安全要求：

1）起爆网路连接应有专人负责；网路连接人应持有网路示意图和历次检查各药室及支路电阻值的记录表，以便随时供爆破工程技术人员、爆破工作领导人查阅。

2）网路连接，应按从里到外（工作面到电源）的顺序进行。

3）电力起爆网路连接前，应检查各洞口引出线的电阻值，经检查确认合格后，方可与区域线连接；只有当各支路电阻均检查无误时，方准许与主线相连接。

4）电爆网路的主线应设中间开关。

5）指挥长（或爆破工作领导人）下达准备起爆命令前，电爆网路的主线不得与起爆器、电源开关和电源线连接；电源的开关应设保护装置并直接由起爆站站长（或负责起爆的人员）监管。

6）只有在无关人员已全部撤离，爆破工作领导人下达准备起爆命令后，方准许打开开关箱，并将主线接入电源线的开关上或起爆器的接线柱上。

（23）起爆网路检查与防护，应符合下列安全要求：

1）网路连好后，由联网技术负责人进行检查，鉴别联网方式与段别等是否有误；确认无误后再进行防护。

2）起爆网路可用线槽或对开竹竿合扎进行防护，接头及交叉点用编织袋包裹好，悬挂在导洞上角；也可将起爆网路束紧后用编织袋做整体外包扎，安置在导洞下角的砂包上，上部再用砂包压实。

5. 洞室爆破后检查的安全要求

（1）是否完全起爆，洞室爆破发生盲炮的表征是：爆破效果与设计有较大差异；爆堆形态和设计有较大的差别；现场发现残药和导爆索残段；爆堆中留有岩坎陡壁。

（2）有无危险边坡、不稳定爆堆、滚石和超范围塌陷。

（3）最敏感、最重要的保护对象是否安全。

（4）爆区附近有隧道、涵洞和地下采矿场时，应对这些部位进行毒气检查，在检查结果明确之前，应进行局域封锁。

（5）如果发现或怀疑有拒爆药包，应向指挥长汇报，由其组织有关人员做进一步检查；如果发现有其他不安全因素，应尽快采取措施进行处理；在上述情况下，不应发出解除警戒信号。

6. 水下岩塞爆破的安全要求

（1）应根据岩塞爆破产生的冲击波、涌水等对周围需保护的建（构）筑物的影响进行分析论证。

（2）岩塞厚度小于 10m 时，不宜采用洞室爆破法。

（3）导洞开挖应符合下列安全要求：

1）每次循环进尺不应超过 0.5m，每孔装药量不应大于 150g，每段起爆药量不应超过 1.5kg；导洞的掘进方向朝向水体时，超前孔的深度不应小于炮孔深度的 3 倍。

2）应用电雷管或非电导爆管雷管远距离起爆。

3）起爆前所有人员均应撤出隧洞。

4）离水最近的药室不准超挖，其余部位应严格控制超挖、欠挖。

5）每次爆破后应及时进行安全检查和测量，对不稳围岩进行锚固处理，只有确认安全无误，方可继续开挖。

（4）装药工作开始之前，应将距岩塞工作面 50m 范围内的所有电气设备和导电器材全部撤离。

（5）装药堵塞时，照明应符合下列安全要求：

1）药室洞内只准用绝缘手电照明，应由专人管理。

2）距岩塞工作面 50m 范围内，应用探照灯远距离照明。

3）距岩塞工作面 50m 以外的隧洞内，宜用常规照明。

（6）装药堵塞时应进行通风。

（7）电爆网路的主线，应采用防水性能好的胶套电缆，电缆通过堵塞段时，应采用可靠的保护措施。

7. 水下开挖爆破的安全要求

水下开挖爆破作业，应符合水下爆破的有关安全要求。

10.1.5 施工支护

（1）施工支护前，应根据地质条件、结构断面尺寸、开挖工艺、围岩暴露时间等因素进行支护设计，制定详细的施工作业指导书，并向施工作业人员进行安全技术交底。

（2）施工人员作业前，应认真检查施工区的围岩稳定情况，需要时应进行安全处理。

（3）作业人员应根据施工作业指导书的要求，及时进行支护。

（4）开挖期间和每茬炮后，都应对支护进行检查，必要时进行维护。

（5）对不良地质地段的临时支护，应结合永久支护进行，即在不拆除或部分拆除临时支护的条件下，进行永久性支护。

（6）施工人员作业时，应佩戴防尘口罩、防护眼镜、防尘帽、安全帽、雨衣、雨裤、长筒胶靴和乳胶手套等劳保用品。

（7）锚喷支护的安全要求：

1）施工前，应通过现场试验或依工程类比法，确定合理的锚喷支护参数。

2）锚喷作业的机械设备，应布置在围岩稳定或已经支护的安全地段。

3）喷射机、注浆器等设备，应在使用前进行安全检查，必要时在洞外进行密封性能和耐压试验，满足安全要求后方可使用。

4）喷射作业面，应采取综合防尘措施降低粉尘浓度，采用湿喷混凝土。有条件时，可设置防尘水幕。

5）岩石渗水较强的地段，喷射混凝土之前应设法把渗水集中排出。喷后钻排水孔，防止喷层脱落伤人。

6）凡锚杆孔的直径大于设计规定的数值时，不得安装锚杆。

7）锚喷工作结束后，应指定专人检查锚喷质量，若喷层厚度有脱落、变形等情况，应及时处理。

8）砂浆锚杆灌注浆液时，应遵守下列规定：

a. 作业前应检查注浆罐、输料管、注浆管是否完好。

b. 注浆罐有效容积应不小于 $0.02m^3$，其耐压力不应小于 0.8MPa（$8kg/cm^2$），使用前应进行耐压试验。

c. 作业开始（或中途停止时间超过 30min）时，应用水或 0.5～0.6 水灰比的纯水泥浆润滑注浆罐及其管路。

d. 注浆工作风压应逐渐升高。

e. 输料管应连接紧密、直放或大弧度拐弯，不得有回折。

f. 注浆罐与注浆管的操作人员应相互配合，连续进行注浆作业，罐内储料应保持在罐体容积的 1/3 左右。

9）喷射机、注浆器、水箱、油泵等设备，应安装压力表和安全阀，使用过程中如发现破损或失灵时，应立即更换。

10）施工期间应经常检查输料管、出料弯头、注浆管以及各种管路的连接部位，如发现磨薄、击穿或连接不牢等现象，应立即处理。

11）带式上料机及其他设备外露的转动和传动部分，应设置保护罩。

12）施工过程中进行机械故障处理时，应停机、断电、停风；在开机送风、送电之前应预先通知有关的作业人员。

13）作业区内喷头和注浆管前方不得站人；喷射作业的堵管处理，宜采用敲击法疏通，若采用高压风疏通时，风压不得大于 0.4MPa（$4kg/cm^2$），并将输料管放直，握紧喷头，喷头不得正对有人的方向。

14）当喷头（或注浆管）操作手与喷射机（或注浆器）操作人员不能直接联系时，应有可靠的联系手段。

15）预应力锚索和锚杆的张拉设备应安装牢固，操作方法应符合有关规程的规定。正对锚杆或锚索孔的方向不得站人。

16）作业台架安装应牢固可靠，2m 以上的应设置栏杆；作业人员应系安全带。

17）竖井中的锚喷支护施工应遵守下列规定：

a. 采用溜筒运送喷混凝土的干混合料时，井口溜筒喇叭口周围应封闭严密。

b. 喷射机置于地面时，竖井内输料钢管宜用法兰连接，悬吊应垂直固定。

c. 采取措施防止机具、配件和锚杆等物件掉落伤人。

18）喷射机应密封良好，从喷射机排出的废气应进行妥善处理。

19）适当减少锚喷操作人员的连续作业时间，定期进行健康体检。

（8）构架支护的安全要求：

1）构架支撑包括木支撑、钢支撑、钢筋混凝土支撑及混合支撑，其架设应符合下列安全要求：

a. 采用木支撑的应严格检查木材质量。

b. 支撑立柱应放在平整岩石面上，必要时应挖柱窝。

c. 支撑和围岩之间，应用木板、楔块或小型混凝土预制块塞紧。

d. 危险地段，支撑应跟进开挖作业面；必要时，可采取超前固结的施工方法。

e. 预计难以拆除的支撑应采用钢支撑。

f. 支撑拆除时应有可靠的安全措施。

2）支撑应经常检查，发现杆件破裂、倾斜、扭曲、变形及其他异常征兆时，应仔细分析原因，采取可靠措施进行处理。

10.1.6　土石方填筑

（1）土石方填筑应按施工组织设计进行施工，不得危及周围建筑物的结构或施工安全，不得危及相邻设备、设施的安全运行。

（2）填筑作业时，应注意保护相邻的平面、高程控制点，防止碰撞造成移位及下沉。

（3）夜间作业时，现场应有足够照明，在危险地段设置明显的警示标志和护栏。

（4）陆上填筑的安全要求：

1）用于填筑的碾压、打夯设备，应按照厂家说明书规定操作和保养，操作者应持有效的上岗证件。进行碾压、打夯时应有专人负责指挥。

2）装载机、自卸车等机械作业现场应设专人指挥，作业范围内不得进行其他作业。

3）电动机械运行，应严格执行"三级配电两级保护"和"一机、一闸、一漏、一箱"要求。

4）人力打夯注意力要集中，动作应一致。

5）基坑（槽）土方回填时，应先检查坑、槽壁的稳定情况，用小车卸土不得撒把，坑、槽边应设横木车挡。卸土时，坑槽内不得有人。

6）基坑（槽）的支撑，应根据已回填的高度，按施工组织设计要求依次拆除，不得提前拆除坑、槽内的支撑。

7）基础或管沟的混凝土、砂浆应达到一定的强度，当其不致受损坏时方可进行回填作业。

8）已完成的填土应将表面压实，且宜做成一定的坡度以利排水。

9）雨天不应进行填土作业。如需施工，应分段尽快完成，且宜采用碎石类土和砂土、石屑等填料。

10）基坑回填应分层对称，防止压力失衡，破坏基础或构筑物。

11）管沟回填，应从管道两边同时进行填筑并夯实。填料超过管顶 0.5m 厚时，方准用动力打夯，不宜用振动碾压实。

（5）水下填筑的安全要求：

1）所有船舶航行、运输、驻位、停靠等参照交通部颁发的《中华人民共和国内河避碰规则》及水下开挖中船舶相关操作规程的内容执行。

2）水下填筑应按设计要求和施工组织设计确定程序施工。

3）船上作业人员应穿救生衣、戴安全帽，并经过水上作业安全技术培训。

4）为了保证抛填作业安全及抛填位置的准确率，宜选择在风力小于 3 级、浪高小于 0.5m 的气象条件下进行作业。

5）水下基床填筑，应符合下列安全要求：

a. 定位船及抛石船的驻位方式，应根据基床宽度、抛石船尺度、风浪和水流确定。定位船参照所设岸标或浮标，通过锚泊系统预先泊位，并由专职安全管理人员及时检查锚泊系统的完好情况。

b. 采用装载机、挖掘机等机械在船上抛填时，宜采用 400t 以上的平板驳，抛填时为避免船舶倾斜过大，船上块石应在测量人员的指挥下，对称抛入水中。

c. 人工抛填时，应遵循由上至下、两侧块石对称抛投的原则抛投；严禁站在石堆下方掏取石块。

d. 抛填时宜顺流抛填块石，且抛石和移船方向应与水流方向一致，避免块石抛在已抛部位而超高，增加水下整理工作量。

e. 有夯实要求的基床，其顶面应由潜水员作适当平整，为确保潜水员水下整平作业的安全，船上作业人员应服从潜水员和副手的统一指挥，补抛块石时，需通过透水的串筒抛投至潜水员指定的区域，严禁不通过串筒直接将块石抛入水中。

f. 潜水员在水下作业时，应处在已抛块石的顶部，面向水流方向按序进行水下基床整平作业。

g. 基床重锤夯实作业过程中，周围 100m 范围之内不得进行潜水作业。

h. 夯锤宜设计成低重心的扁式截头圆锥体，中间设置排水孔，选择铸钢链、卡环、连接环和转动环的能力时，安全系数宜取 5～6，且 4 根铸钢链按 3 根进行受力计算；此外，吊钩应设有封钩装置，以防止脱钩。

i. 打夯操作手作业时，注意力要高度集中，严禁重锤在自由落下的过程中紧急刹车。

j. 经常检查钢丝绳、吊臂等有无断丝、裂缝等异常情况，若有异常应按起重设备有关安全管理规定的要求及时采取措施进行处理。

6）重力式码头沉箱内填料，应符合下列安全要求：

a. 沉箱内填料，一般采用砂、卵石、渣石或块石。填料时应均匀抛填，各格舱壁两侧的高差宜控制在 1m 以内，以免造成沉箱倾斜、格舱壁开裂。

b. 为防止填料砸坏沉箱壁的顶部，在其顶部要覆盖型钢、木板或橡胶保护。

c. 沉箱码头的减压棱体（或后方回填土）应在箱内填料完成后进行。扶壁码头的扶壁若设有尾板，在填棱体时应防止石料进入尾板下而失去减小前趾压力的作用。抛填压脚棱体应防止其向坡脚滑移。

d. 为保证箱体回填时不受回填时产生的挤压力而导致结构位移及失稳，减压棱体和倒滤层宜采用民船或方驳于水上进行抛填。对于沉箱码头，为提高抛填速度，可考虑从陆上运料于沉箱上抛填一部分。抛填前发现基床和岸坡上有回淤和塌坡，应按设计要求进行清理。

7）水下埋坡时，船上测量人员和吊机应配合潜水员，按由高至低的顺序进行埋坡作业。

10.2　地基与基础工程

10.2.1　基本安全要求

（1）凡从事地基与基础工程的施工人员，应经过安全生产教育，熟悉水利水电工程专业和相关专业安全技术操作规程，并严格遵守。

（2）钻场、机房不得单人开机操作，每班工作，必须有明确分工。

（3）经常检查机械及防护设施，确保安全运行。

（4）在得到六级以上大风或台风的报告后，应迅速卸下钻架布并妥善放置，检查钻架，做好加固；在不能进行工作时，应切断电源，盖好设备，工具应装箱保管，封盖孔口。

（5）受洪水威胁的施工场地，应加强警戒，并随时掌握水文及气象资料，做好应急措施。

（6）对特殊处理的工程施工，应根据实际情况制定相应的单项安全措施和补充安全规定。

10.2.2　混凝土防渗墙工程

（1）钻机施工平台应平整、坚实。枕木放在坚实的地基上。道轨间距应与平台车轮距相符。钻机就位后，应用水平尺找平后方可安装。

（2）钻机的吊装、桅杆的升降及开机，应严格符合有关安全操作规程。

（3）冲击钻进的安全要求：

1）开机前应拉开所有离合器，严禁带负荷启动。

2）开孔应采用间断冲击，直至钻具全部进入孔内且冲击平稳后，方可连续冲击。

3）钻进中应经常注意和检查机器运行情况，如发现轴瓦、钢丝绳、皮带等有损坏或机件操作不灵等情况，应及时停机检查修理。

4）钻头距离钻机中心线 2m 以上时，钻头埋紧在相邻的槽孔内或深孔内提起有障碍时，钻机未挂好、收紧绑绳时，孔口有塌陷痕迹时，严禁开车。

5）遇到暴风、暴雨和雷电时，严禁开车，并应切断电源。

6）钻机移动前，应将车架轮的三角木取掉，松开绷绳，摘掉挂钩，钻头、抽筒应提出孔口，经检查确认无障碍后，方可移车。

7）电动机运转时，不得加注黄油，严禁在桅杆上工作。

8）除钻头部位槽板盖因工作打开外，其余槽板盖不得敞开，以防止人或物件掉入槽内。

9）钻机后面的电线宜架空，以免妨碍工作及造成触电事故。

10）钻机桅杆宜设避雷针。

11）孔内发生卡钻、掉钻、埋钻等事故，应摸清情况，分析原因，然后采取有效措施进行处理，不得盲目行事。

（4）制浆及其输送的安全要求：

1）搅拌机进料口及皮带、暴露的齿轮传动部位应设有安全防护装置。否则，不得开机运行。

2）当人进入搅拌槽内之前，应切断电源，开关箱应加锁，并挂上"有人操作，严禁合闸"的警示标志。

（5）浇注导管安装及拆卸的安全要求：

1）安装前认真检查导管是否完好、牢固。吊装的绳索挂钩应牢固、可靠。

2）导管安装应垂直于槽孔中心线，不得与槽壁相接触。

3）起吊导管时，应注意天轮不能出槽，由专人拉绳；人的身体不能与导管靠得太近。

10.2.3 基础灌浆工程

（1）钻机平台应平整、坚实、牢固，满足最大负荷 1.3～1.5 倍的承载安全系数，钻架脚周边宜保证有 500～1000mm 的安全距离，临空面应设置安全防护栏杆。钻机的安装、拆卸、使用应严格符合有关安全操作规程。

（2）水泥灌浆的安全要求：

1）灌浆前，应对机械、管路系统进行认真检查，并进行 10～20min 该灌注段最大灌浆压力的耐压试验。高压调节阀应设置防护设施。

2）搅浆人员应正确穿戴防尘保护用品。

3）压力表应经常校对，超出误差允许范围不得使用。

4）处理搅浆机故障时，传动皮带应卸下。

5）灌浆中应有专人控制高压阀门并监视压力指针摆动，避免压力突升或突降。

6）灌浆栓塞下孔途中遇有阻滞时，应取出后扫孔处理，不得强下。

7）在运转中，安全阀应确保在规定压力时动作；经校正后不得随意调节。

8）对曲轴箱和缸体进行检修时，不得一手伸进试探、另一手同时转动工作轴，更不应两人同时进行此动作。

（3）灌浆孔内事故处理的安全要求：

1）事故发生后，应将孔深、钻具位置、钻具规格、种类和数量、所用打捞工具及处理情况等详细填入当班报表。

2）发现钻具（塞）被卡时，应立即活动钻具（塞），严禁无故停泵。

3）钻具（塞）在提起中途被卡时，应用管钳搬扭或设法将钻具（塞）下放一段，同时开泵送水冲洗，上下活动、慢速提升，不得使用卷扬机和立轴同时起拔事故钻具。

4）使用打吊锤处理事故时，应由专人统一指挥，检查钻架的绷绳是否安全牢固；吊锤处于悬挂状况打吊锤时，周围不得有人；不应在钻机立轴上打吊锤；必要时，应对立轴做好防护措施。

5）用千斤顶处理事故时，场地应平整坚实，千斤顶应安放平稳，并将卡瓦及千斤顶绑在机架上，以免顶断钻具时卡瓦飞出伤人；不得使用有裂纹的丝杆、螺母；使用油压千斤顶时，不得站在保险塞对面；装紧卡瓦时，不得用铁锤直接打击，卡瓦塞应缠绑牢固，受力情况下不得面对顶部进行检查；扳动螺杆时，用力应一致，手握杆棒末端；使用管钳或链钳扳动事故钻具时，严禁在钳把回转范围内站人，也不得用两把钳子进行前后反转。掌握限制钳者，应站在安全位置。

10.2.4 化学灌浆

（1）施工准备的安全要求：

1）查看工程现场，搜集全部有关设计和地质资料，搞好现场施工布置与检修钻灌设备等准备工作。

2）材料仓库应布置在干燥、凉爽和通风条件良好的地方；配浆房的位置宜设置在阴凉通风处，距灌浆地点不宜过远，以便运送浆液。

3）做好培训技工的工作。培训内容包括化学灌浆的基本知识、作业方法、安全防护和施工注意事项等。

4）根据施工地点和所用的化学灌浆材料，应设置有效的通风设施。尤其是在大坝廊道、隧洞及井下作业时，应保证能够将有毒气体彻底排出现场，引进新鲜空气。

5）施工现场的作业环境应符合有关安全要求，应配备足够的劳保用品及消防设施。

（2）灌浆作业的安全要求：

1）灌浆前应先行试压，以便检查各种设备仪表及其安装是否符合要求，止浆塞隔离效果是否良好，管路是否通畅，有无渗漏现象等。只有在整个灌浆系统畅通无泄漏的情况下，方可开始灌浆。

2）灌浆时严禁浆管对准工作人员，注意观测灌浆孔口附近有无返浆、跑浆、串漏等异常现象，发现异常应立即处理。

3）灌浆结束后，止浆塞应保持封闭不动，或用乳胶管封口，以免浆液流失和挥发。施工现场应及时清理，用过的灌浆设备和器皿应用清水或丙酮及时清洗。灌浆管路拆卸时，应同时检查其腐蚀堵塞情况并予处理。

4）清理灌浆时落弃的浆液，可使用专用小提桶盛装，妥善处理。严禁废液流入水源，污染水质。

（3）事故处理的安全要求：

1）运输中若出现盛器破损，应立即更换包装、封好，液体药品用塑料盛器为宜，粉状药物和易溶药品应分开包装。

2）出现溶液药品黏度增大，应首先使用，不宜再继续存放。

3）玻璃仪器破损，致人体受伤，应立即进行消毒包扎。

4）试验设备仪器发生故障，应立即停止运转，关掉电源，进行修复处理。

5）发生材料燃烧或爆炸时，应立即拉掉电源，熄灭火源，抢救受伤人员，搬走余下药品。

10.2.5　灌注桩基施工

（1）吊装钻机的吊车，应选用大于钻机自重1.5倍以上起重量的型号，严禁超负荷吊装；起重用的钢丝绳应满足起重要求规定；吊装时先进行试吊，距地面高度一般10～200mm，检查确定牢固平稳后方可正式吊装；钻机就位后，应用水平尺找平。

（2）开钻前，塔架式钻机，各部位的连接应牢固、可靠；有液压支腿的钻机，其支腿应用方木垫平、垫稳；钻机的安全防护装置，应齐全、灵敏、可靠。

（3）供水、供浆管路安装时，接头应密封、牢固，各部分连接应符合压力和流量的要求。

（4）钻进操作的安全要求：

1）钻孔过程中，应严格按工艺要求进行操作。

2）对于有离合器的钻机，开机前拉开所有离合器，不得带负荷启动。

3）开始钻进时，钻进速度不宜过快。

4）在正常钻进过程中，应保持钻机不产生跳动，振动过大时应控制钻进速度。

5）用人工起下钻杆的钻机，应先用吊环吊稳钻杆，垫好垫叉后，方可正常起下钻杆。

6）钻进过程中，若发现孔内异常，应停止钻进，分析原因；或起出钻具，处理后再行钻进。

7）孔内发生卡钻、掉钻、埋钻等事故，应分析原因，采取有效措施后方可进行处理，不得随意行事。

8）突然停电或其他原因停机且短时间内不能送电时，应采取措施将钻具提离孔底5m以上。

9）遇到暴风、雷电时，应暂停施工。

（5）搬运和吊装钢筋笼应防止其发生变形；吊装钢筋笼的机械应满足起吊的高度和重量要求；下设钢筋笼时，应对准孔位，避免碰撞孔壁，就位后应立即固定；钢筋笼安放就位后，应用钢筋固定在孔口的牢固处。

（6）钢筋笼加工、焊接参照焊接中有关规定执行。钢筋笼首节的吊点强度应满足全部钢筋笼的重量的吊装要求。

（7）下设钢筋笼、浇注导管采用吊车时，参照起重设备和机具有关规定执行。

10.2.6　振冲法施工

（1）组装振冲器的安全要求：

1）组装振冲器应有专业人员负责指挥，振冲器各连接螺丝应拧紧，不得松动。

2）射水管插入胶管中的接头不得小于100mm，并应卡牢，不得漏水，达到与胶管同等的承拉力。

3）在组装好的振冲器顶端，应绑上一根长1.2m、直径100mm的圆木，将电缆和水管固定在圆木上，以防电缆和水管与吊管顶口摩擦漏电漏水而引发事故。

4）起吊振冲器时，振冲器各节点应设保护设施，以防节点折弯损坏。

5）振冲器潜水电动机尾线与橡皮电缆接头处应用防水胶带包扎，包扎好后用胶管加以保护，以防漏电。

（2）开机前，应检查各绳索连接处是否牢固，各部分连接是否紧固，振冲器外部螺丝应加有弹簧垫圈；配电箱及电器操作箱的各种仪表应灵敏、可靠；吊车运行期间，行人不得在桅杆下通行、停留。

（3）在电动机启动开始造孔前，应有专人将振冲器防扭绳索拉紧并固定；造孔过程中不得停水停电，水压应保持稳定；振冲器进行工作时，操作人员应密切注视电气操作箱仪表情况，如发生异常情况立即停止贯入，并应采取有效措施进行处理。

（4）振冲施工中应注意的事项：

1）振冲器严禁倒放启动。振冲器在无冷却水情况下，运转时间不得超过1~2min。

2）振冲器工作时工作人员应密切观察返水情况，发现返水中有蓝色油花、黑油块或黑油条，可能是振冲器内部发生故障，应立即提出振冲器进行检修。

3）在造孔或加密过程中，导管上部拉绳应拉紧，防止振冲器转动；若发生突然停电应尽快恢复或使用备用电源，不得强行提拔振冲器。

4）振冲加密过程中电动机提出孔口后，应使电动机冷却至正常温度。

5）遇有六级以上大风或暴雨、雷电、大雾时，应停止作业。

10.2.7 高喷灌浆工程

（1）施工平台应平整坚实，其承载安全系数应达到最大移动设备荷载1.5倍以上。

（2）施工平台、制浆站和泵房、空气压缩机房等工作区域的临空面应设置防护栏杆。

（3）风、水、电应设置专用管路和线路；不得使输电线路与高压管或风管等缠绕在一起。专用管路接头应连接可靠牢固、密封良好，且耐压能力满足要求。

（4）施工现场应设置废水、废浆处理回收系统。此系统应设置在钻喷工作面附近，并避免干扰喷射灌浆作业的正常操作场面和影响交通。

（5）高喷台车桅杆升降作业的安全要求：

1）底盘为轮胎式平台的高喷台车，在桅杆升降前，应将轮胎前后固定以防止其移动或用方木、千斤顶将台车顶起固定。

2）检查液压阀操作手柄或离合器与闸带是否灵活可靠；检查卷筒、钢丝绳、涡轮、销轴是否完好。

3）在桅杆升起或落放的同时，应用基本等同的人数拉住桅杆两侧的两根斜拉杆，以保证桅杆顺利达到或尽快偏离竖直状态；立好桅杆后，应立即用销轴将斜拉杆下端固定在台车上的固定销孔内。

4）除操作人员外，其他人员均应离开台车及其前方，严禁有人在桅杆下面停留和走动。

（6）开钻、开喷准备的安全要求：

1）在砂卵石、砂砾石地层中以及孔较深时，开始前应采取必要的措施以稳固、找平钻机或高喷台车。可采用的措施有：增加配重、镶铸地锚、建造稳固的钻机平台等；对于有液压支腿的钻机，将平台支平后，宜再用方木垫平、垫稳支腿。

2）检查并调试各操作手把、离合器、卷扬、安全阀，确保灵活可靠。

3）皮带轮和皮带上的安全防护装置、高空作业用安全带、漏电保护装置、避雷装置等，应齐备、适用、可靠。

（7）喷射灌浆的安全要求：

1）喷射灌浆前应对高压泵、空气压缩机、高喷台车等机械和供水、供风、供浆管路系统进行检查。下喷射管前，宜进行试喷和 3 ~ 5min 管路耐压试验。对高压控制阀门宜安设防护罩。

2）下喷射管时，应采用胶带缠绕或注入水、浆等措施防止喷嘴堵塞；若遇有严重阻滞现象，应起出喷射管进行扫孔，不能强下。

3）在喷射灌浆过程中应有专人负责监视高压压力表，防止压力突升或突降；若出现压力突降或骤增，孔口回浆变稀或变浓，回浆量过大、过小或不返浆等异常情况时，应查明原因并及时处理。

4）高压泵、空气压缩机气罐上的安全阀应确保在额定压力下立即动作，并应定期校验，校验后不得随意调整。

5）单孔高喷灌浆结束后，应尽快用水泥浆液回灌孔口部位，防止地下空洞给人身安全和交通造成威胁。

10.2.8 预应力锚固工程

（1）预锚施工场地应平整，道路应通畅。在边坡施工时，脚手架应满足钻孔、锚索施工对承重和稳定的要求，脚手架上应铺设马道板和设置防护栏杆。施工人员在脚手架上施工时宜系上安全带。

（2）边坡多层施工作业时，应在施工面适当位置加设防护网。架子平台上施工设备应固定可靠，工具等零散件应集中放在工具箱内。

（3）设备安装及拆除、升降钻具、锚孔灌浆、孔内事故处理应参照 10.2.3 的有关安全要求。

（4）下索、张拉、索定的安全要求：

1）钢绞线下料，应在切口两端事先用火烧丝绑扎牢固后再切割。

2）在下索过程中应统一指挥，步调一致。

3）锚束吊放的作业区，严禁其他工种立体交叉作业。

4）张拉操作人员未经培训考核不得上岗；拉张时严禁超过规定张拉值。

5）张拉时，在千斤顶出力方向的作业区，应设置明显警示标志，严禁人员进入。

6）不得敲击或振动孔口锚具及其他附件。

7）索头应做好防护。

10.2.9 沉井法施工

（1）沉井施工场地应进行充分碾压，对形成的边坡应做相应的保护。

（2）施工机械尤其是大型吊运设备应在坚实的基础上进行作业。

（3）沉井施工、土石方开挖应符合 10.1 的有关安全要求。混凝土工程应符合 10.4 的有关安全要求。

（4）沉井下沉作业时，在底部垫木抽除过程中，每次抽去垫木后加强仪器观测，发现沉井倾斜时应及时采取措施调整；根据渗水情况，应配备足够的排水设备，挖渣和抽水应紧密配合；为解决沉井内上下交通，每节沉井选一隔仓设斜梯一处，以满足安全疏散及填心需要，其余隔仓内应各设垂直爬梯一道。

（5）沉井下沉到一定深度后，井外邻近的地面可能出现下陷、开裂，应经常检查基础变形情况，及时调整加固起重机的道床。

（6）井顶四周应设防护栏杆和挡板，以防坠物伤人。

（7）起重机械进行吊运作业时，指挥人员与司机应密切联系，井内井外指挥和联系信号要明确。起重机吊运土方和材料靠近沉井边坡行驶时，应对地基稳定性进行检查，防止发生塌陷倾翻事故。

（8）井内石方爆破时，起爆前应切断照明及动力电源，并妥善保护机械设备。爆破后加强通风，排除粉尘和有害气体，清点炮数无误后方准下井清渣。

（9）施工电源（包括备用电源）应能保证沉井连续施工。

（10）井内吊出的石渣应及时运到渣场，以免对沉井产生偏压，造成沉井下沉过程中的倾斜。

（11）对装运石渣的容器及其吊具要经常检查其安全性，渣斗升降时严禁井下人员站在其下方。

（12）沉井挖土应分层、分段，对称、均匀进行，沉井下沉时，操作人员要离开刃脚一定距离，防止突然性下沉造成事故。

10.2.10 深层搅拌法施工

（1）施工场地应平整。当场地表层较硬需注水预搅施工时，应在四周开挖排水沟，并设集水井。排水沟和集水井应经常清除沉淀杂物，保持水流畅通。

（2）当场地过软不利于深层搅拌桩机行走或移动时，应铺设粗砂或碎石垫层。灰浆制备工作棚位置宜使灰浆的水平输送距离在 50m 以内。

（3）机械吊装搅拌桩机、搅拌桩机的桅杆升降安装应参照 10.2.2 的有关安全要求。

（4）深层搅拌时搅拌机的入土切削和提升搅拌负载荷太大及电动机工作电流超过预定值时，应减慢升降速度或补给清水。

10.3 砂石料生产工程

10.3.1 基本安全要求

（1）施工生产区域宜实行封闭管理。主要进出口处应设有明显警示标志和安全文明生产规定，与施工无关的人员不得进入施工区域。在危险作业场所应设有事故报警及紧急疏散通道。

（2）应根据施工组织设计和施工总平面布置图，做好生产区、办公生活区、交通、供用电、供排水等整体布置。生产、生活设施严禁布置在受洪水、山洪、滑坡体及泥石流威胁的区域。

（3）生产施工应执行国家有关环境保护和职业卫生"三同时"制度，即治理污染和治理职业危害的设施应与项目同时设计、同时施工、同时投入生产和使用。

（4）当砂石料料堆起拱堵塞时，严禁人员直接站在料堆上进行处理。应根据料物粒径、堆料体积、堵塞原因采取相应措施进行处理。

（5）生产施工应保持施工现场整洁、道路畅通，及时排查整改事故隐患，定期维护保养施工机械设备，定期维护各种临时设施，做到安全文明组织施工生产。

10.3.2 天然砂石料开采

（1）采砂船、砂驳、趸船码头等设备及设施应按规定进行检查、维护和保养；设备操作应严格符合安全操作规程。

（2）在河道内从事天然砂石料开采，应按照国家和所属水域管理部门有关规定，办理采砂许可证。未取得采砂许可证，不得进行河道砂石料开采作业。

（3）陆上（河滩）或水下开采，应做好水情预报工作，作业区的布置应考虑洪水影响。道路布置及标准，应符合相关规定并满足设备安全转移要求。

（4）陆上砂石料开采的安全要求：

1）应按照批准的范围、期限，限量及技术规范和环保要求组织开采。

2）不得影响通航和航道建设。

3）不得向河道内倾倒或弃置垃圾、废料、污水和其他废弃物。

4）不得破坏防洪堤等设施。

5）不得占用河道做加工、堆料场地。

6）开采废料应及时运往指定地点，不得占用河道堆放。

7）开采边坡角和堆料坡面角不得大于天然砂石料的自然安息角。

8）危险地段、区域应设安全警示标志和防护措施。

9）采砂作业结束后，应按照河道管理的相关规定和技术标准规范执行，及时清理作业现场。

（5）水下砂石料开采的安全要求：

1）从事水下开采及水上运输作业，应按照作业人员数量配备相应的防护、救生设备。作业人员应熟知水上作业救护知识，具备自救互救技能。

2）卸料区应设置能适应水位变化的码头、泊位缆桩以及锚锭等。

3）汛前应做好船只检查，选定避洪停靠地点，以及相应的锚桩、绳索、防汛器材等。

4）不得使用污染环境、落后和已淘汰的船舶、设备和技术。

5）开采作业不得影响堤防、护岸、桥梁等建筑安全和行洪、航运的畅通。

6）应遵守国家、地方有关航运管理规定，服从当地航运及海事部门的管理。

10.3.3 人工砂石料开采

（1）料场布置应按照建设、设计单位确定的范围、设计方案，进行开采施工组织设计，确定开采方案和场地布置方案；现场运输道路、设施、回车场地等应符合"水利水电工程施工现场安全管理"的有关安全要求，并满足施工生产要求；离料场开采边线400m范围内为危险区，该区域严禁布置办公、生活、炸药库等设施。

（2）开工前，应编制施工组织设计，制定安全技术措施，并经监理审核同意后，向施工人员交底实施。

（3）在料场开采过程中，应定期对揭露的地质情况进行检查，发现与原勘探资料不符而危及施工人员、设备安全时，应立即停止作业，并向建设单位报告。开挖过程中，应采取相应的排水、支护和安全监测措施。

（4）采用竖井输送毛料时，应遵循井巷作业的有关规定。

（5）有关毛料开挖的边坡支护安全技术应按10.1的有关安全要求执行，有关毛料开挖爆破、运输安全应按有关安全要求执行。

10.3.4 石料破碎

（1）破碎机应安装在坚固的基础上，基础各部连接螺栓应拧紧，并应定期检查。

（2）严禁破碎机带负荷启动。每次开机前应检查破碎腔，清除残存的块石，确认无误方可开机。破碎机运行区内，严禁非生产人员入内。

（3）破碎机应投料均匀，投料时应清除其他金属物件。工作时，若发现异常情况，应立即停机检查。

（4）破碎机的润滑站、液压站、操作室应配备灭火器。作业人员应熟悉其性能和使用方法。

（5）严禁在破碎机运行时修理设备；严禁打开机器上的观察孔入孔门观察下料情况。

（6）设备检修时应切断电源，在电源启动柜或设备配电室悬挂"有人检修，不许合闸"的警示标志。

（7）在破碎机腔内检查时，应有人在机外监护，并且保证设备的安全锁机构处于锁定位置。

（8）破碎机拆卸前，应将所有液压管道压力释放为零。设备用温差法安装时，应戴保温手套。

（9）机动车辆喂料的破碎机，进料口部位应设置进料平台，进料平台应平整，进料平台与集料斗间应设不低于 0.3m 的挡车装置。

（10）破碎机进料口边缘应设置高度不低于 1.2m 的防护栏杆。

（11）回旋式破碎机、圆锥式破碎机、锤式破碎机、颚式破碎机、立轴式破碎机、棒磨机等设备的工作环境应符合有关安全要求，作业时应严格符合安全技术操作规程。

10.3.5 筛分作业

（1）操作人员应掌握筛分机工作原理和主要技术性能，熟悉筛分机安全技术操作规程。

（2）在筛分楼、给料仓下料口、主机室应设置信号装置，信号包括开机信号、停机信号和紧急停机信号。

（3）筛分车间，每层应设置隔音操作值班室。

（4）筛分机湿式生产时，楼面应设置防漏和排水设施。

（5）筛分机干式生产时，应设置密闭的防尘或吸尘装置。

（6）作业人员应佩戴降噪防尘的防护用品。

（7）开机前应全面检查，确认正常后方可开机。

（8）筛分机与固定设施（入料、排料溜槽及筛下漏斗）的安全距离不得小于 0.08m。人员巡视设备时应至少保持 1m 的距离。人员巡视通道宽度应不小于 1.2m。

（9）严禁在运行时人工清理筛孔。

（10）开机后，发现异常情况应立即停机。

（11）轴承温升不得超过说明书要求值。

（12）机器停用 6 个月及以上时，再使用前应对电气设备进行绝缘试验，对机械部分进行检查保养。所有电动机座、电动机金属外壳应接地或接零。

（13）振动筛的安全要求：

1）启动前应全面检查设备，手转动振动筛偏心轴 3 转，偏心轴、筛子弹簧应灵敏可靠；检查两侧油面高度保持在规定间隙内；检查三角胶带的张紧力和工作装置。

2）启动后，发现运转不平稳、振动频率下降、振幅减小等异常现象时应停机处理。

3）筛子应在无负荷下启动，待筛子运行平稳后，方可开始给料，停机前应先停止给料，待筛面上的物料排净后再停机。

（14）共振筛的安全要求：

1）开机前应做好检查保养工作，确认各部件完好后方可开机。

2）启动后应观测上下筛箱振动是否平稳，各点振幅相差不得超过 2mm，发现异常应停机处理。

3）共振筛运行正常后方可给料，给料应均匀，不得偏载或冲击给料。

4）电动机不得超载运行，发现超过额定电流值时，应停机对振动系统进行检查及调整。

5）运行中发现螺丝松动，螺旋弹簧和板弹簧断裂，橡胶弹簧和缓冲器老化、发热，三角皮带打滑、振动频率下降等现象时，应停机处理。

6）不得重载启动和重载停机。

7）停机后应清除筛网上的余料，清理设备及周围杂物。

10.3.6 连续运输作业

1. 堆取料机械的安全要求

（1）启动前应检查轨道、堆料臂空间，确认正常后方可向主机室发出开机信号。

（2）应确认各部位正常后方可开机。启动后各机构应分别用"手动"试车，待运行正常后，方可投料生产。

（3）摇臂回转角度和变幅升降高度不得超过规定要求，回转、变幅不得同时进行。

（4）行走时应先发出信号，并设专人进行监护。靠近轨道两端应减速行驶，不得驶出限制桩范围，未停稳前不得突然变换行驶方向。

（5）行走轨道应平直，路基应坚实，两轨顶水平误差不得大于3mm，坡度应小于3%。轨道两侧不得堆放杂物，轨道中间应定期清理。

（6）一周时间不生产或遇暴风雨（6级以上大风）时，应将堆料机开到安全地点停放，并固定好夹轨器。

（7）不得重载启动，应待皮带机上石料全部卸完后方可开机。

2. 槽式给料机的安全要求

（1）开机前应做好检查保养工作；用手扳动联轴器或皮带轮，使连杆往复两个循环，无卡死现象方可开机。

（2）装于破碎机上的调节料仓排料口的槽式给料机发生故障时，应立即通知破碎机停止进料。

（3）裸露的传动、转动部位应设有防护罩，检修时应停机。

（4）给料机一侧为固定设施或墙壁时，宜留不小于lm的安全检修距离；两台设备共用一个料仓时，设备间距不宜小于1.5m。

3. 板式给料机的安全要求

（1）开机前应做好检查保养工作，确认机械各部件正常后方可启动。

（2）应在皮带机和其他机械正常运转后启动。

（3）采用自卸汽车入料时，给料机出口端应设置防护链条。

（4）发现堵、卡料时，应停机处理。

4. 圆盘给料机的安全要求

（1）开机前应检查三角皮带的松紧度；检查油箱及轴承润滑油；检查调节手柄是否灵活；清除机内杂物。

（2）开机后应检查各部位轴承、电动机温度；发现不下料和异常情况时，应停机处理；与固定物之间的距离应不小于1m，与受料机的间距应不小于0.3m。

5. 电磁振动给料机的安全要求

（1）开机前，应检查电磁铁线圈有无松动，引出线是否破裂，接地是否完好；悬挂弹簧拉杆或钢丝绳有无断裂，受力是否均匀；电磁铁间隙调整后螺钉是否紧固；经检查确认正常后，方可开机。

（2）开机后，应检查卸料是否均匀，有无堵、卡料现象；振幅是否符合要求，发现异常应停机检查；检查给料量，多台机同时卸料时不应超过皮带机（或其他运输设备）的运输能力。

（3）给料机四周应有不小于1m的安全检修距离，不得接触料仓，漏斗和受料溜槽不得相接触。

（4）给料机电动机与受料部位之间的距离不得小于0.5m。

（5）因石料起拱不能卸料时，应停机处理。

（6）处理堵、卡料时，严禁站在卸料口的正前方。

6. 偏心振动给料机的安全要求

（1）开机前应做好检查保养工作，确认电动机接线头牢固，吊架无断裂，各部螺栓无松动时方可开机。

（2）卸料槽坡度调节应适当，确保下料均匀。

（3）受料仓（斗）放空后应停机，不得空振。

7. 皮带机的安全要求

（1）皮带机运输应按有关安全要求执行。

（2）设计中，应设置统一的开机、停机、紧急停机信号；多条胶带串联时，其停机顺序设置应是从进料至卸料依次停机，开机则相反；夜间作业时，工作场所应有充足的照明；皮带机沿线每100m应至少设置一处横跨天桥，皮带机跨越道路时，应在道路上方设置防护棚。

（3）操作皮带机的人员应熟悉机械的构造和性能，经专业技术、设备安全操作技能培训，持证上岗。

（4）开机前，应检查皮带机上是否有人；检查皮带机上是否有其他杂物；检查各传动部位是否完好；检查各连接部是否牢固，是否有裂纹、变形；检查移动式皮带机的行走轮是否用三角木将前后轮固定。

（5）开机后，应符合下列安全要求：

1）定期观察电动机、变速箱、传动齿轮、轴承轴瓦、联轴器、传动皮带、滚筒、托辊是否有异常声响。发现异常，应及时发出停止送料信号，停机处理。

2）检查皮带松紧度。检查是否有胶带跑偏、打滑、跳动等异常现象，出现异常应及时进行调整处理。处理皮带打滑，严禁往转轮和皮带间塞充填物。

3）严禁跨越或从底部穿越皮带机；严禁在运行时进行修理或清扫作业；严禁运输其他物体。

4）运转中不得进行转动齿轮、联轴器等传动部位的清理和检修。

5）检查加料情况，是否出现加料过多及超径石料压死或卡死皮带现象。

6）运行中不得重车停车（紧急事故除外），遇突然停电，应立即切断电源。

7）停机前应首先停止给料，待皮带上的物料全部卸完后，方可停机。

（6）巡视中，若遇到发生安全事故、胶带撕开或断裂或拉断、皮带被卡死、机架倾斜或倒塌或严重变形、电动机温度过高及冒烟、胶带起火、转动齿轮打坏或转轴折断、机械轴承或轴瓦烧毁、串联运行中的任一皮带机发生故障停机及其他意外事故等情况时应紧急停机。

10.3.7 脱水作业

1. 洗砂机的安全要求

（1）设计时，洗砂机头部及两侧宜设置不小于0.8m宽的人行巡视通道；洗砂机垂直空间的安全检修距离宜不小于2.5m，与左右固定物的间距宜不小于2m；裸露的传动、转动部位应设置防护罩。

（2）开机前，应检查洗砂槽内有无砂石和其他物质，不得重载启动；检查各紧固件是否紧固，三角胶带张紧度是否适宜；检查进料口与出料口、排水沟渠是否通畅；检查确认设备、相关设施完好后方可启动。

（3）开机后，应待洗砂机运转正常后方可投料生产；发现异常情况应及时停机；运行时应避免石料以外的物质接触螺旋轴；待洗砂槽内的砂子输送完毕后方可停机，非紧急情况不得重载停机；不得在运行时进行修理或清扫作业。

2. 沉砂箱的安全要求

（1）配重杠杆摆动应灵敏，各支点刀口无脱出或卡死现象。
（2）沉砂箱内应无杂物，排放阀门启闭应灵活可靠。
（3）配重块应用螺栓固定，不得随意移动。
（4）停机后应将沉砂箱内砂、水放净。

10.4 混凝土工程

10.4.1 基本安全要求

（1）施工前，施工单位应根据相关安全生产规定，按照施工组织设计确定的施工方案、方法和总平面布置，制定行之有效的安全技术措施，报合同指定单位审批并向施工人员交底后，方可施工。

（2）施工中，应加强生产调度和技术管理，合理组织施工程序，尽量避免多层次、多单位交叉作业。

（3）施工现场电气设备和线路（包括照明和手持电动工具等）应绝缘良好，并配备防漏电保护装置；高处作业应严格按"安全防护设施"的有关安全要求执行。

10.4.2 模板作业

1. 木模板施工的安全要求

（1）高处、复杂结构模板的安装与拆除，应按施工组织设计要求进行，应有安全措施。

（2）支、拆模板时，不应在同一垂直面内立体作业，无法避免立体作业时，应设置专项安全防护设施。

（3）上下传送模板，应采用运输工具或用绳子系牢后升降，不得随意抛掷。模板不得支撑在脚手架上。

（4）支模过程中，如需中途停歇，应将支撑、搭头、柱头板等连接牢固。拆模间歇时，应将已活动的模板、支撑等拆除运走并妥善放置。

（5）模板上如有预留孔（洞），安装完毕后应将孔（洞）口盖好。混凝土构筑物上的预留孔（洞），应在拆模后盖好孔（洞）口。

（6）模板拉条不应弯曲，拉条直径不小于14mm，拉条与锚环应焊接牢固。割除外露螺杆、钢筋头时，不得任其自由下落，应采取安全措施。

（7）混凝土浇筑过程中，应设专人负责检查、维护模板，发现变形走样，应立即调整、加固。

（8）拆模时的混凝土强度，应达到现行《水工混凝土施工规范》所规定的强度。

（9）拆除模板时，应有专人指挥，并标出危险区；应实行安全警戒，暂停交通。严禁操作人员站在正拆除的模板上。

2. 钢模板施工的安全要求

（1）安装和拆除钢模板，应参照木模板施工的有关要求。

（2）对拉螺栓拧入螺帽的丝扣应有足够长度，两侧墙面模板上的对拉螺栓孔应平直相对，穿插螺栓时，不得斜拉硬顶。

（3）钢模板应边安装边找正，找正时不得用铁锤猛敲或撬棍硬撬。

（4）高处作业时，连接件应放在箱盒或工具袋中，严禁散放；扳手等工具应用绳索系挂在身上，以免掉落伤人。

（5）组合钢模板装拆时，上下应有人接应，钢模板及配件应随装拆随转运，严禁从高处扔下。中途停歇时，应把活动件放置稳妥，防止坠落。

（6）散放的钢模板，应用箱架集装吊运，不得任意堆捆起吊。

（7）用铰链组装的定型钢模板，定位后应安装全部插销、顶撑等连接件。

（8）架设在钢模板、钢排架上的电线和使用的电动工具，应使用安全电压电源。

3. 大模板施工的安全要求

（1）各种类型的大模板，应按设计制作，每块大模板上应设有操作平台、上下梯道、防护栏杆以及存放小型工具和螺栓的工具箱。

（2）大模板安装就位后，应焊牢拉杆、固定支撑。未就位固定前，不得摘钩，摘钩后不得再行撬动；如需调整撬动时，应重新固定。

（3）在大模板吊运过程中，起重设备操作人员不得离岗。模板吊运过程应平稳流畅，不得将模板长时间悬置空中。

（4）安装和拆除大模板时，吊车司机、指挥、挂钩和装拆人员应在每次作业前检查索具、吊环。吊运过程中，严禁操作人员随大模板起落。

（5）放置大模板前，应进行场内清理。大模板长期存放时应用绳索或拉杆连接牢固。

（6）未加支撑或自稳角不足的大模板，不得倚靠在其他模板或构件上，应卧倒平放。

（7）拆除大模板，应先挂好吊钩，然后拆除拉条和连接件。拆模时，不得在大模板或平台上存放其他物件。

4. 滑动模板施工的安全要求

（1）滑升机具和操作平台，应按照施工设计的要求进行安装。操作平台四周应有防护栏杆和安全网。平台上所设的洞孔，应有标志明显的活动盖板。

（2）操作平台上的施工荷载应均匀对称，严禁超载。操作平台应设置消防、通信和供人上下的设施，雷雨季节应设置避雷装置。

（3）施工电梯，应安装柔性安全卡、限位开关等安全装置，并规定上下联络信号。施工电梯与操作平台衔接处，应设安全跳板，跳板应设扶手或栏杆。

（4）滑升过程中，应每班检查并调整水平、垂直偏差，防止平台扭转和水平位移。应遵守设计规定的滑升速度与脱模时间。

（5）模板拆除应均匀对称，拆下的模板、设备应用绳索吊运至指定地点。平台拆除工作，可参照本节有关规定。

（6）电源配电箱，应设在操纵控制台附近，所有电气装置均应接地。液压系统如出现泄漏时，应停车检修。

（7）冬季施工采用蒸汽养护时，蒸汽管路应有安全隔离设施。暖棚内严禁明火取暖。

5. 钢模台车施工的安全要求

（1）钢模台车的各层工作平台，应设防护栏杆，平台四周应设挡脚板，上下爬梯应有扶手，垂直爬梯应加护圈。

（2）在有坡度的轨道上使用时，台车应配置灵敏、可靠的制动（刹车）装置。

（3）台车行走前，应清除轨道上及其周围的障碍物，台车行走时应有人监护。

6. 混凝土预制模板施工的安全要求

（1）预制场地的选择，场区的平面布置，场内的道路、运输和水电设施，应符合现行 SL 303—2004《水利水电工程施工组织设计规范》的有关安全规定。

（2）预制混凝土的生产与浇筑，参照本节混凝土生产与浇筑的有关安全要求。

（3）预制模板存放时应用撑木、垫木将构件安放平稳。

（4）吊运和安装，参照大模板吊运和安装的有关安全要求。

（5）混凝土预制模板之间的砂浆勾缝，作业人员宜在模板内侧进行。如确需在模板外侧进行时，应遵守高处作业的规定。

10.4.3 钢筋加工作业

1. 钢筋加工的安全要求

（1）钢筋加工场地应平整，操作平台应稳固，照明灯具应加盖网罩。

（2）使用机械调直、切断、弯曲钢筋时，应遵守机械设备的安全技术操作规程。人工绞磨拉直，不得用胸部或腹部去推动绞架杆。

（3）切断铁筋，不得超过机械的额定能力。切断低合金钢等特种钢筋，应用高硬度刀具。机械弯筋时，应根据钢筋规格选择合适的扳柱和挡板。

（4）操作台上的铁屑应在停车后用专用刷子清除，不得用手抹或口吹。调换刀具、扳柱、挡板或检查机器时，应关闭电源。

（5）冷拉钢筋的卷扬机前，应设置防护挡板，没有挡板时，卷扬机与冷拉方向应布置成90°，并采用封闭式导向滑轮。操作者应站在防护挡板后面。

（6）冷拉钢筋前，应检查卷扬机的机械状况、电气绝缘情况、各固定部位的可靠性和夹钳及钢丝绳的磨损情况，如不符合要求，应及时处理或更换。

（7）冷拉钢筋时，夹具应夹牢并露出足够长度，以防钢筋脱出或崩断伤人。冷拉直径20mm以上的钢筋应在专设的地槽内进行，不得在地面进行。机械转动的部分应设防护罩。非作业人员不得进入工作场地。

（8）在冷拉过程中，如出现钢筋脱出夹钳、产生裂纹或发生断裂情况时，应立即停车。冷拉时，沿线两侧各2m范围为特别危险区，人员和车辆不得进入。

（9）钢筋除锈时，宜采取新工艺、新技术，并应采取防尘措施或配戴个人防护用品（防尘面具或口罩）。

2. 钢筋连接的安全要求

（1）采用电焊焊接时，对焊机应指定专人负责，非操作人员严禁操作；电焊焊接人员在操作时，应站在所焊接头的两侧，以防焊花伤人；电焊焊接现场应注意防火，并应配备足够的消防器材。特别是在高仓位及栈桥上进行焊接或气割，应有防止火花下落的安全措施；配合电焊作业的人员应戴有色眼镜和防护手套。焊接时不得用手直接接触钢筋。

（2）采用气压焊焊接时，气压焊的火焰工具、设施，使用和操作应参照气焊的有关规定执行；气压焊作业现场宜设置操作平台，脚手架应牢固，并设有防护栏杆，上下层交叉作业时，应有防护措施；气压焊油泵、油压表、油管和顶压油缸等整个液压系统各连接处不得漏油，应采取措施防止因油管爆裂而喷出油雾，引起燃烧造成爆炸；气压焊操作人员应配戴防护眼镜，高空作业时，应系安全带；工作完毕，应把全部气压焊设备、设施妥善安置，防止留下安全隐患。

（3）采用机械连接时，在操作镦头机时严禁戴长巾、留长发；开机前应对滚压头的滑块、滚轮卡座、导轨、减速机构及滑动部位进行检查并加注润滑油；镦头机应接地，线路的绝缘应良好，且接地电阻不得大于4Ω。

（4）使用热镦头机连接时，压头、压模不得松动，油池中的润滑油面应保持规定高度，确保凸轮充分润滑。压丝扣不得调解过量，调解后应用短钢筋头试镦。操作时，操作人员与压模之间应保持100mm以上的安全距离。工作中螺栓松动时须停机紧固。

（5）使用冷镦头机连接时，应保持冷水畅通，水温不得超过40℃；发现电极不平，卡具不紧，应及时调整更换；搬运钢筋时应防止受伤；作业后应关闭水源阀门；冬季宜将冷却水放出，并且吹净冷却水以防止阀门冻裂。

3. 钢筋运输的安全要求

（1）搬运钢筋时，应注意周围环境，以免碰伤其他作业人员。多人抬运时，应用同一侧肩膀，步调一致，上、下肩应轻起轻放，不得投掷。

（2）由低处向高处（2m以上）人力传送钢筋时，一般每次传送一根。多根一起传送时，应捆扎结实，并用绳子扣牢提吊。传送人员不得站在所送钢筋的垂直下方。

（3）吊运钢筋应绑扎牢固，并设稳绳。钢筋不得与其他物件混吊。吊运中不得在施工人员上方回转和通过，应防止钢筋弯钩钩人、钩物或掉落。吊运钢筋网或钢筋构件前，应检查焊接或绑扎的各个节点，如有松动或漏焊，应经处理合格后方能吊运。起吊时，施工人员应与所吊钢筋保持足够的安全距离。

（4）吊运钢筋，应防止碰撞电线，二者之间应有一定的安全距离。施工过程中，应避免钢筋与电线或焊接导线相碰。

（5）用车辆运输钢筋时，钢筋应与车身绑扎牢固，防止运输时钢筋滑落。

（6）施工现场的交通要道，不得堆放钢筋。需在脚手架或平台上存放钢筋时，不得超载。

4. 钢筋绑扎的安全要求

（1）钢筋绑扎前，应检查附近是否有照明、动力线路和电气设备。如有带电物体触及钢筋，应通知电工拆迁或设法隔离；对在调直变形较大的钢筋时，在高仓位、边缘处作业应系安全带。

（2）在高处、深坑绑扎钢筋和安装骨架，应搭设脚手架和马道。在陡坡及临空面绑扎钢筋，应待模板立好，并与埋筋拉牢后进行，且应设置牢固的支架。

（3）绑扎钢筋和安装骨架，遇有模板支撑、拉杆及预埋件等障碍物时，不得擅自拆除、割断。需要拆除时，应取得施工负责人的同意。绑扎钢筋的铅丝头，应弯向模板面。

（4）起吊钢筋骨架，下方严禁站人，应待骨架降落到离就位点 1m 以内，方可靠近。就位并加固后方可摘钩。

（5）严禁在未焊牢的钢筋上行走。在已绑好的钢筋架上行走时，宜铺设脚手板。

10.4.4　预埋件、打毛和冲洗作业

（1）吊运各种预埋件及止水、止浆片时，应绑扎牢靠，防止在吊运过程中滑落。

（2）一切预埋件的安装应牢固、稳定，以防脱落。

（3）焊接止水、止浆片时，应遵守焊接作业的有关安全技术操作规程。

（4）多人在同一工作面打毛时，应避免面对面近距离操作，以防飞石、工具伤人。不得在同一工作面上下层同时打毛。

（5）使用风钻、风镐打毛时，应遵守风钻、风镐安全技术操作规程。

（6）高处使用风钻、风镐打毛时，应用绳子将风钻、风镐拴住，并挂在牢固的地方。

（7）用高压水冲毛，应在混凝土终凝后进行。风管、水管应安装控制阀，接头应用铅丝扎牢。

（8）使用冲毛机前，应对操作人员进行技术培训，合格后方可进行操作；操作时，应穿戴防护面罩、绝缘手套和长筒胶靴。冲毛时，应防止泥水溅到电气设备或电力线路上。工作面的电线灯头应悬挂在不妨碍冲毛的安全高度。

（9）使用刷毛机刷毛，操作人员应遵守刷毛机的安全操作规程。手推电动刷毛机

的电线接头、电源插座、开关或应有防水措施。自行式刷毛机仓内行驶速度应控制在 8.2km/h 以内。

（10）操作人员在每班作业前应检查刷盘与钢丝束连接的牢固性。一旦发现松动，应及时紧固，以防止钢丝断丝、飞出伤人。

10.4.5 混凝土生产与浇筑作业

1. 混凝土机械设备的安全要求

螺旋输送机、水泥提升机、制冷机、片冰机、混凝土拌和机等机械设备的使用应严格符合其安全操作规程。

2. 混凝土拌和楼（站）的安全要求

（1）混凝土拌和楼（站）机械转动部位的防护设施，应在每班前进行检查。

（2）电气设备和线路应绝缘良好，电动机应接地。临时停电或停工时，应拉闸、上锁。

（3）压力容器应定期进行压力试验，不得有漏风、漏水、漏气等现象。

（4）楼梯和挑出的平台，应设安全护栏；马道板应加强维护，不得出现腐烂、缺损；冬季施工期间，应设置防滑措施以防止结冰溜滑。

（5）楼内粉尘浓度和噪声不得超过国家规定的标准。楼内各层照明设备应充足，各层之间的操作联系信号应准确、可靠。

（6）设备运转时，不得擦洗和清理。严禁头、手伸入机械行程范围以内。

（7）机械、电气设备不得带病和超负荷运行，维修应在停止运转后进行。

（8）检修时，应切断相应的电源、气路，并挂上"有人工作，不准合闸"的警示标志。

（9）进入料仓（斗）、拌和筒内工作，外面应设专人监护。检修时应挂"正在修理，严禁开动"的警示标志。非检修人员不得乱动气、电控制元件。

（10）在料仓或外部高处检修时，应搭脚手架，并应遵守高处作业的有关规定。

（11）消防器材应齐全、良好，楼内不得存放易燃易爆物品，不得明火取暖。

3. 混凝土水平运输的安全要求

（1）用汽车运送混凝土，应符合下列安全要求：

1）运输道路应满足施工组织设计要求。

2）驾驶员应熟悉运行区域内的工作环境，应遵守《中华人民共和国道路交通安全法》和有关规定，应谨慎驾驶，车辆不得超载、超速，不得酒后及疲劳驾车。

3）驾驶室内不得乘坐无关的人员。车辆不得在陡坡上停放，需要临时停车时，应打好车塞，驾驶员不得远离车辆。

4）搅拌车装完料后严禁料斗反转，斜坡路面满足不了车辆平衡时，不得卸料。

5）车辆直接入仓卸料时，卸料点应有挡坎，应有安全距离，应防止在卸料过程中溜车。装卸混凝土的地点，应有统一的联系和指挥信号。

6）自卸车应保证车辆平稳，观察有无障碍后，方可卸车；卸料后大箱落回原位后，方可起驾行驶。自卸车卸料卸不净时，作业人员不得爬上未落回原位的车厢上进行处理。

7）夜间行车，应适当减速，并应打开灯光信号。

（2）采用轨道运输方式、使用机车牵引装运混凝土的车辆，应符合下列安全要求：

1）机车司机应经过专门技术培训，并经过考试合格后方可上岗。

2）装卸混凝土应听从信号员的指挥，运行中应按沿途标志操作运行。信号不清、路况不明时，应停止行驶。

3）通过桥梁、道岔、弯道、交叉路口、复线段会车和进站时应加强瞭望，不得超速行驶。机车通过隧洞前，应鸣笛警示。

4）在栈桥上限速行驶，栈桥的轨道端部应设信号标志和车挡等拦车装置。

5）两辆机车在同一轨道上同向行驶时，均应加强瞭望，特别是位于后面的机车应随时准备采取制动措施，行驶时两车相距不得小于60m；两车同用一个道岔时，应等对方车辆驶出并解除警示后或驶离道岔15m以外双方不致碰撞时，方可驶进道岔。

6）交通频繁的道口，应设专人看守道口两侧，应设移动式落地栏杆等装置防护，危险地段应悬挂"危险"或"禁止通行"警示标志，夜间应设红灯示警。

7）机车和调度之间应有可靠的通信联络，轨道应定期进行检查。

（3）溜槽（桶）入仓，应符合下列安全要求：

1）溜槽搭设应稳固可靠，架子应满足安全要求，使用前应经技术与安全部门验收。溜槽旁应搭设供巡查、清理人员行走的马道与护栏。

2）溜槽坡度最大不宜超过60°。超过60°时，应在溜槽上加设防护罩（盖），以防止骨料飞溅。

3）溜筒使用前，应逐一检查溜筒、挂钩的状况。磨损严重时，应及时更换，溜筒宜采用钢丝绳、铅丝或麻绳连接牢固。

4）用溜槽浇筑混凝土，下料前，在得到下方作业人员同意下料信号后方可下料。溜槽下部人员应与下料点有一定的安全距离，以避免骨料滚落伤人。溜槽使用过程中，溜槽底部不得站人。

5）下料溜筒被混凝土堵塞时，应停止下料，及时处理。处理时应在专设爬梯上进行，不得在溜筒上攀爬。

6）搅拌车下料应均匀，自卸车下料应有受料斗，卸料口应有控制设施。垂直运输设备下料时不得使用蓄能罐，应采用人工控制罐供料，卸料处宜有卸料平台。

7）北方地区冬季，不宜使用溜槽（筒）方式入仓。

（4）混凝土泵输送入仓，应符合下列安全要求：

1）混凝土泵应设置在平整、坚实、具有重型车辆行走条件的地方，应有足够的场地保证混凝土供料车的卸料与回车。混凝土泵的作业范围内，不得有障碍物、高压电线。

2）安置混凝土泵车时，应将其支腿完全伸出，并插好安全销。在软弱场地应在支腿下垫枕木，以防止混凝土泵的移动或倾翻。

3）混凝土输送泵管架设应稳固，泵管出料口不应直接正对模板、泵头直接软管或弯头。应按照混凝土泵使用安全规定进行全面检查，符合要求后方可运转。

4）溜槽、溜管给泵卸料时应有信号联系，垂直运输设备给泵卸料时宜设卸料平台，不得采用混凝土蓄能罐直接给料。卸料应均匀，卸料速度应与泵输出速度相匹配。

5）设备运行人员应遵守混凝土泵安全操作规程，供料过程中泵不得回转，进料网不得拆卸，不得将棉纱、塑料等杂物混入进料口，不得用手清理混凝土或堵塞物。混凝土输送管道应定期检查（特别是弯管和锥形管等部位的磨损情况），以防爆管。

6）当混凝土泵出现压力升高且不稳定、油温升高、输送管有明显振动等现象，致使泵送困难时，应立即停止运行，并采取措施排除。检修混凝土泵时，应切断电源并有人监护。

7）混凝土泵运行结束后，应将混凝土泵和输送管清洗干净。在排除堵塞物、重新泵送或清洗混凝土泵前，混凝土泵的出口应朝安全方向，以防堵塞物或废浆高速飞出伤人。

（5）塔（顶）带机入仓，应符合以下安全要求：

1）塔带机和皮带机的输送系统基础应做专门的设计。应依照塔带机和皮带机的维护保养周期表，做好定期润滑、清理、检查及调试工作。

2）塔带机的运行与维护人员，须经专门技术培训，了解本机构造性能，熟悉操作方法、保养规程和起重作业信号规则，具有相当熟练的操作技能，经考试合格后，方可独立上岗。

3）报话指挥人员，应熟悉起重安全知识和混凝土浇筑、布料的基本知识，做到指挥果断、吐词清晰、语言规范。

4）机上应配备相应的灭火器材，工作人员应会正确地检查和使用。机上严禁使用明火，检修需焊、割时，周围应无可燃物，并有专人监护。当发现火情时，应立即切断电源，用适当的灭火器材灭火。

5）塔带机运行时，与相邻机械设备、建筑物及其他设施之间应有足够的安全距离，无法保证时应采取安全措施。司机应谨慎操作，接近障碍物前减速运行，指挥人员应严密监视。

6）当作业区的风速有可能连续10min达14m/s左右或大雾、大雪、雷雨时，应暂停布料作业，将皮带机上混凝土卸空，并转至顺风方向。当风速大于20m/s时，暂停进行布料和起重作业，并应将大臂和皮带机转至顺风方向，把外布料机置于支架上。

7）塔带机和皮带机输送系统各主要部位作业人员，不得缺岗。塔带机在塔机工况下进行起重作业时，应遵守起重作业的安全操作规程。严禁在运转过程中，对各转动部位进行检修或清理工作。

8）开机前，应检查设备的状况以及人员的到岗等情况。如果正常，应按铃5s以上示警后，方可开机。停机前，应把受料斗、皮带上的混凝土卸完，并清洗干净。

（6）胎带机入仓，应符合以下安全要求：

1）设备放置位置应稳定、安全，支撑应牢固、可靠。设备从一个地点转移到另一个地点，折叠部分和滑动部分应放回原位，并定位锁紧。不得超速行驶。

2）驾驶、运行、操作与维修人员，须经技术培训，了解本机构造性能，熟悉驾驶规定、操作方法、保养规程和作业信号规则，具有相当熟练的操作技能，经考核合格后，方可操作，严禁无证上岗。

3）在伸展配重臂和伸缩臂之前，应撑开承力支腿。在胎带机支腿撑开之前，胎带机应处于"行走状态"（伸缩臂和配重臂都缩回）。

4）伸缩式皮带机和给料皮带机不得同时启动，辅助动力电动机和主发动机不得同时启动，以免发电机过载。

5）胎带机各部位回转或运行时，各部位应有人监护、指挥。胎带机输送机的各部分应与电源保持一定的距离。

6）应避免皮带重载启动。皮带启动前应按铃5s以上示警。

7）一旦有危险征兆（包括雷、电、暴雨等）出现，应即刻中断胎带机的运行。正常停机前，应把受料斗内、皮带上的混凝土卸完，并清洗干净。

（7）布料机入仓，应符合以下安全要求：

1）布料机应布置在平整、基础牢固的场地上，安装、运行时应遵守该设备的安全操作技术规程。

2）布料机覆盖范围内应无障碍物、高压线等危险因素的影响。

3）布料机的操作控制柜（台）应布置在布料机附近的安全位置，电缆布置应规范、整齐。

4）布料机下料时，振捣人员应与下料处保持一定距离。待布料机旋转离开后，方可振捣混凝土。

5）布料机在伸缩或在旋转过程中，应有专人负责指挥。皮带机正下方不得有人活动，以免骨料掉下伤人。

4. 混凝土垂直运输的安全要求

（1）无轨移动式起重机（轮胎式、履带式）垂直运输，应符合下列安全要求：

1）操作人员应身体健康，无精神病、高血压、心脏病等疾病。

2）操作人员应经过专业技术培训，经考试合格后持证上岗，并熟悉所操作设备的机械性能及相关要求，遵守无轨移动式起重机的安全操作规程。

3）轮胎式起重机应配备上盘、下盘司机各1名。作业中，司机不得从事与操作无关的事情或闲谈。

4）应保证起重机内部各零件、总成的完整。起重机上配备的变幅指示器、重量限制器和各种行程限位开关等安全保护装置不得随意拆封，不得以安全装置代替操作机构进行停车。

5）夜间浇筑时，机上及工作地点应有充足的照明。

6）轮胎式起重机在公路上行驶时，应执行汽车的行驶规定。

7）轮胎式起重机进入作业现场，应检查作业区域和周围的环境。应放置在作业点附近平坦、坚实的地面上，支腿应用垫木垫实。作业过程中不得调整支腿。

8）变幅应平稳，不得猛起臂杆。臂杆可变倾角不得超过制造厂家的安全规定值；

如无规定时，最大倾角不得超过78°。

9）应定期检查起吊钢丝绳及吊钩的状况，如果达到报废标准，应及时更换。

10）遇上六级及以上大风或雷雨、大雾天气，应停止作业。

（2）轨道式（固定式）起重机（门座式、门架式、塔式、桥式）垂直运输，应符合下列安全要求：

1）轨道式（固定式）起重机的轨道基础应做专门的设计，并应满足相应型号设备的安全技术要求。轨道两端应设置限位装置，距轨道两端3m外应设置碰撞装置。轨道坡度不得超过1/1500，轨距偏差和同一断面的轨面高差均不得大于轨距的1/1500，每个季度应采用仪器检查一次。轨道应有良好的接地，接地电阻不得大于4Ω。

2）司机应身体健康，经体检合格，证明无心脏病、高血压、精神病等疾病，并具备高空作业的身体条件。须经专门技术训练，了解机械设备的构造性能，熟悉操作方法、保养规程和起重工作的信号规则，具有相当熟练的操作技能，并经考试合格后持证上岗。

3）新机安装或搬迁、修复后投入运转时，应按规定进行试运转，经检查合格后方可正式使用。变幅指示器应灵活、准确。

4）起吊物件的重量不得超过本机的额定起重量，严禁斜吊、拉吊和起吊埋在地下或与地面冻结以及被其他重物卡压的物件。

5）设备安装各个结构部分的螺栓扭紧力短应达到设备规定的要求。焊缝外观及无损检测应满足规范要求。搭机的连接销轴应安装到位并装上开口销。

6）各电气安全保护装置应处于完好状态。高压开关柜前应铺设橡胶绝缘板。电气部分发生故障，应由专职电工进行检修，维修使用的工作灯电压应在36V以下。各保险丝（片）的额定容量不得超过规定值，不得任意加大，不得用其他金属丝（片）代替。

7）当气温低于零下15℃或遇雷雨、大雾和六级以上大风时，不得作业。大风前，吊钩应升至最高位置，臂杆落至最大幅度并转至顺风方向，锁住回转制动踏板，台车行走轮应采用防爬器卡紧。

8）起重机不得吊运人员和易燃、易爆等危险物品。机上严禁用明火取暖，用油料清洗零件时不得吸烟。废油及擦拭材料不得随意泼洒。机上应配置合格的灭火装置。电气失火时，应立即切断有关电源，用绝缘灭火器进行灭火。

9）司机应听从指挥人员（信号员）指挥，得到信号后方可操作。操作前应鸣号，发现停车信号（包括非指挥人员发出的停车信号）应立即停车。司机饮酒后和非本机司机均不得登机操作。

10）两台臂架式起重机同时运行时，应有专门人员负责协调，以免臂杆相碰。夜间工作，机上及作业区域应有足够的照明，臂杆及竖塔顶部应有警戒信号灯。

11）设备应配置备用电源或其他的应急供电方式，以防起重机在浇筑过程中突然断电而导致吊罐停留在空中。

12）设备安装完毕后应每隔2~3年重新刷漆保护一次，以防金属结构锈蚀破坏。

13）各设备的运行区域应遵守所在施工现场的安全管理规定及其他安全要求。

（3）缆机（平移式、辐射式、摆塔式）垂直运输，应符合下列安全要求：

1）缆机轨道基础应做专门的设计，并应满足相应型号设备的安全技术要求。轨道两端应设置限位器。

2）司机应经过专门技术培训，熟练掌握操作技能，熟悉本机性能、构造和机械、电气、液压的基本原理及维修要求，经考试合格，取得起重机械操作证，持证上岗。严禁酒后或精神、情绪不正常的人员上机工作。

3）工作时应精力集中，听从指挥，不得擅离岗位，不得从事与工作无关的事情，不得用机上通信设备进行与施工无关的通话。

4）机上的各种安全保护装置，应配置齐全并保持完好，如有缺损，应及时补齐、修复，否则，不得投入运行。应定期做好缆机的润滑、检查及调试、保养工作。

5）严禁从高处向下丢抛工具或其他物品，不得将油料泼洒在塔架、平台及机房地面上。高空作业时，应将工具系牢，以免坠落。

6）司机应与地面指挥人员协同配合，听从指挥人员信号。但对于指挥人员违反安全操作规程和可能引起危险、事故的信号及多人指挥，司机应拒绝执行。

7）起吊重物时，应垂直提升，严禁倾斜拖拉。不得在被吊重物的下部或侧面另外吊挂物件。严禁超载起吊和起吊埋在地下的重物，不得采用安全保护装置来达到停车的目的。

8）夜间照明不足或看不清吊物或指挥信号不清的情况下，不得起吊重物。

（4）吊罐入仓，应符合下列安全要求：

1）使用吊罐前，应对钢丝绳、平衡梁（横担）、吊锤（立罐）、吊耳（卧罐）、吊环等起重部件进行检查，如有破损，严禁使用。

2）吊罐的起吊、提升、转向、下降和就位，应听从指挥。指挥人员应由受过训练的熟练工人担任，指挥人员应持证上岗。指挥信号应明确、准确、清晰。

3）起吊前，指挥人员应得到两侧挂罐人员的明确信号，才能指挥起吊；起吊时应慢速，并应吊离地面 300～500mm 时进行检查，在确认稳妥可靠后，方可继续提升或转向。

4）吊罐吊至仓面，下落到一定高度时，应减慢下降、转向，并避免紧急刹车，以免晃荡撞击人体。应防止吊罐撞击模板、支撑、拉条和预埋件等。吊罐停稳后，人员方可上罐卸料，卸料人员卸料前应先挂好安全带。

5）吊罐卸完混凝土，应随即关好斗门，并将吊罐外部附着的骨料、砂浆等清除后，方可吊离。摘钩吊罐放回平板车时，应缓慢下降，对准并旋转平衡后方可摘钩；对于不摘钩吊罐放回时，挡壁上应设置防撞弹性装置，并应及时清除搁罐平台上的积渣，以确保罐的平稳。

6）吊罐正下方严禁站人。吊罐在空中摇晃时，不得扶拉。吊罐在仓内就位时，不得斜拉硬推。

7）应定期检查、维修吊罐，立罐门的托辊轴承、卧罐的齿轮，应定期加油润滑。

罐门把手、振动器固定螺栓应定期检查紧固，防止松脱坠落伤人。

8）当混凝土在吊罐内初凝，不能用于浇筑时，可采用翻罐方式处理废料，但应采取可靠的安全措施，并有带班人在场监护，以防发生意外。

9）吊罐装运混凝土，严禁混凝土超出罐顶，以防坍落伤人。严禁罐下串吊其他物件。

10）气动罐、蓄能罐卸料弧门拉绳不宜过长，并应在每次装完料、起吊前整理整齐，以免吊运途中挂上其他物件而导致弧门打开，引起事故。

5. 混凝土浇筑的安全要求

（1）浇混凝土前，应全面检查仓内排架、支撑、拉条、模板及平台、漏斗、溜筒等是否安全可靠。

（2）仓内人员上下应设爬梯，不得从模板或钢筋网上攀登。仓内脚手架、支撑、钢筋、拉条、埋设件等不得随意拆除、撬动，如果需要拆除、撬动时，应经施工负责人同意。

（3）平台上所预留的下料孔，不用时应封盖。平台除出入口外，四周均应设置栏杆和挡脚板。

（4）吊罐卸料时，仓内人员应注意避开，不得在吊罐正下方停留或工作。接近下料位置时，应减慢下降速度。

（5）下料溜筒被混凝土堵塞时，应停止下料，立即处理。处理时不得直接在溜筒上攀登。

（6）平仓振捣时，仓内作业人员应思想集中，互相关照。浇筑高仓位时，应防止工具和混凝土骨料掉落仓外，不得将大石块抛向仓外，以免伤人。

（7）在平仓振捣过程中，应观察模板、支撑、拉筋是否变形。如发现变形有倒塌危险时，应立即停止工作，并及时报告有关指挥人员。

（8）使用大型振捣器和平仓机时，不得碰撞模板、拉条、钢筋和预埋件，以防变形、倒塌。不得将运转中的振捣器放在模板或脚手架上。

（9）使用电动振捣器，应有触电保护器或接地装置。搬移振捣器或中断工作时，应切断电源。湿手不得接触振捣器电源开关，振捣器的电缆不得破皮漏电。

（10）吊运平仓机、振捣臂、仓面吊等大型机械设备时，应检查吊索、吊具、吊耳是否完好，吊索角度是否适当。

（11）电气设备的安装、拆除或在运转过程中的故障处理，均应由电工进行。

（12）冬季仓内用明火保温时，应明确专人管理，谨防失火。

6. 混凝土保护与养护的安全要求

（1）混凝土表面保护应符合下列安全要求：

1）在混凝土表面保护工作的部位，作业人员应精力集中，佩戴安全防护用品。

2）混凝土立面保护材料应与混凝土表面贴紧，并用压条压接牢靠，以防风吹掉落伤人。采用脚手架安装、拆除时，应符合脚手架安全技术规程的规定；采用吊篮安装、拆除时，应符合吊篮安全技术规程的规定。

3）混凝土水平面的保护材料应采用重物压牢，防止风吹散落。

4）竖向井（洞）孔口应先安装盖板，然后方可覆盖柔性保护材料，并应设置醒目的警示标志。

5）水平洞室等孔洞进出口悬挂的柔性保护材料应牢靠，并应方便人员和车辆的出入。

6）混凝土保护材料不宜采用易燃品，在气候干燥的地区和季节，应做好防火工作。

（2）混凝土养护应符合下列安全要求：

1）养护用水不得喷射到电线和各种带电设备上。移动电线等带电体时，应戴绝缘手套，穿绝缘鞋。养护水管应随用随关，不得使交通道转梯、仓面出入口、脚手架平台等处有长流水。

2）在养护仓面上遇有沟、坑、洞时，应设明显的安全标志，必要时铺设安全网或设置安全栏杆，严禁在施工作业人员不易站稳的位置进行洒水养护作业。

3）采用化学养护剂、塑料薄膜养护时，接触易燃有毒材料的人员，应佩戴相关防护用品，并做好防护工作。

10.4.6 水下混凝土作业

（1）设计工作平台时，除考虑工作荷重外，还应考虑溜管、管内混凝土以及水流和风压影响的附加荷重。工作平台应牢固、可靠。

（2）上下层同时作业时，层间应设防护挡板或其他隔离设施，以确保下层工作人员的安全。各层的工作平台应设防护栏杆。各层之间的上下交通梯子应搭设牢固，并应设有扶手。

（3）溜管节与节之间，应连接牢固，其顶部漏斗及提升钢丝绳的连接处应用卡子加固。钢丝绳应有足够的安全系数。

（4）混凝土溜管底的活门或铁盘，应防止突然脱落而失控开放，以免溜管内的混凝土骤然下降，引起溜管突然上浮。向漏斗卸混凝土时，应缓慢开启弧门，适当控制下料速度。

10.4.7 碾压混凝土作业

（1）碾压混凝土铺筑前，应全面检查仓内排架、支撑、拉条、模板等是否安全可靠。

（2）自卸汽车入仓时，入仓口道路宽度、纵坡、横坡以及转弯半径应符合所选车型的性能要求。洗车平台应做专门的设计，应满足有关的安全规定。自卸汽车在仓内行驶时，车速应控制在5.0km/h以内。

（3）采用真空溜管入仓时，真空溜管应做专门的设计，包括受料斗、下料口、溜管管身、出料口以及各部分的支撑结构，并应满足有关的安全规定；溜管的支撑结构应与边坡锚杆焊接牢靠，不得采用铅丝绑扎；出料口应设置垂直向下的弯头，以防碾压混凝土料飞溅伤人；真空溜管盖带破损修补或者更换时，应遵守高处作业的安全规定。

（4）采用皮带机入仓时应按照混凝土水平运输的有关要求。

（5）卸料与摊铺的安全要求：

1）仓号内应派专人指挥、协调各类施工设备。指挥人员应采用红、白旗和口哨发出指令。应由施工经验丰富、熟悉各类机械性能的人员担任指挥人员。

2）采用自卸卡车直接进仓卸料时，宜采用退铺法依次卸料；应防止在卸料过程中溜车，应使车辆保证一定的安全距离。自卸车在起大箱时，应保证车辆平稳并观察有无障碍后，方可卸车。卸完料，大箱落回原位后，方可起步行驶。

3）采用吊罐入仓时，卸料高度不宜大于1.5m，并应遵守吊罐入仓的安全规定。

4）搅拌车运送入仓时，仓内车速应控制在5.0km/h以内，距离临空面应有一定的安全距离，卸料时不得用手触摸旋转中的搅拌筒和随动轮。

5）多台平仓机在同一作业面作业时，前后两机相距不应小于8m，左右相距应大于1.5m；两台平仓机并排平仓时，两平仓机刀片之间应保持200～300mm间距。平仓前进应以相同速度直线行驶；后退时，应分先后，防止互相碰撞。

6）平仓机上下坡时，其爬行坡度不得大于20°；在横坡上作业，横坡坡度不得大于10°；下坡时，宜采用后退下行，严禁空挡滑行，必要时可放下刀片做辅助制动。

（6）碾压作业的安全要求：

1）振动碾机型的选择，应考虑碾压效率、起振力、滚筒尺寸、振动频率、振幅、行走速度、维护要求和运行的可靠性和安全性。振动碾的行走速度应控制在1.0～1.5km/h以内。建筑物的周边部位，应采用小型振动碾压实。

2）振动碾前后左右无障碍物和人员时方可启动。变换振动碾的前进或后退方向应待滚轮停止后进行。不得利用换向离合器作制动用。

3）起振和停振应在振动碾行走时进行；在已凝混凝土面上行走，不得振动；换向离合器、起振离合器和制动器的调整，应在主离合器脱开后进行，不得在急转弯时用快速挡；不得在尚未起振情况下调节振动频率。

4）两台以上振动碾同时作业时，其前后间距不得小于3m；在坡道上纵队行驶时，其间距不得小于20m。上坡时变速，应在制动后进行；下坡时不得空挡滑行。

（7）碾压混凝土在养护过程中，当仓面采用柱塞泵喷雾器等设备保持湿润时，应遵守相关安全技术规定；应对电线和各种带电设备采用防水措施进行保护；其他养护应参照《混凝土保护与养护》的有关安全要求。

10.4.8 季节施工作业

（1）冬季施工应做好防冻、保暖和防火工作；遇有霜雪，施工现场的脚手板、斜坡道和交通要道应及时清扫，并应有防滑措施。

（2）夏季施工作业可适当调整作息时间，不宜加班加点，防止职工疲劳过度和中暑；在施工现场和露天作业场所，应搭设简易休息凉棚。生产车间应加强通风，并配备必要的降温设施。

10.5　沥青混凝土

10.5.1　沥青混凝土制备

（1）沥青运输的安全要求：

1）液态沥青宜采用液态沥青车运送，用泵抽送热沥青进出油罐时，工作人员应避让；向储油罐注入沥青时，当浮标指标达到允许最大容量时，应立即停止注入；满载运行时，遇有弯道、下坡时应提前减速，避免紧急制动；油罐装载不满时，应始终保持中速行驶。

2）采用吊耳吊装桶装沥青时，吊装作业应有专人指挥，沥青桶的吊索应绑扎牢固；吊起的沥青桶不得从运输车辆的驾驶室上空越过，并应稍高于车厢板，以防碰撞；吊臂旋转半径范围内不得站人；沥青桶未稳妥落地前，不得卸、取吊绳。

3）人工装卸桶装沥青时，运输车辆应停放在平坡地段，并拉上手闸；跳板应有足够的强度，坡度不应过陡；放倒的沥青桶经跳板向上（下）滚动装（卸）车时，应在露出跳板两侧的铁桶上各套一根绳索，收放绳索时要缓慢，并应两端同步上下；人工运送液态沥青，盛装量不得超过容器的 2/3，不得采用锡焊桶装运沥青，并不得两人抬运热沥青。

（2）沥青储存的安全要求：

1）沥青应储存于库房或者料棚内，露天堆放时应放在阴凉、干净、干燥处，并应搭设席棚或者用帆布遮盖，以免雨水、阳光直接淋晒而影响环保，并应防止砂、石、土等杂物混入。桶装沥青应立放稳妥，以免流失破坏环境。

2）储存沥青的仓库或者料棚以及露天存放处，应远离火源，应与其他易燃物、可燃物、强氧化剂隔离保管，应有防火设施。防火设备应采用性能相宜的灭火器或砂土等，不得用水喷洒，以免热液流散而扩大火灾范围。储存处严禁吸烟。

（3）沥青、骨（填）料加热及拌制系统布置，应布置在人员较少、场地空旷的地方；产量较大的拌和设备，应设置除尘设施；宜布置在工程爆破危险区之外，远离易燃品仓库，不受洪水威胁，排水条件良好；应尽可能设在坝区的下风处，以利于坝区的环境；应远离生活区，以利于防火及环境。

（4）沥青预热的安全要求：

1）蒸汽加温沥青时，蒸汽管道应连接牢固，妥善保护，在人员易触及的部位，应用保温材料包扎。锅炉运行应遵守锅炉的相关安全规定。

2）太阳能油池上面的工作梯应具有防滑措施，非作业人员不得攀爬。

3）使用远红外加热沥青时，使用前应检查机电设备和短路过载保护装置是否良好，电气设备有无接地，确认符合要求后方可合闸作业；沥青油泵应进行预热，当用手能转动联轴器时，方可启动油泵送油。输油完毕后应将电动机反转，使管道中余油流回锅内，并应立即用柴油清洗沥青泵及管道。清洗前应关闭有关阀门，防止柴油流入油锅。

4）导热油加热沥青，应符合下列安全要求：

a. 加热炉使用前应进行耐压试验，试验压力应不低于额定工作压力的 2 倍。导热油的管道应有防护设施。

b. 对加热炉及设备应做全面检查，各种仪表应齐全完好。泵、阀门、循环系统和安全附件应符合技术要求，超压、超温报警系统应灵敏可靠。

c. 应经常检查循环系统有无渗漏、振动和异声，定期检查膨胀箱的液面是否超过规定，自控系统的灵敏性和可靠性是否符合要求，并应定期清除炉管及除尘器内的积灰。

（5）明火熬制沥青的安全要求：

1）锅灶设置：支搭的沥青锅灶，应距建筑物至少 30m，距电线垂直下方 10m 以上。周围不得有易燃易爆物品，并应备锅盖、灭火器等防火用具；沥青锅上方搭设的防雨棚，不得使用易燃材料；沥青锅的前沿（有人操作的一面）应高出后沿 100mm 以上，并高出地面 0.8~1.0m；舀、盛热沥青的勺、桶、壶等不得锡焊。

2）沥青预热：打开沥青桶上大小盖。当只有一个桶盖时，应在其相对方向另开一孔，以便沥青顺畅流出。桶内如有积水应先予排除；操作人员应注意沥青突然喷出，如发现沥青从桶的砂眼中喷出，应在桶外的侧面铲以湿泥涂封，不得用手直接涂封；加热中如发现沥青桶口堵塞时，操作人员应站在侧面用热铁棍疏通；加热时应用微火，不得用大火猛烤；卧桶加热的油槽应搭设牢固。流向储油锅的通道要畅通。

3）沥青熬制：油锅内不得有水和杂物，沥青投入量不得超过锅容积的 2/3，大块沥青应改小，并装在铁丝瓢内下锅。不得直接向锅内抛掷；预热后的沥青宜用溜槽流下沥青锅；如用油桶直接倒入沥青锅时，桶口应尽量放低，防止被热沥青溅伤；在熬制沥青时，如发现锅泄漏，应立即熄灭炉火；舀沥青时应用长柄勺，并要经常检查其连接是否牢固；沥青脱水应缓慢加热，经常搅动，不得猛火导致沥青溢锅；如发现有漫出迹象时，应立即熄灭炉火；作业人员应随时掌握油温变化情况，当白色烟转为红、黄色烟时，应立即熄灭炉火；作业现场临时堆放的沥青及燃料不应过多，堆放位置距沥青锅炉应在 5m 以外。

（6）骨（填）料加热、筛分及储存的安全要求：

1）骨料的烘干、加热应采用内热式加热滚筒进行，不得用手触摸运行中的加热滚筒及其驱动导轮。

2）加热后的骨料温度高约 200℃，进行二次筛分时，作业人员应采取防高温、防烫伤的安全措施；卸料口处应加装挡板，以免骨料溅出。

3）填料采用红外线加热器进行加热时，使用前应检查机电设备和短路过载保安装置是否良好，电气设备有无接地，确认符合要求后方可合闸作业。

4）骨（填）料储存仓周围应安装保温隔热材料，仓顶应安装防护栏杆、警示标志等安全设施。

（7）沥青混合料拌和设备操作的安全要求：

1）作业前，热料提升斗、搅拌器及各种称斗内不得有存料。

2）配有湿式除尘系统的拌和设备，其除尘系统的水泵应完好，并保证喷水量稳定且不中断。

3）卸料斗处于地下底坑时，应防止坑内积水淹没电器元件。

4）拌和机启动、停机，应按规定程序进行；点火失效时，应及时关闭喷燃器油门，待充分通风后再行点火。需要调整点火时，应先切断高压电源。

5）采用液化气加热时，系统应有减压阀及压力表。燃烧器点燃后，应关闭总阀门。

6）连续式拌和设备的燃烧器熄火时应立即停止喷射沥青；当烘干拌和筒着火时，应立即关闭燃烧器鼓风机及排风机，停止供给沥青，再用含水量高的细骨料投入烘干拌和筒，并应在外部卸料口用干粉或泡沫灭火器进行灭火。

7）关机后应清除皮带上、各供料斗及除尘装置内外的残余积物，并清洗沥青管道。

（8）运转过程中，如发现有异常情况，应报告机长并及时排除故障。停机前应先停止进料，等各部位（拌鼓、烘干筒等）卸完料后，方可停机。再次启动时，不得带负荷启动。

（9）搅拌机运行中，人员不得靠近各种运转机构，不得使用工具伸入滚筒内掏挖或清理。如需要清理时应停机。如需人员进入搅拌鼓内工作时，鼓外应有人监护。

（10）料斗升起时，不得有人在斗下工作或通过。检查料斗时应将保险链挂好。

（11）拌和站机械设备经常检查的部位应设置爬梯。采用皮带机上料时储料仓应加防护设施。

10.5.2 面板、心墙施工

（1）乳化（稀释）沥青加工采用易挥发性溶剂时，宜将熔化的沥青以细流状缓缓加入溶剂中，沥青温度控制在100℃左右，防止溅出伤人，并应特别注意防火。

（2）沥青洒布机作业的安全要求：

1）工作前应将洒布机车轮固定，检查高压胶管与喷油管连接是否牢固，油嘴和节门是否畅通，机件有无损坏。检查确认完好后，再将喷油管预热，安装喷头，经过在油箱内试喷后，方可正式喷洒。

2）装载热沥青的油桶应坚固不得漏油，其装油量应低于桶口100mm；向洒布机油箱注油时，油桶应靠稳，在箱口缓慢向下倒，不得猛倒。喷洒时，如发现喷头堵塞或其他故障，应立即关闭阀门，修理完好后再行作业。

3）喷洒沥青时，手握的喷油管部分应加缠旧麻袋或石棉绳等隔热材料。操作时，喷头严禁向上。喷头附近不得站人，不得逆风操作。

4）移动洒布机，油箱中的沥青不得过满。压油时，速度应均匀，不得突然加快。喷油中断时，应将喷头放在洒布机油箱内，固定好喷管，不得滑动。

（3）人工拌和作业应使用铁壶或长柄勺倒油，壶嘴或勺口不应提得过高，防止热油溅起伤人。

（4）沥青混凝土运输作业的安全要求：

1）采用自卸汽车运输时，大箱卸料口应加挡板（运输时挡板应拴牢），顶部应盖防雨布；运输道路应满足施工组织设计的要求。

在社会公共道路上行驶时，驾驶员应严格遵守《道路交通安全法》和有关规定，驾驶员应熟悉运行区域内的工作环境，不得酒后、超速、超载及疲劳驾驶车辆。

2）在斜坡上的运输，宜采用专用斜坡喂料车；当斜坡长度较短或者工程规模较小时，可由摊铺机直接运料，或者用缆索等机械运输，但均应遵守相应机械设备的安全技术规定。

3）少量部位采用人工运料时，应穿防滑鞋，坡面应设防滑梯。

4）斜坡上沥青混凝土面板施工应设置安全绳或其他防滑措施。施工机械由坝顶下放至斜坡时，应有安全措施，并建立安全制度。对牵引机械（可移式卷扬台车、卷扬机等）和钢丝绳、刹车等，应经常检查、维修。卷扬机应锚定牢固，防止倾覆。

（5）沥青混合料摊铺作业的安全要求：

1）驾驶台及作业现场应视野开阔，清除一切有碍工作的障碍物。作业时无关人员不得在驾驶台上逗留。驾驶员不得擅离岗位。

2）沥青混合料应自下至上进行摊铺。

3）运料车向摊铺机卸料时，应协调动作，同步行进，防止互撞。

4）换挡应在摊铺机完全停止时进行，不得强行挂挡和在坡道上换挡或空挡滑行。

5）熨平板预热时，应控制热量，防止因局部过热而变形。加热过程中，应有专人看管。

6）驾驶力求平稳，熨平装置的端头与障碍物边缘的间距不得小于100mm，以免发生碰撞。

7）用柴油清洗摊铺机时，不得接近明火。

8）沥青混合料宜采用汽车配保温料罐运输，由起重机吊运卸入模板内或者由摊铺机自身的起重机吊运卸入摊铺机内。应严格遵守起重机的安全技术规定。

9）由起重机吊运卸入模板内的沥青混凝土，应由人工摊铺整平，应有防高温、防烫伤措施。

10）在已压实的心墙上继续铺筑前，应采用压缩空气喷吹清除（风压0.3～0.4MPa）。清理干净结合面时，应严格遵守空气压缩机的安全技术规定。如喷吹不能完全清除，可用红外线加热器烘烤黏污面，使其软化后铲除，应遵守红外线加热器的安全技术规定。

11）采用红外线加热器加热，沥青混凝土表面温度低于70℃时，应遵守红外线加热器的安全技术规定。采用火滚或烙铁加热时，应使用绝热或隔热手把操作，并应戴手套以防烫伤，不得在火滚滚筒上面踩踏。滚筒内的炉灰不得外泄，工作完毕炉灰应用水浇灭后运往弃渣场。

（6）沥青混凝土碾压作业的安全要求：

1）振动碾碾压时，应上行时振动，下行时不得振动。

2）多台振动碾同时在一个工作面作业时，前后左右应保持一定的安全距离，以免发生碰撞。

3）振动碾前后轮的刮板，应保持平整良好。碾轮刷油或洒水的人员应与司机密切配合，应跟在辗轮行走的后方。

4）振动碾应停放在平坦、坚实并对交通及施工作业无妨碍的地方。停放在坡道上时，前后轮应置垫三角木。不得在振动碾没有熄火、下无支垫三角木的情况下进行机下检修。

5）机械由坝顶下放至斜坡时，应有安全措施，并建立安全制度。对牵引机械和钢丝绳刹车等，应经常检查、维修。

6）各种施工机械和电气设备，均应按有关安全操作规程操作和保养维修。

（7）心墙钢模宜应采用机械拆模，采用人工拆除时，作业人员应有防高温、防烫伤、防毒气的安全防护装置。钢模拆除后应将表面黏附物清除干净，用柴油清洗时，不得接近明火。

（8）沥青混凝土夏季施工应采取防暑降温措施，合理安排作业时间。

10.5.3　其他施工

1. 现浇沥青混凝土施工的安全要求

（1）现浇式沥青混凝土的浇筑宜采用钢模板施工，模板的制作与架设应牢固、可靠。

（2）应采用汽车配保温料罐运输沥青混凝土，由起重机吊运卸入模板内。应严格按照保温料罐入仓和起重机吊运的安全技术规定进行操作。

（3）现浇式沥青混凝土的浇筑温度应控制在 $140 \sim 160 ℃$。应由低到高依次浇筑，边浇筑边采用插针式捣固器捣实。仓内作业人员应有"三防"措施。

2. 沥青混凝土路面施工的安全要求

（1）沥青洒布车作业：检查机械、洒布装置及防护、防火设备是否齐全有效；采用固定式喷灯向沥青箱的火管加热时，应先打开沥青箱上的烟囱口，并在液态沥青淹没火管后，方可点燃喷灯。加热喷灯的火焰过大或扩散蔓延时应立即关闭喷灯，待多余的燃油烧尽后再行使用。喷灯使用前，应先封闭吸油管及进料口，手提喷灯点燃后不得接近易燃品；满载沥青的洒布车应中速行驶。遇有弯道、下坡时应提前减速，避免紧急制动。行驶时不得使用加热系统；驾驶员与机上操作人员应密切配合，操作人员应注意自身的安全。作业时在喷洒沥青方向 10m 以内不得有人停留。

（2）沥青洒布机作业、摊铺机作业、振动碾压作业应符合本节前述的有关要求执行。

3. 房屋建筑沥青施工的安全要求

（1）房屋建筑屋面板的沥青混凝土施工，属于高处作业，应按照高处作业的要求。

（2）屋面板沥青混凝土采用人工摊铺、括平，用火滚滚压时，作业人员应使用绝热或隔热把进行操作，并戴好手套、口罩，穿好防护衣、防护鞋。屋面的边沿和预留孔洞，应设置安全防护装置。

（3）在坡度较大的屋面运油时，应穿防滑鞋，设置防滑梯，清扫屋面上的砂粒。油桶下设桶垫，应放置平稳。

（4）运输设备及工具应牢固，竖直提升时平台的周边应有防护栏杆。提升时应拉牵引绳，防止油桶晃动，吊运时油桶下方 10m 半径范围内严禁站人。

（5）配置、储存和涂刷冷底子油的地点严禁烟火，周围 30m 以内严禁进行电焊、气焊等明火作业。

10.6 堤防工程

10.6.1 基本安全要求

（1）堤防工程度汛、导流施工，施工单位应根据设计要求和工程需要编制方案报合同指定单位审批，并由建设单位报防汛主管部门批准。

（2）堤防施工操作人员应戴保护手套和其他必要的劳保用品。

（3）度汛时如遇超标准洪水，应启动应急预案并及时采取紧急处理措施。

（4）施工船舶上的作业人员应严格遵守国家有关水上作业的法律、法规和标准。

（5）土料开采应保证坑壁稳定，立面开挖时严禁掏底施工。

10.6.2 堤防施工

（1）堤防基础施工的安全要求：

1）堤防地基开挖较深时，应制定防止边坡坍塌和滑坡的安全技术措施。对深基坑支护应进行专项设计，作业前应检查安全支撑和挡护设施是否良好，确认符合要求后，方可施工。

2）当地下水位较高或在黏性土、湿陷性黄土上进行强夯作业时，应在表面铺设一层厚约 500～2000mm 的砂、砂砾或碎石垫层，以保证强夯作业安全。

3）强夯夯击时应做好安全防范措施，现场施工人员应戴好安全防护用品。夯击时所有人员应退到安全线以外。应对强夯周围建筑物进行观测，以指导调整强夯参数。

4）地基处理采用砂井排水固结法施工时，为加快堤基的排水固结，应在堤基上分级进行压载，加载时应加强现场监测，防止滑动破坏等失稳事故的发生。

5）软弱地基处理采用抛石挤淤法施工时，应经常对机械作业部位进行检查。

（2）吹填筑堤施工，应参照 10.8.5 的有关安全要求执行。

（3）抛石筑堤施工的安全要求：

1）在深水域施工抛石棱体，应通过岸边架设的定位仪指挥船舶抛石。

2）陆域软基段或浅水域抛石，可采用自卸汽车以端进法向前延伸立抛，重载与空载汽车应按照各自预定路线慢速行驶，不得超载与抢道。

3）深水域宜用驳船水上定位分层平抛，抛石区域高程应按规定检查，以防驳船移位时出现危险。

（4）砌石筑堤施工应参照 10.6 "砌石工程" 的有关安全要求执行。

（5）防护工程施工的安全要求：

1）人工抛石作业时应按照计划制定的程序进行，严禁随意抛掷，以防意外事故发生。

2）抛石所使用的设备应安全可靠、性能良好，严禁使用没有安全保险装置的机具进行作业。

3）抛石护脚时应注意石块体重心位置，禁止起吊有破裂、脱落、危险的石块体，施工时除操作人员外，严禁有人停留。起重设备回转时，严禁起重设备工作范围或抛石工作范围内进行其他作业和人员停留。

（6）堤防加固施工的安全要求：

1）砌石护坡加固，应在汛期前完成；当加固规模、范围较大时，可拆一段砌一段，但分段宜大于50m；垫层的接头处应确保施工质量，新、老砌体应结合牢固，连接平顺。确需汛期施工时，分段长度可根据水情预报情况及施工能力而定，防止意外事故发生。

2）护坡石沿坡面运输时，使用的绳索、刹车等设施应满足负荷要求，牢固可靠，在吊运时不得超载，发现问题及时检修。垂直运送料具时应有联系信号，专人指挥。

3）堤防灌浆机械设备作业前应检查是否完好，安全设施及防护用品是否齐全，警示标志设置是否标准，经检查确认符合要求后，方可施工。

4）当堤防加固采用混凝土防渗墙、高压喷射、土工膜截渗或砂石导渗等施工技术时，均应符合相应安全技术标准的规定。

10.6.3　防汛抢险施工

（1）防汛抢险施工前，应对作业人员进行安全教育并按防汛预案进行施工。

（2）堤防防汛抢险施工的抢护原则为：前堵后导、强身固脚、减载平压、缓流消浪。施工中应遵守各项安全技术要求，不得违反程序作业。

（3）堤身漏洞险情抢护的安全要求：

1）堤身漏洞险情的抢护以"前截后导，临重于背"为原则。在抢护时，应在临水侧截断漏水来源，在背水侧漏洞出水口处采用反滤围井的方法，防止险情扩大。

2）堤身漏洞险情在临水侧、抢护以人力施工为主时，应配备足够的安全设施，确认安全可靠且有专人指挥和专人监护后，方可施工。

3）堤身漏洞险情在临水侧、抢护以机械设备为主时，机械设备应停站或行驶在安全或经加固可以确认较为安全的堤身上，防止因漏洞险情导致设备下陷、倾斜或失稳等其他安全事故。

（4）管涌险情的抢护宜在背水面，采取反滤导渗控制涌水，留有渗水出路。以人力施工为主进行抢护时，应注意检查附近堤段水浸后的变形情况，如有坍塌危险应及时加固或采取其他安全有效的方法。

（5）当遭遇超标准洪水或有可能超过堤坝顶时，应迅速进行加高抢护，同时做好人员撤离安排，及时将人员、设备转移到安全地带。

（6）为削减波浪的冲击力，应在靠近堤坡的水面设置芦柴、柳枝、湖草和木料等材料的捆扎体，并设法锚定，防止其被风浪水流冲走。

（7）当发生崩岸险情时，应抛投物料如石块、石笼、混凝土多面体、土袋和柳石枕等，以稳定基础，防止崩岸进一步发展；应密切关注险情发展的动向，时刻检查附近堤身的变形情况，及时采取正确的处理措施，并向附近居民示警。

（8）堤防决口抢险的安全要求：

1）当堤防决口时，除快速通知危险区域内人员安全转移外，抢险施工人员应配备足够的安全救生设备。

2）堤防决口施工应在水面以上进行，并逐步创造静水闭气条件，确保人身安全。

3）当在决口抢筑裹头时，应先在水浅流缓、土质较好的地带采取打桩、抛填大体积物料等安全裹护措施，防止裹头处突然坍塌将人员与设备冲走。

4）决口较大采用沉船截流时，应采取有效的安全防护措施，防止沉船底部不平整发生移动而给作业人员造成安全隐患。

10.7 渠道、水闸与泵站工程

10.7.1 渠道施工

（1）渠道边坡开挖施工除应符合10.1"土石方工程"的有关安全要求外，还应按先坡面后坡脚、自上而下的原则进行施工，不得倒坡开挖；应做好截、排水措施，防止地表水和地下水对边坡的影响；对永久工程应经设计计算确定削坡坡比，制定边坡防护方案；对削坡范围内和周围有影响区域内的建筑物及障碍物等，应有妥善的处置或采取必要的防护措施。

（2）渠道施工中多级边坡之间应设置马道，以利于边坡稳定、施工安全。如遇到不稳定边坡，视地形和地质条件采取适当支护措施，以保证施工安全。

（3）深度较浅的渠道最好一次开挖成型，如采用反铲开挖，应在底部预留不小于300mm的保护层，采用人工清理。深度较深的渠道一次开挖不能到位时，应自上而下分层开挖。如施工期较长，通过膨胀土或易风化的岩层，或土质较差的渠道边坡，应采取护面或支挡措施。

（4）在地下水较为丰富的地质条件下进行渠道开挖，应在渠道外围设置临时排水沟和集水井，并采取有效的降水措施，如深井降水或轻型井点降水，将基坑水位降低至底板以下再进行开挖。在软土基坑进行开挖宜采用钢走道箱销路，利于开挖及运输设备行走。

（5）冻土开挖时，如采用重锤击碎冻土的施工方案，应防止重锤在坑边滑脱，击锤点距坑边应保持1m以上的距离。用爆破法开挖冻土时，爆破器材的选用及操作应严格遵守现行（GB 6722—2003）的有关安全规定。

（6）边坡喷混凝土施工安全要求：

1）当坡面需要挂钢筋网喷混凝土支护时，在挂网之前，应清除边坡松动岩块、浮渣、岩粉以及其他疏松状堆积物，用水或风将受喷面冲洗（吹）干净。

2）脚手架及操作平台的搭设应符合施工脚手架的有关安全要求。

3）喷射操作手应佩戴好防护用具，作业前检查供风、供水、输料管及阀门的完好性，对存在的缺陷应及时修理或更换；作业中，喷射操作手应精力集中，喷嘴严禁朝向作业人员。

4）喷射作业操作顺序：对喷射机先送风、送水，待风压、水压稳定后再送混合料。结束时与上述程序相反，即先停供料，再停风和水，最后关闭电源。

5）喷射口要求垂直于受喷面，喷射头距喷射面 500~600mm 为宜。

6）喷混凝土应采用水泥裹砂"潮喷法"，以减少粉尘污染与喷射回弹量，不宜使用干喷法。

（7）渠道衬砌应按设计进行，混凝土预制块、干砌石和浆砌石自下而上分层进行施工，渠顶堆载预制块或石块高度宜控制在 1.5m 以内，且距坡面边缘 1.0m 以上，防止石料滚落伤人，对软土堤顶应减少堆载。混凝土衬砌宜采用治模或多功能渠道衬砌机进行施工。

（8）对软土堤基的渠堤填筑前，应按设计对基础进行加固处理，并对加固后的堤基土体力学指标进行检测，满足设计要求后方可填筑。

（9）为保证渠堤填筑断面的压实度，采用超宽 300~500mm 的方法。大型碾压设备在碾压作业时，通过试验在满足渠堤压实度的前提下，确定碾压设备距离填筑断面边缘的宽度，保证碾压设备的安全。

（10）不同的边坡监测仪器，除满足埋设规定之外，应将裸露地表的电缆加以防护，终端设观测房集中于保护箱，加以标示并上锁锁闭保护。

10.7.2 水闸施工安全作业

（1）水闸土方开挖除应符合 10.1 "土石方工程"的有关安全要求外，还应满足下列安全要求：

1）水闸基坑土方开挖应本着先降水、后开挖的施工原则，并结合基坑的中部开挖明沟加以明排。降水措施视工程地质条件而定，在条件许可时，先进行降水试验，以验证降水方案的合理性。

2）降水期间必须对基坑边坡及周围建筑物进行安全监测，发现异常情况及时采取处理措施，保证基坑边坡和周围建筑物的安全。在雨季，尤其是汛期必须做好基坑的排水工作，安装足够的排水设备，不得淹没基坑，以利于基坑的安全。

3）若原有建筑物距基坑较近，视工程的重要性和影响程度，可以采用拆迁或适当的支护处理。基坑边坡视地质条件，可以采用适当的防护措施。

4）基坑开挖时，在负温下，挖除保护层后应采取可靠的防冻措施。基坑土方开挖完成或基础处理完成后，应及时组织基础隐蔽工程验收，及时浇筑垫层混凝土对基础进行封闭。

5）基坑降水时基坑底、排水沟底、集水坑底应保持一定深差；集水坑和排水沟应设置在建筑物底部轮廓线以外一定距离；基坑开挖深度较大时，应分级设置马道和排水设施；流砂、管涌部位应采取反滤导渗措施。

（2）土方填筑除应符合 10.1 "土石方工程"的有关安全要求外，还应满足下列安全要求：

1）填筑前，必须排除基坑底部的积水、清除杂物等，应采用降水措施将基底水位降至 0.5m 以下。填筑土料，应符合设计要求。

2）岸墙、翼墙后的填土应分层回填、均衡上升。靠近岸墙、翼墙、岸坡的回填土宜用人工或小型机具夯压密实，铺土厚度宜适当减薄。

3）高岸、翼墙后的回填土应分通水前后分期进行回填，以减小通水前墙体后的填土压力。高岸、翼墙后应设计布置排水系统，以减少填土中的水压力。

（3）水闸地基处理的安全要求：

1）原状土地基开挖到基底前预留 300~500mm 保护层，在建筑施工前，宜采用人工挖出，并使得基底平整，对局部超挖或低洼区域宜采用碎石回填。基底开挖之前宜做好降排水，保证开挖在干燥状态下施工。

2）对加固地基，基坑降水应降至基底面以下 500mm，保证基底干燥平整，以利地基处理设备施工安全。施工作业和移机过程中，应将设备支架的倾斜度控制在其规定值之内，严防设备倾覆。

3）在正式施工前，应先进行基础加固的工艺试验，工艺及参数批准后展开施工。成桩后应按照相关规范的规定抽样，进行单桩承载力和复合地基承载力试验，以验证加固地基的可靠性。

4）钻孔灌注桩基础施工、振冲地基加固、高压灌浆工程、深层水泥搅拌桩施工应符合 10.2 "地基与基础工程" 的有关安全要求。

5）桩基施工设备操作人员，应进行操作培训，取得合格证书后方可上岗。

（4）预制构件采用蒸汽养护时的安全要求：

1）每天应对锅炉系统进行检查，在每次用蒸汽养护构件之前，应对通汽管路、阀门进行检查，一旦损坏及时更换。

2）定期对蒸养池顶盖的提升桥机或吊车进行检查和维护。

3）在蒸养过程中，锅炉或管路发生异常情况，应及时停止蒸汽的供应。同时无关人员不得站在蒸养池附近。

4）升温速率：当构件表面系数不小于 6 时，不宜超过 15℃/h；表面系数小于 6 时，不宜超过 10℃/h。

5）降温速率：当表面系数不小于 6 时，不应超过 10℃/h；表面系数小于 6 时，不应超过 5℃/h；出地后构件表面与外界温差不得大于 20℃。

6）恒温时的混凝土温度，一般不超过 80℃，相对湿度应为 90%~100%。

7）浇筑后，构件应停放 2~6h，停放温度一般为 10~20℃。

（5）构件起吊前的安全要求：

1）大件起吊运输应有单项安全技术措施。起吊设备操作人员必须具有特种作业人员资格证书。

2）起吊前应认真检查所用一切工具设备均应良好。同时应先清理起吊地点及运行通道上的障碍物，通知无关人员避让，并应选择恰当的位置及随物护送的路线。

3）起吊设备起吊能力应有一定的安全储备。必须对起吊构件的吊点和内力进行详细的内力复核验算。非定型的吊具和索具均应验算，符合有关规定后方可使用。

4）应指定专人负责指挥操作人员进行协同的吊装作业。各种设备的操作信号必须事先统一规定。各种物件正式起吊前，应先试吊，确认可靠后方可正式起吊。

（6）构件起吊与安放的安全要求。构件起吊与安放除应符合起重与运输安全作业的有关安全要求外，还应符合下列安全要求：

1）构件应按标明的吊点位置或吊环起吊；预埋吊环必须为Ⅰ级钢筋（即 A₃ 钢），吊环的直径应通过计算确定。

2）吊运不规则大件时，应计算出其重心位置，在部件端部系绳索拉紧，以确保上升或平移时的平稳。

3）吊运时必须保持物件重心平稳。如发现捆绑松动或吊装工具发生异样、怪声，应立即停车进行检查。

4）翻转大件应先放好旧轮胎或木板等垫物，工作人员应站在重物倾斜方向的对面，翻转时应采取措施防止冲击。

5）安装梁板，必须保证其在墙上的搁置长度，两端必须垫实。

6）用兜索吊装梁板时，兜索应对称设置。吊索与梁板的夹角应大于60°，起吊后应保持水平，稳起稳落。

7）用杠杆车或其他土法安装梁板时，应按规定设置吊点和支垫点，以防梁板断裂，发生事故。

8）预制梁板就位固定后，应及时将吊环割除或打弯，以防绊脚伤人。

9）吊装工作区应禁止非工作人员入内。大件吊运过程中，重物上不应站人，重物下面严禁有人停留或穿行。若起重指挥人员必须在重物上指挥时，应在重物停稳后站上去，并应选择在安全部位和采取必要的安全措施。

10）气候恶劣及风力过大时，应停止吊装工作。

（7）在闸室进出水混凝土防渗铺盖上行驶重型机械或堆放重物时，必须经过承重荷载验算。

（8）永久缝施工时一切预埋件应安装牢固，严禁脱落伤人；采用紫铜止水片时，接缝必须焊接牢固，焊接后应采用柴油渗透法检验是否渗漏。采用塑料和橡胶止水片时，应避免油污和长期曝晒并有保护措施；结构缝使用柔性材料嵌缝处理时，宜搭设稳定牢固的脚手架，系好安全带逐层作业。

（9）水闸混凝土结构施工应符合10.4"混凝土工程"的有关安全要求。

10.7.3　泵站施工安全作业

1. 水泵基础施工的安全要求

（1）水泵基础施工有度汛要求时，应按设计及施工需要，汛前完成度汛工程。

（2）水泵基础应优先选用天然地基。承载力不足时，宜采取加固措施进行基础处理。

（3）水泵基础的允许沉降量和沉降差，应根据工程具体情况分析确定，满足基础结构安全和不影响机组的正常运行。

（4）水泵基础地基如为膨胀土地基，在满足水泵布置和稳定安全要求的前提下，应减小水泵基础底面积，增大基础埋置深度，也可将膨胀土挖除，换填无膨胀性土料垫层，或采用桩基础。

（5）膨胀土地基处理的安全要求：

1）膨胀土地基上泵站基础的施工，应安排在干旱季节进行，力求避开雨季，否则应采取可靠的防雨水措施。

2）基坑开挖前应布置好施工场地的排水设施，天然地表水不得流入基坑。

3）应防止雨水浸入坡面和坡面土中水分蒸发，避免干湿交替，保护边坡稳定。可在坡面喷水泥砂浆保护层或用土工膜覆盖。

4）基坑开挖至接近基底设计标高时，应留 0.3m 左右的保护层，待下道工序开始前再挖除保护层。基坑挖至设计标高后，应及时浇筑素混凝土垫层保护地基，待混凝土达到 50% 以上强度后，及时进行基础施工。

5）泵站四周回填应及时分层进行。填料应选用非膨胀土、弱膨胀土或掺有石灰的膨胀土；选用弱膨胀土时，其含水量宜为 1.1~1.2 倍塑限含水量。

6）固定式泵站的水泵地基应坚实，基础应按图施工，水泵机组必须牢固地安装在基础上。

2. 固定式泵站的安全要求

（1）泵站基坑开挖、降水及基础处理的施工应符合本节前述的有关安全要求。

（2）泵房水下混凝土宜整体浇筑。对于安装大、中型立式机组或斜轴泵的泵房工程，可按泵房结构并兼顾进、出水流道的整体性设计分层，由下至上分层施工。

（3）泵房浇筑，在平面上一般不再分块。如泵房底板尺寸较大，可以采用分期分段浇筑。

（4）泵房钢筋混凝土施工应符合 10.4 "混凝土工程"的有关安全要求。

3. 金属输水管道制作与安装的安全要求

（1）钢管焊缝应合格且应通过超声波或射线检验，不得有任何渗漏现象。

（2）钢管各支墩应有足够的稳定性，保证钢管在安装阶段不发生倾斜和沉陷变形。

（3）钢管壁在对接接头的任何位置表面的最大错位：纵缝不应大于 2mm，环缝不应大于 3mm。

（4）直管外表直线平直度可用任意平行轴线的钢管外表一条线与钢管直轴线间的偏差确定：长度为 4m 的管段，其偏差不应大于 3.5mm。

（5）钢管的安装偏差值：对于鞍式支座的顶面弧度，间隙不应大于 2mm；滚轮式和摇摆式支座垫板高程与纵横向中心的偏差不应超过 ±5mm。

4. 缆车式泵站的安全要求

（1）缆车式泵房的岸坡地基必须稳定、坚实。岸坡开挖后应验收合格，方可进行上部结构物的施工。

（2）缆车式泵房的压力输水管道的施工，可根据输水管道的类别，按金属输水管道制作与安装的安全要求执行。

（3）缆车式泵房的施工应符合下列安全要求：

1）应根据设计施工图标定各台车的轨道、输水管道的轴线位置。

2）应按设计进行各项坡道工程的施工。对坡道附近上、下游天然河岸应进行平整，满足坡道面高出上、下游岸坡 300～400mm 的要求。开挖坡面的松动石块，在下层开始施工前，应撬挖清理干净。

3）斜坡道的开挖应自上而下分层开挖，在开挖过程中，密切注意坡道岩体结构的稳定性，加强爆破开挖岩体的监测。坡道斜面应优先采用光面爆破或预裂爆破，同时对分段爆破药量进行适当控制，以保证坡道的稳定。

4）斜坡道的施工中应搭设完善的供人员上下的梯子，工具及材料运输可采用小型矿斗车运料。在斜坡道上打设插筋、浇筑混凝土、安装轨道和泵车等，均应有完善的安全保障措施。

5）坡轨工程如果要求延伸到最低水位以下，则应修筑围堰、抽水、清淤，保证能在干燥情况下施工。

5. 浮船式泵站的安全要求

（1）浮船船体的建造应按内河航运船舶建造的有关规定执行。

（2）浮船式泵站的位置，应选择在水位平稳，河面宽阔，且枯水期水深不小于1.0m；应避开顶冲、急流、大回流和大风浪区以及与支流交汇处，且与主航道保持一定距离；河岸稳定，岸坡坡度应在 1∶1.5～1∶4 之间；漂浮物少，且不易受漂木、浮筏或船只撞击的地方。

（3）浮船布置应包括机组设备间、船首和船尾等部分。当机组容量较大、台数较多时，宜采用下承式机组设备间。浮船首尾甲板长度应根据安全操作管理的需要确定，且不应小于 2.0m。首尾舱应封闭，封闭容积应根据船体安全要求确定。

（4）浮船的型线和主尺度（吃水深、型宽、船长、型深）应按最大排水量及设备布置的要求选定，其设计应符合内河航运船舶设计规定。在任何情况下，浮船的稳性衡准系数不应小于 1.0。

（5）浮船的设备布置应紧凑合理，在不增加外荷载的情况下，应满足船体平衡与稳定的要求。不能满足要求时，应采取平衡措施。

（6）输水管道沿岸坡敷设，接头要密封、牢固；如设置支墩固定，支墩应坐落在坚硬的地基上。

（7）浮船的锚固设施应牢固，承受荷载时不应产生变形和位移。浮船的锚固方式及锚固设备应根据停泊处的地形、水流状况、航运要求及气象条件等因素确定。当流速较大时，浮船上游方向固定索不应少于 3 根。

（8）浮船作业时应遵守交通部颁发的《中华人民共和国内河避碰规则》。

（9）船员必须经过专业培训，持证上岗。船员应有较好的水性，掌握水上自救技能。

10.8 房屋建筑工程

10.8.1 基本安全要求

（1）本节安全要求适用于水利水电工程生产和生活房屋建筑工程，其他民用房屋建筑工程可参照执行。

（2）施工人员应进行安全生产教育培训，考试合格后方可上岗作业。特种作业人员还应经过专业技术培训及考核合格后，持证上岗，并定期进行体格检查。

（3）房屋建筑工程施工应建立健全安全生产责任制度和施工现场安全技术档案。

（4）进入施工现场应正确佩戴安全帽。安全帽应符合安全防护用具的有关安全要求。

（5）凡在坠落高度基准面2m及2m以上，有可能坠落的部位进行作业的高处作业人员必须正确使用安全带，安全带的选用应符合安全防护用具的有关安全要求。

（6）施工前应编制施工组织设计，对危险性较大的分部、分项工程应制定专项安全技术方案。经主管技术部门审批后方可实施。

（7）施工前应进行安全技术交底，落实安全技术措施和安全防护用品。安全技术交底记录应有交底时间、交底内容。交底人和被交底人应签字确认。

（8）对重大危险源应进行识别和评价，制定重大危险源控制措施。施工现场应编制生产安全事故应急预案，成立应急救援组织，配备应急救援器材和物资，定期进行演练。

（9）施工现场应有安全标识布置图，按规定布置安全警示牌。作业区、办公区和生活区应有明显划分，办公区和生活区应整齐、美观并根据实际条件进行绿化。现场应有排水措施，不积水，主要道路应做硬化处理。施工现场严禁吸烟，宿舍内不得卧床吸烟。严禁工程中明火保温施工及宿舍内明火取暖。一切取暖设施应符合防火和防中毒要求。

（10）现场材料、构件等应按平面布置图及有关规定码放；大模板堆放场地应平整夯实，周围设置围栏进行围挡，模板应摆放整齐、稳定。无支撑的大模板应存放在专门设计的插放架内。清•理模板和刷隔离剂时应将模板支撑牢固，两模板间距不小于600mm。

（11）施工材料采购、存放、使用应符合防火标准，易燃、易爆物品和各种气瓶应分类存放，库房应通风良好；各种设施符合防爆要求。电、气焊切割作业，要有动火证，并配备看火人员和灭火器具。

10.8.2 施工现场管理

（1）施工现场应实行封闭管理。在作业区域范围四周应设置高度不低于1.8m的坚固、严密、整洁的围挡，围挡墙边严禁堆物。在建筑物外侧应采用密目式安全立网进行全封闭围护。

（2）工地应设置固定的出入口，大门及门柱应美观、牢固，大门上应有企业标识。门口醒目处应设置工程概况及管理人员名单和监督电话标牌。

（3）施工大门内应有施工现场总平面图，以及安全生产、消防保卫、环境保护、文明施工制度牌。

（4）施工现场应建立保卫、治安、消防制度，动火审批制度和危险化学、易燃、易爆物品的管理办法。应按规定建立保卫消防组织，配备保卫消防人员，并应经过专业培训和定期组织其进行演练。

（5）施工现场按照总平面图划分防火责任区，根据作业条件合理配备灭火器材，并在醒目处设置防火警示标志。

（6）施工现场应设置临时消防通道，宽度不得小于3.5m，禁止在临时消防通道上堆物堆料或挤占临时消防通道。

（7）施工现场临时用电安全要求：

1）应遵循 JGJ 46—2005《施工现场临时用电安全技术规范》的有关规定。

2）施工用电设备数量在5台及以上，或用电设备容量在50kW及以上时，应编制用电施工组织设计，并经技术负责人审批后方可实施。

3）施工用电应建立安全用电技术档案；施工现场应定期对电工和用电人员进行安全用电教育培训和技术交底；施工用电应定期检测。

4）施工用电配电箱、开关箱应装设在干燥、通风、无外来物体撞击的地方，其周围应有足够两人同时工作的空间和通道。

5）施工用电移动式配电箱、开关箱应装设在坚固的支架上，严禁于地面上拖拉。

6）施工用电开关箱应实行"一机一闸"制，不得设置分路开关。

7）施工用电动力配电与照明配电宜分箱设置，当合置在同一箱内时，动力与照明配电应分路设置。

8）施工用电配电箱、开关箱中应装设电源隔离开关、短路保护器、过载保护器，其额定值和动作整定值应与其负荷相适应。总配电箱、开关柜中还应装设漏电保护器。

（8）施工照明用电的安全要求：

1）施工照明变压器必须为隔离双绕组型，严禁使用自耦变压器。

2）施工照明室外灯具距地面不得低于3m，室内灯具距地面不得低于2.5m。

3）施工照明使用220V碘钨灯应固定安装，其高度不应低于3m，距易燃物不应小于500mm，并不得直接照射易燃物，不得将220V碘钨灯用做移动照明。

4）施工用电照明器具的形式和防护等级应与环境条件相适应。

5）需要夜间或暗处施工的场所，应配置应急照明电源。

6）夜间可能影响行人、车辆、飞机等安全通行的施工部位或设施、设备，应设置红色警示照明。

7）行灯电压不得大于36V。

（9）高处作业的安全要求：

1）建筑施工过程中，应采用密目式安全立网对建筑物进行封闭（或采取临边防护措施）。安全网、密目式安全立网必须符合安全防护设施的有关安全要求。

2）高处作业的安全技术措施应在施工方案中确定，并在施工前完成，最后经验收确认符合要求。

3）因施工需要临时拆除或变动的防护设施，应经施工负责人同意，并采取相应的可靠措施，派专人监护，监护人员撤离前必须将原防护设施复位。

4）雨天、雪天进行作业时，马道应有可靠的防滑措施；水、冰、霜、雪应及时清除，遇有六级及以上强风和大雨、大雪、大雾等恶劣气候时，严禁吊装和高处作业；风、雪、雨后应对高处作业设施和脚手架等进行检查，发现下沉、松动、变形、损坏等，应及时修复，验收合格后方可使用。

5）施工现场所有可能坠落的物件，应一律先行撤除或加以固定。物料应堆放平稳，不得放置在洞口或临边附近，也不得妨碍通行和作业。工具随手放入工具袋。拆除下的物件及余料和废料应及时清运。严禁从高处向下投掷物料，传递物料时禁止抛掷。

6）工作边沿无防护设施或防护设施高度低于800mm时，应设置防护设施，并应符合下列安全要求：

a. 基坑周边尚未安装栏杆或栏板的阳台临边处，应设两道防护栏杆，用密目网封闭。

b. 楼梯踏步及休息平台处，应设两道牢固防护栏杆或立挂安全网；回旋式楼梯间支设首层水平安全网，每隔10m设一道水平安全网。

c. 各楼层临边四周未砌筑、安装维护的结构及水平屋面应设两道防护栏杆，立挂安全网。防护栏杆高度应为1.2m。

d. 施工升降机与建筑物通道的两侧边等都应设两道防护栏杆，立挂安全网。

e. 坡度大于1：2.2的屋面，周边栏杆应高于1.5m，应能经受1000N外力；防护栏杆应用安全立网封闭，或在栏杆底部设置高度不低于180mm的挡脚板。

7）高度在4m以上的建筑物不使用落地式脚手架的，首层四周应支固3m宽的水平安全网（高层建筑支6m宽双层网）。网底距接触面不小于3m（高层建筑不得小于5m）。高层建筑每隔10m还应固定一道3m宽的水平安全网，网接口处必须连接严密。支搭的水平安全网直至无高处作业时方可拆除。

8）各种垂直运输接料平台、平台口应设置安全门或活动防护栏杆。

9）在孔与洞口边的高处作业必须设置防护设施（包括因施工工艺形成的深度在2m及2m以上的桩孔边、沟槽边和因安装设备、管道预留的洞口边等）。

10）1.5m×1.5m以下的孔洞口，应采用坚实的盖板盖严，盖板应能防止移位；1.5m×1.5m以上的孔洞口除应在洞口采用安全网或盖板封严外，还应在洞口四周设置两道防护栏杆。结构施工中的伸缩缝和后浇带处应加固定盖板防护。

11）墙面处的竖向洞口（如电梯井口、管道井口），除应在井口处设防护栏杆或固定栅门外，井道内首层和首层以上应每隔10m设一道水平安全网。安全网应封闭严密，并加明显警示标志。

12）结构施工中电梯井和管道竖井不得作为垂直运输通道和垃圾道。

13）在周边临空状态下进行高处作业时应有牢靠的立足处（如搭设脚手架或作业平台），并视作业条件设置防护栏杆、张挂安全网、佩戴安全带等安全措施。

14）钢筋绑扎、安装骨架作业应搭设脚手架。不得站在钢筋骨架上作业或沿骨架上下行走。

15）浇筑离地2m以上混凝土时，应设置操作平台，不得站在模板或支撑杆上操作。

16）悬空进行门窗安装作业时，严禁站在栏板上作业，且必须拴牢安全带。

17）吊装构件、大模板安装应站在操作平台上操作。吊装中的构件和大模板及石棉水泥板等面板上，严禁站人和行走。

（10）攀登与交叉作业的安全要求：

1）用于登高和攀登的设施应在施工组织设计中确定，攀登用具必须安全可靠。

2）梯子不得垫高使用。梯脚底部应有防滑措施，上端应有固定措施。折梯使用时，应有可靠的拉撑措施。凳上操作时，单凳只准站一人，双凳搭脚手板，宽度不得少于500mm，两凳间距不超过2m，高凳上不得站人。

3）作业人员应从规定的通道上下，不得任意利用升降机架体等施工设施进行攀登。

4）交叉施工作业时，应当制定相应的安全措施并指定专职人员进行检查与协调。交叉施工不宜上下在同一垂直方向上作业。下层作业的位置，宜处于上层高度可能坠落半径范围以外，当不能满足要求时，应设置安全防护棚。

5）拆除作业（如钢模板、脚手架等），上面拆除时下面不得同时进行清整。物料临时堆放处离楼层边沿不应小于1m。

6）建筑物的出入口、升降机的上料口等人员集中处的上方，应设置防护棚。防护棚顶应满铺不小于50mm厚的脚手板；通道两侧用密目网封闭；防护棚高度不得小于3m；当建筑外侧面临街道时，除建筑立面采取密目式安全立网封闭外，还应在临街段搭设防护棚和设置安全通道。

7）设置悬挑物料平台应按现行的相关规范进行设计，不得以任何形式将物料平台与脚手架、模板支撑进行连接。

（11）脚手架施工的安全要求：

1）脚手架的设计与施工应符合国家现行有关脚手架设计与施工的安全技术规定。

2）各种脚手架应根据建筑施工的要求选择合理的构架型式，并制定搭设、拆除作业的程序和安全措施。特殊脚手架和20m以上的高大脚手架，必须有设计计算。

3）结构用里、外承重脚手架使用荷载不得超过$2646N/m^2$，装修用里、外承重脚手架使用荷载不得超过$1960N/m^2$。

4）落地式脚手架的基础应坚实、平整，并定期检查。立杆不埋设时，每根立杆底部应设置垫板或底座，并应设置纵、横向扫地杆。

5）连墙件应采用可承受拉力和压力的构造，并与建筑结构连接。

6）扣件式钢管脚手架应沿全高设置剪刀撑。架高在24m以下时，可沿脚手架长度间隔不大于15m设置；架高在24m以上时，应沿脚手架全长连续设置剪刀撑，并应设置横向斜撑，横向斜撑由架底至架顶呈之字型连续布置，沿脚手架长度间隔6跨设置一道。

7）门式钢管脚手架的内外两个侧面除应满设交叉支撑杆外，当架高超过20m时，还应在脚手架外侧沿长度和高度连续设置剪刀撑，剪刀撑钢管规格应与门架钢管规格一致。当剪刀撑钢管直径与门架钢管直径不一致时，应采用异型扣件连接。

8）满堂扣件式钢管脚手架除沿脚手架外侧四周和中间设置竖向剪刀撑外，当脚手架高于4m时，还应沿脚手架每两步高度设置一道水平剪刀撑。

9）扣件式钢管脚手架的主节点处必须设置横向水平杆，在脚手架使用期间严禁拆除。单排脚手架横向水平杆插入墙内长度不应小于240mm。

10）扣件式钢管脚手架除顶层外立杆杆件接长时，相邻杆件的对接接头不应设在同步内。相邻纵向水平杆对接接头不宜设置在同步或同跨内。扣件式钢管脚手架立杆接长除顶层外应采用对接。

11）作业层除应按规定满铺脚手板和设置和临边防护外，还应在脚手板下部挂一层平网，在斜立杆里侧用密目网封严。

12）吊篮式脚手架应经设计计算，吊篮升降应采用钢丝绳传动、装设安全锁等防护装置并经检验确认。严禁使用悬空吊椅进行高层建筑外装修清洗等高处作业。

13）附着升降脚手架应设置防倾装置、防坠落装置和整体（或多跨）同时升降作业的同步控制装置，并应符合下列要求：

a. 升降和使用状况下在同一竖向平面的防倾装置不得少于两处，两处的最小间距不得小于架体全高的1/3。

b. 防倾装置必须与建筑结构、附着支撑或竖向主框架可靠连接，应采用螺栓连接，不得采用钢管扣件或碗扣方式连接。

c. 防坠装置应设置在竖向主框架部位，且每一竖向主框架提升设备处必须设置一个。防坠装置应有专门的以确保其工作可靠、有效的检查方法和管理措施。

d. 防坠装置与提升设备必须分别设置在两套互不影响的附着支撑结构上，当有一套失效时另一套必须能独立承担全部坠落荷载。

e. 升降脚手架的吊点超过两点时，不得使用手拉葫芦，且必须装设同步装置。

f. 同步装置应能同时控制各提升设备间的升降差和荷载值。同步装置应具备超载报警、欠载报警和自动显示功能，在升降过程中应显示各机位的实际荷载、平均高度、同步差，并自动调整使相邻机位的同步差控制在限定值内。

14）附着升降脚手架应按要求用密目式安全立网封闭严密，脚手板底部应用平网及密目网双层网兜底，脚手板与建筑物的间隙不得大于200mm。单跨或多跨提升的脚手架，其两端断开处必须加设栏杆并用密目网封严。

15）附着升降脚手架组装完毕后应经检查、验收确认合格后方可进行升降作业，且每次升降到位、架体固定后，必须进行交接验收，确认符合要求方可继续作业。

（12）防水、油漆及有毒材料作业的安全要求：

1）防水施工应编制专项方案，由具有资质的专业队伍施工。施工过程中，应专人负责，并配备灭火器具。

2）调制、操作有毒性或挥发性强的材料的施工现场，应通风良好，操作人员不得赤脚或穿短袖衣服进行作业，应将裤脚、袖口扎紧，接触有毒材料时应戴口罩。

3）使用喷灯，加油不得过满，打气不应过足，使用的时间不宜过长，点火时火嘴不得朝向人及易燃、易爆物品。

4）油漆和其他易燃、有毒材料，应存放在专用库房内，不得与其他材料混放。

5）施工过程中，如感到头痛、恶心、胸闷或心悸时，应立即停止作业，到室外呼吸新鲜空气。

10.8.3 基础施工

（1）施工前应具备完整的岩土工程勘察报告及设计文件。

（2）基础及槽、坑、沟上方开挖前，应查明施工范围内周边环境及荷载情况，包括地下各种管线、道路距离及影响范围内建筑物类型等情况，并制定保护措施。

（3）基坑工程应贯彻先设计后施工，先支撑后开挖，边施工边监测，边施工边治理的原则。

（4）基坑工程的设计和施工必须遵守相关规范，深基工程或地质条件和周边环境及地下管线极其复杂的工程，应编制专项施工安全技术方案，并经主管部门审批。

（5）应加强基坑工程的监测和预报工作，包括对支护结构、周围环境及对岩土变化的监测，应通过监测分析及时预报并提出建议，做到信息化施工。

（6）雨季施工期间基坑周边应有良好的排水系统和设施。

（7）危险处和通道及行人过路处开挖的槽、坑、沟，应采取有效的防护措施，防止人员坠落。夜间应设红色警示灯。

（8）土方开挖的安全要求：

1）土方开挖应根据施工组织设计或开挖方案进行，开挖应自上而下进行，严禁先挖坡脚。

2）开挖放坡坡度应满足其稳定性要求。开挖深度超过 1.5m 时，应根据图纸和深度情况按规定放坡或加可靠支撑，并设置人员上下坡道或爬梯，爬梯两侧应用密目网封闭。当深基坑施工中形成立体交叉时，应合理布局基位、人员、运输通道，并设置防止落物伤害的保护层。

3）坑（槽）沟边 1m 以内不得堆土、堆料，不得停放机械。

4）基坑开挖深度大于相邻建筑的基础深度时，应保持一定距离或采取边坡支撑加固措施，并进行沉降和移位观测。

5）施工中如发现古墓、地下管道或不能辨认的物品时，应停止施工，保护现场，并立即报告施工负责人。

6）挖土机作业的边坡应验算其稳定性，当不能满足时应采取加固措施；在停机作业面以下挖土应选用反铲或拉铲作业。当使用正铲作业时，挖掘深度应严格按其说明书规定进行。有支撑的基坑使用机械挖掘时，应防止作业中碰撞支撑。

7）配合挖土机作业的人员，应在其作业半径以外工作，当挖土机停止回转并制动后，方可进入作业半径内工作。

8）开挖至坑底标高后，应及时进行下道工序基础工程施工，减少暴露时间，如不能立即进行下道工序施工，应预留 300mm 厚的覆盖层。

9）从事爆破工程设计、施工的企业应取得相关资质证书，按照批准的允许经营范围并严格按照爆破作业的相关要求进行。

（9）基坑支护的安全要求：

1）支护结构的选型应考虑结构的空间效应和基坑特点，选择有利支护的结构型式或采用几种型式相结合。

2）采用悬臂式结构支护时，基坑深度不宜大于6m。基坑深度超过6m时，可选用单支点和多支点的支护结构。地下水位低的地区和能保证降水施工时，也可采用土钉支护。

3）寒冷地区基坑设计应考虑土体冻胀力的影响。

4）支撑安装应按设计位置进行，施工过程严禁随意变更，并应切实使围墙与挡土桩墙结合紧密。挡土板或板桩与坑壁间的回填土应分层回填夯实。

5）支撑的安装和拆除顺序必须与设计工况相符合，并与土方开挖和主体工程的施工顺序相配合。分层开挖时，应先支撑后开挖；同层开挖时，应边开挖边支撑；支撑拆除前，应采取换撑措施，防止边坡卸载过快。

6）钢筋混凝土支撑其强度必须达设计要求（或达75%）后，方可开挖支撑面以下土方；钢结构支撑必须严格进行材料检验和保证节点的施工质量，严禁在负荷状态下进行焊接。

7）应合理布置锚杆的间距与倾角，锚杆上下间距不宜小于20m，水平间距不宜小于1.5m。锚杆倾角宜为15°～25°，且不应大于45°，最上一道锚杆覆土厚度不得小于4m。

8）铺杆的实际抗拔力除经计算外，还应按规定方法进行现场试验后确定。可采取提高锚杆抗力的二次压力灌浆工艺。

9）采用逆做法施工时，要求其外围结构必须有自防水功能。基坑上部机械挖土的深度，应按地下墙悬臂结构的应力值确定；基坑下部封闭施工，应采取通风措施；当采用电梯间作为垂直运输的井道时，对洞口楼板的加固方法应由工程设计确定。

10）逆做法施工时，应合理地解决支撑上部结构的单柱单桩与工程结构的梁柱交叉及节点构造，并在方案中预先设计。当采用坑内排水时必须保证封井质量。

（10）桩基施工的安全要求：

1）桩基施工应按施工方案要求进行。打桩作业区应有明显标志或围栏，作业区上方应无架空线路。

2）预制桩施工桩机作业时，严禁吊装、吊锤、回转、行走动作同时进行；桩机移动时，必须将桩锤落至最低位置；施打过程中，操作人员必须距拉锤5m以外监视。

3）沉管灌注桩施工，在未灌注混凝土和未沉管以前，应将预钻的孔口盖严。

4）人工挖孔桩施工应符合下列要求：

a. 各种大直径桩的成孔，应首先采用机械成孔。当采用人工挖孔或人工扩孔时，必须制定防坠人、落物、坍塌、人员窒息等安全措施，经上级主管部门批准后方可施工。

b. 应由具有相应资质的单位，熟悉人工挖孔桩施工工艺、遵守操作规定和具有应急监测自防护能力的专业施工队伍施工。

c. 开挖桩孔应从上自下逐层进行，挖一层土及时浇筑一节混凝土护壁。第一节护壁应高出地面 30mm。

d. 距孔口顶周边 1m 搭设围栏。孔口应设安全盖板，当盛土吊桶自孔内提出地面时，必须将盖板关闭孔口后，再进行卸土。孔口周边 1m 范围内不得有堆土和其他堆积物。

e. 提升吊桶的机构其传动部分及地面扒杆应牢靠，制作、安装应符合施工设计要求。人员不得乘盛土吊桶上下，必须另配钢丝绳及滑轮并有断绳保护装置，或使用安全爬梯上下。

f. 孔内应设半圆形防护板，随挖掘深度逐层下移。吊运物料时，作业人员应在防护板下面工作。

g. 下井作业前应检查井壁和抽样检测井内空气，确认安全后方可下井作业，作业区域通风应良好。严禁用纯氧进行通风换气。

h. 井内照明应采用安全矿灯或 12V 防爆灯具。桩孔较深时，上下联系可通过对讲机等方式，地面不得少于 2 名监护人员。井下作业人员，连续工作时间不应超过 2h。

i. 挖孔完成后，应当天验收，并及时将桩身钢筋笼就位和浇注混凝土。正在浇筑混凝土的桩孔周围 10m 半径内，其他桩不得有人作业。

（11）基坑工程施工应采取排水、降水措施，防止地下水渗入基坑及积水泡槽。

（12）雨季施工期间，基坑四周边缘应挖排水沟或砌挡水墙。基坑内设置明沟和集水井，以排除暴雨和其他来水，基坑边坡视需要可采取覆盖塑料布、抹水泥面等防水措施，封闭坡顶及坡面，防止各种水流（渗）入坑壁。不得向基坑边缘倾倒各种废水，并应防止水管泄露冲走桩间土。

（13）软土基坑、高水位地区应做截水帷幕，防止单纯降水造成基土流失。

（14）截水结构的设计，必须根据地质、水文资料及开挖深度等条件进行，截水结构必须满足隔渗质量，且支护结构必须满足变形要求。

（15）在降水井点与重要建筑物之间宜设置回灌井（或回灌沟），在基坑降水的同时，应沿建筑物地下回灌，保持原地下水位，或采取减缓降水速度，控制地面沉降。

（16）降水井点的井口，必须设牢固防护盖板和警示标志。完工后，必须将井回填。

10.8.4 墙体施工

1. 砖墙砌筑的安全要求

（1）砌筑砖墙，应遵守泥瓦工（工种）安全技术操作规程的有关要求。

（2）砌筑砖墙的脚手架，以离开墙面 120～150mm 为宜。外脚手架的横杆不得搭在墙体上和门窗过梁上，脚手板应铺满、铺稳、钉牢，不得有探头。

（3）在脚手架上堆砖，不得超过 300kg/m²；堆料高度应根据脚手架宽度和堆料稳定性加以控制。

（4）砌筑时应检查砖、砂浆和其他材料的布置是否符合安全规定。在采光不足的房间内砌墙应有足够的照明。

（5）砌墙高度超过 4m 时，必须在墙外搭设能承受 160kg 荷重的安全网或防护挡板。多层建筑应在二层和每隔 4 层设一道固定的安全网，同时再设一道随施工高度提升的安全网。

（6）砖应在进工作面前预先浇水、湿透，不得在基槽边、架子上大量浇水。

（7）用于垂直提升的吊笼、滑车、绳索、卷扬机等，必须满足负荷要求，完好无损；吊运时不得超载，并经常检查，发现问题及时修理。

（8）当墙基、墙体需要拆除返工时，应先提出施工措施，在确保安全的情况下方可施工。

2. 其他砌体砌筑的安全要求

（1）块石砌体应符合下列要求：

1）砌筑前，应对基础进行检查，发现裂缝或不均匀沉陷，应经过处理后再砌筑。

2）砌筑底层石块应大面向下，其余各层应利用自然形状互相啮合，上下层要互相错缝，内外要搭接，以利于安全。

3）用料石砌筑门、窗、过梁等石拱时，必须先行支模，并认真检查拱模各部支撑是否牢固，然后由拱脚两端向中间对称砌筑，以防拱模压塌伤人。

4）用锤打石前，应检查铁锤有无破裂，锤柄是否安装牢固；应看清附近情况有无危险，以免伤人。

5）在墙顶或支架上不应修凿石料，以免震动墙体或片石掉下伤人。

6）上墙的料石不应徒手移动，以防压破或擦伤手指。

7）墙体高度超过胸部后，不应勉强进行砌筑。

8）石块不应往下抛掷，上下运石时，脚手板要钉绑牢固，并打防滑条及扶手栏杆。

（2）砌块砌体施工应符合下列安全要求：

1）运输砌块前，应对各种起重机具设备、绳索、夹具、临时脚手架等认真进行检查。

2）起吊时，如发现有破裂且有脱落危险的砌块，严禁起吊。在砌块吊装的垂直下方不应进行其他操作。

3）安装砌块时，不应站在墙身上进行操作。

4）在楼板上卸砌块时，应尽量避免冲击。在楼板上放置砌块的重量，不应超过楼板的允许承载力。

5）在房屋的外墙四周，应设置牢靠的安全网。屋檐下最高层安全网，在屋面工程未完工前不应拆除。

6）冬季施工时，应在班前清除附着在机械、脚手板和作业区内的积雪、冰霜。严禁起吊和其他材料冻结在一起的砌体和构件。

7）台风季节对墙上已就位的砌块必须立即进行灌缝。及时盖上楼板，对未加盖楼板的，应用支撑加固。

3. 装配式墙板吊装的安全要求

（1）凡有门窗洞口的墙板，在脱模起吊前，应将洞口内的积水和漏进的砂浆、混凝土等清除干净，否则不应起吊。

（2）墙板构件脱模起吊前，应将外露的插筋弯起，避免伤人或损坏台座。

（3）第二层在结构吊装完成以后，必须搭设安全网，并随楼层逐层提升，不得隔层提升。安全网挑出宽度不得小于 25m。在有吊装机械的一侧，最小宽度不得小于 1.5m。

（4）非定型的吊具和索具均应验算，符合有关安全要求后方可使用。

（5）吊装机械的起重臂和吊运的构件，与高低压架空输电线路之间的安全距离应遵守《水利水电工程施工通用安全技术规程》的有关规定。

（6）塔式起重机轨道尽端 1m 处，应设止挡装置，防止出轨。距端部止挡 2～3m 处，应设行程限位开关。轨道必须有完善的接地装置。搭机应安装夹轨器，停机或大风时应将行走轮夹牢，并加防动卡具。

（7）吊装机械在工作中，严禁重载调幅（性能允许的除外）。墙板构件就位时，不得触、碰带电线路，以防触电。

10.8.5 楼盖板施工

1. 预制空心楼板安装的安全要求

（1）安装空心楼板，必须保证其在墙上的搁置长度，两端必须垫实。

（2）用兜索吊装空心楼板时，兜索应对称设置。吊索与楼板的夹角应大于 60°，起吊后应保持水平，稳起稳落。

（3）用杠杆车或其他土法安装空心楼板时，应按规定设置吊点和支垫点，以防楼板断裂，发生事故。

（4）楼板上的预留孔，安装后应随即覆盖或设置明显的标志。

（5）预制楼板就位固定后，应及时将吊环割除或打弯。

2. 框架结构安装的安全要求

（1）构件在运输中应固定牢靠，以防中途倾倒。对于重心高、支撑面窄的构件，应用支架固定。

（2）堆放构件的地面应平整坚实，排水良好，以防构件因地面下沉而产生裂缝、变形或倾倒伤人。

（3）构件的支垫位置和支垫数量，须按设计图放置。图中无规定者，应进行验算。

（4）起重机起钩时，应放松回转刹车，以使吊钩滑车组保持垂直状态。

（5）用两台起重机抬吊构件时，必须统一指挥，并应尽量选用同一类型的起重机；各起重机的载荷不宜超过其安全起重量的 80%。严禁起重机几个动作同时进行。

（6）使用轴销卡环吊构件时，卡环主体和销子必须系牢在绳扣上，并应将绳扣收紧，严禁在卡环下方拉销子。

（7）引柱子进杯口，撬根应反撬。临时固定柱子的楔子每边需两只，松钩前应敲紧。

（8）无缆风校正柱子应随吊随校，但偏心较大、细长、杯口深度不足柱子长度的1/20或不足600mm时，严禁无缆风校正。

（9）严禁将物体放在板形构件上起吊。

（10）吊装不易放稳的构件，应用卡环，不应用吊钩。

3. 现浇混凝土楼板的安全要求

（1）支拆模板、绑扎钢筋和浇筑混凝土，必须遵守支模工、钢筋工和混凝土工的安全技术操作规程。

（2）支拆模板，应搭设工作台与脚手架。如局部架子高度不够时，不应在架子上搭梯凳，必须再搭架子。

（3）凡腐朽、扭弯或劈裂较大的木材，不应做承重的模板支柱。模板支柱应用支撑连接稳固。

（4）楼层超过4m及二层以上者，周围应设安全网或支搭脚手架，加设护身栏杆。

（5）支模的立柱接头每根不得超过两个，接头可用双面夹板钉接。采用双层支柱时，必须先将下层固定后再支上层。上下要垂直对正，并加钉斜撑，以防倒塌。

（6）楼板的预留孔洞，应加盖板或挂安全网。

（7）楼板模板须在混凝土达到设计规定强度后，方可拆除。

（8）在绑扎好钢筋的梁、板仓面上，不应走人，需要走时应铺踏脚板。

（9）浇筑圈梁、挑檐、阳台、雨棚等混凝土时，外部应设置安全网或采取其他防护措施。

（10）用草帘或草袋覆盖混凝土养护时，对所有的孔井应设标志或加盖板，养护时围栏不应随意挪动。

（11）绑扎柱子钢筋时，应站在高凳上或架子上操作，不应站在箍筋上作业。

（12）浇筑框架结构梁柱混凝土时，应搭设临时脚手架并设防护栏，不应站在楼板或支撑上操作。

10.8.6 屋面施工

1. 屋架安装的安全要求

（1）木屋架应在地面拼装，必须在上面拼装的应连续进行，中断时应设临时支撑。

（2）屋架就位后，应及时安装脊檩、拉杆或临时支撑。

（3）吊运材料所用索具必须良好，绑扎要牢固。

（4）屋架起吊后，应连续安装，中途不应休息或停工。

（5）木屋架吊装就位、校正完毕后，应立即将两端锚固螺栓的螺母拧紧。第一根屋架安装定位后，应用缆风绳绑扎牢固，以后的屋架应随吊装随用桁条、支撑连接稳固。

（6）钢屋架吊装就位、校正完毕后，应立即与支承屋架的结构焊接或锚固。在未焊接或锚固前，不得脱钩。

（7）没有安全防护设施，禁止在屋架的上弦、支撑、桁条、挑架的挑梁和未固定的构件上行走或作业。

2. 屋面铺设的安全要求

（1）屋面材料的垂直运输，应尽量采用提升机具，在屋面上传瓦要密切配合，防止失手掉落伤人。

（2）在屋面坡度大于25°时，挂瓦必须使用移动板梯，板梯必须有牢固的挂钩。没有外架子时，檐口应搭防护栏杆和防护立网。

（3）屋面上瓦应两坡同时进行，保持屋面受力均衡，瓦要放稳。不应在行条、瓦条上行走。

（4）在没有望板的屋面上安装石棉瓦，应在屋架下弦设安全网或其他安全设施，并使用有防滑条的脚手板。不应在石棉瓦上行走。

（5）屋面铺贴卷材，四周应设置1.2m高围栏，靠近屋面四周沿边应侧身操作。

（6）在屋面上摊铺油毡时，应随铺随钉压条。钉挂瓦条时，应从下往上顺序钉牢。

（7）装运沥青，不应采用锡焊的桶、壶等容器。盛装量不应超过容器的3/4。肩挑或用手推车时，道路要平坦，绳具要牢固，吊运时垂直下方不应有人。

（8）冬季施工应有防滑措施，屋面的积雪、霜冻，在工作前必须清除干净。

10.8.7 装修及附属设备施工

1. 抹灰、粉刷作业的安全要求

（1）在有高大窗户的室内抹灰前，须将窗扇关闭并插好插销。

（2）室内顶棚搂灰线抹白灰时，要慎防灰浆掉入眼内。

（3）不应在门窗、暖气片、洗脸池等器物上搭设脚手板。阳台部位粉刷，外侧必须挂设安全网，严禁踩踏脚手架的护身栏杆和在阳台栏板上进行操作。

（4）为外檐装修抹灰，所搭的架子必须设有防护栏杆和挡脚板。

（5）室内抹灰使用的木凳、金属支架应搭设平稳牢固，脚手板跨度不应大于2m。架上堆放材料不应过于集中，存放砂浆的灰槽要放稳。在同一跨度内不应超过两人。

（6）在屋面上抹灰时，檐口应设有高出屋面的防护栏杆（坡顶1.5m、平顶1.2m）。

（7）喷灰、喷涂时所用机械的压力表、安全阀应灵敏可靠，输浆管各部接头应拧紧卡牢，管路摆放顺直，避免折弯。

（8）输浆应严格按照规定压力进行。管路堵塞时，应卸压检修。

（9）贴面使用的预制件、大理石、瓷砖等，应堆放整齐平稳。边用边运，安装要稳拿稳放。待灌浆凝固稳定后，方可拆除临时支撑。

（10）使用磨石机，应戴绝缘手套，穿胶靴。电源线不应破皮漏电；金刚砂块安装必须牢固，经试运转正常方可操作。

2. 油漆、玻璃作业的安全要求

（1）各类油漆和其他易燃、有毒材料，应存放在专用库房内，不应与其他材料混放。库房应配备消防器材。

（2）用过的沾染油漆的棉纱、破布、油纸等不应随意乱丢，应收集存放在有盖的金属容器内，并及时处理。

（3）调制、操作有毒性的或挥发性强的材料，必须根据材料性质配戴相应的防护用品。室内要保持通风或经常换气，严禁吸烟、饮食。

（4）使用喷灯，加油不得过满，打气不应过足，使用的时间不宜过长，点火时火嘴不应对准人和其他易燃、易爆物品。

（5）使用喷浆机，应经常检查胶皮管有无裂缝，接头是否松动。手上沾有浆水时，不应开关电闸，以防触电。喷嘴堵塞，疏通时不应对人。

（6）在坡度大的屋面上刷油，应设置活动板梯、防护栏杆和安全网，刷外开窗扇，必须戴安全带并挂在牢固的地方。

（7）刷封檐板、水落管或外檐喷漆，应搭设脚手架或经过设计的吊架。

（8）玻璃拆箱后，带钉板应集中堆放，防止扎脚，配裁玻璃的边角余料应集中放置。已配好的玻璃应堆放稳固。

（9）裁好的厚花玻璃，应将毛边磨光，铅丝玻璃裁完后应磨边并用钳子将铅丝扳倒。

（10）玻璃钻孔、磨砂、刻花使用喷灯或酸类化学药剂时，必须按规定配戴防护用品。

（11）安装玻璃时，不应踩在窗框上操作；不应将梯子支靠在装好的玻璃上。

3. 附属设备安装的安全要求

（1）使用高凳或梯子安装水暖器材时，高凳、梯应装有防护装置。

（2）金属管需过火调直或煨弯时，应先检查管腔，如有爆炸物或其他危险品，必须清除。装砂煨弯时，砂子应炒干，以防爆炸。

（3）剔槽打洞作业，在管洞即将打透时，须缓慢轻打。楼板打洞时，要注意在下方作业人员的安全。

（4）上水管采用托吊安装前，必须先将吊卡、托架安装牢固，并必须将管道装入托架或吊卡内紧固后，再行捻口连接，不应用绳索或其他材料临时捆扎进行捻口连接。

（5）铺设地下管道前，必须检查管沟，不应有塌方现象。向沟内下放管道时，沟内不应有人。在管沟两边沿1m以内，不应堆放零件或其他材料。必要时，应有排水设施。

（6）安装黑白铁管道，高度超过2.5m时，必须搭设架子、天棚干管，在吊顶后安装时，必须先铺好通道，不应在木楞、龙骨或板条上行走。

（7）立管应由下往上安装，装后应随即固定。支管安装后，不应施加任何外来压力，以防移动或折断。

10.9 拆除工程

10.9.1 基本安全要求

（1）拆除工程在施工前，施工单位应对拆除对象的现状进行详细调查，编制施工组织设计方案，经合同指定单位批准后，方可施工。同时应对施工作业人员进行安全技术交底。

（2）拆除工程在施工前，应将电线、瓦斯管道、水管、供热设备等干线通向该建筑物的支线切断或者迁移。

（3）拆除工程的施工应根据现场情况，设置围栏和安全警示标志，并设专人监护，非施工人员不得进入拆除现场。

（4）拆除时，应严格遵守自上至下的作业程序，高空作业应严格遵守登高作业的安全技术规程。拆除施工时，应站在脚手架或者其他稳固的结构部分上操作。

（5）在高处进行拆除作业，应符合高处作业的相关安全要求。应设置流放槽（溜槽），以便散碎废料顺槽流下。拆下较大的或者过重的材料，要用吊绳或者起重机械稳妥吊下或及时运走，严禁向下抛掷。拆卸下来的各种材料要及时清理，分别堆放。

（6）拆除旧桥（涵）时，宜先建好通车便桥（涵）或渡口。在旧桥的两端应设置路栏，在路栏上悬挂警示灯，并在路肩上竖立通向便桥或渡口的指示标志。

（7）拆除吊装作业的起重机司机，应严格执行操作规程。信号指挥人员应按照 GB 5082—85《起重吊运指挥信号》的有关规定作业。

（8）应按照现行国家标准 GB 2894—2008《安全标志及其使用导则》的规定，设置相关的安全标志。

10.9.2 建（构）筑物拆除（含房屋混凝土结构、桥梁、施工支护等）

（1）采用机械或人工方法拆除建筑物时，应严格遵守自上而下的作业程序，严禁数层同时拆除。当拆除某一部分的时候，应防止其他部分发生坍塌。

（2）采用机械或人工方法拆除建筑物时不宜采用推倒方法，遇有特殊情况必须采用推倒方法时，砍切墙根的深度不能超过墙厚的 1/3，墙的厚度小于两块半砖的时候，不应进行掏掘；为防止墙壁向掏掘方向倾倒，在掏掘前应有可靠支撑；建筑物推倒前，应发出信号，待全体工作人员避至安全地带后，方可进行。

（3）采用人工方法拆除建筑物的栏杆、楼梯和楼板等，应和整体拆除进程相配合，不能先行拆除建筑物的承重支柱和横梁，要等待它所承担的全部结构拆掉后方可拆除。

（4）用爆破方法拆除建筑物的时候，应该遵守 GB 6722—2003 的有关规定。用爆破方法拆除建筑物部分结构的时候，应保证其他结构部分的完好。爆破后，如果发现保留的结构部分有危险征兆，待采取安全措施后，方可进行工作。

（5）拆除建筑物的时候，楼板上不应有多人聚集和堆放材料。

（6）拆除钢（木）屋架时，应采用绳索将其拴牢，待起重机吊稳后，方可进行气焊切割作业。吊运过程中，应采用辅助绳索控制被吊物处于正常状态。

（7）建筑基础或局部块体的拆除宜采用静力破碎方法。当采用爆破法、机械和人工方法拆除时，应参照本节有关的安全要求执行。

1）采用静力破碎作业时，操作人员应戴防护手套和防护眼镜。孔内注入破碎剂后，严禁人员在注孔区行走，并应保持一定的安全距离。

2）在相邻的两孔之间，严禁钻孔与注入破碎剂施工同步进行。严禁静力破碎剂与其他材料混放。

3）拆除地下构筑物时，应了解地下构筑物情况，切断进入构筑物的管线。

4）建筑基础破碎拆除时，挖出的土方应及时运出现场或清理出工作面，在基坑边沿1m内严禁堆放物料。

5）建筑基础暴露和破碎时，发现异常情况，应即时停止作业。查清原因并采取相应措施后，方可继续施工。

（8）拆除旧桥（涵）时，应先拆除桥面的附属设施及挂件、护栏，宜采用爆破法、机械和人工的方法进行桥梁主体部分的拆除。拆除时，应参照本节有关的安全要求。

（9）钢结构桥梁拆除应按照施工组织设计选定的机械设备及吊装方案进行施工，不应超负荷作业。

（10）喷护混凝土拆除的安全要求：

1）喷护混凝土拆除时，应自上至下、分区分段进行。

2）用镐凿除喷护混凝土时，应并排作业，左右间距应不少于2m，不得面对面使镐。

3）用大锤砸碎喷护混凝土时，周围不应有人站立或通行。锤击钢钎，抢锤人应站在扶钎人的侧面，使锤者不应戴手套，锤柄端头应有防滑措施。

4）用风动工具凿除喷护混凝土时，各部管道接头应紧固，不漏气，胶皮管不应缠绕打结，并不应用折弯风管的办法作断气之用，也不应将风管置于胯下；风管通过过道，须挖沟将风管下埋；风管连接风包后要试送气，检查风管内有无杂物堵塞，送气时，要缓慢旋开阀门，不得猛开；风镐操作人员应与空气压缩机司机紧密配合，及时送气或闭气；钉子插入风动工具后不应空打。

5）利用机械破碎喷护混凝土时，应有专人统一指挥，操作范围内不应有人。

10.9.3 临建设施拆除

（1）对大型设施中建筑物的拆除，应参照建（构）筑物拆除的有关安全要求。

（2）对有倒塌危险的大型设施拆除，应先采用支柱、支撑、绳索等临时加固措施；用气焊切割钢结构时，作业人员应选好安全位置，被切割物必须用绳索和吊钩等予以紧固。

（3）施工栈桥拆除，应遵守SL 398—2007有关高处作业的规定。

（4）施工脚手架拆除，应符合现行有关施工脚手架拆除的规定。

（5）大型施工机械设备拆除的安全要求：

1）大型施工机械设备拆除，应制定切实可行的技术方案和安全技术措施。

2）大型施工机械设备拆除现场，应具有足够的拆除空间，拆除空间与输电线路的最小距离，应符合DL 5162—2002的有关规定。

3）拆除现场的周围应设有安全围栏或色带隔离，并设警告标志。

4）在拆除现场的工作设备及通道上方应设置防护棚。

5）对被拆除的机械设备的行走机构，应有防止滑移的锁定装置。

6）待拆的大型构件，应设有缆风绳加固，缆风绳的安全系数不应小于3.5，与地面夹角应在30°~40°之间。

7）在高处拆除构件时，应架设操作平台，并配有足够的安全绳、安全网等防护用品。

8）采用起重机械拆除时，应根据机械设备的被拆构件的几何尺寸与重量，选用符合安全条件的起重设备。

9）施工机械设备的拆除程序是该设备安装的逆程序，应符合大型施工设备安装与安全运行的相关安全要求。

10）施工机械设备的拆除应遵守该设备维修、保养的有关规定，边拆除、边保养，连接件及组合面应及时编号。

（6）特种设备和设施的拆除，如门塔机、缆机等，应遵守特种设备管理和特殊作业的有关规定。

（7）特种设备和设施的拆除应由有相应资质的单位和持特种作业操作证的专业人员来执行。

10.9.4 围堰拆除

（1）围堰拆除一般应选择在枯水季节或枯水时段进行。特殊情况下，需在洪水季节或洪水时段进行时，应进行充分的论证。只有论证可行，并经合同指定单位批准后方可进行拆除。

（2）在设计阶段，应对必须拆除或破除的围堰进行专项规划和设计。

（3）围堰拆除前，施工单位应向有关部门获取待拆除围堰的有关图纸和资料；待拆除围堰涉及区域的地上、地下建筑及设施分布情况资料；当拆除围堰建筑附近有架空线路或电缆线路时，应与有关部门取得联系，采取防护措施，确认安全后方可施工。

（4）施工单位应依据拆除围堰的图纸和资料，进行实地勘察，并应编制施工组织设计或方案和安全技术措施。

（5）围堰拆除应制订应急预案，成立组织机构，并应配备抢险救援器材。

（6）当围堰拆除对周围相邻建筑构成威胁时，应采取相应保护措施，并应对建筑内的人员进行撤离安置。

（7）在拆除围堰的作业中，应密切注意雨情、水情，如发现情况异常，应停止施工，并应采取相应的应急措施。

（8）机械拆除围堰的安全要求：

1）拆除土石围堰时，应从上至下、逐层、逐段进行。

2）施工中应由专人负责监测被拆除围堰的状态，并应做好记录。当发现有不稳定状态的趋势时，应立即停止作业，并采取有效措施，消除隐患。

3）机械拆除时，严禁超载作业或任意扩大使用范围作业。

4）拆除混凝土围堰、岩坎围堰、混凝土心墙围堰时，应先按爆破法破碎混凝土（或岩坎、混凝土心墙）后，再采用机械拆除的顺序进行施工。

5）拆除混凝土过水围堰时，宜先按爆破法破碎混凝土护面后，再采用机械进行拆除。

6）拆除钢板（管）桩围堰时，宜先采用振动拔桩机拔出钢板（管）桩后，再采用机械进行拆除。振动拔桩机作业时，应垂直向上，边振边拔；拔出的钢板（管）桩应摆放整齐、稳固；应严格遵守起重机和振动拔桩机的安全技术规程。

（9）爆破法拆除围堰的安全要求：

1）一级、二级、三级水利水电枢纽工程的围堰、堤坝和挡水岩坎的拆除爆破，设计文件除按正常设计之外还应进行爆破区域与周围建（构）筑物的详细平面图、爆破对周围被保护建（构）筑物和岩基影响的详细论证；爆破后需要过流的工程，应有确保过流的技术措施，以及流速与爆渣关系的论证。

2）一级、二级、三级水电枢纽工程的围堰、堤坝和挡水岩坎需要爆破拆除时，宜在修建时就提出爆破拆除的方案或设想，收集必要的基础资料和采取必要的措施。

3）从事围堰爆破拆除工程时，爆破拆除设计人员应具有承担爆破拆除作业范围和相应级别的爆破工程技术人员作业证，从事爆破拆除施工的作业人员应持证上岗。

4）围堰爆破拆除工程应根据周围环境条件、拆除对象类别、爆破规模，并应按照现行 GB 6722—2003 分级。围堰爆破拆除工程施工组织设计应由施工单位编制，并上报合同指定单位和有关部门审核，作出安全评估，批准后方可实施。

5）一级、二级水利水电枢纽工程的围堰、堤坝和挡水岩坎的爆破拆除工程，应进行爆破震动与水中冲击波效应观测和重点被保护建（构）筑物的监测。

6）采用水下钻孔爆破方案时，侧面应采用预裂爆破，并严格控制单响药量以保护附近建（构）筑物的安全。

7）用水平钻孔爆破时，装药前应认真清孔并进行模拟装药试验，填塞物应用木楔楔紧。

8）围堰爆破拆除工程起爆，宜采用导爆管起爆法或导爆管与导爆索混合起爆法，严禁采用火花起爆方法，应采用复式网路起爆。

9）为保护临近建筑和设施的安全，应限制单段起爆的用药量。

10）装药前，应对爆破器材进行性能检测。爆破参数试验和起爆网路模拟试验应选择安全地点进行。

11）在水深流急的环境应有防止起爆网路被水流破坏的安全措施。

12）围堰爆破拆除的预拆除施工应确保围堰的安全和稳定。

13）在紧急状态下，需要尽快炸开围堰、堤坝分洪时，可以由防汛指挥部直接指挥爆破工程的设计和施工，不必履行正常情况下的报批手续。

14）爆破器材的购买、运输、使用和保管应按照爆破器材与爆破作业的有关安全要求执行。

15）围堰爆破拆除工程的实施应成立爆破指挥机构，并应按设计确定的安全距离设置警戒。

16）围堰爆破拆除工程的实施除应符合本节的要求外，还应按照现行 GB 6722—2003 的有关规定执行。

（10）围堰拆除施工采用的安全防护设施，应由专业人员搭设，应由施工单位安全主管部门按类别逐项查验，并应有验收记录。验收合格后方可使用。

10.10 监测及试验

10.10.1 测量作业的安全要求

（1）测量人员应遵守《水利水电工程施工作业人员安全操作规程》的相关安全规定。

（2）应根据测量部位和项目，按规定劳保着装，落实各项安全防护措施。

（3）进入施工现场前，应检查测量仪器灵敏可靠，测量工具齐全适用。

（4）测量仪器应支放平稳可靠，并设围栏和警示标志。

（5）进入危险部位，如边坡、孔洞旁测量时，应设专人监护。

（6）底孔或廊道内进行测量时，应采取设备的防护措施，并设专人监护。

（7）进行野外测量作业时，应采取防止摔伤、落石和动植物伤害的保护措施。

（8）测量工作完毕，应检查测量仪器，并按规定装箱、装包。

10.10.2 金属材料试验的安全要求

（1）试验人员应经专业培训，考试合格后方可上机操作。

（2）试验机应定期经国家计量部门鉴定合格方可使用。

（3）试验前应对试验机进行全面检查。

（4）试验人员应站在正确位置上进行操作。

（5）试验机应在 10～30℃ 的温度下进行工作。

（6）根据季节变化更换润滑油，并按规定定期进行润滑保养工作。

（7）现场试验前，应设定试验警戒区域并悬挂警示标志。

（8）试验机应标出摆锤冲击范围。

（9）试样夹牢后，不应起动下钳口电动机。

（10）试验时，操作手柄的控制应平稳、迅速、准确，应按规定的加荷速度加荷。

（11）测力计所有阀门不应随意打开。

（12）试验机测力计摆杆扬到最大规定限度时，指针必须旋转一周。

（13）进行脆性材料试验时，应安装防护罩。

（14）试验机用油应符合规定的标准，注入前应过滤。

（15）送油阀手轮不应拧得过紧。

（16）当试样加荷时，油阀必须关紧，不应漏油。

（17）油管接头不应有渗油现象。

（18）试验过程中，如油泵突然停止工作，不应在高压下检查、起动。

（19）试验暂停时，应关闭电机。

（20）试验完毕，应断开电源，进行清洁工作。

（21）非试验人员禁止操作试验机。

（22）其他事项按材料试验机说明书规定执行。

10.10.3 混凝土材料试验的安全要求

（1）混凝土材料试验工应符合《水利水电工程施工作业人员安全操作规程》相关

的安全要求。

（2）操作100t万能材料试验机的安全要求：

1）估计试件破碎所需能量，选择适当测力载荷范围，换上指示板，并调整摆的位置和相应的摆锤。

2）开动电动机，将活塞浮起数厘米，开启调节阀，然后根据试件需要，调节工作位置。

3）活塞浮起时，调节平衡锤的定位，平衡活塞及工作台的净重，使摆处于垂直位置，再转动推杆末端的压花柄，调节指针零点位置。

4）开启调节阀，调节加荷速度。试验时的加荷速度，根据试件要求而定，一般以保持指针每转动全载荷范围在2～5min以内为宜，尤其在接近极限强度时宜缓慢。

5）绘制试件受力后的形变关系，曲线可先根据需要的形变比例，将弦线绕在相应的线槽内，将记录纸卷上记录筒，使纸的末端恰好被弹簧片压住，将铅笔插入笔夹内，将笔尖的起点放在弹簧片附近。

6）试件被压碎或达到规定载荷时，打开回油阀，油即卸回油箱，红色随动针指示的读数，即为试件所受载荷。试验结束后，将红色针拨回零点。

7）如试验不是连续进行或两次试验的间隔时间较长时，应将油泵停止。

（3）操作油压式200t压力试验机的安全要求：

1）将试验机的总电钮打开。

2）试验前应根据试验的最大负荷选用相应的测量范围。

3）根据测量范围之不同，悬挂不同重量的摆锤，调正摆杆的位置。

4）开始试验前，应将指针对准零点，调正时，先开动油泵，打开送油阀，使活塞自缸体升起一段约5～10mm左右，消除活塞及其带起的试台附件、试料等重量。

5）升降横梁至适当高度，使上承压板下降至试件顶面50mm处停止，然后用手工或摇把使其与试件恰好接触。调整完毕后，应将摇把取下来。

6）打开送油阀开始试验，试件应放在下压板中心线上，当试件加荷时，应注意操纵，应根据试件规定的加荷速度进行调节。

7）试验完毕后，应打开回油阀，使下承压板下降，然后再将横梁升起。在未打开回油阀或在试验中间禁止触动横梁升降电钮。

8）送油阀手轮不得拧得过紧，回油阀手轮应拧紧，将活塞复原位。

9）试验完毕取下摆铊，拉开电源。

10.10.4 电气试验的安全要求

（1）电气试验工应熟悉和掌握有关的安全要求，并遵守各电气试验的安全操作规程。

（2）进行高压试验不应少于两人，应按规定填写第一种工作票。

（3）作业前，应按规定穿戴好安全防护用品，熟悉工作部位及周围设备带电情况。高压试验装置的金属外壳应可靠接地。试验现场应设遮栏或围栏，悬挂警示标志，派人看守。

（4）试验前应检查试验接线、调压器零位及仪表的初始状态，确保无误后方可通电。

（5）试验结束或变更接线时，应首先断开电源，进行放电，并将试验设备的高压部分短路接地。

（6）进行继电保护和仪表试验时，应办理第二种工作票，并制订防范措施。在运行的电流互感器二次回路上作业时，严禁将电流互感器二次侧开路，不应将回路的永久接地断开；在运行的电流互感器二次回路上作业时，应防止短路。

（7）油品化验人员进入变电所取油样，如安全距离不够，应办理停电工作票，并做好高处取油样的安全措施。

（8）试验完毕后，试验人员应拆除自装的接地短路线，清扫、整理作业场所，工作负责人向值班人员交代试验结果、存在的问题等，并注销工作票。

10.10.5 化验作业的安全要求

（1）化验人员应经专业培训，考试合格后方可上岗工作。

（2）化验室应配备各种消防器材，如砂袋、砂箱、灭火器等，化验员应熟悉各种消防器材的使用方法及灭火对象。

（3）易燃、易爆、有毒物品应专门保管。

（4）剧毒药品（氰化钾、氧化钠、三氧化二砷、二氧化汞、二甲脂等）类药品应由专人负责在专柜内保管，且应由两人共同保管（实行双人双锁制），并存放在阴凉干燥处，每次使用均应登记。

（5）对人体的皮肤、黏膜、眼睛、呼吸道以及对一些金属有强烈腐蚀作用的药品，如发烟硫酸、浓硫酸、浓硝酸、浓盐酸、氢氟酸、冰醋酸、浓溴、氢氧化钾、氢氧化钠等，应放置在由耐腐蚀性材料制成的料架上。存放处应阴凉通风，并与其他药品隔离。

（6）化验室分装的固体、液体试剂和配制的溶液，其管理原则与原装药品相同，剧毒药品也应有专人负责保管。

（7）所有盛放药品的试剂瓶，应贴有标签，吸取腐蚀性液体应使用特制的虹吸管，严禁用嘴吸取。

（8）各种仪表应经常保持清洁、干燥，室内通风良好。

（9）化验室宜配置眼睛冲洗器和通风换气设备。

（10）化验室内的所有电器设备均应绝缘良好，仪器应妥善接地，并有专人负责保管维护。

（11）化验过程中产生的废物应集中处理。

（12）使用有毒和强烈刺激性气体时，应在通风橱里操作，严禁将头部伸进通风橱，应配备防护用具。

（13）进行加热操作或易爆物品操作时应由专人看管，操作人员不应离开岗位。

（14）严禁将食品带入化验室。

（15）化验结束，作业人员离开前，应进行安全检查，重点是电、火、水。

10.10.6 无损探伤作业的安全要求

（1）无损探伤工除应符合本节安全要求外，还应符合 11.2.4 的有关安全要求。

（2）凡从事无损探伤的工作人员，应先进行身体检查，确定无职业禁忌病后，经主管部门专业培训，考核合格后持证上岗。

（3）操作场所的安全防护措施，应符合 GB 4792—84《放射卫生防护基本标准》的要求。

（4）操作区域应规定安全范围，并设置警示标志。

（5）从事射线探伤的人员，应经常测量作业场所的射线剂量。

（6）作业场所的照明应达到 GB 4792—84 规定的照度，射线机配电盘应装有指示灯。

（7）作业场所地面，应光滑、无缝隙凹陷，铺设易于清除污染的材料。

（8）作业场所内外应保持清洁整齐。

（9）必须严格执行操作规程，严守安全防护措施。

（10）射线探伤人员应根据工作情况，佩戴防护用品。防护用品操作前应进行检查，操作后进行清洗。

（11）操作中不应饮食、吸烟。如发现头昏等现象，应及时通风、治疗。工作完毕后，应及时清洗手、脸，或淋浴。

（12）凡从事射线作业的人员，应按国家规定每 3 个月进行一次血液分析，每年进行一次健康检查。

（13）一人不应单独作业，至少应有两人以上，一人操作一人负责监护。

（14）射线对人体照射的最高允许剂量是：每天不应超过 0.5mSv，每周不应超过 3mSv。

（15）在一周内总的积累剂量不超过 3mSv 的前提下，个别情况每天剂量可高于 0.5mSv，但不应成倍增加。

（16）全年的总积累剂量平均不应超过 150mSv，无损探伤工作开始年龄在 25 岁以下者，每年积累总量不应超过 100mSv。

（17）进行探伤作业时，应计算安全距离，设置警示标志，并有人警戒，严禁外人进入非安全区。

（18）γ 射线透照时，在无防护情况下的安全距离可按下式确定：

$$R = (mt/60)^{1/2}$$

式中　R——离放射源的距离，m；

　　　m——放射性的活度，10^{-5}Sv；

　　　t——照射时间，h。

（19）X 射线透照时，在无防护的情况下，最高允许剂量率可用下面近似的比例关系计算：

$$Pt \approx 15\mu R$$

式中　P——该点的剂量率，μR/s；

t——时间，h。

若将上式改写成 $t \approx 15/P$，可以近似计算出照射场内允许停留的时间。

（20）探伤用的放射源应加装保险套，探伤室的防护须经技术监督、环境保护部门批准后方可启用。

（21）射线探伤室应按防护要求进行设计，设置良好的通风设备。每天开始作业前和作业进行中都应注意换气，并保持清洁。

（22）射线试验室内，严禁贮藏食品。

（23）每次操作放射性同位素后，都应仔细洗手。探伤工的指甲应经常修剪，不应留长指甲。

（24）探伤人员的皮肤裸露部分若有伤口，在未愈合前，不应从事放射性同位素的操作。

（25）裸源操作应在有人监护下进行，使用的夹具长度不应小于 lm。每次操作时间不宜超过 8s，对于 5×10^{-6}Sv 以下的裸源，每一工作日的操作次数限制在 15 次以下。

（26）操作时，在提取射源过程中，不可直视射源。

（27）放射源存放地点的选择应考虑到周围居民的安全。存放建筑物的防护层厚度应经过计算，要求室外放射性强度不大于自然本底。室内须有防潮措施，并应装置有良好的通风设备。

（28）放射源存放处，应有专人负责看管。并建立启用和储存、领用登记制度。

（29）放射源应减少频繁运输，控制运输次数。运输设备的防护性能应加强，押运护送者，应懂得安全防护知识及处理原则。

（30）长途运输，应事先与有关交通部门做好联系工作，凡放射源所到地方和运输线路，应事先报告有关公安部门备案。

（31）X 射线机透视操作前，应将外壳安全接地。

（32）X 射线试验室的门上，应装置闭门接触器、关门供电，开门断电，同时门面上应装置红色警示标志。

（33）放射源失落时，应立即报告公安机关和防疫机构，并应立即采取措施，划出非安全区，做好可疑地区的安全保护工作。

（34）若发生放射性污染时，在被污染的范围内绝对严禁作业。凡参加清理污染的作业人员，应通晓防护原则。

（35）采用超声波、磁力、荧光、着色、涡流探伤的安全要求：

1）仪器接通电源前，应检查电源电压，该电压应与仪器使用电压相一致。

2）利用超声波检验焊缝时，焊缝两侧须打磨至呈金属光泽。如使用电动砂轮机打磨时，应戴绝缘手套、穿绝缘鞋，戴平光眼镜和口罩。

3）超声波探伤仪接通电源后，应检验外壳是否漏电。如有漏电，则应倒换电源线接线，并将外壳接地。

4）超声波探伤仪在使用过程中，严禁打开保护罩。

5）超声波仪器在搬运过程中，应特别注意防震。仪器使用场所应注意防磁。

6）荧光探伤时，应戴防护眼镜。工作物上的荧光粉，严禁用手直接触摸。作业完毕后，应将手仔细搓洗干净。

7）配制着色剂、筛取荧光粉、磁粉时，应戴防护口罩，并应在通风良好的上风处进行。

8）仪器检修时，应切断电源，不应带电检修。

9）现场探伤时，应执行高处作业规定，夜间应有充足照明。

10）作业完毕后，应将耦合剂、着色剂、磁粉、荧光粉清扫干净。

11）凡从事超声波、磁力、荧光、着色、涡流探伤作业人员，应定期进行专业安全防护知识的考核。经考核不合格者，不应从事探伤工作。

本章习题

2.10.1 土石方工程施工时有哪些基本要求？

2.10.2 有支撑的土方明挖作业有哪些安全防护措施？

2.10.3 高陡边坡土方明挖作业时，应注意哪些安全要求？

2.10.4 高边坡石方开挖作业，应符合哪些安全要求？

2.10.5 石方暗挖作业时，处理洞室冒顶或边墙滑脱等现象的安全防护要求有哪些？

2.10.6 试述石方洞室爆破作业有哪些安全要点？

2.10.7 石方洞室爆破后应进行哪些安全检查？

2.10.8 水下岩塞爆破时，导洞开挖应符合哪些安全要求？

2.10.9 锚喷支护时，进行砂浆锚杆灌注浆液有何安全规定？

2.10.10 土石方工程施工作业时，构架支护的安全要求有哪些？

2.10.11 进行基础灌浆时，灌浆孔内事故处理有哪些安全要求？

2.10.12 地基与基础进行喷射灌浆时有哪些安全作业要求？

2.10.13 水下砂石料开采应注意哪些安全要求？

2.10.14 钢模板施工的安全要求有哪些？

2.10.15 滑动模板施工有哪些安全防护措施？

2.10.16 在混凝土工程施工中，钢筋绑扎的安全要求是什么？

2.10.17 混凝土水平运输时，采用溜槽（桶）入仓应符合哪些安全规定？

2.10.18 混凝土养护应符合哪些安全要求？

2.10.19 水下混凝土作业有哪些安全防护措施？

2.10.20 碾压混凝土作业时，卸料与摊铺有哪些具体要求？

2.10.21 堤身漏洞险情抢护有哪些安全措施？

2.10.22 水下爆破作业时的安全要求有哪些？

2.10.23 水闸地基处理有哪些安全要求？

2.10.24 在房屋建筑工程中，当工作边沿无防护设施或防护设施高度低于

800mm 时，应采取哪些安全防护措施？

2.10.25 试述爆破法拆除围堰的安全要求有哪些？

2.10.26 在 γ 射线透照时，无防护情况下的安全距离如何计算？

2.10.27 在 X 射线透照时，无防护的情况下的最高允许剂量率如何计算？

第11章 水利水电工程金属结构与 机电设备安装安全作业

> **教学要求**：通过本章的教学，使学员了解水利水电工程金属结构与机电设备安装作业的基本要求，熟悉金属结构制作、金属防腐涂装、辅助设备安装的安全操作规定，理解闸门安装、启闭机安装、升船机安装、引水钢管安装、施工脚手架及平台、水轮机安装、发电机安装等安全作业的特点及内容。

水利水电工程中，金属结构与机电设备安装工程主要包括金属结构制作、闸门安装、启闭机安装、升船机安装、引水钢管安装、其他金属结构安装、施工脚手架及平台、金属防腐涂装、水轮机安装、发电机安装、辅助设备安装等。

安装工程受自然环境条件的影响大，水下工程和隐蔽工程较多，机电设备一般具有尺寸大、重量大的特点，工艺技术复杂、工种繁多，其内部有着大量的交叉、平行、流水作业；同时，其外部与土建施工和建筑物装修作业之间存在着大量的交叉、平行作业。因此，安装工程的施工安全关系到工程的经济效益和质量安全，施工作业中必须严格执行相关的安全技术要求。

11.1 基本安全要求

11.1.1 施工现场

（1）安装现场的施工设施，应符合防洪、防火、防强风、防雷击、防砸、防坍塌以及工业卫生等安全要求。

（2）安装现场的洞（孔）、坑、沟、升降口、漏斗口等危险处应有防护设施和明显警示标志。各类洞（孔）口、沟槽应设有固定盖板，或设置安全防护栏杆，同时应设有安全警示标志和夜间警示红灯。

（3）安装现场应根据工作及工艺要求，设置安全保卫室，并应根据工作需要发放标志牌或出入证。

（4）安装现场存放设备、材料的场地应平整坚固，设备、材料存放应整齐有序，周围通道畅通，且宽度不小于1m。

（5）安装现场的排水系统，应布置合理，沟、管、网应排水畅通，不应影响道路交通。

（6）高处临边作业面（如坝顶、厂房顶、桥机梁、工作平台等），应设置安全防护栏杆，并悬挂安全网。

（7）闸门井、电梯井、电缆竖井等井道口（内）安装作业，应根据作业面情况，在其下方井道内设置可靠的水平刚性平台或安全网作隔离防护层。

（8）危险作业场所应设有事故报警装置、紧急疏散通道并悬挂警示标志。

（9）脚手架拆除时，在拆除物坠落范围的外侧应设有安全围栏与醒目的安全警示标志，现场应设专人监护。

（10）现场施工中的具体安全防护设施项目和要求应符合相关安全要求。

11.1.2　施工现场用电与照明

1. 施工用电安全要求

（1）露天或湿度较大的施工现场（如洞孔内，地下厂房等）使用的电气设备及元件，均应选用防水型或采取防水措施。在易燃易爆场所，电气设备及线路均应满足防火、防爆要求。

（2）元件和熔断器的容量应满足被保护设备的要求，熔丝应有保护罩，管型熔断器不应无管使用，熔丝不应大于规定的截面，严禁用其他金属丝代替。

（3）电动机械与电动工具的电气回路，应装设独立的开关和漏电保护器，移动式电动机械应使用软橡胶电缆。

（4）手动操作开启式自动空气开关、闸刀开关及管型熔断器时，应使用绝缘手套、绝缘棒等绝缘工具。

（5）施工供电系统安装完毕后，应有完整的系统图、布置图等资料，并应经相关人员验收后，方可投入使用。施工电源应设专业班组负责运行与维护，其他人员不应擅自改动施工电源设施。

（6）现场施工接引电源工作，应有监护人。电源设施，应进行经常性维护，每年雨季前应检查一次，并应测量绝缘电阻。电工安全用具应符合相关的技术标准要求，并应定期检查。

（7）27V 及以上电气设备及设施，均应采用接地或接零。中性线与保护线应采用焊接、压接或螺栓连接方法。

（8）供电线路的架设，施工变电所的位置选取、结构与布置，变压器、附属设备及电气线路的安装与维护等均应符合有关的安全要求。

（9）电气装置拆除，应先切断电源，将导线裸露端部包好绝缘，并应作出标识。

2. 施工照明的安全要求

（1）在厂房、机组坑洞、廊道内和自然采光差的场所，应设一般照明、局部照明或混合照明。廊道等狭窄部位内的照明灯具和线路悬挂高度不宜低于 2.5m。

（2）疏散安全通道应装设应急照明和指示路标。

（3）配电箱应安装牢固，其周围应留有安全通道和便于维修的空间。配电箱进线回路上应安装漏电保护器，箱体应接地。配电箱应标明其名称、用途，并作出分路标记。配电箱应由专业人员负责维护。

（4）现场照明灯具和器材应绝缘良好，并应符合国家现行有关标准的规定。

（5）现场照明线路应布线整齐，相对固定。室内安装的固定式照明灯具悬挂高度不应低于2.5m，室外安装的照明灯具不应低于3m。安装在露天、潮湿或易接触水（如洞内、地下等）的工作场所的照明灯具应选用防水型灯头。

（6）照明电源线路不应接触潮湿地面，并不应接近热源和直接绑挂在金属构架上。照明开关应控制相线。当采用螺口灯头时，相线应接在中心触头上。

（7）金属容器内和潮湿环境等特殊场所应采用安全电压照明。严禁将行灯变压器及焊机调压器带进金属容器或金属管道内使用。

11.1.3 施工现场消防

（1）施工现场应根据消防工作的要求，配备不同用途的消防器材和设施，并应布置在明显和便于取用的地点。消防器材设备应由专人负责管理，定期检查维护，保持完整有效。消防器材设备附近，不应堆放其他物品。

（2）施工现场及工具房内不应存放易燃物品；使用过的油布、棉纱等易燃物品应及时回收，妥善保管或处置。厂房内所有施工部位严禁吸烟。

（3）厂房内施工使用明火或进行电（气）焊作业时，应落实防火措施，特殊部位还应办理动火工作票。

（4）厂房内机电设备安装过程中搭设的防尘棚、临时工棚及设备防尘覆盖膜等，应选用防火阻燃布。

（5）施工现场安装设备的包装材料和其他废弃物应及时回收、清理。

11.1.4 廊道及洞室作业

（1）在廊道及洞室内作业前检查周边孔洞的盖板、安全防护栏杆，应安全牢固。

（2）施工廊道应视其作业环境情况，设置安全可靠的通风、除尘、排水等设施，运行人员应坚守岗位。

（3）进入廊道及洞室内作业的人员，不应少于两人，并应配备便携式照明器具。

（4）在廊道及洞室内进行运输作业时，应规划便于人员通行的安全通道或其他保障人员安全的措施。岔道处应设置交通安全警示标志。

（5）地下洞室内存在塌方等安全隐患的部位，应及时处理，并应悬挂安全警示标志，严禁无关人员进入。

11.1.5 底层作业

（1）凡有底层作业的井口、洞口或门槽口应设置防止坠物和防止雨水的围栏、盖板、安全网等防护设施，以及上、下作业的安全扶（爬）梯，扶梯应牢固可靠。

（2）在地下洞室或大坝内的高深井内（如引水隧洞的斜井或竖井、通风竖井、电梯井、电缆井以及闸门门槽等）作业时，井口或门槽顶部应悬挂警示标志，并应设专人值班和配备通信联络工具。

（3）底层施工交叉作业时，上、下层之间应设置安全防护平台或隔离棚。

（4）封闭环境的底层作业场所，应设置可靠的照明、通风、排水和消防等设施。

（5）底层作业使用的机具与电动工具应绝缘良好，安全可靠，并应采取防砸、防雨水等保护措施。

11.1.6 焊接与切割作业

（1）焊接与切割作业应符合相关安全要求。

（2）从事施工现场金属结构安装和机电设备安装的焊接工作，应遵守相关焊接要求和规定。

（3）大型金属结构生产厂区，焊接与切割用气（氧气、乙炔气等）量大而集中的安装现场宜采用集中供气，并应符合相关安全要求。

11.1.7 起重运输作业

（1）起重运输作业应符合相关安全要求。

（2）金属结构制造、安装、机电设备安装过程中的起重运输作业应分别符合本章的具体要求。

（3）重大精密设备和有特殊运输要求的设备的运输、吊装以及重大件的土法运输、吊装作业，应按程序要求编制施工技术方案和安全作业指导书，经业主（监理）审批后实施。施工前，应成立专项安全协调监管机构，并应进行详细的分工和安全技术措施交底。

11.1.8 作业人员安全要求

（1）作业人员应热爱本职工作，努力学习提高技术业务水平和操作技能，积极参加安全生产的各种活动。

（2）作业人员应遵守劳动纪律，服从领导和安全监察人员的指挥和监督，坚守岗位；严禁酒后上班，不应在严禁烟火的地方吸烟、动火。

（3）作业人员应严格执行操作规程，不应违章作业；对违章作业的指令有权拒绝，并有责任制止他人违章作业。

（4）从事特种作业的人员，应持有效的特种作业操作证，配备相应的安全防护用具，并应遵守其相应的特种作业安全技术规程。

（5）作业人员应正确穿戴个人安全防护用品，进入施工现场应戴好安全帽，佩戴上岗证。高处、临边作业应系好安全带，不应穿硬底和带钉易滑的鞋，不应投掷物料，严禁赤脚、穿拖鞋或穿高跟鞋。

（6）施工现场行走应注意安全，不应攀登脚手架、电气盘柜、通风管道等危险部位。

（7）应正确使用防护装置和防护设施，对各种防护装置、防护设施和安全警示标志等不应任意拆除和随意挪动。

（8）作业人员应遵守岗位责任制和交接班制度，并应熟知本工种的安全技术操作规程。多工种联合作业时，应遵守相关工种的安全技术规程。

（9）施工现场应配备值班车辆，作业人员发生意外情况时，应及时救助。

（10）夜间作业时，应保证良好照明，每个施工部位至少安排两人以上工作，严禁单人独立作业。检查密封构件或设备内部时，应使用安全行灯或手电照明。

（11）作业前，应认真检查所使用的设备、工器具等，严禁使用不符合安全要求的设备和工器具。若发现事故隐患应立即进行整改或向所在单位领导报告。

（12）从事高处作业时，应遵守高处作业的相关规定，作业人员不应在脚手架上爬行或不挂保险带在高处移动，严禁手拿任何物件攀登爬梯和构架。

（13）作业人员应遵守现场安全用电规定，应学习和掌握现场触电的自救和互救的急救措施和方法。

（14）作业人员应定期进行体检，凡经医生诊断患有高血压、心脏病、贫血、精神病的人员，应立即退出金属结构安装和机电设备安装作业现场。

11.2 金属结构制作

11.2.1 厂区布置安全要求

（1）厂房、库房、办公楼等永久或临时建筑物应布置合理。厂址应避免选择在可能发生洪水、泥石流或滑坡等自然灾害地段。

（2）建筑物的布置、设计应符合工业建筑、防火、防雷等设计规范。

（3）压缩空气站的设计布置应符合 GB 50029—2003《压缩空气站设计规范》的相关规定。

（4）氧气站、乙炔气站的设计、布置应符合 GB 50030—91《氧气站设计规范》、GB 50031—91《乙炔站设计规范》的规定。

（5）供气房及集中供气管道的布置应满足有关消防安全规定。

（6）生产场地的安全要求：

1）生产场地应按产品制造工艺流程划分作业区，并应设有明显的区域标志和隔离带，如原材料堆放区、下料区、单件组装区、部件组装区、焊接区、总拼区、半成品区、成品区等。

2）车间内主通道宽度不应小于 2m，各作业区间应有安全通道，其宽度不应小于 1m。两侧应用宽 80mm 的黄色油漆标明，通道内不应堆放物品。

3）架空设置的设备平台、人行道及高处作业的安全走道的底板应为防滑钢板，临边应设置带有挡脚板等钢防护栏杆。

4）车间及作业区照明应充足，架空的通道、地面主要安全通道、进出口、楼梯口等处宜设置自动应急灯。

5）露天作业场的布置应根据场地交通及起吊设备能力进行设计布局，以确保大件产品的吊装及装卸运输。

6）各作业区应有明显标志，其周围严禁堆放杂物。

7）露天场地应有合理的地面排水系统和通畅的运输道路网，为施工创造良好的环境。

8）施工场地除布置通用照明外，作业部位还应设置照度足够的临时工作照明。

（7）施工设施的安全要求：

1）机械设备、电气盘柜和其他危险部位应悬挂安全警示标志和安全操作规程。

2）车间及厂区内应布置接地网，各种用电设备、电气盘柜、钢板铺设的平台的接地或接零装置应与地网可靠连接。接地电阻不应大于4Ω。保护零线的重复接地电阻不应大于10Ω。

3）电焊机等施工设备应合理布置，并应有专用平台。平台的高度离地面不应小于300mm，并应有可靠的防雨措施。

4）电焊机、加热设备应采用独立电源并装有漏电保护器。设备外壳应有可靠的接地和接零保护。

5）施工时地面设置的临时地锚、挡桩、支墩等在施工结束后应及时清除。

11.2.2 钢闸门及埋件制作

（1）工作前，应检查所使用的工器具、设备以及安全防护设施，应完好可靠。

（2）埋件制作的安全要求：

1）埋件的下料、组装、焊接、总拼应符合闸门制作有关规定。

2）埋件采用机械矫正时，应有专人指挥，受力点的支垫应采取措施。

3）埋件矫正、检查时应可靠放置。埋件矫正需吊车配合时，其挂钩或绳卡与构件连接应可靠。

4）当埋件需立置状态进行组装调整时，应有可靠的防倾倒的措施，并应符合高处作业的有关规定。

（3）钢闸门制作的安全要求：

1）下料应符合下列安全要求：

a. 钢板吊运时宜采用平吊，严禁采用厚板卡子吊薄板或厚板卡子中加垫板吊薄板，严禁超负荷使用吊具。

b. 下料应采用专用切割平台。当采用栅格式切割平台时，固定栅条的卡板应与平台骨架焊牢。地面切割时其割嘴应离地面0.2m以上。

c. 使用氧、乙炔等气体下料应符合有关安全要求。使用平板机、油压机、剪板机、冲剪机、刨边机等机械设备进行下料、加工、矫正等工序作业时，应遵守相关机械设备安全操作规程。

d. 铆工、焊工、切割工在切割后使用扁铲、角向磨光机进行清理打磨时应佩戴防护眼镜，严禁使用受潮或有裂纹的砂轮片。进行等离子切割时操作人员还应佩戴防护面罩。

e. 加热后的材料应定点存放，搬动前应做滴水试验，待冷却后，方可用手搬动。

f. 零件下料后应按区域要求分类码放整齐并标识。切割后留下的边角余料应集中放置，不应随意摆放。

g. 用地炉加热工件时，应注意周围有无电线或易燃物品，熄灭地炉时，浇水前应将风门打开，熄灭后应仔细检查。

2）组装焊接应符合下列安全要求：

a. 大小锤、平锤、冲子及其他承受锤击的工具顶部严禁淬火，应无毛刺及伤痕，锤把应无裂纹。

b. 零部件吊装就位时，起重指挥信号应明确，起重吊具应依据工件大小、重量正确选择和使用。

c. 工件就位时各工种应协调配合，统一指挥。手脚不应探入组合面内。工件在没有可靠固定前，在其可能倾倒覆盖范围内严禁进行与之无关的其他作业。

d. 工件就位临时固定应采用定位挡板、倒链等，找正后应及时进行加固点焊；需进行焊接预热的焊缝，点固焊时也应进行预热。

e. 打大锤时，严禁戴手套，锤头运动前后方严禁站人。

f. 箱梁及空间较小的构件内焊接时应采取通风措施，使用行灯照明，当构件内部温度超过40℃时，应进行轮换作业或采取其他保护措施，并应设专人监护。

g. 电焊工因空间较小，必须跪姿或卧姿进行施焊时，所使用的铺垫应为干燥的木板或其他绝缘材料。

h. 使用砂轮机、角向磨光机、风铲等工具进行打磨、清理的操作人员应佩戴平光防护眼镜。

3) 总拼装应符合下列安全要求：

a. 总拼装应编制技术方案、安全技术措施，并应经有关部门审批后方可实施。

b. 脚手架搭设方案应由技术部门设计、审批，经有关部门验收后方可使用，作业平台应铺设完整并固定可靠，护栏应符合安全标准。

c. 排架作业面及行走通道应清理干净，作业人员严禁穿硬底鞋。

d. 作业使用的千斤顶、楔子板、大锤、扳手等工器具应放置妥当，千斤顶严禁叠摆使用。严禁空中投掷传递工具等物。

e. 交叉作业时，应设置安全有效的隔离措施。

f. 氧气、乙炔气等燃气瓶的安全间距应大于5m，水平距离火源点不应小于10m。乙炔气瓶应立置，冬季及夏季施工气瓶应有防冻、防晒措施。

g. 起重人员在起吊构件时应保证构件重心与吊钩在同一垂线上。

h. 拆除作业一般应按照拼装流程的倒序进行作业；对于难度大、危险性大的拆除作业应制定专项拆除方案和安全技术措施，并应经审批后方可施工。

11.2.3 钢管制作

（1）钢管（含尾水管、锥管、蜗壳）等下料应符合钢闸门及埋件制作中的安全要求。

（2）采用油压机预弯瓦片的安全要求：

1）预弯时，模具应与油压机压力中心线重合，上、下模具应可靠固定。

2）油压机启动前，应经回油口向泵体内灌满工作油，排出主缸及液压系统中的空气，同时检查各部位所有连接应紧固。电动机旋转方向应与要求相符。

3）油压机每班作业前应检查管接头及密封件，发现渗漏应及时修复。设备运行中，不应进行修理及更换。

（3）瓦片卷制的安全要求：

1）卷板机开机前应认真检查各机构、系统运转正常，各润滑部位应按规定加注润滑油。

2）卷板机上卷制刚度较小或弧长较长的瓦片及管节时，应采用弧形托架或桥机配合进行卷制。

3）卷制时，设备操作人员应听从指挥人员指挥，指挥信号应明确清楚。严禁卷板人员手扶工件或垫条。多人卷板时应明确统一指挥，操作人员工作完毕或离开设备应切断电源。

4）卷板机翻倒机构翻倒时其覆盖范围内严禁站人和堆放物品。

5）卷板机在上料、卸料、调整辊筒时不应开机。设备卷板过程中，进出料方向严禁站人。

6）瓦片立置检验或校正时，应有可靠固定和采取防止倾倒的措施。

（4）组装与焊接的安全要求：

1）瓦片较大时应采用平衡梁吊装至平台，起吊时应先吊离地面约 $100 \sim 300mm$ 高，应检查瓦片吊装重心是否平稳。

2）管节、管段组装应设有专用组装平台和焊接平台，操作平台的搭设以及人员的着装应符合高处作业要求。

3）钢管拼装时，立置的瓦片应临时固定牢固。瓦片组装时，工作人员的手、头、脚不应伸入组合缝内。

4）工作中使用的千斤顶及压力架等，应控牢或采用其他防倾倒和坠落措施。

5）焊接过程中的预热、后热以及焊缝的爆炸屑等应有隔离设施，并应明确安全标识。

（5）支撑与调整结构的安全要求：

1）调圆或加固采用的"米"字或"井"字支撑应与钢管及支撑间连接可靠，安装支撑时应将支撑固定后方可松钩。

2）内支撑安装完成后应有防松措施。

11.2.4 无损探伤

（1）参加无损探伤人员应进行身体检查，并应经主管部门培训考试合格后，持证上岗。

（2）从事放射工作的人员和单位应向放射防护监督部门申请和领取《放射工作人员证》后方可从事放射性作业。

（3）射线探伤作业应符合无损探伤工的安全操作规定。操作场所的安全防护设施应符合现行《放射性同位素与射线装置放射防护条例》的要求。

（4）超声波、磁力、荧光、着色、涡流探伤的安全要求：

1）仪器接通电源前，应检查电源电压与仪器使用电压相一致。

2）超声波探伤仪接通电源后应检验外壳是否漏电。如有漏电，则应倒换电源线接线并将外壳接地，使用过程中严禁打开保护罩。

3）超声波仪器在搬运过程中，应注意防震，使用场所应注意防磁。

4）荧光探伤时，应戴防护眼镜，严禁用手直接触摸工作物上的荧光粉，工作完毕后，应将手搓洗干净。

5）配制着色剂，筛取荧光粉、磁粉时，应戴防护口罩，并应在通风良好的上风处进行。

6）仪器检修时，应切断电源。

7）现场探伤时，应执行高处作业规定，夜间应有充足照明，并应划定警戒区和悬挂警告标志。

8）工作完毕后，应将耦合剂、着色剂、磁粉、荧光粉清理干净。

11.2.5 涂装作业

（1）参与表面预处理、油漆涂装、金属热喷涂的作业人员应经有关部门培训考试合格后持证上岗。

（2）作业时，应遵守本岗位安全作业标准，高处作业应符合相关的安全规定。

（3）作业人员应定期进行身体检查，作业环境应采取措施降尘、降噪。

（4）需表面预处理的金属构件应放置平稳。

（5）油漆涂装前应检查所需的照明、通风、脚手架、支墩、支架等设施安全可靠。

（6）喷涂工作完毕后，应整洁工器具并应将工作场地及储藏室清扫干净，如发现遗留或散落的危险品，应及时清除干净。

11.2.6 产品转运与存放

（1）车间内及厂内用于产品零部件、成品、半成品的转运线及道路应明确划分，路面应平整，无障碍物。

（2）用于转运的叉车、平板车、汽车、起重机等应符合设备管理有关规定，使用前应认真检查。

（3）产品在转运车辆上摆放应稳定可靠，对于大件、超长、超宽件在转运装车时应进行绑扎固定。

（4）对于运距较远、起吊装车复杂的产品，应制定专项装车转运安全技术方案，并应经相关部门审批后方可实施。

（5）产品应按厂区规划区域进行存放，并应按产品包装要求进行包装标识后存放。

（6）产品存放支垫应稳定，并应采取有效的措施防止构件倾倒或变形，当需要叠层堆放时，层间加垫应采用枕木或木板材料。

11.3 闸门安装

11.3.1 闸门与埋件预组装

1. 安装场地布置的安全要求

（1）闸门堆放与预组装场地应综合考虑工程施工特性（包含现场交通运输条件、施工高峰强度等）、闸门拼装方案和现场设备起吊能力诸要素，应避免布置在可能发生山洪、泥石流或滑坡等自然灾害的地段。

（2）场内各设备堆放场和作业区应布局合理，并应有明显标识。办公室、仓库、变电所、各作业场所应有消防和排水设施，人行通道和消防通道应保持畅通，严禁堆放杂物。对不需要吊车或运输车进入的，宜按 0.8~1.0m 预留人行安全通道；对于需要采用移动式汽车吊等手段进行装卸作业的，根据车辆作业宽度宜预留 8~10m 的通道。

（3）厂区应有完整的接地网，接地电阻值不应大于 4Ω。厂房等高大建筑物与大型施工机械应有可靠防雷措施。

（4）场内除布置通用照明外，夜间作业部位和主要运输道路旁应按规定布置充足的工作照明设施。

（5）场内作业房应合理布置，各房间应设有单独的配电盘，盘上应有盖板和挂锁及漏电保护装置。房内应备有灭火器，所有施工设备、电气盘柜等危险部位，均应悬挂安全警示标志和安全操作规程，且应接地良好。

（6）厂区风、水、电等临时施工设施，其规划布置应符合有关安全要求。

2. 闸门与埋件预组装的安全要求

（1）闸门和埋件应摆放平稳、整齐，且支承牢固，不宜叠层堆放，并设有人员和起吊设备的通道。

（2）预组装前，应编制组装技术方案，包括组装程序、吊装方案（确定吊装设备、主要器具、地锚的设置和缆风绳的受力计算）以及临时加固支撑方案等，并制定详细的安全技术措施，报主管部门批准后方可实施。各拼装平台基础应牢固，支承结构应稳定可靠。

（3）高处作业、脚手架和作业平台的搭设方案应由技术部门设计、审批，安全部门组织相关部门联合验收，合格后方可使用。

（4）高处作业应按相关安全要求执行，确保施工安全。作业区四周应悬挂安全警示标志及有关安全操作规程，严禁无关人员进入施工作业区内。

（5）高处作业排架及行走通道应清理干净，不应随意堆放杂物，防护栏杆及安全网的敷设应符合安全标准。作业区应设置足够的消防器材。

（6）夜间作业应使用低压行灯照明，其他照明设施严禁直接和闸门接触，并应接地良好。

（7）雨雪天气条件下进行露天拼装的作业场所，应采取相应的防雨雪和防滑措施。

（8）千斤顶、楔子板、大锤、扳手等器具应妥当放置，严禁通过投掷来传递工具等物，固定好的千斤顶等机具应使用安全绳绑扎牢固。

（9）闸门组装用的连接板、螺栓等小型零件应装于结实的麻包内，使用绳具上下传递，严禁随意堆放在排架板上。

（10）闸门预组装时，各部连接螺栓至少应装配 1/2 以上，并紧固。装配连接时，严禁将手伸入连接面或探摸螺孔。

（11）闸门在进行连接时，工作人员应站在安全的位置，手不应扶在节间或连接板吻合面上。上、下交叉作业时，应搭设安全隔离平台。

（12）使用锉刀、铲等工具，不应用力过猛。不应使用有卷边或裂纹的铲削工具，工具上的油污应及时清除。

（13）预组装焊接时，应合理分布焊工作业位置。焊接作业时，焊条应使用保温桶存放，并用安全绳将其绑扎牢固。

（14）拆除的包装箱，应及时清理，集中堆放，严禁随地乱放乱弃，箱板上的铁钉、铁条等应进行拔除和打弯处理。

（15）闸门预组后的拆除作业宜按组装顺序倒序作业，并应充分考虑拆卸过程中竖立部分的自身稳定性，对于稳定性存在问题的，应增加临时缆风绳，以增强稳定。

（16）预组装工作全部结束后，应及时清除地面锚桩、基础预埋件或临时支撑、缆风绳等杂物。

11.3.2 闸门的起重运输

（1）闸门安装前，施工单位应编制详细的起重运输专项安全技术方案，经主管技术、安全部门审核，报业主和监理工程师审批后，方可予以实施。

（2）起重、运输作业的各工种（含司机）应持证上岗，且身体健康，作业时应遵守本工种安全操作的技术规定。

（3）起重运输的车辆应执行公安部制定的交通规则，严禁无证驾驶、酒后开车、无令开车。用于闸门起重运输的施工机械，应符合设备管理的有关规定，投入使用前应对其状态进行全面认真检查，保证设备的完好与正常运行；所吊物体重量达到额定起吊能力的80%以上时，应进行负荷或试吊试验。

（4）大件起重运输作业的安全要求：

1）大件、超长件、超宽件的运输与吊装前应制定安全技术措施并成立专门临时组织机构，负责统一指挥，每次作业前应提前向有关部门办理相关运输许可手续。

2）大件运输与吊装专门临时组织机构应分工明确，责任到人。各专业组在大件吊装前应按职责认真检查各项安全准备工作满足安全技术措施的要求，在大件吊装过程中进行监控，发现问题应及时向总指挥报告。在非紧急情况下不应擅自越级指挥。

3）大件运输应根据设备的重量、外形尺寸、道路条件等因素，选用适当的运输和装卸车手段，应对线路沿途路宽、限高和最小弯道半径，路面上方架空线的垂直高度，道路所经桥梁、涵洞、隧道允许通过的最大重量、尺寸，以及沿线最大纵坡率等进行勘测，选择满足大件运输的道路进行运输。应清除有影响的障碍物，并对不良路段进行处理。

4）大件的装载应选用适宜的装载车辆，不允许超载。装车前应复核大件的重心，计算运输车辆的轮压力，根据大件的尺寸、重量计算货物在运输车辆上的稳定性。装车时应根据设备的状况，制作相应的托盘、支架、垫板等，并应在车辆与大件接触部位支垫橡皮或软木板。

5）装载车辆应停在坚实平整的地面，注意离边缘的距离。装车前应在车板上放样，标出大件货物摆放位置并在支垫位置摆放支垫物，装载应均衡平稳且应将闸门中心对准车辆中心，不应偏装。

6）闸门在运输车辆上应摆放平稳可靠，并应对参与大件运输的车辆、捆绑工器具以及支垫物进行检查。应选用合适的钢丝绳、纤维带、卡环、倒链、拉紧器等器械进行捆绑。应经检查捆绑牢固后方可发令开车。

7）大件运输车队应由清障车、大件运输车、工具车等车辆组成，并应在车头、车尾悬挂红旗、红灯等标志，必要时应与当地交通管理部门联系全程封道，保证大件运输安全。

8）运输时应根据大件的特点，控制车速，并应有防止冲撞与震荡、受潮、损坏以及防止变形的措施。

9）大件吊装作业应符合下列安全要求：

a. 吊装作业应统一指挥，操作人员对信号不明确时，不应随意操作。

b. 闸门上的吊耳、悬挂爬梯应经过专门的设计验算，由技术部门审批，质量安全部门检查验收，经检查确认合格后方可使用（吊耳材质和连接焊缝须检验）。

c. 采用临时钢梁或龙门架起吊闸门时，应对其结构和吊点进行设计计算，履行正常审查、验收手续，必要时还应进行负荷试验。

d. 起吊大件或不规则的重物应控牵引绳。

e. 闸门起吊离地面0.1m时，应停机检查绳扣、吊具和吊车刹车的可靠性，观察周围有无障碍物。应上下起落2～3次确认无问题后，才可继续起吊。已吊起的闸门作水平移动时，应使其高出最高障碍物0.5m。

（5）指挥起重机械工作时，吊钩应在重物的重心上，严禁在倾斜状态下拖曳重物，严禁使用起重机对就位的闸门进行强行纠偏处理。

（6）闸门起吊前，应将闸门区格内、边梁筋板等处的杂物清扫干净。

（7）闸门翻身，宜采取抬吊方式，在没有采取可靠措施时，严禁单车翻身。闸门立放时，应采取可靠的防倾翻措施。

（8）吊装作业时，重物下面不应有人，只有当部件接近接合面时才可用手扶正。

（9）闸门吊装过程中，门叶上严禁站人。闸门入槽下落时，作业人员严禁站在门槽底槛范围内或在下面穿行。

（10）严禁在已吊起的构件设备上从事施工作业。未采取稳定措施前，严禁在已竖立的闸门上徒手攀登。

（11）所吊构件没有落放平稳和采取加固措施前，不应随意摘除吊钩。

（12）多台千斤顶同时工作时，其轴心载荷作用线方向应一致。

（13）采用简易起重运输，应根据现场实际情况，制定可靠的安全技术方案，并符合相关安全要求。

11.3.3 闸门埋件安装

（1）闸门埋件安装前，应编制施工技术方案和安全技术措施，明确安装施工与土建各专业之间的相互关系，做好相应的应急预案，对作业人员进行详细的安全技术交底，在施工过程中加强控制。

（2）门槽安装施工脚手架设计、搭拆应符合安全防护设施的有关安全要求。

（3）埋件安装前，应对门槽内模板以及脚手架跳板上钢筋头、凿毛的水泥块等杂物进行彻底清理。

（4）采用专用升降操作平台进行门槽安装作业的，应符合国家特种设备的有关监督检验规程的规定。

（5）敞孔作业时，孔口顶部应设置栏杆和安全警示标志，并在栏杆底部0.5m范围内设置安全网，确保井内作业的人身安全，作业期间应派专人在孔口顶部值班监护，严禁往孔内抛掷任何物品。

（6）作业间隙时，埋件安装测量用的钢丝线如影响人员通行，应以拆除。

（7）下层埋件没加固好之前，不应将上层埋件摞放其上。

（8）埋件二期混凝土浇筑完毕，拆除的模板应及时吊出，并应将脚手架上所有杂物清理干净。

（9）闸门埋件安装现场应符合施工用电和使用手持电动工具的相关安全要求。

11.3.4 平面闸门安装

1. 平面闸门现场拼装与安装的安全要求

（1）闸门安装前，应对门槽埋件进行复测，并应对可能影响闸门启闭的障碍物进行全面清除。

（2）闸门起吊前，应在确认起重机吊钩与闸门可靠连接并初步受力后，方可拆除临时支撑和缆风绳。

（3）闸门拼装的支承梁应牢固可靠。临时加固件或缆风绳应固定在专门埋设件上。

（4）闸门拼装作业及吊运作业应符合相关的安全操作规程。

（5）使用启闭机起吊闸门入槽时，吊钩或抓梁轴销应穿到位。

（6）闸门入槽时，作业人员严禁在底槛附近逗留或穿行，临时悬挂的作业和检查用爬梯、活动平台应牢固可靠。

（7）闸门拼装完成后，应及时清理拼装场地。

2. 水封与附件安装的安全要求

（1）水封现场粘接作业应按照说明书和作业指导书进行施工，使用模具对接头处固定和加热时，应采取防止烫伤和灼伤的保护措施。

（2）水封接头清洗或粘接用的化学易燃物品，应注意妥善保存，严禁随地泼洒。作业时应远离火源。

（3）水封螺栓孔加工，作业时应将水封可靠固定，并在下部垫上木板加以保护，严禁用手脚对钻孔部位进行定位固定。

（4）水封装配时，应使用结实的麻绳捆绑牢固。

（5）滑块等附件吊装，应使用带螺栓固定的吊具，不应直接使用绳具捆绑。

（6）滑块、平压阀座等附件就位时，严禁将手伸进组合面或轴孔内。

11.3.5 弧形闸门安装

（1）弧形闸门吊装作业应符合相关的安全操作规程。

（2）支铰座及支臂安装的安全要求：

1）安装前，对安装临时悬空作业用的悬挑式钢平台、起吊钢梁以及滑车组及钢丝绳等应进行刚度、强度校核，并应经主管技术部门批准，检查验收合格后，方可交付使用。

2）设计固定铰座锚栓架作业平台时，应考虑土建作业荷载平台下悬挂安全网，平台四周布设防护栏杆。

3）吊装固定铰座时，作业人员应在铰座基本靠近锚固螺栓时，才可进入作业部位。调整用的千斤顶应拴挂安全绳。应在固定铰座穿入螺栓，并将四角的四个螺帽紧固后，才能摘除吊钩。

4）活动、固定铰座孔内壁的错位测量，应在两铰座静止状态下进行，严禁调整过程中用手探摸。

5）支臂、铰座连接螺栓紧固，应按照设计图纸和说明书，遵照施工程序逐步进行，紧固力矩应符合设计要求。

6）支臂吊装前，宜将相互连接的纵向杆件先吊入，卧放于下支臂梁格内，且应可靠固定。

（3）门叶与附件安装的安全要求：

1）门叶现场安装时，宜遵循从下至上，逐节吊装、组装的顺序，下节门叶没有组装或连接好之前，不应吊装上一节门叶。

2）弧门吊装作业结束后，孔口上部仍有作业时，应在门叶顶部搭设安全隔离平台，设置安全网，并应悬挂安全警示标志。

3）侧、顶水封安装作业时，使用的工具（如扳手、千斤顶等）应系安全保险绳。

4）底止水封安装作业，宜在弧门与启闭机连门后进行。门叶开启离底槛约 1.0m 左右时，应停机并对启闭机的锁定状况进行检查，确认无误后，方可开始底止水水封的装配作业。

5）底水封作业时，应安排专人监护启闭机，并随时与作业人员保持联系，机房内应悬挂安全警示标志，严禁任何人启动。作业人员不应在门叶底部穿行。

11.3.6　人字闸门安装

1. 埋件安装的安全要求

（1）安装前，应在闸墙顶部敷设栏杆及防杂物滚落的帷幔，作业时，应派专人在闸墙顶部监护。

（2）人字门底枢吊装就位时，不应用手伸入配合面扶持。蘑菇头安装就位后，应进行遮盖保护。

（3）镗制顶枢轴孔时，作业人员严禁戴手套作业，严禁用手清除镗刀附近的铁屑。顶枢楔块装配时，手指不应伸入配合面。

2. 门叶吊装的安全要求

（1）门叶拼装专用支承座或梁、施工脚手架应经技术部门审批，验收合格后，方可交付使用。使用的悬挂作业平台的挂钩耳板应焊接牢固可靠，外侧布设栏杆高度不应小于 1.2m，并应拴上安全保险绳。

（2）土建施工时，应在门龛闸墙壁上埋设符合规定的铁板凳，以便门叶立拼时的加固，保证立拼作业安全。

（3）门叶调整应使用4台千斤顶，4个支点中心应与门叶重心重合，调整作业时，应统一指挥，保证行程均匀。

（4）门叶起重运输、立拼作业，应符合有关操作安全规程。

（5）门叶就位临时固定应采用倒链等防止倾倒，调整合格后，应及时进行加固点焊，需进行焊接预热的焊缝，点焊时也应进行预热。

（6）每节门叶焊接完成后，应将其与闸墙之间采用型钢可靠加固，然后吊装其他门叶。

3. 门叶焊接的安全要求

（1）现场施工设施应合理布置。焊机和热处理等施工设备应离地面0.3m放置，且有可靠的防雨措施，应使用单独的配电盘供电，设备应有良好的接地保护。

（2）门叶节间焊缝焊接时，一个梁格内只宜安排一人作业。

（3）焊接作业区域通风不良时，应采用风机加强空气流动，改善作业环境。夏季焊接作业时，还应采取防暑降温措施。

（4）焊缝热处理作业时，应在现场悬挂安全警示标志，严禁无关人员进入。

（5）采用电加热进行热处理作业时，加热板应可靠固定。

4. 附件安装与门体调整的安全要求

（1）应在顶枢安装工作完成且经确认顶枢与门叶可靠连接后，方可拆除门体底部支承千斤顶及门体与闸墙间的横向加固构件，进行人字门的调整作业。

（2）拆除门体背后与闸墙间的横向加固件时，应从上至下，逐层进行，割除构件时，作业人员不应倚靠其上，作业区下方不应有人工作和穿行；拆除支撑前，应对顶枢连接进行反复确认，稳定支撑拆除应按先侧向后底部的顺序进行。

（3）门叶跳动量调整时，应由专人指挥，无关人员不应靠近或从门底部穿行。

（4）主、副背拉杆应逐级张拉，张拉作业时应采用专用张拉工具，严禁用脚蹬。使用特制扳手时，应用力平稳，严禁使用猛力。背拉杆应采用平衡梁多点或抬吊吊装。

（5）支、枕垫块吊装应使用特制的螺栓吊环，螺栓应可靠紧固。构件吊入枕槽时，手指不应伸入。

（6）门体合拢操作时，应清除门体活动范围内的障碍物，且安排专人全程监视，任何人员不应进入门叶转动范围内，严禁手脚伸入支、枕块及导卡等配合面，更不应进入门轴柱上、下游侧。

5. 填料灌注作业的要求

（1）作业人员应掌握填料各组分材料的基本性能，熟悉灌注工艺。填料配制和灌注时，应按照操作程序和安全规程进行，作业前应进行技术及安全交底。

（2）各组分材料应视其各自性能要求分别堆放，专人保管，应放置在低温、避光、通风良好、远离火源的库房内。易燃或腐蚀品应有专人保管，用剩的填料应注意及时回收处理，严禁随处泼洒。

（3）使用易爆、有毒和易腐蚀的化学材料，应符合相关的安全要求，并应采取有效的安全防护措施。

（4）熬制环氧等动火作业时，应有专人监护，操作人员不应擅离岗位，应准备好湿麻袋、砂土和铁锹等消防设施。

（5）熬制环氧的人员下班前，应将火熄灭，检查无余火残存时，方可离开现场。遇六级以上大风时，应立即停止作业。

（6）填料灌注作业时，作业人员应穿戴好专用工作服和劳动保护用具，传递填料时应小心谨慎，出现漏浆时应立即停止灌注。

6. 底水封安装的要求

底水封（或防撞装置）安装时，门体应处于全关（或全开）状态，启闭机应挂停机牌，并应派专人值守，严禁擅自启动。

11.3.7　现场涂装作业

（1）闸门涂装作业应符合金属防腐涂装的有关安全要求。

（2）高处作业使用的脚手架，应由持证的架子工搭设。使用吊篮进行门槽埋件的防腐涂装作业时，吊篮、提升绳及提升设备均应安全可靠，吊篮和轨道面之间应有滚轮支承，严禁直接与墙壁发生摩擦。处于作业状态时，吊篮应停靠平稳，不应晃动。

（3）现场进行表面处理时，磨料应及时收集。

（4）喷涂工作完毕后，应整理工器具并将工作场地及储藏室清扫干净，发现遗留或散落的物品，应及时清除干净。

11.3.8　闸门试验与试运行

（1）闸门试验与试运行前，应编制试验大纲，上报设计、监理等单位审批后，应制定详细的试验程序，指导试验工作。

（2）应组织专门的机构，设专人指挥、协调各部位的工作，参与金结、机械和电气安装施工的人员，应职责明确，各负其责。

（3）闸门试验与试运行前，应对启闭机与闸门进行全面验收检查，确认设备运行范围无障碍物阻塞，各项安全防护设施完好。

（4）闸门试验与试运行时应与其他施工隔离，无关人员严禁入内。各试验部位应照明充足，通风良好，通信可靠。各设备应编号挂牌，重要部位应挂警示标志。

（5）闸门启闭机应在其空载试运行符合设计要求后，方可连接闸门，进行闸门的启闭试验和负荷试验；空载调试时，应对启闭机的开度指示和安全防护装置进行初步调试，液压启闭机还应对缸体内的空气进行充分排除，以保证连门后的平稳运行。

（6）闸门启闭前，应确认启闭机吊具与闸门连接正确可靠。采用液压挂脱梁进行自动穿轴销时，应确保轴销到位。

（7）试验和运行过程中，任何人严禁接触设备的机械运动部位，头和手严禁伸入机械行程范围内进行观测和探摸。当系统发生故障或事故时，应立即停机检查，严禁在设备运行情况下进行检查和调整。

（8）闸门无水试验的安全要求：

1）闸门入槽进行无水条件下的全行程启闭试验前，应对闸门所有转动部位进行检查，确保其转动自如，润滑良好。

2）闸门启闭前，应清除影响闸门启闭的所有障碍物，运行时应对其实施全行程监护，保证设备安全。

3）应对闸门水封进行冲水润滑。

4）启闭试验中，检测人员作业应遵守有关安全规定，其他人员不应靠近闸门运行范围。

5）应在闸门处于全关状态，启闭机停机并有专人监护后，试验人员方可进入闸门，进行检查。

（9）闸门动水试验的安全要求：

1）闸门动水试验应在无水调试合格后方可实施。

2）动水试验应由业主、设计、监理和施工等单位联合进行。

3）电站进水口快速事故门动水试验时，应加强与机组试验的协调，由机组试运行部门统筹安排。

11.4 启闭机安装

11.4.1 基本安全要求

（1）安装前，施工人员应熟悉施工现场情况，并应根据安全技术措施要求作业。

（2）高处作业的脚手架或工作平台，应根据有关规范和使用要求进行设计，起用前应按设计及相关规范检查验收。

（3）高处用于调整紧固作业的千斤顶、大锤、扳手等工器具应可靠拴挂，调整用具及加固材料应放于稳固的地方。

（4）启闭机上运行部位的安全距离、固定物体与运动物体之间的安全距离均应大于 0.5m。

（5）通向启闭机及启闭机上的通道应保证人员安全、方便到达，通道净空高度应大于 1.8m，其梯子、栏杆和走道应符合有关安全要求。

（6）设备清扫与组装的安全要求：

1）进行设备连接部位锈蚀处理和保护漆清扫作业的人员应佩戴防护眼镜和防尘口罩。金属清洗液、剂和其他具有腐蚀性液体等，应及时回收。

2）机械设备零部件（齿轮、联轴器等）清扫和添加润滑油作业时，施工人员动作应协调一致。用过的棉纱、油液等易燃物应放入专用的回收容器内。

3）现场组装平台或支撑件应牢固可靠。

（7）启闭机转动部分的防护罩应安全可靠。

（8）电气设备的金属非载流部分应有良好的保护接地，并应保证电气设备的绝缘良好。

（9）焊接、切割作业时应清理周围易燃物并采取隔离措施。作业人员离开安装现场时，应检查、妥善处置工作面上的火源。

（10）电气、液压设备上方需进行气割和焊接作业的，应先将设备电源切断并对设备使用阻燃物遮护。施工现场应配置消防器材。

（11）在启闭机柱和梁等结构内作业时，应使用安全电压工作行灯照明。

11.4.2　固定式启闭机安装

1. 液压式启闭机安装的安全要求

（1）液压式启闭机吊装时，当油缸采用双机抬吊翻立或采用平衡梁抬吊就位时，应根据两吊车在抬吊工况下的许用起重能力，计算布置抬吊点，合理分配荷载；油缸若采用单机翻立时，其下支点宜采用铰支形式。成批液压油管应采用装箱方式起吊。

（2）机房、泵站设备及液压管路安装调试应符合下列安全要求：

1）高处配管时，管件应用安全绳拴挂，拴挂位置应安全可靠。

2）管件进行酸洗钝化时，应穿戴防护用品，配制酸、碱溶液的原料应明确标识妥善保管，酸洗废液不应随意排放，应统一回收处理。

3）酒精、丙酮、油品、抹布等易燃物，不应存放在机、泵房内。

4）机、泵房内严禁吸烟，并应按消防安全规定配置消防器材。

5）机、泵房应设专人值班，值班人员不应在机、泵房内使用碘钨灯或电炉。

6）机、泵房不应擅自动火作业，必须动火时应执行动火审批制度，并采取可靠的防火措施。

7）管路进行循环冲洗时，冲洗设备操作人员不应擅离职守。

8）对于压力继电器、溢流阀、调速阀、仪表、电气自动化组件等安全保护装置应按设计要求检测。

9）严禁在启闭机运行过程中调整压力继电器、溢流阀、调速阀、仪表、电气自动化组件等安全保护装置。

10）所有常开、常闭手动阀及电源开关应挂警示标志，严禁非操作人员启闭。

11）管路或系统试压时，不应近距离察看或用手触摸检查高压油管渗漏情况。当打开排气阀时，人应站在侧面。

12）当系统发生渗漏或局部喷泄现象时，应立即停机处理，严禁用手或物品去堵塞。

13）对于有渗漏的管件，应先停机泄压后，将其拆下并将管内存油排放干净，在机、泵房以外的安全地方进行焊补作业。

14）联门调试运行中应有专人监视安全保护装置、仪器、仪表，启闭闸门时的压力变化应在设计范围内。

2. 卷扬式启闭机安装的安全要求

（1）启闭机基础应牢固可靠，其基础承压接触面的标高、水平应符合设计要求。

（2）机房、配电室、电气盘柜等设备周围应按消防安全规定配置消防器材。

（3）严禁将易燃易爆物品存放于机房、电气室、操作室内。

（4）在卷筒与滑轮组之间进行钢丝绳穿绕时应设专人指挥，信号清晰，指挥明确，参加施工人员应服从指挥，统一行动。钢丝绳穿绕中的临时拴挂、引绳与钢丝绳的连接均应牢固可靠，钢丝绳尾端固结应符合设计要求。

（5）行程开关、过载限制器、仪表、电气自动化组件等设施应正常可靠；电子秤的灵敏度及制动器的调整应符合设计要求。

（6）空负荷调试及联门启闭时，应有专人监视各安全保护装置、仪表、卷筒排绳等工作，启闭力应在设计允许范围内。

11.4.3 移动（门）式启闭机安装

1. 轨道安装的安全要求

启闭机轨道安装前宜采用压力机进行校正，当采用自制工具、装置校正时，夹具应安全可靠，支预应对中，支垫应平稳；轨道应采用专用吊具或捆绑方式吊装，不应兜吊；固定轨道的压板应牢固，垫片不应窜动。

2. 门架安装的安全要求

（1）启闭机安装部位的轨道混凝土应达到龄期。大车行走机构台车吊装就位后，应可靠支撑。

（2）门腿安装应符合下列安全要求：

1）门腿如采用抬吊翻立，应根据两吊车在抬吊工况下的许用起重能力布置抬吊点。

2）吊装就位后，应在完成螺栓连接、门腿垂直度调整就位、各方向缆风绳或型钢支撑张力平衡后，方可摘钩。

3）缆风绳应采用倒链进行调整，型钢支撑应采用螺旋拉紧器调整，调整时应由专人统一指挥。

4）组装好的门腿，宜增设刚性支撑将上、下游门腿临时连接成稳定的构架。

（3）大梁安装应符合下列安全要求：

1）门机大梁应在门腿间横梁完成安装、各项检测指标符合要求后吊装。

2）连接部位配合面的清扫应在地面进行，清洗和打磨作业应符合有关安全作业的规定。

3）大梁采用双机抬吊就位前，应根据起吊设备许用起重能力、作业位置等情况，结合大梁结构特点布置吊点，抬吊作业应符合相关规定。当采用单机吊装时，在梁两端应系防止大梁摆动的拉绳。

4）大梁与门腿组装部位的作业平台应与门腿可靠连接，脚手板、栏杆、安全网应固定牢固。

5）大梁靠近门腿就位时，起吊高度应高出门腿0.5m，门腿上部作业平台上应有专人监视、指挥，在地面辅助拉绳人员的配合下，使大梁初步就位，然后调整至安装位置。

6）高处作业人员应将安全绳拴牢于门腿上，在吊车起吊大梁调整至落下的过程中，身体不应高出门腿顶面，不应用手强行推拉大梁就位。就位时，头部和手严禁伸入组合面。

7）连接部位调整、对位时使用的工器具等应用绳索拴牢或采取其他防坠落措施。

（4）小车安装应符合下列安全要求：

1）小车预组拼时，拼装平台应稳定牢固。

2）小车安装前，轨道及其两端车挡应安装完毕，轨道附近杂物应清理干净。

3）除影响吊车作业的部位外，梁顶面的永久安全防护栏杆应安装；小车安装部位下方应设置安全防护网。

4）小车吊装到位后，应采取固定措施。

（5）门机大车夹轨器未投入前，应采取可靠措施防止门机在风荷载作用下移动。

（6）回转吊臂杆吊装后应采取措施防止其在风载荷作用下转动。

3. 主要零部件及机构安装调试的安全要求

（1）机械传动装置安装调试应符合下列安全要求：

1）传动轴、联轴器及齿轮安装调整与检测作业应符合工艺规程的要求。

2）制动轮与摩擦片之间应接触均匀，其接触面及间隙应符合规定要求。制动器应调整适宜，制动平稳可靠。

3）油泵式制动闸或液压电磁铁应检查注油油位符合要求，动作应灵敏可靠。

4）桥机主、副钩、动滑轮组应采取措施防止因自重下落，严禁拆卸起升机构减速箱盖、调整制动闸、松动制动轮轴的止退螺帽及制动轮与后传动轮法兰联结螺栓。

（2）钢丝绳、滑轮及吊具安装调试应符合下列安全要求：

1）新钢丝绳缠绕前应进行"破劲"处理。

2）钢丝绳穿绕方式及选用长度、尾端在卷筒上固定方式和螺杆压紧力矩参数应按技术文件和图纸规定执行。钢丝绳穿绕作业时应戴手套。

3）钢丝绳在卷筒端固定应牢固、可靠，固定装置应有防松或自紧的性能；除固定钢丝绳的圈数外，卷筒上应保留3圈钢丝绳作为安全圈。

4）钢丝绳安装穿绕作业时，严禁在安装作业范围内进行电焊施工作业。

5）钢丝绳清扫涂油应用毛刷或涂油机具，不应用钢丝刷清扫和用手直接涂油。

6）滑轮安装应符合要求，应有防止钢丝绳脱槽的安全装置；滑轮组应润滑良好，转动灵活。

7）液压挂脱梁安装调试应符合设计要求、行程准确。

4. 电气设备及安全防护装置安装与调试的安全要求

（1）电气设备安装调试工作场所，应设有专门用于电气消防的消防器材。

（2）大车电缆卷筒应与大车行走速度同步，卷筒装置应涂安全色。

（3）启闭机应通过大车轨道与水工设施的接地网可靠连接。电气线路对地绝缘电阻不应小于 $0.8M\Omega$，潮湿环境中不应小于 $0.4M\Omega$。

（4）启闭机的电气保护（电气隔离装置、电源回路的短路保护、失压保护、零位保护、过流保护装置等）、安全防护装置及安全防护设施（高度限位器、行程限位器、防风装置、门开关扫轨板等）应按相关规定进行安装调试，符合设计要求。

（5）启闭机的司机室、通道、电气室、机房等应有合适的照明。

5. 调试与负荷试验的安全要求

（1）试验前，应编制试验大纲和相关的作业指导书，经审批后实施。

（2）试验前应将大、小车试验范围内的所有杂物清理干净，回转吊范围不应有障碍物。

（3）动负荷试验的试验块吊架应进行专项设计。

（4）负荷试验应符合下列安全要求：

1）试验间歇期间应投入锚定装置。

2）试件及吊具重量应校准，各次试验重量及顺序、负荷偏差等均应符合设计要求。

3）试件在吊具中应对称布置，固定牢靠。

4）行程应符合设计行程。

5）负荷试验应设专人指挥，且应指挥清楚、信号明确。试验现场应设警戒线，无关人员不应进入。

6）试验时，应有专人监视各安全保护装置、仪表、卷筒排绳制动器等工作应正常。

7）应按设计要求检测行程开关、过载限制器、仪表、风速仪、夹轨器、激光测距仪、电气自动化组件等设施；电子秤的灵敏度及制动器的调整应符合设计要求。

11.4.4 桥式启闭机安装

1. 轨道安装的安全要求

（1）轨道安装多层作业时，应设置安全防护网，并采取防坠落措施，安排生产时宜减少多层作业。

（2）轨道安装还应符合移动（门）式启闭机轨道安装的有关规定。

（3）轨道安装施工应执行高处作业的有关规定。在轨道梁上安装作业时，临空面应布设临时安全防护栏杆。

（4）大车轨道未全部安装前，需临时动用桥机时，应在工作区段轨道上增设临时限位器装置。

2. 桥架安装的安全要求

（1）轨道大梁吊装前应将安装部位杂物清理干净。

（2）桥机大梁应在行走台车安装调整完毕并可靠支撑后吊装。

（3）轨道大梁及桥机大梁吊装应符合启闭机安装的基本安全要求和门架安装的相关规定。

（4）露天布置的桥式起闭机的大梁、端梁组装完成后，应采取可靠措施防止桥机移动。

（5）小车安装应按门架安装的有关规定执行。

3. 电气设备及安全防护装置安装与调试的安全要求

（1）安装悬空操作平台、检修吊架等工作平台，其固定端应牢固可靠。

（2）滑线支架、滑线安装时，传递或绳索溜放应保持通信联络可靠。安装、调整作业时，工具及材料应摆放平整，并应用绳索系拴牢靠。

（3）其余项目施工应符合电气设备及安全防护装置安装与调试的相关要求。

4. 桥式启闭机试验可参照移动（门）式启闭机调试与负荷试验的有关要求执行。

11.4.5　启闭机的调试、运行与维护

（1）启闭机的调试、运行区应与其他施工区隔离，无关人员严禁入内。

（2）调试运行前，应保证设备机械运转和摩擦部位无杂物阻塞，安全防护设施完好。

（3）调试现场应统一指挥，协调各部位调试人员对启闭机系统进行多专业联合调试。各调试设备应挂编号牌，重要部位应挂警示标识。

（4）各调试部位应照明充足，通风良好，通信可靠。

（5）调试和运行中，任何人严禁接触设备的机械运动部位，头部和手严禁伸入机械行程范围内进行观测和探摸。

（6）调试和运行中，当系统发生故障或事故时，应立即停机，严禁在设备运行情况下进行检查和调整。

（7）启闭机的空载试运行应在机、电、液压各单项调试及联合调试合格后进行。应在空载试运行符合设计要求后，方可进行负荷试验及连接闸门进行启闭试验。

（8）启闭试验与试运行应符合闸门试验与试运行的有关规定。启闭机与闸门连接进行启闭试验前，应清理闸门行程范围内的杂物，各种安全装置与防护设施应符合有关安全技术规范的要求。

（9）启闭机运行期间，应建立运行制度，严禁无关人员进入供电房、控制室等主要部位，应设立工作区和安全区，并应悬挂警示标志。

11.5　升船机安装

11.5.1　基本安全要求

（1）升船机安装应符合闸门及启闭机安装与调试运行的相关安全规定。

（2）作业人员应遵守各工种的安全规定，正确使用个人防护用品和安全防护设施，并按规定着装。

（3）使用升降操作平台进行埋件安装时，应按规程进行操作。

（4）吊篮上不应放置过多的安装材料和工具，严禁超铭牌规定负荷运行。当吊篮发生故障时，应立即排除。

（5）利用卷扬机吊装时，卷扬机性能应安全可靠，钢丝绳、导向滑轮、地锚、卡扣应完好无损。卷扬机的基础应稳固结实，并应将卷扬机固定牢靠。

（6）升船机安装前应依据施工组织设计编制单项工程施工技术方案和安全作业指导书。按程序审批后，施工前应由施工技术负责人向施工人员进行安全技术交底。

（7）提升设备安装、承船厢及设备安装、升船机调试运行等具有重大潜在危险项目施工，应成立现场领导小组，分工负责、协调配合、统一指挥。

（8）汛期安装时，应制订防汛度汛措施和预案。

11.5.2　埋件安装

（1）基础埋件应与预埋钢筋连接牢固，并辅以加固材料将基础撑牢垫实，确保机架就位稳定。

（2）升船机系统的闸门埋件安装、船厢室设备埋件安装、平衡重系统埋件安装均应符合11.3.1和11.3.2的有关安全要求。

（3）埋件吊装时，应保证升降操作平台的钢丝绳与吊装埋件的卷扬机钢丝绳之间有一定的安全距离。

（4）埋件吊装时，应设专人指挥，并应采取防止埋件碰撞施工排架或升降操作平台的保护措施。轨道就位找正时，作业人员的头、手严禁伸进组合面。

（5）埋件安装所使用的机具和电动工具应绝缘良好，手持式行灯电压不应超过36V。收放焊把线时应先关电焊机电源。

11.5.3　提升设备安装

（1）设备安装前，应将场地清理；应在机房周边窗口和吊物孔等位置设临时防护栏杆。

（2）提升平台上的绳孔等孔洞平时应用活动盖板封盖严实，使用时临时打开，使用后应及时恢复。

（3）提升设备等大型设备设施现场放置时，应核算机房梁、板的承载能力，并应征得设计或监理部门的许可。

（4）机架吊装时，应注意观察基础螺栓穿入螺孔情况，严禁用手扶持。

（5）大型设备吊装应选用合适的吊耳和吊点。设备吊装就位后，应将连接螺栓套入，确保设备稳定后方可摘钩。

（6）应制作专用平台对设备进行调整、固定及检查，不应在设备上徒手攀爬。

（7）钢丝绳吊装时，应先固定上端，然后缓慢下放，施工人员应保持距离观察。

（8）严禁将手伸进齿轮箱探摸或用手指在连接板和传动轴处找正对孔。

（9）电气设备的金属非载流部分应有良好的保护接地并应保证电气设备的绝缘良好。

（10）提升机构运转调试期间，应设立隔离防护区。

11.5.4　平衡重系统安装

（1）平衡重系统安装前，应根据现场实际情况制定吊装方案，吊装时所选用的钢丝绳、滑轮组、卷扬机、吊具、吊车等均应经过计算校核。应经审批后方可进行施工。

（2）平衡重块卸车时应用平衡重块上的吊环水平吊装，并用枕木垫平平放，分层码放时应在每层间加设木条或橡皮类支垫。

（3）平衡重组在上锁锭或下锁锭位置进行拼装时，应在平衡重室四周布置安全防护栏杆，每一组平衡重组拼装完后，均应用型钢可靠加固，方可拼装下一组。在下锁锭拼装时，应避免上下交叉作业，做好防高处坠落的安全措施，并应设置安全警戒线。

（4）在平衡重导架安装好之前，应对其承重钢丝绳采取可靠的防旋转措施。

11.5.5 承船厢安装

（1）承船厢分节吊装，应根据现场情况选择合适的吊装方法，由最大吊装单元的外形尺寸、重量和放置的位置来确定起吊设备。

（2）吊装前，应对吊装设备及钢丝绳等进行安全技术检查，根据重物结构，布置合理的临时吊耳。

（3）承船厢安装时，应及时形成永久爬梯、栏杆和通道。

（4）设备单件就位后应垫稳，应使用缆风绳等进行固定。

（5）利用卷扬机进行吊装和拖运时，卷扬机操作人员应遵守起重安全技术规程。卷扬机运行时，严禁跨越或用手触摸钢丝绳。

（6）使用台车等拖运结构件时，应垫稳扎牢，台车底部应设置导向轨道，拖运时应缓慢进行，应有专人监护，施工人员严禁钻入台车底部，严禁站于物件可能倾倒的方向。

（7）节间对缝时，严禁将头、手、脚伸入或扒在接合面上。

（8）底铺板等就位后，应及时设置临时的防护措施。

11.5.6 承船厢设备安装

（1）承船厢底部设备安装时，应建立临时人行通道和作业平台，布置通风排烟设备，并应在合适的位置布置消防器材。

（2）安装设备时，各种监测仪表（如电压、电流、压力、温度等）和安全装置（如制动机构、限位器、安全阀、闭锁装置、负荷指示器等）应齐全、配套，灵敏可靠。

（3）液压管路安装时，应符合"高压开关安装"的相关安全规定。管道试压应分级缓慢进行，稳压后方可进行检查。

（4）电气设备及线路安装应满足防爆要求，电动机械拆除后，不应留有可能带电的电线和部件。

（5）承船厢室内设备安装时，应保证通风良好，并应敷设安全低压照明。

11.5.7 升船机调试与运行

（1）升船机调试，应按单机调试、分系统联动调试、无水联调、有水联调和过船联调的步骤进行。升船机调试和运行应建立指挥机构，编制安全技术方案和安全运行操作规程，并应按规定程序审批。

（2）设备运转调试前，设备运行通道、设备运转部分和摩擦部分应无杂物阻碍。防护装置调试时各部位应设专人分部位进行监护，并应与指挥人员、操作人员保持通信畅通。

（3）调试过程中，系统发生故障或事故，应立即停机检查原因，严禁不停机检查和调整。

（4）无水联调前，应完成消防系统安装和试验。

（5）有水联调前，应完成排水系统安装和试验。

（6）在过船联调前，应完成疏散通道相关设备的安装。

（7）升船机运行期间，应建立运行制度，严禁无关人员进入集控室、主提升系统等重要部位，并应明显设立工作区和安全区，悬挂警示标志。

11.6 引水钢管安装

11.6.1 基本安全要求

（1）钢管运输、安装前应编制施工组织设计，并应经审批方可施工。

（2）钢管现场存放时应垫稳，应采取防止倾倒、滚动及变形的措施，同时应作好标志和存放记录。

（3）施工脚手架的常规负荷量不应超过3.0kPa，脚手架搭成后，应经有关部门检查验收合格方准使用。

（4）脚手架应定期检查，发现材料腐朽、绑扎松动时应立即加固处理。靠近爆破地点的脚手架，每次爆破后应进行检查。

（5）安装使用的载人吊笼、临时平台、台车应按相关规定专门设计、制造、安装、检验试验，合格后方可使用。

11.6.2 钢管运输

1. 道路运输的安全要求

（1）运输超长、超高、超宽的钢管时，事先应组织专人对路基、桥涵的承载能力、弯道半径、险坡以及沿途架空线路高度、桥涵净空和其他障碍物等进行调查分析，确认可行并办理相关运输审批后，方可实施。

（2）钢管在运输时，宜使用托架，并与运输车辆联结牢固。应保证运输中托架平稳，钢管应加固捆绑，棱角处应垫木板、管子皮或其他柔软垫物。

（3）运输"三超"钢管时应配备开道车、工具车和指挥车。

（4）用于钢管运输的各种机动车严禁带病或超载运行。

（5）车辆在施工区域行驶，时速度不应超过15km/h，洞内不应超过8km/h，在会车、弯道、险坡段不应超过3km/h。

2. 明管安装运输的安全要求

（1）本安全要求适用于明敷钢管从卸车点至安装部位采用的轨道运输方式。

（2）用于明敷钢管运输的轨道及其支墩应牢固可靠。轨道跨距应满足钢管侧向稳定性的要求，宜按钢管直径的0.5~0.6倍进行选取；支墩间距应以钢轨能承受钢管运输时产生的载荷、不发生明显弯曲为宜。

（3）使用临时拖运小车进行钢管运输的，小车宜设有车轮；如采用滑动运输则应在钢轨表面涂抹油脂润滑。

（4）主滑车及其锚环、牵引钢丝绳等应经过计算校核，且具有5倍以上的安全系数，正式运输前还应进行外观检查，必要时还应进行负荷试验；对因工程需要而长期运行的，对牵引系统应定期检查，发现钢丝绳有断丝现象的，应及时予以更换。

（5）斜坡道上进行钢管运输时，应对钢管可能存在的倾翻力矩进行验算，必要时应采取抗倾翻措施。

（6）钢管与运输载具之间应可靠固定，牵引钢丝绳宜与钢管运输方向一致。

（7）钢管运输时，无关人员严禁靠近受力的钢丝绳和滑车，严禁进入破断可能回弹的一侧，更严禁在可能倾翻的下侧停留。

（8）使用滚杠运输钢管，其两端不宜超出钢管直径过长，摆滚杠的人严禁站在倾斜方向的一侧，不应戴手套，而且严禁把手指插在滚杠筒内操作。

3. 地下钢管安装运输的安全要求

（1）本安全要求适用于地下（洞内）钢管从卸车点至安装部位采用的轨道运输方式。

（2）地下钢管运输应符合下列安全要求：

1）地下钢管轨道运输时，其两侧应留有 0.6m 以上的空间，满足人员的安全通行需要。

2）钢管洞内卸车和运输牵引的主地锚钩采用预埋锚杆（或锚杆群）固定的，正式投入使用前，应进行负荷试验，以验证其承载能力。

3）竖井或斜井内运输钢管时，所有人员严禁进入钢管下方。

4）牵引钢丝绳与地面接触处，应设置导引或承载辊轮，以减小钢丝绳的磨损。

（3）在直井或隧洞内工作，若发现洞内岩石松动有塌方征兆时，工作人员应立即离开险区，并立即上报，经采取安全防护措施后方可恢复施工。

11.6.3 钢管吊装与组装

1. 钢管吊装的安全要求

（1）起吊前应先清理起吊地点及运行通道上的障碍物，并在工作区域设置警示标志，通知无关人员避让，工作人员应选择恰当的位置及随物护送的路线。

（2）钢管吊运时，应计算出其重心位置，确认吊点位置；应计算、校核所用吊具。用钢丝绳吊装时，应将钢丝绳绕钢管一圈后锁紧，或焊上经过计算和检查合格的专用吊耳起吊，严禁用钢丝绳兜钢管内壁起吊。钢管起吊前应先试吊，确认可靠后方可正式起吊。

（3）吊运时如发现捆绑松动或吊装工具发生异常响声，应立即停车进行检查。

（4）翻转时应先放好旧轮胎或木板等垫物，并应采取措施防止冲击，工作人员应站在重物倾斜方向的对面。

（5）大型钢管抬吊时，应有专人指挥，专人监控，且信号明确清晰。

（6）利用卷扬机吊装井内钢管时，除符合起重安全要求外，还应符合下列要求：

1）井口上下应有清楚的联系信号和通信设备。

2）卷扬机房和井内应装设示警灯、电铃。

3）听从指挥人员的信号，信号不明或可能引起事故时，应暂停作业，待弄清情况后方可继续操作。操作司机不应在精神疲乏下工作。

4）卷扬机运行时，严禁跨越或用手触摸钢丝绳。

5）竖井工作人员应将所有工具放置在工具袋内或安全位置。

2. 调整与组装的安全要求

（1）工作中使用的千斤顶及压力架等，应拴牢或采用其他防坠落、翻倒等措施。

（2）钢管吊装对缝时，严禁将头、手、脚伸入或放在管口上。

（3）钢管上临时焊接的脚踏板、挡板、压码、支撑架、扶手、栏杆、吊耳等，焊后应认真检查，确认牢固后方可使用。

11.6.4 钢管焊接

1. 焊接作业的安全要求

（1）钢管焊接作业应符合 SL 398—2007 中焊接、切割有关的规定。

（2）焊接的工作场所应光线良好，夜间作业应照明良好。焊接场所应设有消防设施，周围应设挡光屏。

（3）使用风动工具时，应先对风管接头进行检查，风管接头应牢固，选用的工具应完好无损。

（4）在钢管内进行焊接时，应采用 36V 的安全照明，并保证通风良好和设置防尘设施。管内温度超过 40℃时，应实行轮换作业和采取其他防暑降温措施。

（5）在深井焊接时，应首先检查有无积聚的可燃气体或一氧化碳气体，如有应排除并保持其通风良好。

（6）工作时严禁将焊把线缠在或搭在身上或踏在脚下，当电焊机处于工作状态时严禁触摸导电部分。

（7）操作自动焊、半自动焊、埋弧焊的焊工应穿绝缘鞋和戴皮手套。气体保护焊弧光强，工作人员应穿白色工作服，戴皮手套和防护面罩。

（8）清除焊渣、飞溅物时，应戴平光镜，并应避免对着有人的方向敲打。

（9）露天作业遇下雨时，应采取防雨措施，不应冒雨作业。

（10）装有气体的气瓶不应在阳光下曝晒或接近高温。

2. 无损探伤的安全要求

（1）无损探伤应符合 11.2.4 的有关安全要求。

（2）作业时探伤器具应放置平稳可靠。

（3）射线探伤操作区域应规定安全范围，设置警告牌，并有人警戒，限制非作业人员进入警戒区内。

（4）在现场进行 γ 射线透照时，应保持安全距离，并设置铅屏隔离防护。

（5）射线探伤人员应根据工作情况，穿戴防护用品，包括工作服、口罩、手套、铅玻璃眼镜等。防护用品使用前应检查，使用后应清洗。

（6）操作中不应饮食、吸烟。如发现头昏等现象应及时通风、治疗。工作完毕后应及时清洗手、脸或淋浴。

（7）现场探伤时，工作场所应有足够的照明，射线机配电盘应装有指示灯，高处作业时，应符合高处作业的相关安全要求。

3. 爆破法消除焊缝残余应力的安全要求

（1）爆炸作业应由有相应资质的单位承担，相关人员应经过专业知识培训合格并取得资质证后，方可上岗。

（2）作业前，施工单位应按照有关规定编制爆炸法消除焊缝残余应力的施工组织设计，报请相关的主管部门批准后，方可实施。

（3）爆炸作业所使用的炸药、雷管等材料的储运、保管与使用，应符合相关的安全要求。

（4）爆炸作业现场应符合防火安全规定。

（5）正式引爆前，应对现场周围进行清理检查，并划定安全警戒范围，派专人监护，严禁无关人员进入。

（6）爆炸后，对施工脚手架及有关安全设施应进行检查，如有损坏应按原要求加以恢复，保证后续施工作业的安全。

11.6.5　钢管现场焊缝防腐涂装

（1）钢管安装防腐涂装作业应符合金属防腐涂装的有关安全要求。

（2）各类油漆和其他易燃、有毒材料，应存放在专用库房内，库房应根据存放物品的特性配备消防器材。库房内不应住人，施工现场不应存储大量油漆。

（3）调制、制作有毒性的或挥发性强的材料，应根据材料性质佩戴相应的防护用品。室内应保持通风或经常换气，严禁吸烟、饮食。

（4）在坡度大的钢管上涂装，应设置活动板梯、防护栏杆和安全网，应戴安全带并挂在牢固的地方。

（5）在封闭的钢管内防腐时，应佩戴防毒面具。

11.6.6　钢管内支撑拆除

（1）压力钢管内支撑拆除工程，应制定专项施工方案和安全技术措施，并按照管理程序，经相关部门审批后方可实施。

（2）用于支撑拆除的自制台车和作业平台，应经过专门设计计算，并应经有关部门检查、空车试验合格后方可使用。在使用过程中应经常检查其可靠性和稳定性。

（3）牵引台车的卷扬机应安装在坚固的基础上，制动装置应灵敏可靠，锚、桩埋设应牢固可靠。

（4）支撑拆除使用的起重工具，如倒链、滑车、卡扣、钢丝绳等，应检查无破损现象，且安全系数满足要求。

（5）所有施工爬梯、扶手、作业平台和防护栏杆，应焊接牢固。平台上的作业人员应系安全带。

（6）支撑割除前，应先将顶杆上的双头螺栓拧松或采取其他固定措施。

（7）支撑割除应按施工方案进行，切割时，站位应安全可靠，切除的支撑应用倒链或绳索拴挂牢固、缓慢放下，严防坠落砸伤钢管内壁和作业人员。

（8）作业所用的配电盘及手持电动工具应安装漏电保护器；应使用低压照明，并应有保护配电盘及绝缘导线的措施。

（9）拆除的支撑应及时清除，吊运时应捆绑牢固。

（10）支撑拆除现场应配备消防器材和消防水管，并应有专人进行安全监督。

11.6.7 钢管水压试验

（1）水压试验前应编制水压试验的施工组织设计和作业指导书，报主管部门批准后实施。

（2）水压试验应成立专门的小组，由专人统一指挥，各工种的施工人员应按照程序听从指挥进行操作。

（3）水压试验的各运行部门和检修人员应坚守岗位，发现问题应及时反映并妥善处理。

（4）水压试验现场应清理干净、照明充足、道路畅通，各部门应有电话或对讲机联系，信号装置应可靠。

（5）水压试验设备及监测仪表应安全可靠。

（6）试验与检查、处理应按有关标准进行。

11.7 其他金属结构安装

11.7.1 钢网架安装

（1）本安全要求适用于厂房钢网架的安装施工作业，其他钢网架安装可参照执行。

（2）钢网架现场组装的安全要求：

1）钢网架的现场组装应在专用平台或牢固的支墩上进行。

2）钢网架的组装作业安全要求应参照闸门与埋件预组装的有关安全要求。

3）钢网架组装的螺栓和焊接连接部位应符合施工图样和有关标准的规定。

4）用于高处作业的悬挂平台或吊篮应与网架连接可靠，安全绳与安全网应绑扎牢固。

（3）钢网架安装，应接规定完成其支承立柱或支墩埋件安装，混凝土应达到设计要求的龄期，严禁在钢网架安装后进行基础螺栓二期混凝土的浇筑。

（4）钢网架吊装与厂房其他专业存在交叉作业时，安装区域下方作业人员应全部撤离至安全区域。在网架就位后，在作业部位下方应及时设置水平安全网或安全隔离平台。

（5）钢网架安装时，除严防本作业面火灾发生外，还应对焊接和气割作业部位采取安全隔离措施。

（6）地面厂房钢网架安装的安全要求：

1）钢网架宜组装成稳定的单元进行安装。

2）吊装前应对吊装单元刚度进行校核，对刚度不够的，应在采取加固措施后方可起吊。

3）对于受施工条件所限而不能采取上述方案的，应先将单跨网架组装成整体进行吊装，就位固定后方可摘除吊钩。

4）对于跨度较大、钢网架或单榀屋架刚度较小的，吊装时应采用专用吊架或平衡梁。

（7）地下厂房钢网架安装的安全要求：

1）地下厂房钢网架安装施工的安全要求应与地面厂房钢网架相同。

2）采用临时天车进行屋架吊装前，应先进行负荷试验或试吊，以检验锚吊的可靠性。

3）采用厂房内桥机作为钢网架安装施工的转运手段或在其上搭设作业平台的，正式使用前应全行程通行检查，与墙或岩壁应留有0.5m以上的安全距离。

4）作业过程中，应有专人巡回监视厂房顶拱等处的岩体，如发现岩爆或碎裂现象应及时停工，应在险情妥善排除后方可恢复施工。

11.7.2 供料线系统钢结构安装

（1）本安全要求适用于塔（顶）带机等设备配套的长距离供料系统安装作业。

（2）现场组装的安全要求：

1）供料线桁架与立柱的现场组装应参照闸门与埋件预组装和钢网架安装的有关安全要求。对于采用钢管立柱的，组装平台应防止其滚动。

2）框架和立柱安装使用的悬空安全平台、栏杆及安全网等设施的设置应符合高处作业的安全要求。

（3）供料线安装的安全要求：

1）供料线立柱基础螺栓埋设应符合设计图纸的要求，基础混凝土未达龄期，不应进行立柱安装。

2）立柱基础节的螺栓紧固预紧力矩应符合设计和有关标准的规定。

3）立柱与桁架吊装就位时，头部和手脚严禁伸入组合面探摸。

4）超长的桁架运输吊装与抬吊作业应参照闸门的起重运输的有关安全要求。

11.7.3 钢栈桥安装

（1）本安全要求适用于施工机械专用栈桥和施工专用公路栈桥的安装作业。

（2）栈桥钢结构安装及桥面系统施工应遵守桥梁施工的有关安全规定。

（3）栈桥基础埋件安装应按设计要求进行，栈桥柱安装前，混凝土应满足设计要求。

（4）栈桥钢结构安装的安全要求：

1）栈桥立柱安装前，应在需要作业的部位敷设临时作业平台及联系安全梯道。施工人员不应在梁、柱上徒手攀爬。

2）立柱安装时，应注意观察基础螺栓穿入螺孔情况，严禁在不明荷载情况下使用吊车强行拖拽。

3）栈桥立柱之间纵、横向联系杆件连接好之前，不应撤销临时加固措施。

4）立柱上所有紧固螺栓紧固预紧力矩应符合设计和有关标准的规定。

5）栈桥支承的铸钢和盆式支座的固定应符合设计和有关标准的规定，活动支座应能滑动自如。

（5）桥面系统施工的安全要求：

1）栈桥人行通道宽度不应小于1.0m，栈桥外侧临空边应按规定设置安全防护栏杆。

2）供风、供水与供电的管路等应布置在栈桥面外侧的支架上，不应占用桥面有效通行空间。

3）栈桥桥面采用钢面板的，预留空洞应使用钢盖板封盖，且应与梁面板牢固连接；人行道和汽车通道上均应设置防滑层。

4）栈桥桥面不应随意集中堆放设备和材料，栈桥的出入口处，应设置醒目的允许载重量、安全注意事项等警示标志。

11.8 施工脚手架及平台

11.8.1 施工脚手架搭设

（1）工程设计和施工中应兼顾土建施工与金属结构埋件安装，用于平台和脚手架搭设的必要的埋设件应事先规划布置。

（2）施工脚手架应按照国家颁布的有关安全技术规范及规定进行设计、施工；并应履行方案的设计审批、验收程序；使用过程中，应加强维护和管理。未经主管部门批准，严禁随意修改和变动其结构。

（3）脚手架搭设施工前，应编制施工组织设计或作业指导书，制定相应的安全技术措施，搭设施工时应遵照执行。

（4）脚手架施工人员应按照本工种安全技术规程进行施工，凡不适合高处作业的人员不应安排从事脚手架的搭设。

（5）对于宽度较小的门槽孔口，左、右侧脚手架应形成整体，以增强其稳定性。孔口中央应留有通道，通道上方应设防护平台。

（6）当孔口宽度过大时，左、右侧脚手架可自成体系，但脚手架与闸墙之间应可靠连接，脚手架外侧应按规定全面敷设安全网，保护孔口中央通道的安全。

（7）门槽安装用脚手架高度小于25m的，宜采用扣件式钢管脚手架，其设计施工应符合相关安全规定。

（8）高度大于25m（含25m）的脚手架搭设的安全要求：

1）对于闸门井的脚手架（高深闸门井或潜孔式闸门门槽），应根据脚手架结构图进行承载力、刚度和稳定性计算，编写设计计算书。设计方案应报上级主管部门批准。

2）对于闸墙外的脚手架（适用于露顶式及大坝上游的闸门门槽），应每隔25m，在建筑物上游埋设型钢或铁板凳，并应利用埋设件设置悬臂支承牛腿。

3）脚手架在投入使用前，应履行主管技术、质量和安全部门验收合格签证手续（必要时可通过承载试验来检验）。搭设高度大于50m（含50m）或有特殊要求的脚手架，还应组织相关部门和人员进行技术论证和设计。

（9）脚手架搭设施工前，应对现场施工人员进行技术、安全交底，没有参加交底的人员不应上架作业。

（10）对进场的材料、构配件等应进行质量检查验收，确保满足设计要求。严禁使用不符合设计要求的材料、构配件。严禁不同材质和不同规格的材料、配件在同一脚手架上混用。严禁使用变形或校正过的材料作为立杆，严禁使用滑丝扣件。

（11）脚手架搭设过程中严禁交叉作业，一次搭设高度不应超过相邻连墙体以上两步。

（12）门槽二期混凝土施工时，脚手架上不应超标准堆放荷载，拆除的模板等应及时清走。混凝土下料时，不应碰撞脚手架。

（13）因混凝土施工需要，增设临时悬挑式平台受料点（如悬挑式操作平台等）时，应对脚手架承载力、刚度和稳定性进行复核计算。

（14）施工脚手架的验收应以设计和相关规定为依据，逐层、逐段进行，验收的主要内容应符合下列安全要求：

1）脚手架的材料、构配件等应符合设计和规范的要求。

2）脚手架的立杆、横杆、剪刀撑、斜撑、间距、走道、爬梯、栏杆应符合设计、规范要求。

3）各杆件搭接和结构固定部分应牢固可靠。

4）大型脚手架的避雷、接地等安全防护、保险装置应有效。

5）脚手架的基础处理应符合设计和规范的要求。

11.8.2 移动式操作平台和悬挑式平台的搭设

（1）移动式操作平台与悬挑式平台应针对使用要求和现场条件进行设计，其承载力应有足够的安全系数，设计方案应经主管部门审批。未经允许，施工过程中不应随意修改。

（2）移动式操作平台搭设的安全要求：

1）移动式操作平台适用于在轨道或地面上平移的临时操作平台（但不适用于特种设备范畴的垂直提升的升降作业平台），宜采用型钢或脚手架钢管制作，脚手架钢管制作可参照相关的安全要求进行设计。

2）竖井和斜坡道上使用的移动式操作平台除有专用牵引系统外，停留作业面时，还应另外设置保险绳，平台两侧还应有辅助的活动导向装置或锁定装置。平台下侧应设置安全防护网。

3）移动式操作平台每层以及上下联系梯道上均应设置安全防护栏杆，梯道底部离地面距离应为 $0.3 \sim 0.5 \mathrm{m}$。

4）移动式操作平台的面积不应超过 $10 \mathrm{m}^2$，高度不应超过 $5 \mathrm{m}$，装设轮子的移动式平台，轮子与平台的接合处应牢固可靠，立柱底端离地面不应超过 $0.8 \mathrm{m}$。

5）移动式操作平台在其安全行程范围内，应无任何障碍。

（3）悬挑式钢平台搭设的安全要求：

1）悬挑式平台应与侧墙预埋件可靠连接，预埋件应事先设计并随土建施工同步埋设，不应随意减少或取消。

2）悬挑式平台上设置的脚手板应固定可靠，平台临空边应设置安全防护栏杆和安全网。

3）平台与外界应设安全联系梯道。

4）平台的吊装与使用应符合相关的安全要求。

11.8.3 施工脚手架与平台的使用及维护

（1）脚手架搭设完成后，未经检查验收或在检查验收中发现的问题没有整改完毕的或安全防护设施不完善的，严禁投入使用。

（2）在脚手架醒目的位置应挂警示牌，应注明脚手架通过验收的时间、使用期限、一次允许在脚手架上的作业人数、最大承受荷载等。

（3）脚手架在使用过程中，应实行定期检查和班前检查制度。如遇大风、大雨、撞击等特殊情况时，应对脚手架的强度、稳定性、基础等进行专门检查，发现问题应及时报告处理。

（4）使用单位应根据脚手架的设计要求，合理使用，作业层上的施工载荷应符合设计要求，严禁超载。

（5）不应将模板支架、缆风绳、泵送混凝土的输送管等固定在脚手架上。严禁在脚手架上悬挂起重设备。

（6）雨、雪天气施工，应采取必要的防雨、防雪、防滑措施。

（7）出现5级以上大风时，应停止脚手架施工作业。

（8）在脚手架上进行电、气焊或在有脚手架的部位从事吊装作业时，应采取防火和防撞击脚手架的措施，并派专人监护。上、下交叉电、气焊作业时，应设置隔离层，并敷设石棉布等阻燃物。在井或深孔内进行吊装作业时，应在不同高度段设置监护哨。

（9）脚手架在使用期间，严禁拆除主节点处的纵、横向水平杆，纵、横向扫地杆，连墙件。未经主管部门同意，不应任意改变脚手架的结构、用途，或拆除构件，如必须改变排架结构，应征得原设计部门的同意，重新修改设计。

（10）在施工中，若发现脚手架有异常情况，应及时报告设计部门和安全部门，应由设计部门和安全部门对脚手架进行检查鉴定，确认脚手架的安全稳定性后方可使用。

11.8.4 施工脚手架的拆除

（1）脚手架拆除前，应编写拆除作业指导书，按该脚手架的设计报批程序进行报批。无作业指导书或安全措施不落实的，严禁拆除作业。

（2）拆除作业前，应将经批准的作业指导书、施工方案向现场施工作业人员进行交底。并应检查落实现场安全防护措施。

（3）脚手架拆除前，应先将脚手架上留存的材料、杂物等清除干净，并应将受拆除影响的机械设备、电气及其他管线等拆除，或加以保护。

（4）脚手架拆除应统一指挥，应按批准的施工方案、作业指导书的要求，自上而下的顺序进行，严禁上、下层同时拆除作业。

（5）拆下的材料、构配件等，严禁往下抛掷，应用绳索捆绑牢固缓慢下放，或用吊车、吊篮等方法运送到地面。

（6）脚手架拆除后，应做到工完场清，所有材料、构配件应堆放整齐、安全稳定，并应及时转运。

（7）悬吊式平台的拆除作业应参照上述安全要求执行。

11.9 金属防腐涂装

11.9.1 材料保管的安全要求

（1）各类油漆、汽油、酒精、松香水、香蕉水等，以及其他易燃有毒有害材料，应在专门储存库房内密闭存放，不应与其他材料混放；库房与其他建筑物的距离应符合 SL 398—2007 中的有关规定。存储库房的设计、施工应符合有关防火标准的规定。

（2）危险品库房应有专人管理，严禁烟火和人员住宿。库房内应有良好的通风条件，库房外应设置消防器材。

（3）少量油漆涂料可在现场短期储存，但应存放在专用的房间内，且应有专人看护。现场还应备有足够的消防设备。没用完的材料应及时回收或妥善处置。

11.9.2 涂装作业场所布置

（1）涂装作业场所应符合现行《涂装作业安全规程》的安全规定，喷漆室应保证作业人员有充分的操作空间。

（2）涂装作业场所应设置充分的通风和除漆雾装置，满足规定的安全通风和有效通风的要求，以保证涂装作业场所的整体安全。

（3）喷漆作业人员工作时，工作场所空气中的有毒物质容许浓度应符合相关安全要求。喷漆室排入大气中的有机溶剂蒸气，应符合 GB 16297—1996《大气污染物综合排放标准》中的有关规定。

（4）应对现场可燃性气体浓度进行检测。有限空间空气中的可燃性气体浓度应低于可燃烧极限或爆炸极限下限的 10%。

（5）作业区内的所有电气设备、照明设施，应采用防爆型照明灯具，电压及照度应符合相关的安全规定。

（6）引入有限空间的照明线路应悬吊架设并固定，避开作业空间；照明灯具不宜用电线悬吊，照明线路应无接头。

（7）临时照明灯具或手提式照明灯具与线的连接应采用安全可靠的绝缘橡胶套电缆线。

（8）喷漆室所在建筑物应按规定配置足够的灭火器材。喷漆区内不应设置有引起明火、火花的设备和超过喷涂涂料自燃点温度的设备。在维修喷漆室动用明火时，应履行动火审批手续，并应彻底清除室内和排风管道内的可燃残留物。

（9）当喷漆室内操作和维修工作位置在室内地坪 2m 以上时，应配置供站立的平台和扶梯，以及防坠落的栏杆、安全网、防护板。

（10）喷漆室内每年至少进行一次通风系统消防技术测定和电气安全技术测定，并将测定结果记入档案。

11.9.3 喷砂除锈

（1）人工喷砂除锈时，应穿戴工作服、工作鞋，佩戴防护眼镜、防尘面具等防护用品，喷砂除锈时穿戴的工作服应带有空气分配器。

（2）施工前，应检查空压机、喷漆机、喷砂罐、油水分离器、管路阀门等齐全完好，接头通畅。检查所需的照明、通风、脚手架、支墩、支架等设施应安全可靠，并应采用安全电压照明。

（3）喷砂室应设置由不易破碎的材料制成的观察窗，喷砂室内外应同时设置控制开关，并应设置与监护人员联络的声光信号。

（4）采用砂粒回收的地下室内应设有固定上下扶梯、照明装置、排气口和排水设施。

（5）喷砂枪喷嘴接头应牢固，严禁喷嘴对人，沿喷射方向30m范围内不应有人停留和作业，喷嘴堵塞应停机消除压力后，进行修理或更换。

11.9.4 涂料喷涂

（1）从事涂料喷涂作业的操作人员，应接受专业及安全技术培训后方可上岗。

（2）应设置相应的通风设备，应按规定配备和使用个人防护用具。

（3）油漆涂装现场严禁焊接、切割、吸烟或点火，严禁使用金属棒搅拌油漆。

（4）现场应通风良好。电动机、配电设备和电线电缆应按防爆等级配置。

（5）在半封闭的空间内喷涂，应戴供气式头罩或过滤式防毒面具，并应有专人监护。作业人员如有头晕、头痛、恶心、呕吐等不适感觉，应立即停止作业。

（6）手上沾有浆水时，不应开关电闸。处理喷嘴堵塞时，喷嘴不应对人。

（7）沾染涂料的棉纱、破布、油纸等废物，应收集在有盖的金属容器内并及时处理。

（8）喷涂作业现场应配备泡沫二氧化碳型灭火器或干粉灭火器。

11.9.5 金属热喷涂

（1）喷涂人员及辅助人员，应掌握喷涂的基本知识和操作技能。

（2）喷涂人员应穿戴供气式防护服以及其他防护用品，操作地点应有良好通风，人员不应面对喷涂气流。

（3）喷涂人员的帽盔供气管应明显标志并与喷枪的氧气管路、乙炔管路分开。

（4）喷涂所用各种设备应符合设计要求，安全设施应齐全可靠，并应定期进行保养维护及耐压试验。

（5）金属热喷涂作业，应经常检查氧气管、乙炔管接头，严防漏气。喷涂用的氧气瓶、乙炔气瓶和喷枪三者应保持不少于10m的安全距离。应做好防火、防爆措施。

（6）使用喷灯时，加油不应过满，打气不应过足，气孔和喷头应通畅，使用时间不宜过长，点火时火嘴不应对人，暂停工作时应将火熄灭，待喷灯冷却后方可加油。使用喷灯工作，周围不得有易燃、易爆物品。严禁戴沾有易燃油脂的手套从事作业。

（7）喷涂用的氧气瓶、乙炔瓶及其管道附近严禁烟火和其他可燃性物质，应远离火源和高温作业区。操作时应防止冲击摩擦产生火花，移动时应避免敲击和撞击。氧气瓶、乙炔瓶的温度不应过高，否则应用水强制冷却。氧气和乙炔停用时应关闭瓶阀。若气瓶有污染应用四氯化碳清洗干净。

（8）喷涂操作时遇有回火现象时，应立即切断气源。

（9）所有管路与接头应牢固，并应经常检查。

（10）压缩空气应有效地分离油和水，并应检查空气滤清器和定时排污。

（11）在容器内进行喷涂时，应保持通风，容器内应无易燃、易爆物及有毒气体。容器外应专人监护。

（12）食物、饮料、餐具不应放在施工场所，操作完毕应洗漱、更衣后方可就餐或归宿。

11.10 水轮机安装

11.10.1 清扫与组合

（1）设备清扫时，应防止损坏设备表面。使用脱漆剂或汽油等清扫设备时，作业人员应戴口罩、防护眼镜和防护手套，严防溅落在皮肤和眼睛上。清扫现场应配备灭火器。

（2）露天场所清扫组装设备，应搭设临时工棚。工棚应满足设备清扫组装时的防雨、防尘及消防等要求。

（3）设备组合前应对螺栓及螺母的配合情况进行检查。对于精制螺纹应按照编号装配或选配，螺母、螺栓应能灵活旋入，不应用锤击或强力振动的方法进行装配。

（4）组合分瓣大件时，先将一瓣调平垫稳，支点不应少于3点。组合第二瓣时，应防止碰撞组合面，工作人员手脚不应伸入组合面，应对称拧紧组合螺栓的个数不应少于4个，垫稳后，才能松开吊钩。

（5）设备翻身时，设备下方应设置方木或垫层予以保护。翻身过程中，设备下方不应有人逗留。

（6）用大锤紧固组合螺栓时，扳手应靠紧，与螺帽配合尺寸应一致。锤击人员与拿扳手的人应错开一个角度，锤击应准确。高处作业时，应有牢固的工作平台，扳手应用绳索系住。

（7）用加热法紧固组合螺栓时，作业人员应戴电焊手套，严防烫伤。直接用加热棒加热螺栓时，工件应做好接地保护，作业人员应戴绝缘手套。

（8）进入转轮体内或轴孔内清扫时，连续工作时间不宜过长，应设置通风设备，并应派专人监护。

（9）用液压拉伸工具紧固组合螺栓时，操作前应阅读设备使用说明书，检查液压泵、高压软管及接头应完好。拉伸器活塞应压到底，承压座应接触良好。升压应缓慢，如发现渗漏，应立即停泵，操作人员应避开喷射方向。升压过程中，应观察螺栓伸长值和活塞行程，严防活塞超过工作行程。操作人员应站在安全位置，严禁头手伸到拉伸器上方。

（10）有力矩要求的螺栓连接时，应使用配套的力矩扳手或专用工具进行连接。严禁使用呆扳手或配以加长杆的方法进行拧紧。

11.10.2 埋件安装

1. 尾水管安装的安全要求

（1）尾水管安装前，应对施工现场的杂物进行清理。

（2）施工现场应配备足够的照明和配电盘，配电盘应设置漏电保护装置。潮湿部位应使用安全电压等级的照明设备和灯具。

（3）在安装部位应设置必要的人行通道、工作平台及爬梯，并应配置护栏、扶手、安全网等设施。设施基础应固定牢靠，并应满足承载要求。

（4）机组标高、中心等位置性标记的标示应清晰、牢靠，且进行有效防护。

（5）尾水管扩散段作业，使用电焊机、角磨机等电气设备时应进行可靠的防漏电保护。

（6）肘管及锥管安装前，应对其部件几何尺寸进行检查、校正，各部件支撑架固定应牢靠。安装过程中，用于设备调整固定的楔子板、千斤顶、拉伸器等应可靠固定。

（7）安装在肘管、锥管上的补气管、测压管等管口应采取可靠的封堵保护措施。

（8）拆除工作平台、爬梯等施工设施时，应采取可靠的防倾覆、防坠落等安全措施。

2. 座环与蜗壳安装的安全要求

（1）施工部位应搭设牢固的工作平台和脚手架，部件高度超过2m的，内外均应搭设工作平台，平台和脚手架的搭设应符合相关安全规定。在平台和脚手架上工作应遵守高处作业的有关规定。

（2）分瓣座环组装时，组装支墩应稳固。首瓣座环就位调平后，应采取防倾覆措施。第二瓣就位后应先调平，并用组合螺栓临时固定。其余各瓣按照同样方法就位，然后再将分瓣座环对称均匀组合成整体。

（3）使用电动工具对分瓣座环焊接坡口进行打磨处理时，应遵循其有关安全操作规程要求。

（4）座环吊装就位时，应将座环平稳地落于基础支承上，确认支承平稳后，才能松去吊钩。

（5）安装蜗壳时，焊在蜗壳环节上的吊环应有足够的强度，位置应合适，使蜗壳能平稳吊起。蜗壳各环节就位后，应用临时拉紧工具拉牢固，下部用千斤顶支牢，然后才能松去吊钩。

（6）蜗壳各环节焊口之压板等调整工具和站人踏板，应焊接牢固。

（7）蜗壳节在调整过程中，斜楔与压卡板工作面应经过加工，压卡板的焊缝高度应与蜗壳钢板厚度及两节错位情况相适应。

（8）施工用钢平台高度在起点10m以上时，应先进行设计，并经技术部门批准。

组装后，应经质检和安全部门检查验收，合格后方能使用。

（9）在蜗壳内或水轮机过流面等密闭场所进行防腐、环氧灌浆或打磨作业时，应配备相应的防火、防毒、通风及除尘等设施。

（10）埋件的焊接探伤应符合11.6.4中"钢管焊接与探伤"的有关安全要求。

（11）埋件需在现场机加工时，应符合机加工设备的相关安全要求。

（12）蜗壳做水压试验或蜗壳保压浇筑混凝土时，其混凝土支墩或钢支墩应与蜗壳接触良好。

（13）蜗壳安装完毕，进入内部清扫检查工作时，进出人员应建立登记制度，确认蜗壳内无人后方可关闭进人门。

3. 蜗壳水压试验的安全要求

（1）蜗壳进行水压试验前，主要监测部位应配备充足的照明。

（2）试压闷头吊装就位后，应对闷头进行可靠支撑。

（3）试压环吊装应平稳就位，严禁将手指放入组合面内。

（4）水压试验前应对所有管口进行封堵，并进行渗漏检查。

（5）蜗壳水压试验期间，应设专人对各试压停留点的水压、水温、蜗壳变形及位移进行监测和记录。发现异常，应立即停止试压。

（6）对蜗壳、固定导叶等部件进行应力测量时，各测点的设备及导线应固定牢靠。

（7）试压过程中，一旦发生渗漏，应立即停止试验。

（8）蜗壳保压浇筑混凝土之前，应对加压设备进行彻底检查，保压浇筑混凝土期间，水压应保持在设计要求范围内，并应设专人监测。

（9）蜗壳水压试验的监测压力表计及超压泄水安全阀等应准确、可靠。

11.10.3 导水机构安装

（1）机坑清扫、测定和导水机构预装时，机坑内应搭设牢固的工作平台。

（2）在机坑内进行基础环及座环机加工时，基础平台应有足够的刚度。加工设备操作人员应具备专业操作技能，并应按照有关安全操作规程进行操作。

（3）吊装顶盖等大件前，对组合面应磨平高点、清扫干净，吊至安装位置0.4～0.5m处，再次检查清扫安装面，此时吊物应停稳，桥机司机和起重人员应坚守岗位。

（4）导叶轴套、拐臂安装时，操作人员头、手不应放在轴套、拐臂下方。调整导水叶端部间隙时，导叶处与水轮机室应有可靠的信号联系。转轮四周应设置防护网，转轮周围人员行走的通道应保持清洁无油污。

（5）在蜗壳内工作时，应随身携带便携式照明器。如无有效照明器，遇突然停电时，应就地等待。

（6）导水叶工作高度超过2m时，研磨立面间隙和安装导叶密封应在牢固的工作平台上进行。

（7）水轮机室和蜗壳内，应设置通风设备。当在尾水管、蜗壳内进行环氧砂浆作业时，水轮机室和蜗壳内的其他安装工作应停止。

（8）水轮机室和蜗壳内的通道，应在安装前形成，并保持畅通，不应利用吊物孔作为交通通道、排水等用。

（9）导叶进行动作试验时，应事先通告相关人员，应在水轮机室、蜗壳进人门处悬挂警示标志，严禁进入导叶附近，应有可靠的信号联系，并应有专人监护。

（10）采用电镀或刷镀对工件缺陷进行处理时，作业人员应做好安全防护。采用金属喷涂法处理工件缺陷时，应防止高温灼伤。

11.10.4 转轮组装及连轴

1. 转桨式转轮组装的安全要求

（1）使用制造厂提供的专用工具安装部件时，首先应了解其使用方法，并应检查有无缺陷和损坏情况。

（2）转轮各部件装配时，吊点应选择合适，吊装应平稳，速度应缓慢均匀。作业人员应服从统一指挥。

（3）装配叶片传动机构时，每装一件都应临时固定牢固。

（4）用桥机紧固螺栓时，应事先计算出紧固力矩，选好钢丝绳和卡扣。紧固过程中，应设置有效的监视手段，扳手与钢丝绳夹角宜在 75°～105°。导向滑轮位置应合适，并应采取防止扳手滑出或钢丝绳崩出的措施。

（5）使用电热器紧固螺栓时，应事先检查加热器与加热装置绝缘是否良好。作业人员应戴绝缘手套，并应遵守操作规程。

（6）使用液压拉伸器紧固螺栓时，应符合螺栓拉伸器的有关安全要求。

（7）转桨式转轮油压试验时，应符合下列安全要求：

1）叶片上和场地应清扫干净无杂物，严禁吸烟，附近不应有明火作业。应配备相应的消防器材。

2）油压试验装置的管路应完好，接头、法兰连接应牢固、无渗漏，应使用经检验合格的压力表。使用电动油泵时，应装设防止油压过高的保护阀组。

3）油压装置的操作、试验、测量，应统一安排，进行操作时应分级缓慢升压，停泵稳压后，方可进行检查。叶片转动时，严禁站在叶片上或在其转动范围内停留。

4）试验中如发现缺陷，应将油压降到零，切断油压装置电源后进行处理。需补焊处理时，应先排油和清理，并应设专人监护。

5）工作人员不应站在堵板、法兰、焊口等处。

（8）转轮体翻身前，应先对桥机起升机构、制动系统进行检查，确保安全可靠。

2. 混流式转轮组装的安全要求

（1）分瓣转轮组装时，应预先将支墩调平固定。分瓣转轮吊装就位后调整其错牙及水平，再用组合螺栓均匀紧合成整体。对于卡栓连接结构，卡栓烘烤时应派专人对烘箱温度进行监测，卡栓安装时应佩戴防护手套。

（2）混流式分瓣转轮做刚度试验时，力源应安全可靠，支承块焊接应牢固，工作人员应站在安全位置，服从统一指挥。

（3）在专用临时棚内焊接分瓣转轮时，应有专门的排烟、消防措施。当连续焊接超 8h 时，工作人员应轮流工作和休息。

343

（4）转轮焊接时，应设置专用引弧板，引弧部位材质应与母材相同。严禁在工件上引弧。

（5）转轮进行静平衡试验时，应在转轮下方设置方木垫或钢支墩。对于支承式平衡装置，在焊接转轮配重块时，应将平衡球与平衡板脱离或连接专用接地线。

3. 转轮与主轴连接的安全要求

（1）转轮与主轴连接前，转轮应固定并处于水平位置。在安装间连接时，转轮应可靠支撑。

（2）使用脱漆剂、汽油等化学物品清扫主轴法兰、轴颈时，工作人员应佩戴防护眼镜、防护手套，工作区域严禁动火作业，并应设置警戒线及警示标志。

（3）研磨主轴法兰时，研磨平台应由两人以上操作，平台应扶稳，并应用绳索系牢。

（4）主轴竖立起吊时，下方法兰处应垫设木方加以防护，尺寸及重量较大的主轴宜采用专用的翻身靴进行翻身。

（5）用提升机械穿入联轴螺栓时，螺栓下方严禁站人，不应用身体托抬螺栓。

（6）使用液氮冷冻零件时，应用杜拉容器盛装和运送，被冷却零件应置于防护容器内，缓缓注入液氮，严防飞溅，冻伤皮肤。操作人员应戴防护眼镜。在条件许可的情况下，宜使用干冰冷冻。

（7）测量主轴水平度、垂直度时，在主轴法兰上的人员应系安全带。

11.10.5 转轮吊装

（1）轴流式机组安装时，转轮室内应清理干净，工作平台应在转轮吊入前拆除。混流式机组应在基础环下搭设工作平台，直到充水前拆除，平台应将锥管完全封闭。

（2）水轮机转轮吊装前，应对机坑杂物进行全面清理。

（3）轴流式转轮吊入前，叶片上应清理干净无油垢杂物，叶片与叶片间应设安全保护网并绑扎牢固。

（4）轴流式转轮吊入机坑后，如需用悬吊工具悬挂转轮，悬挂应可靠，并应经检查验收后，方可继续施工。

（5）大型水轮机转轮在机坑内调整，宜采用桥机辅助和专用工具进行调整的方法，应避免强制顶靠或锤击造成设备损坏或损伤。

（6）转轮在机坑内安放高程的确定，应满足发电机连轴或推力头热套要求。

（7）在机坑内进行主轴水平度、垂直度测量时，应符合转轮与主轴连接的安全要求。

（8）使用楔子板对转轮进行定位时，楔子板应对称、均匀楔紧，严禁重力锤击而造成设备损伤。

（9）混流式转轮调整合格并固定后，应对下止漏环缝隙进行遮盖。

（10）进入主轴内部进行清扫、焊接、设备安装等作业，应设置通风、照明、消防等设施，焊接应设专用接地线。

（11）水轮机大件起吊应符合起重作业有关操作的安全要求。

（12）转轮室应有足够照明，并应配备一定数量行灯。

（13）在转轮室工作的人员，应不少于3人，并应配备便携式照明器具，严禁一人单独工作。

11.10.6 导轴承与密封装置

（1）使用脱漆剂、汽油等化学溶剂清扫导轴瓦时，工作人员应戴口罩和防护手套，工作场所严禁进行任何易产生高温火花的作业活动。清扫后的污物应妥善处理。

（2）对导轴承轴颈进行研磨时，所使用的研磨剂应进行过滤检查。

（3）导轴瓦进行研刮时，导轴承、轴颈摩擦面应用无水酒精或甲苯擦拭干净，严禁杂物进入。轴瓦研刮现场应通风良好，防尘、消防设备应齐全。

（4）导轴承和密封件先行吊放于支持盖（或顶盖）内时，不应乱堆乱放，应按安装顺序排列整齐、放平、垫稳。

（5）零部件存放及安装地点，应有足够照明，并应配备一定数量的电压不超过36V的行灯。

（6）导轴瓦安装前应对油槽进行清扫，擦拭油污时应使用细布或丝绸，不宜使用棉纱。

（7）导轴承油槽做煤油渗漏试验时，应做好防漏、防火安全保护，不应将任何火种带入工作场所。其他场所进行电焊或电气试验时，应采取措施预防火星溅入油槽或在油槽周围产生电火花。

（8）轴瓦吊装方法应稳妥可靠，单块瓦重在40kg以上的，严禁人工搬运，应采用倒链等机械方法吊运。

（9）导轴承油槽上端盖安装完成后，应对密封间隙进行防护。

（10）在水轮机转动部分上进行电焊作业时，应安装专用接地线，以保证转动部分处于良好的接地状态。

（11）密封装置安装应排除作业部位的积水、油污及杂物。与其他工作上下交叉作业时，中间应设防护板。

（12）使用链式起重机，在支持盖（或顶盖）内部安装导轴承或密封装置时，链式起重机应固定牢靠，部件绑扎应牢固，吊装应平稳，工作人员应服从指挥。

11.10.7 接力器安装

（1）分解接力器时，应支垫稳固。

（2）抽出或安装活塞时，以及接力器整体安装于坑衬内时，吊装应平衡，不应碰撞。

（3）在拆装有弹簧预压力的零件时，应防止弹簧突然弹出伤人。

（4）拆装活塞涨圈时，应用专用工具。

（5）油压试验时的安全要求

1）应使用校验合格的压力表，试验用管路应完好，接头、法兰连接应牢固、无渗漏。

  2）使用电动油泵时，应装设防止油压过高的保护阀组。

  3）操作时应分级缓慢升压，停泵稳压后，方可进行检查。

  4）遇有缺陷，需拆卸处理时，应将油压降到零并排油后进行。补焊处理时，应有专人监护。

  5）工作人员不应站在墙板、法兰、焊口、丝扣处对面，或在其附近过久地停留。

  6）试验场地应配置消防器材，附近不应有明火作业，严禁在现场吸烟。

11.10.8 进水阀安装

  1. 蝶阀和球阀安装时的安全要求

  （1）组装蝶阀活门用的木方支墩应牢靠，并应相互连成整体。

  （2）蝶阀和球阀平压阀、排气阀等操作阀门安装前应进行密封试验。试验时阀门应支撑牢固。

  （3）真空破坏阀进行压力检查时，应防止弹簧伤人。操作过程中应防止手指或杂物进入密封面之间。

  （4）伸缩节安装时，钢管与活动法兰之间配合间隙应保持均匀。密封压环应均匀、对称压紧。

  （5）蝶阀和球阀动作试验前，应检查钢管内和活门附近有无障碍物，不应有人在内工作。试验时应在进人门处挂"禁止入内"警示标志，并应设专人监护。

  （6）进入蝶阀和球阀、钢管内检查或工作时，应关闭油源，投入机械锁锭，并应挂上"有人工作，禁止操作"警示标志。

  （7）蝶阀和球阀首次进行动作试验时应缓慢进行。对于空气围带密封，活门动作之前应撤除气压。

  2. 筒形阀安装时的安全要求

  （1）筒体组装时，组装支墩应与基础固定牢靠。

  （2）筒体组装后，应对其水平及圆度进行检查。当圆度超差过大时，不宜采用大面积火焰校正。

  （3）接力器清扫检查时，应做好人员、设备安全防护，零部件组装前应对清扫好的精密部件进行防尘保护。

  （4）活塞杆与筒体连接后应进行垂直度测量，需在活塞杆底部加设垫片时，垫片应进行可靠固定。

  （5）单个接力器进行油压和动作试验时，压力接头及表计应连接牢靠。

  （6）导向板等部件打磨时，操作人员应戴防护眼镜，使用电气设备应做好防漏电及触电防护。

  （7）筒形阀在无水动作试验期间，应统一指挥、设专人监护，保持通信畅通。监测人员不应将头、手伸入筒体下方。

11.11 发电机安装

11.11.1 基础埋设

（1）在发电机机坑内工作，应符合高处作业的有关安全规定。

（2）下部风洞盖板、下机架及风闸基础埋设时，应架设脚手架、工作平台或安全防护栏杆，与水轮机室应有隔离防护措施。

（3）向机坑中传送材料或工具时，应用绳子或吊篮传送，严禁抛扔传送。

（4）严禁将工具、混凝土渣等杂物掉入水轮机室。不应向水轮机室排放试压用水和污物，以保证水轮机室的良好工作环境。

（5）在机坑中进行电焊、气割作业时，应有防火措施，应检查水轮机室及以下是否有汽油、破布和其他易燃物，应设专人监护。

（6）修凿混凝土时，应戴防护眼镜，手锤、钢钎应拿牢，严禁戴手套工作。掉入水轮机室的杂物应及时予以清除。

11.11.2 定子安装

1. 分瓣定子组装时的安全要求

（1）定子基础清扫及测定时，应制定和符合机坑作业安全技术要求，以及防止落物或坠落的安全措施。

（2）定子起吊前应检查起吊工具是否可靠，钢丝绳是否完好，定子吊运应有专人负责和专人指挥。

（3）分瓣定子组合，第一瓣定子就位时，应临时固定牢靠，经检查确认垫稳后，才能松开吊钩。此后每吊一瓣定子与前一瓣定子组合成整体，组合螺栓全部套上，将螺栓均匀拧紧1/3以上，并应支垫稳妥后，才能松开吊钩，直到组合成整体。

（4）定子在安装间进行组装时，组装场地应整洁干净。在机坑内组装时，机坑外围应设置安全栏杆，栏杆高度应满足要求。机坑内工作平台应牢固，孔洞应封堵，并应设置安全网和警示标志。

（5）定子在安装间组合时，临时支墩应垫平稳牢固，调整用楔子板有2/3的接触面，测圆架的中心基础板应埋设密实、牢靠。

（6）在机坑内组装定子，使用测圆架调整定子中心和圆度时，测圆架的基础应有足够的刚度，并应与工作平台分开设置，工作平台应有可靠的梯子和栏杆。

（7）定子组合时，上下定子应设置梯子，严禁踩踏线圈，紧固组合螺栓时，应有可靠的工作平台和栏杆。

（8）定子组合时，工作人员的手不应伸进组合面之间。

（9）对定子机座组合缝进行打磨时，工作人员应戴防护镜。

（10）在定子的任何部位施焊或气割时，应符合焊接安全操作规程并派专人监护，严防火灾。

2. 铁心叠装时的安全要求

（1）定位筋安装调整过程中，千斤顶、"C"形夹等调整工具应固定牢靠。安装定位筋的工作平台应固定牢靠，并连接成整体。

（2）定子铁心叠装及整形时，工作人员应戴防护手套。铁心整形安装过程中使用的整形棒、通槽棒、槽样棒，应用橡胶或环氧锤轻轻敲击，不应使用金属器具直接锤击。叠装过程应防止硅钢片受损和漆膜脱落。

（3）定子铁心叠装时，应搭设牢固的工作平台，工作平台内侧应有栏杆，在工作平台上压紧铁心，如使用扳手时，扳手的手把上应系有安全绳。使用液压压紧工具应符合螺栓拉伸器的相关安全规定。

（4）定子铁心组装完成后，在定子连接件上进行焊接作业时，应对铁心进行接地保护。

（5）有热压要求的定子铁心，加热设备及电缆应可靠固定，加热前应检查。

3. 定子下线时的安全要求

（1）使用机械手下线时，机械手应固定可靠，经试验可靠后，方能使用。用手工下线时，工作平台内侧应设有扶手栏杆。

（2）采用无尘下线时，宜采用防尘工作棚。工作棚内应有防潮设施及通风设备，保持工作棚内温度及湿度符合要求。

（3）易燃化学品应单独存放，并应由专人保管。库房应保持通风并配有消防器材。

（4）配制环氧复合物时，场地应通风良好。环氧树脂等化学材料不应用明火直接加温。当工作中使用化学物品时应戴上手套、防护镜、防护衣和防护鞋。工作完后应洗手。

（5）打槽楔时，精力应集中，防止伤手或手锤脱落伤人，不应击伤线圈及铁心。

（6）焊头前，应戴防护眼镜、手套和脚盖。中频焊接时，应使用硬云母片将感应圈和电接头隔离开。

（7）喷漆作业周围不应有明火，场地应通风良好。

（8）铁心磁化试验时，现场应配备足够的消防器材；定子周围应设临时围栏，挂警示标志，并应派专人警戒。定子机座、测温电阻接地应可靠，接地线截面积应符合规范要求。

（9）励磁电源、开关柜、电缆应经核算满足试验容量要求。励磁电缆与铁心凸棱之间应可靠衬垫，衬垫物采用橡皮，且其厚度不应小于 10mm。

（10）铁心磁化试验时，现场试验人员应服从统一指挥和安排，应穿绝缘鞋。定子周围的检测人员不应携带除测试仪器以外的金属品，如钥匙、手表、手机等；不应用手触摸穿芯螺杆，不应用双手同时触摸铁心。

（11）耐电压试验时，应有专人指挥，升压操作应有监护人监护。操作人员应穿绝缘鞋。现场应设临时围栏，挂警示标志，并应派专人警戒。

（12）使用高压试验设备时，外壳应接地。接地线应采用截面积不小于 $4mm^2$ 的多股软铜线，接地应良好可靠。

（13）定子内部介质冷却的线棒，在与冷却介质的管路连接以前，线棒两端应临时密封，严防杂物进入内冷线棒和管道。

（14）发电机定子线圈干燥时，应符合下列安全要求：

1）定子线圈的上、下端部、铁心的每个通风墙（孔）应经专人分段负责检查，并经复查无金属及其他杂物后，方可用无水、无油污的压缩空气进行彻底清扫。

2）采用定子线圈内部通电并辅以电热器辅助配合干燥时，保温用的篷布，应与电热器保持一定的安全距离。

3）利用铁损法进行定子线圈干燥时，在定子铁心上敷设励磁绕组时，应在绕组与铁心接触部位垫绝缘材料。

4）采用温度计测温时，应使用酒精温度计，不应使用水银温度计。

5）加温过程中，严禁在发电机风洞内各基础面进行任何工作。

6）应配备相应灭火器。

4. 定子安装与调整时的安全要求

（1）定子吊装应成立专门的组织机构，由专人负责统一指挥。

（2）定子安装调整时，测量中心的求心器装置，应装在发电机层。其测量人员在机坑内的工作平台，应有一定的刚度要求，且应有上下梯子、走道及栏杆等。

（3）使用千斤顶调整定子高程、中心时，应选择机座上合适的受力部位，使机座受力均匀，调整量较大时，应逐步小量调整。

（4）定子调整过程中，对定子上下端绕组应进行防尘、防杂物进入绕组之间和采取防止电焊或气割飞溅烧伤绕组的保护措施。

（5）定子在机坑调整过程中，应在孔洞部位搭设安全网，作业人员应系安全带。

11.11.3 机架安装

1. 机架组装时的安全要求

（1）机架各部件应平放、有序。

（2）组装场地应平整，支撑基础应稳固可靠。

（3）机架组装时，中心体应支撑平稳牢固，并基本调平。机架支腿应对称挂装。待支腿垫平、放稳穿入4个以上螺栓，并初步拧紧后才能松去吊钩。

（4）在较窄的机架支腿上行走和作业时应采取防滑和防坠落措施。

（5）对机架组合缝进行打磨时，工作人员应戴防护镜。对机架组合缝进行焊接时，应符合焊接的有关安全规定。

2. 机架安装调整时的安全要求

（1）机架吊装前应清除支腿各区间的杂物，所有焊缝的药皮等氧化物应敲打干净，并应用压缩空气将金属微粒及尘土等彻底吹净方能起吊就位。

（2）机架应在焊接与气割工作做完后再吊装，必须在机坑内进行焊接与气割时，应采取相应的保护措施，并应派专人监护，严防火花或割下来的铁块等物掉入发电机定子与转子的各部位。

（3）上机架盖板、上挡风板、灭火水管等，应在上机架吊装前组装焊接完毕。

（4）上机架吊装后，应做好防止杂物掉入发电机空气间隙的保护措施。

11.11.4 转子组装

1. 轮毂热套时的安全要求

（1）采用轮毂套轴时，主轴垂直度找正后应用螺栓将主轴紧围在基础上，轮毂的起重绳应有足够的安全裕度。当采用轴插轮毂时，轮毂找正后，应采取措施将轮毂固定在基础地面混凝土上。

（2）采用电热器或涡流铁损法加热时，瓷套管与铁支撑架间应有良好的绝缘。轮毂下部的各个电热器，按圆周排列顺序编号，其电气接线应分组，分别控制加温。

（3）保温箱应采用钢结构制作，周围用阻燃材料隔热，同时应配备一定的消防器材。一旦发生意外，应先切断电源，再进行灭火。

（4）控制总电源的导线应有足够的截面积，以保持送电安全可靠，并应由专业维护电工作业。

（5）采用涡流铁损法加温，所用的通电裸导线与轮毂间应垫以耐高温绝缘材料。控制线与电热器的电源线，均应采用绝缘导线。绝缘导线在保温箱内的部分应有良好的隔热层覆盖。

（6）闸刀开关操作应戴绝缘手套，穿绝缘胶鞋，不应正对电源开关操作。

（7）加温过程中应有两名电工值班，监视控制温升。值班人员应坚守工作岗位，不应擅离职守。

（8）进入保温箱内校核轮毂孔径实际膨胀量时，应切断箱内电源，测量人员应穿戴防高温灼伤的防护用品，方能进入箱内作短时间的测量工作，并应指定专人监护。

2. 转子支架组装和焊接时的安全要求

（1）使用化学溶剂清洗转子中心体时，场地应通风良好，周围不应有火种，并应有专人监护，现场配备灭火器材。

（2）中心体、支臂焊缝坡口打磨时，操作人员应戴口罩、防护眼镜。

（3）支臂挂装时，中心体应先调平并支撑平稳牢固。支臂应对称挂装，待支臂垫平、放稳，穿入4个以上螺栓，并初步拧紧后才能松去吊钩。

（4）作业人员上下转子支架应设置爬梯。

（5）轮臂连接或圆盘组装时，其轮臂或圆盘支架的扇形体，应对称挂装。同时应穿上组合螺栓或与中心体连接可靠并垫平稳后，才能松开吊钩。

（6）转子焊接时，应设置专用引弧板，引弧部位材质应与母材相同。严禁在工件上引弧。焊接完成后，割除引弧板并对焊接接口部位进行打磨。

（7）对焊缝进行探伤检查时，应设置警戒线和警示标志。

3. 磁轭堆积时的安全要求

（1）转子铁片清扫场地应地面平整，照明适宜，通风良好，并应设围栏及配置消防器材。

（2）铁片清扫时，作业人员应戴口罩及手套。

（3）使用铁片清洗机工作时，操作人员应遵守铁片清洗机安全操作规程。

（4）铁片堆放应整齐，不应歪斜，堆放高度不应大于1.2m，底部应有足够的支撑点，各堆之间应有不小于 0.5m 的通道。

（5）转子铁片堆积，应有可靠的专用钢支墩，钢支墩应能承受转子重量与安装可能出现的最大负荷。

（6）铁片堆积时应沿转子外围搭设宽度不小于 1.2m 的工作平台，外侧应设有栏杆，上下应有牢固的梯子。如为轮臂结构，轮臂上平面之间应用木板或钢板铺平；作业人员应防止压伤手脚。

（7）使用铁片堆积机堆积铁片时，应制订相应的安全技术操作规程。

（8）堆积铁片用的扳手、垫圈、套管、螺栓等工具及零件，应放在工具箱内指定地点，不可随便放置。

（9）磁轭铁片的压紧和压紧力应按照制造厂的规定，压紧力不宜过大，严防拉紧螺杆损伤。使用风动扳手、电动扳手、液压拉伸器紧固铁片螺栓时，应遵守设备安全操作规定。

（10）转子周围宜设围栏，非工作人员不应进入。

（11）参加铣孔的作业人员应戴安全帽及配戴防护眼镜。铣孔时应按铣削量逐步加大铣刀等级。使用气锤铣孔时，气锤应悬吊平稳，不应用手直接扶持接力冲杆；用桥机对 T 形槽或轮环螺孔拉铣时，钢丝绳应对正垂直，不应歪斜，提升应缓慢。

（12）磁轭热套应采取下列安全措施：

1）转子磁轭热套应参照轮毂热套的安全规定。

2）在转子磁轭上布置的热电耦、电线及测量元件应固定牢靠，并应进行对地绝缘电阻测量，做好安全防护。

3）在磁轭上布置电加热器、加热风机时，应采取防止与磁轭直接接触的保护措施。

4）工作人员不应直接用手触摸高温磁轭。

5）热打键或安装胀量垫片前，应对胀量进行测量。

4. 磁极挂装及试验的安全要求

（1）磁极竖立与挂装应使用专用工具，磁极挂装时，磁极下部 T 形槽内应用千斤顶撑牢，磁极中心找正后，将磁极键打紧后，方能松开专用工具与吊钩。

（2）使用大锤打键时，工作人员严禁戴手套工作。当两人工作时，不应面对面工作。

（3）使用拔键器拔磁板键时，桥机吊钩中心应与键中心保持一致，同时键应用麻绳系住。

（4）磁极干燥应采用下列安全措施：

1）检查磁极线圈周围及轮环上下部、通风洞等处应无金属工器具、铁屑及其他杂物，并用干燥的压缩空气彻底清扫后，才能开始加温工作。

2）用直流电焊机或硅整流屏直接对磁极线圈通电加温时，裸铝母线应与磁轭垫有良好的绝缘。

3）以电热器作辅助配合磁极通电加温时，应遵照轮毂热套的安全规定执行。

4）磁极通电后，转子周围应划分有磁场区域的界限，设置围栏，悬挂"有磁"警示标志。

5）加温过程中，应有相应的防火措施，并配备足够的消防器材。发生意外火灾时，应先切断电源，再用相应的灭火器灭火。

（5）磁极试验时，应采取下列安全措施：

1）试验区域应设置围栏，并应挂警示标志，无关人员不应进入试验区域。

2）所有试验设备外壳应可靠接地，所有非被试磁极也应可靠接地。

3）电源开关应设专人值守，遇紧急情况时，应立即跳闸断电。在试验接线过程中，严禁合电源开关。

4）在进行高压线操作时，应将主电源及控制电源全部断开，并在高压端挂临时接地线，待操作完毕后，再取下临时接地线。

5. 转子喷漆的安全要求

（1）转子喷漆前应对转子进行彻底清扫，转子上不应有任何灰尘、油污或金属颗粒。对非喷漆部位应进行防护。

（2）涂料存放场、喷漆场地应通风良好，并应配备相应的灭火器材，设置明显的防火安全警示标志。

（3）操作人员应穿戴工作服、防护眼镜、防毒口罩或防毒面具，并应符合机组整体喷漆的安全要求。

11.11.5 主要部件吊装

（1）主要部件吊装前，桥机和吊具应进行全面检查，制动系统应重新进行调整试验。采用两台桥机或两台小车进行吊装时，应进行并车试验，检查两台桥机的同步性。应对部件本身和即将吊入的部位彻底清扫干净。

（2）主要部件吊装时，应制定安全技术措施和进行安全技术交底，成立临时专门组织机构负责统一指挥。起吊时电源应可靠。

（3）主要部件起吊时，应检查桥机起升和下降、大车和小车行走情况和制动器试验。起升的刹车制动试验在部件起升 0.1~0.3m 时进行，确认制动器工作正常后，再正式起吊。

（4）定子在非自身机坑中组装，在定子吊装时，应采用专用吊具。吊具安装完后，应经过认真检查，确认安全后，方可进行吊装。

（5）定子吊装时，水轮机机坑中，应暂时停止作业，人员撤离。

（6）转子吊装的安全要求

1）转子吊装应计算好起吊高度。吊具安装时应使平衡梁推力轴承中心与转子中心基本同心。

2）当转子完成试吊并提升到一定高度后，可清扫法兰、制动环等转子底部各部位，如需用扁铲或砂轮机打磨时，应戴防护眼镜；需要采用电火焊作业时，应及时清除汽油、酒精、抹布等易燃物后再进行，还应有专人监护。

3）当转子吊进定子时，应缓慢下降。定子上方派人手持木板条插入定、转子空气间隙中，并不停上下抽动，预防定、转子碰撞挤伤。站在定子上方的人员应选择合适的站立位置，不应踩踏定子绕组。

4）转子未落到安装位置时，除指挥者外，其他人员不应在转子上随意走动或工作。

5）当转子靠近法兰止口时，应派专人进行检查。检查人员不应将手伸入组合面之间。

11.11.6 轴瓦研刮

（1）镜板、轴瓦开箱后，包装废弃物应堆放整齐，铁钉应拔下或打弯，所有镜板的包装布（纸）及清扫用的白布、酒精等，应集中按防火要求堆放，并远离火源。

（2）镜板、轴瓦的吊运翻身应平稳可靠，放置时瓦面应垫毛毡或泡沫塑料遮盖，镜板面应用白布或泡沫塑料保护。

（3）轴瓦研刮场地应防尘、清洁干燥、通风良好、照明适宜，其上空严禁进行其他作业，周围5m内不应有明火。

（4）使用脱漆剂、汽油等化学溶剂清扫导轴瓦时，工作人员应戴口罩和手套，工作场所严禁进行任何易产生高温火花的作业活动。清扫后的污油应进行妥善处理。

（5）对导轴承轴颈进行研磨时，所使用的研磨剂应符合质量要求，并应进行检查或过滤。

（6）推力瓦和导轴瓦进行研刮时，镜板、推力瓦、导轴瓦、轴颈摩擦面应用无水酒精或甲苯擦拭干净。无水酒精和甲苯以及擦拭的白布及其他材料应妥善保管，废旧材料应集中处理，严禁乱堆乱放。

（7）导轴瓦研刮时，主轴应放置平稳，轴颈处应搭设工作平台，且平台四周应搭设栏杆，并应有不小于1m的通道。

（8）镜板和轴在轴瓦的研磨部位，应设限位装置，人工刮瓦时应有两人以上工作，严防轴瓦滑下，机械研磨时，事先应对机械进行检验，确认可靠后才能进行。

（9）研磨部位，宜有灵活的起吊轴瓦装置。

（10）吊运推力瓦、导轴瓦时，应使用软绳或软布包扎的钢丝绳，吊耳应安全可靠。

11.11.7 推力轴承及导轴承安装

（1）油槽做煤油渗漏试验时，附近应严禁明火作业，作业人员宜穿不易产生静电的服饰，现场应有专人值班负责监护，同时应配备消防器材。

（2）在油槽内工作的人员，应穿戴专用工作服、工作鞋、工作帽及口罩等。

（3）油槽内各部件表面应用酒精擦拭，并用面团粘起细小杂物。油循环管路应用白布蘸汽油反复拖拉，保证内壁清洁无异物。轴承安装期间，无人工作时油槽应临时封闭。油槽封闭前，应全面清扫，检查确认油槽清洁、无杂物后才能封闭油槽。

（4）推力头热套的安全要求

1）推力头热套前，应校核轴承部件安装高度满足热套要求。

2）进行推力头胀量测量时，施工人员及测量工具应采取防止高温灼伤和损坏工具的安全防护措施。

3）当推力头吊离地面 1.0m 左右时，应用白布蘸酒精擦拭推力头内孔和底面，并应在孔内涂一层薄薄的润滑剂。套装过程中，若发生卡阻现象，应果断拔除，查明原因后再进行套装。

4）卡环安装应在推力头温度降至室温后进行，卡环与推力头之间间隙不应进行加垫处理。

（5）推力轴承强迫建立油膜的高压油顶起装置的油系统管路装配好后，应检查，确认接头和法兰已连接牢靠，止回阀已作耐压试验后，方可充油；经检查无渗漏现象，才能进行高压油顶起试验。

（6）安装与试验用的压力表，应经校验合格。

（7）推力瓦或导轴瓦就位后，在机组内进行电焊工作时，焊接部位应搭设专用地线，严禁在没有专用地线的情况下进行电焊作业；若采用直流焊接应负极接地或地线绝缘良好，并应做好防护措施。

（8）在机组内部采用盘车方法刮推力瓦时，推入与拉出推力瓦应小心，手不应放进瓦架滚轮与推力瓦之间。两人以上作业时，动作应协调。

（9）有绝缘要求的导轴瓦或上端轴，安装前后应对绝缘进行检查。试验时应对试验场所进行安全防护，应设置安全警戒线和警示标志。

（10）导轴承油槽上端盖安装完成后，应对密封间隙进行防护。

11.11.8 制动闸试验与安装

（1）制动闸分解清扫时，各零部件应垫平放稳。皮碗、压环应调整到与活塞保持同心，并应将压环紧固螺丝垫片锁牢。

（2）耐压试验工具应经计算和试验。

（3）制动闸做耐压试验时，如果发现有缺陷，应在消除压力后才能进行处理，严禁在有压力的情况下处理缺陷。

11.11.9 机组轴线调整与机组内部作业

（1）机组盘车前应对机组转动部位进行全面清理，对定、转子气隙、转轮迷宫环及轴密封装置等部位，均应进行认真检查，确认其干净后，方能进行盘车。

（2）采用高压油顶起状况下人工盘车时，高压油顶起装置应清扫干净，油槽已经渗漏试验合格，高压油顶起装置已具备充油升压条件，方能进行盘车。

（3）采用电动盘车时，应采用合适的电气装置和材料，并由电气工作人员安装、维护和操作，所有电气设备应设围栏，并应挂警示标志。

（4）采用机械盘车，对所选用的滑轮、钢丝绳及预埋的地描，应进行详细计算，经审查后方能使用，使用前还应进行实际检查。

（5）机组盘车应在统一指挥下进行。应设置专用电话、电铃或对讲机进行联系。联络、信号、操作和记录等均应分工明确。

（6）机组盘车时，地锚、钢丝绳及滑车附近，不应站人或停留。

（7）制动闸使用前，应进行检查，管道系统应试验完毕，油泵压力表经校验合格，安全阀经调试动作可靠，并有专人操作，油泵电源闸刀应加强控制。

（8）进入发电机内工作时，与工作无关的东西不应带入。需要携带的工器具及材料应进行检查和出入登记。

（9）在发电机内进行电焊、气割时应做好消防措施，并严禁四周放有汽油、酒精、油漆等易燃物品。擦拭过的棉纱头、破布等应放在带盖的铁桶内，并应及时带出机组。

（10）在发电机转动部分或固定部分上进行电焊作业时，应在焊接部位搭接专用地线。

（11）在发电机内进行钻、铣孔工作时，工作场所应配备充足的照明。电器设备的电线、电缆应绝缘良好。钻铣出的铁屑应及时进行清理。

（12）发电机内应始终保持清洁，每班作业应将杂物清理干净，做到工完场清。

11.11.10 机组整体清扫、喷漆

（1）转子、定子喷漆前应将定子上、下通风沟槽（孔）内用干燥无油的压缩空气清扫干净。

（2）喷漆时应戴口罩或防毒面具。

（3）喷漆时附近严禁烟火或电焊和气割作业。

（4）工作场地应配备有灭火器等防火器材。

（5）喷漆前应了解所用材料、设备对油漆的要求、油漆的性能等。

（6）工作时照明应装防爆灯，闸刀及开关的带电部分不应裸露。

（7）所用的溶剂、油漆取用后容器应及时盖严。油漆、汽油、酒精、香蕉水等以及其他易燃有毒材料，应在专门储藏室内密封存放，应专人保管，严禁烟火。

（8）用剩的油漆应将同一类和同一颜色的合并，过滤后覆盖密闭，分类堆放整齐，妥善处理。

（9）工作结束后，应整洁工器具，将工作场地及储藏室清理干净，如发现遗留或散落的危险易燃品，应及时清除干净。

11.12 辅助设备安装

11.12.1 调速系统安装

1. 安装与调试时的安全要求

（1）调速系统设备具备安装条件时，应将施工部位周围建筑垃圾清理干净，运输道路应清理畅通，施工照明应按使用要求进行布置。

（2）根据设备布置，应先在一期混凝土浇筑时埋设吊装、转运锚钩，锚钩材质、规格应按5倍设备重量进行强度计算后选择。

（3）设备吊装时应按设备重量选择吊装设备及吊装器具。

（4）在集油箱、压油罐内部清扫、补漆时，应派专人在罐外监护；罐内作业人员

应经常轮换，并戴专用防毒面具，穿专用工作服和工作鞋，并应采取通风措施。

（5）调速系统分解清扫，应在专用房间或场地内进行。拆装应小心，零件应放平垫稳。

（6）调速系统各部的调整试验，应有单项安全技术措施或作业指导书。作业人员应熟悉调速系统动作原理，并应了解设备布置情况。

（7）调速系统充油、充气前，各部阀门应处于正确位置，各活动部位应无杂物，无人工作时，应挂警示标志，一切就绪后方可充油、充气；漏油装置应具备自动运行条件。

（8）压油罐耐压试验前，应将油罐上安全阀、压力变送器等全部拆除后利用标准堵板封堵，罐顶应留待罐内试验介质注满后封堵。耐压试验时分阶段平稳缓慢地上升至试验压力，严禁使用永久电动油泵直接升压。

（9）调速系统调整试验前，油压装置应调试完毕，并应投入自动运行状态。调速系统调试时，应派人监视压油罐油面。

（10）调速系统调试动作时，应装设专用电铃和电话，各部位联系应畅通及时，统一指挥，各活动部位（活动导叶之间、控制环、双联臂、拐臂等处），严禁有人工作或穿行。水轮机室和蜗壳内应有足够的照明，严禁将头、手脚伸入活动导叶间，各活动部位应有专人监护和悬挂警示标志。

（11）调速系统和自动化液压系统充油时，压力升高应逐段缓慢进行，只有在低压阶段一切正常的情况下，才可继续升压。升压过程中，严禁工作人员站在阀门或堵板对面。

（12）调试过程中，个别零件需检修时，应在降压和排油后进行。在有压力存储时，严禁乱动或随意拆除阀门和零部件。

（13）测绘接力器行程与导水叶开度关系曲线时，调速器操作及监护人员应坚守岗位，认真监护设备。操作前应与导水叶开度测量人员电话联系，确认他们也撤到安全位置后，方可操作。

（14）调试中断或需离开工作岗位时，应切除油压，并中断电源，挂上"严禁操作"警示标志。在试验过程中，工作人员不应擅离岗位。

（15）压油装置油泵试运转，应逐级升压，无异常情况时，才能升到额定压力。需检修或调试阀组时，应停泵降压至零后进行。

2. 透平油过滤时的安全要求

（1）油罐清扫刷漆应符合容器内部施工安全的有关要求。

（2）滤油场地应设置防火设备，严禁吸烟。地面保持干净，无易燃物，滤油纸等材料应存放在小库房内，设备布置应有条理，通道应畅通。

（3）工作人员应穿专用工作服和耐油工作鞋。

（4）使用电热鼓风干燥箱，应符合下列安全要求：

1）该箱应安放在室内干燥处，水平放置。

2）供电线路中，应装专用闸刀开关，并用比电源线截面积大一倍的导线做接地线。

3）通电前检查干燥箱的电气性能，绝缘应良好，炉丝摆放应整齐。

4）应待一切准备就绪后，再放入试品，关上箱门，在箱顶排气孔内插入温度计，并将排气阀旋开约10mm，然后通电工作。在干燥滤油纸过程中，应定期检查温度变化情况，一旦箱内着火时，首先应切断电源，进行灭火。

5）不应任意卸下侧门，扰乱或改变线路。如有故障，应由电气维修工进行检查。

6）严禁将易燃易挥发的物品放入干燥箱内。

（5）滤油机的电动机绝缘应良好，供电线路中应接启动器和闸刀开关。油路接通前，电动机转向应正确，外壳应接地。

（6）滤油用管路和管件应完好，不应漏油。

（7）在滤油过程中，工作人员应坚守岗位加强巡视。如有漏油，应停机断电、关闭阀门后进行处理。

11.12.2 供排气系统设备安装

（1）设备安装前，应将施工部位清理干净，保证运输道路畅通和有足够的施工照明以及必要的消防设施，并应使施工区符合环保要求。

（2）应根据设备布置事先在一期混凝土浇筑时埋设吊装、转运锚钩，锚钩材质、规格应按5倍设备重量进行强度计算后选择。

（3）设备吊装时应按设备重量选择吊装设备及吊装器具。

（4）检查设备内部，应用安全行灯或手电筒，严禁使用明火。拆卸设备部件应放置稳固。装配时严禁用手插入连接面或探模螺孔，取放垫铁时应防止手指压伤。

（5）设备分解清扫时，场地应清洁，并有良好的通风，使用的清洗有机溶剂应妥善保管，使用后的溶剂应立即回收，用过的棉纱、布头、油纸等应收集在有盖的金属容器中。清扫区域应设置警示标志，严禁明火或在清扫区域焊接或切割作业。

（6）对出厂已装配调整好的部件不应拆卸，可拆卸部分应放平放稳，对精密易损件应加以保护。

（7）设备试运转应按照单项安全技术措施进行。运转时，不应擦洗和修理。

（8）压力气罐安全阀应按设计要求整定合格后进行铅封，然后进行安装。

（9）气罐上压力表计、压力传感器以及控制盘柜上的自动化组件等应经校验合格后方能进行试运行。

（10）空压机试运转前，应检查系统设备和管路以及系统阀门开启或关闭的正确性，并应将空压机安全卸载阀调至卸荷状态。空压机启动后，应使其在空载状态下运转正常后再逐步调整使其缓慢上升至额定压力，试验过程中应派专人监护气罐和控制盘柜上的仪表及自动化组件。空压机试运行时，试验人员至少应有两人。

11.12.3 供排油系统设备安装

（1）供排油系统设备安装应参照供排气系统设备安装的相关安全要求。

（2）油系统管路焊接宜采用氩弧焊封底，手工电弧焊盖面。在打磨钍、钨棒的地点，应保持良好的通风，打磨时应戴口罩、手套等个人防护用品。

（3）油系统管路需酸洗时，在配制酸洗和钝化液时应戴口罩、防护眼镜、防酸手套、穿好防酸胶鞋等防护用品。配制时，应先加清水后加酸。用酸清洗管子时，应穿戴好防护用品，酸、碱液槽应加盖，并应设明显的警示标志。

（4）油罐内部清扫刷漆应派专人在罐外监护，罐内作业人员应经常轮换，并应戴专用防毒面具，穿专用工作服和工作鞋。

（5）油处理设备试运转前，首先应调整安全卸载阀至卸荷状态，使设备在空载状态下运转正常后，再逐步调整使其缓慢上升至额定压力，试验过程中应派专人进行监护。

（6）系统充油前，应检查系统各阀门开启或关闭位置的正确性，准备漏油处理的各种容器和器具。充油时应统一指挥，沿线派专人进行监护，出现漏油时应立刻停止充油。

（7）管路循环冲洗应派专人巡回监护，冲洗区应设明显警示标志，严禁在油冲洗区进行电焊作业，并应配备一定数量的消防器材。

11.12.4 供排水系统设备安装

（1）供排水系统设备安装应参照供排气系统设备安装的相关安全要求。

（2）设备运输至厂房后，可利用厂内桥机将设备从发电机吊物孔吊至设备安装层，吊装时吊点应选择合适，吊装器具应符合设备重量要求。设备从安装层利用运输小车转运至安装部位时，装车重量不应超过小车的运输载荷。设备在运输车上应放置平稳，绑扎应牢固，运输途中人不应站在小车的侧面。

（3）对泵类、滤水器、电动阀、减压阀、管件等，其重量超过 80kg 以上的，应采用三角扒杆配合手拉葫芦进行吊装。对三角扒杆和手拉葫芦等应进行定期和不定期检查，吊装过程中三角扒杆扒角应符合安全吊装要求。

（4）排水盘形阀类设备在一期混凝土浇筑时，应在盘形阀接力器操作坑顶部埋设吊装锚钩，吊装锚钩的材质、规格应按盘形阀的最大吊装重量的 5 倍核算强度后进行选择。

（5）盘形阀操作杆的吊装专用工具和卡具应按最大吊装重量的 5 倍核算强度后进行加工，吊装过程中应随时进行检查。

（6）排水深井泵吊装前应检查起吊专用设备和器具，检查和核对厂家到货的专用工具及夹具，泵组及扬水管吊装组对时手拉葫芦链条应锁死。

（7）潜水排污泵泵座安装时应将集水井底部积水抽干，建筑垃圾清理干净；潜水排污泵导向装置应在泵座安装合格后自下而上进行安装。搭设的脚手架应牢固可靠，侧面应有栏杆，脚手架铺设的跳板应结实，两端应绑在脚手架上。在井内施工时，应设置专用通风排烟装置。

（8）集水井底部作业，应使用 36V 以下安全照明灯。

（9）泵类设备试运转前应检查转动部分是否灵活，驱动机转向是否与泵的转向一致，试运转过程中调试人员至少应有两人，并应派专人对各指示仪表、安全保护装置以及电控装置进行监护。

11.12.5 采暖通风系统设备安装

（1）暖通系统设备安装应参照供排气系统设备安装的相关安全要求。

（2）通风机搬运和吊装的安全要求：

1）整体安装的风机，搬运和吊装的绳索不应捆绑在转子和机壳或轴承盖的吊环上。

2）现场组装的风机，绳索的捆绑不应损伤机件表面，转子、轴颈和轴封等处均不应作为捆绑部位。

3）输送特殊介质的通风机转子和机壳内涂有保护层，应严加保护，不应损伤。

（3）大型风机使用滚杠转运时，其两端不宜超出物体底面过长，摆滚杠的人不应站在重物倾斜方向一侧，不应用手直接调整滚杠。

（4）无吊装手段就位时，可利用千斤顶将设备四周对称顶升至略高于安装基础平面，顶升时千斤顶应同时均匀上升，保持高度一致。底部枕木应垫平、垫稳后才能拆除千斤顶。

（5）风机底部需要加垫调整时，不可将手伸入风机底部。

（6）皮带传动的风机应在风机和电机安装调整符合要求后，及时安装皮带罩。

（7）通风设备安装时作业平台应搭设牢固，并应有安全防护措施，设备的支、吊架按设计要求固定牢固后才能吊装通风设备。个人防护用品应佩戴齐全；安全带、安全绳应挂在安全可靠的固定物体上。

（8）在建筑物顶部平台安装组合式空调机组，起吊设备的选择应根据设备的吊装重量、高度、安装位置进行选择和布置。

（9）室外机安装时，作业起升吊篮机构应经有关部门审批后方能使用，作业过程中使用的电动工具及绝缘等级应符合规范要求；安装支、吊架应按设计要求固定牢固后才能进行室外机安装。

（10）用手拉葫芦吊起设备清洗时，应将链条锁死。

（11）暖通设备试运转过程中，调试人员至少应有两人，并应派专人对各指示仪表、安全保护装置以及电控装置进行监护。

（12）通风系统管路检漏灯应使用36V以下带保护罩的安全照明灯。

11.12.6 消防系统设备安装

（1）消防系统设备安装应参照供排气系统设备安装的相关安全要求。

（2）消防给水设备安装采用三角扒杆配合手拉葫芦进行吊装时，三角扒杆支撑夹角应符合安全吊装要求。

（3）消防给水设备启动试运行前应对转动部分进行手动盘车，检查消防管路系统各控制阀门的正确性。首次启动试运行时，调试人员至少应有两人，并应派专人对各指示仪表、安全保护装置以及电控装置进行监护。

（4）消防喷嘴待系统管路冲洗合格后才能进行安装，喷嘴安装高度高于2.5m以上时应搭设临时脚手架平台，脚手架平台应搭设牢固。在高凳或梯子上作业时，高凳或梯子应放稳，梯脚应有防滑装置。

（5）消防给水系统通水试验应通知消防主管部门参加，应统一指挥，派专人进行监护。

（6）消防灭火器材应按设计高度进行安装，移动式消防灭火器材应待工程完工具备移交时按设计布置要求进行摆放。移交前应做好消防灭火器材设备的保管措施。

（7）气体消防灭火系统设备安装时应对钢瓶、钢瓶阀组及自动控制组件进行保护。

（8）气体消防灭火系统管路压力试验时应统一指挥，制定详细的单项安全技术措施，并通知现场监理工程师参加。压力试验过程中，试验区严禁站人，试压应分阶段缓慢升压。检查时不应正对连接、焊接、封堵部位；发现渗漏应立即卸压，将试验介质排尽后，方能进行处理。

（9）管路焊缝进行射线探伤检查时，应符合 11.2.4 的相关安全要求，并应设置警戒线，所有非工作人员不应进入射线探伤区。

（10）消防系统安装、试验完工后，应报请当地公安消防部门、监理部门检查验收。

11.12.7 管路安装

1. 架空管路安装时的安全要求

（1）管道吊入作业时，管道吊装的吊点应绑扎牢固，起吊时应统一指挥，动作协调一致。非作业人员不应进入作业区域。

（2）吊入作业部位的管材，严禁超高堆放，底部管材应垫牢防滚动，人不应随意上去踩蹬。

（3）作业平台应搭设牢固，并应定期和不定期进行检查。发现材料腐朽、绑扎松动时，应及时加固处理。

（4）高处作业时应检查脚手架及跳板是否牢固，并应装设防护栏。

（5）搬运器材和使用工具时，应注意自身和四周人员的安全，传送器材或工具时，不可投掷。

（6）高处作业使用的工具、材料等，严禁使用抛掷方法传送。小型材料或工具应放在工具箱或工具袋内。高处作业使用的材料应随用随吊，在脚手架或其他物架上临时放置的物品应稳固，严禁超过允许负荷。

（7）高处作业下方应设专人看管，严禁人员通行。高处作业人员应系安全带、精神应集中，不应打闹，不应麻痹大意。

（8）管道支、吊架安装时若为焊接方式，应与一期埋板焊接牢固，且应符合规范要求。

（9）管道就位于管架上后，应及时将其固定牢靠。

（10）移动管子或进行管子对口时，动作应协调，操作人员不应将手放在管口连接处。

（11）阀门吊装时，绳索应拴在法兰上，严禁拴在手轮或阀件上。

（12）管道用玻璃棉保温时，操作者应穿戴整齐防护用品，应戴长筒手套及口罩，并将衣领、袖口和裤脚扎紧，否则不能施工。

（13）在高凳或梯子上作业时，高凳或梯子应放置稳固，梯脚应有防滑装置。

2. 廊道及井下管路安装时的安全要求

（1）在管井施工时，应盖好上层井口的防护板，安装立管时应把管子绑扎牢固。支架安装时，上下应配合好，当天完工后，应及时盖好井口。

（2）在光线暗淡的地方施工时，应设置局部照明。

（3）廊道及井下施工使用的电动工具和焊接设备应接漏电保护装置，电源线不应破损、芯线裸露、接触潮湿地面以及直接绑挂在金属构件上。

（4）廊道及井下施工应设置专用通风排烟装置。

（5）在潮湿部位作业，应采取相应的防护措施，穿戴专用防护用品。

3. 管路试验时的安全要求

（1）管道进行压力试验时，应制订可靠的安全技术措施，并应悬挂警示标志和设专人监护。

（2）管道压力试验时应缓慢进行，停泵稳压后方可进行检查。检查时，检查人员不应对着管道盲板、堵头、焊缝等处站立。处理管道泄漏等缺陷时，应在泄压后进行，严禁带压处理。

（3）压力气罐严密性试验合格后即可对系统管路充气。充气时应缓慢调整减压阀，使减压阀阀后压力符合设计要求。沿线应派专人进行监护，发现漏气，立即停止充气。

（4）系统管路吹扫的排气压力应符合规范要求，排出的废气应接到室外指定的安全地点。

4. 管路刷漆的安全要求

（1）管路刷漆使用的各类油漆和其他易燃、有毒材料应存放在专用库房内，不应与其他材料混放。在施工部位的临时配料间，不应储存大量油漆及易燃、易挥发的有机溶剂。库房及配漆间应配备相应数量的灭火器材。

（2）管路刷漆部位应有良好的照明，配备专用通风设备、油漆工应穿戴劳保防护用品。高处作业部位应搭设临时脚手架，脚手架搭设应牢固可靠。在高凳或梯子上作业，高凳或梯子应放置稳固，梯脚应有防滑装置。

（3）管路刷漆时，同一工作区不应少于两人，施工过程中应相互照应。

（4）刷漆和配漆时使用过的沾染油漆的棉纱、破布、油纸等不应随意乱丢，应收集存放在有盖的金属容器内，并及时进行处理。

（5）调制、操作有毒性的和挥发性强的材料，应根据材料性质佩戴相应的防护用品。室内应保持通风或经常换气，严禁吸烟和用餐。

本章习题

2.11.1　金属结构与机电设备安装工程施工现场有哪些安全规定？

第 12 章　防灾和应急管理知识

> **教学要求**：通过本章的教学，使学员了解防灾和应急管理基本知识，了解有关水文气象常识，理解重大事故应急救援的原则和任务、应急救援处理预案的编制及实施，掌握地震灾害、地质灾害、气象灾害知识及其防御措施，懂得各类灾区高温天气对食品安全、饮用水安全的影响及注意事项，以及地震灾区降水对地质灾害、水库、大坝、堰塞湖、道路交通等的不利影响及注意事项。

12.1　基本知识

12.1.1　雨量等级

小雨：日（本日 8 时至次日 8 时）降雨量小于 10mm。

中雨：日降雨量 10 ~ 25mm。

大雨：日降雨量 25 ~ 50mm。

暴雨：日降雨量 50 ~ 100mm。

大暴雨：日降雨量 100 ~ 200mm。

特大暴雨：日降雨量在 200mm 以上。

12.1.2　洪水等级

一般洪水：水文要素重现期小于 10 年的洪水。

较大洪水：水文要素重现期为 10 ~ 20 年的洪水。

大洪水：水文要素重现期为 20 ~ 50 年的洪水。

特大洪水：水文要素重现期大于 50 年（含 50 年）的洪水。

12.1.3　风力等级

风力等级参见表 2.12.1。

表 2.12.1　　　　　　　　　　　　　风　力　等　级　表

风力等级	陆地地面物体征象	相当风速	
		km/h	m/s
0	静，烟直上	<1	0 ~ 0.2
1	烟能表示风向	1 ~ 5	0.3 ~ 1.5
2	人面感觉有风，树叶微动	6 ~ 11	1.6 ~ 3.3
3	树叶及微枝摇动不息，旌旗展开	12 ~ 19	3.4 ~ 5.4

风力等级	陆地地面物体征象	相当风速	
		km/h	m/s
4	能吹起地面灰尘和纸张，树的小枝摇动	20~28	5.5~7.9
5	有叶的小树摇摆，内陆的水面有小波	29~38	8.0~10.7
6	大树枝摇动，电线呼呼有声，举伞困难	39~49	10.8~13.8
7	全树动摇，迎风步行感觉不便	50~61	13.9~17.1
8	微枝折毁，人向前行感觉阻力甚大	62~74	17.2~20.7
9	草房遭受破坏，大树枝可折断	75~88	20.8~24.4
10	树木可被吹倒，一般建筑物遭破坏	89~102	24.5~28.4
11	陆上少见，大树可被吹倒，一般建筑物遭严重破坏	103~117	28.5~32.6
12	陆上绝少见，其摧毁力极大	118~133	32.7~36.9
13		134~149	37.0~41.4
14		150~166	41.5~46.1
15		167~183	46.2~50.9
16		184~201	51.0~56.0
17		202~220	56.1~61.2

注 常用的风力等级是英国人蒲福（Beaufort）于1805年拟定，故又称"蒲福风力等级（Beaufortscale）"，0~12 共分13个等级。自1946年以来，风力等级又作了扩充，增加到18个等级（0~17级）。

12.1.4 热带气旋及其等级划分

热带气旋生成于热带或副热带洋面上，是具有有组织的对流和确定的气旋性环流的非锋面性涡旋的统称，包括热带低压、热带风暴、强热带风暴、台风、强台风和超强台风。热带气旋分为热带低压、热带风暴、强热带风暴、台风、强台风和超强台风6个等级。见表2.12.2。

表2.12.2 热带气旋等级划分表

热带气旋等级	底层中心附近最大平均风速（m/s）	底层中心附近最大风力（级）
热带低压	10.8~17.1	6~7
热带风暴	17.2~24.4	8~9
强热带风暴	24.5~32.6	10~11
台风	32.7~41.4	12~13
强台风	41.5~50.9	14~15
超强台风	≥51.0	16或以上

12.1.5 干旱及其等级划分

干旱是指因供水量不足，导致工农业生产和城乡居民生活遭受影响，生态环境受到破坏的自然现象。从形式上可分为农业干旱、城市干旱和生态干旱。

农业干旱：指因水量不足，不能满足农作物及牧草正常生长需求而发生的水分短缺现象。

城市干旱：指城市因遇特枯水年或连续枯水年，造成供水水源不足，实际供水量低于正常供水量，生活、生产和生态环境受到影响的现象。

旱情：干旱的表现形式和发生发展过程，包括干旱历时、影响范围、受旱程度和发展趋势等。

旱灾：指由于降水减少、水工程供水不足引起的用水短缺，并对生活、生产和生态造成危害的事件。

农业旱灾等级划分：根据农业受旱成灾的程度，将农业旱灾划分为轻度旱灾、中度旱灾、严重旱灾和特大旱灾4个等级。

农业旱灾等级（综合减产成数法）计算公式：

$$C = I_3 \times 90\% + (I_2 - I_3) \times 55\% + (I_1 - I_2) \times 20\%$$

式中　C——综合减产成数,%；

　　　I_1——受灾（减产1成以上）面积占播种面积的比例（用小数表示）；

　　　I_2——成灾（减产3成以上）面积占播种面积的比例（用小数表示）；

　　　I_3——绝收（减产8成以上）面积占播种面积的比例（用小数表示）。

农业旱灾等级按表2.12.3划分。

表2.12.3　　　　　　　　　　　农业旱灾等级划分表

旱灾等级	轻度旱灾	中度旱灾	严重旱灾	特大旱灾
综合减产成数（%）	$10 < C \leqslant 20$	$20 < C \leqslant 30$	$30 < C \leqslant 40$	$C > 40$

城市干旱缺水率：指城市日缺水量与城市正常日供水量的比值，计算公式如下：

$$P_g = \frac{Q_z - Q_s}{Q_z} \times 100\%$$

式中　P_g——城市干旱缺水率,%；

　　　Q_z——城市正常日供水量，万 m³；

　　　Q_s——城市实际日供水量，万 m³。

依据城市干旱缺水率将城市干旱分为4个等级，即特大干旱、严重干旱、中度干旱、轻度干旱，见表2.12.4。

表2.12.4　　　　　　　　　　　城市干旱等级划分标准

城市干旱判别指标	干　旱　等　级			
	特大干旱	严重干旱	中度干旱	轻度干旱
城市干旱缺水率（%）	$P_g > 30$	$20 \leqslant P_g < 30$	$10 \leqslant P_g < 20$	$5 \leqslant P_g < 10$

12.1.6　灾害性天气及其次生灾害标准

高温：指某站日最高温度达到37℃或以上的温度，分为两个级别，37℃或以上和40℃或以上。

雾：指水平能见度在1000～500（含）m的雾。

浓雾：指水平能见度在500～50（含）m的雾。

大雨和暴雨：在年降水量不大于300mm的地区，由所在省（自治区、直辖市）气象局自行规定大雨和暴雨的标准，并报中国气象局备案，其他地区按目前中国气象局业务规定标准执行。

大风：指气象站在定时天气观测时次任意一次观测到 2min 或有自记气象仪器任意 10min 记录到的平均风力达到 6 级（10.8m/s）或以上，或者瞬时风力不小于 17m/s。

强降温：指在每年 9 月 1 日到下一年 4 月 30 日期间，24h 内最大降温达 8℃或以上。

12.1.7 防洪标准及工程分等标准

要制定某一河段、水库或地区的防御洪水方案，首先要确定以防御多大的洪水为目标，即确定防洪标准。众所周知，洪水的量级愈大愈是稀遇，所以人们常以洪水的重现期来表示洪水量级的大小。一个地点不同重现期洪水的数值是水文部门以一定数量的实测洪水资料为基础，通过频率分析法求得的。防洪标准的确定，一般要根据防洪保护对象在遭受洪灾时造成的经济损失和社会影响划分若干等级。

1. 水库分等标准

根据《水利水电枢纽工程等级划分及设计标准》，水利水电枢纽工程的分等、水工建筑物的分级以及设计洪水标准见表 2.12.5、表 2.12.6、表 2.12.7。

表 2.12.5　水利水电枢纽工程的分等指标

工程等别	水　库		防　洪		治　涝	灌　溉	供　水	水电站
	工程规模	总库容（亿 m³）	城镇及工矿企业的重要性	保护农田（万亩）	治涝面积（万亩）	灌溉面积（万亩）	城镇及工矿企业的重要性	装机容量（万 kW）
I	大（1）型	≥10	特别重要	≥500	≥200	≥150	特别重要	≥120
II	大（2）型	10～1.0	重要	500～100	200～60	150～50	重要	120～30
III	中型	1.0～0.1	中等	100～30	60～15	50～5	中等	30～5
IV	小（1）型	0.10～0.01	一般	30～5	15～3	5～0.5	一般	5～1
V	小（2）型	0.01～0.001		≤5	≤3	≤0.5		≤1

注　1. 总库容系指校核水位以下的水库静库容。

2. 灌溉面积系指设计灌溉面积。

表 2.12.6　水工建筑物级别的划分

工程等别	永久性建筑级别		临时性建筑物级别
	主要建筑物	次要建筑物	
一	1	3	4
二	2	3	4
三	3	4	5
四	4	5	5
五	5	5	

注　1. 永久性建筑物，系指枢纽工程运行期间使用的建筑物，根据其重要性分为：主要建筑物，系指失事后将造成下游灾害或严重影响工程效益的建筑物，例如坝、泄洪建筑物、输水建筑物及电站厂房等；次要建筑物，系指失事后不致造成下游灾害或对工程效益影响不大并易于修复的建筑物，例如失事后不影响主要建筑物和设备运行的挡土墙、导流墙、工作桥及护岸等。

2. 临时性建筑物，系指枢纽工程施工期间所使用的建筑物，例如导流建筑物等。

建筑物级别	1	2	3	4	5
洪水重现期（a）	500	100	50	30	20

2. 堤防工程分等标准

SL51—93《堤防工程技术规范》中规定堤防工程的级别，根据防护区内各类防护对象的重要性和规模划分分等标准及防洪标准，见表 2.12.8、表 2.12.9。

表 2.12.8　　　　　　　　　　堤 防 工 程 的 分 等 标 准

防护对象	项目	堤 防 工 程 的 级 别				
		1	2	3	4	5
城镇	重要程度	特别重要城市	重要城市	中等城市	一般城市	—
	非农业人口（万人）	≥150	150~50	50~20	≤20	—
乡村	防护区耕地面积（万亩）	≥500	500~300	300~100	100~30	≤30
	防护区人口（万人）	≥250	250~150	150~50	50~20	≤20
工矿企业	主要厂区（车间）	特大型	大型	中型	中型	小型
	辅助厂区（车间）生活区	—	—	特大型	大型	中、小型

表 2.12.9　　　　　　　　　　堤 防 工 程 的 防 洪 标 准

堤防工程的级别	1	2	3	4	5
防洪标准［重现期（a）］	≥100	100~50	50~30	30~20	20~10

3. 水闸分等标准

根据 SL75—94《水闸技术管理规程》，按校核过闸流量（无校核过闸流量则以设计过闸流量为准）水闸可划分为：

大型水闸：1000m³/s 及以上。

中型水闸：100m³/s 及以上，不足 1000m³/s。

小型水闸：10m³/s 及以上，不足 100m³/s。

4. 机电排灌站分等标准

根据 SD204—86《泵站技术规范》规定：

大型电力排灌站：总装机容量达 10000kW 或受益面积达 30 万亩。

中型电力排灌站：总装机容量在 1000kW 以上、10000kW 以下或受益面积在 1 万~30 万亩。

小型电力排灌站：总装机容量在 100kW 以下，或受益面积在 1 万亩以下。

大型泵站：水泵叶轮直径在 1540mm、单机容量在 800kW 及以上的轴流泵；或水泵进口管径为 800mm、单机容量在 500kW 及以上的离心泵。

中型泵站：水泵叶轮直径在 1000mm、单机容量在 500kW 及以上的轴流泵；或水泵进口管径为 500mm、单机容量在 280kW 及以上的离心泵。

5. 城市的等级和防洪标准

根据 GB 50201—1994《防洪标准》城市的等级和防洪标准见表 2.12.10。

表 2.12.10　　　　　　　　城市的等级和防洪标准

等　级	重要性	非农业人口 （万人）	防洪标准 ［重现期（a）］
Ⅰ	特别重要城市	≥150	≥200
Ⅱ	重要城市	150～50	200～100
Ⅲ	中等城市	50～20	100～50
Ⅳ	一般城镇	≤20	50～20

6. 乡村的等级和防洪标准

根据 GB 50201—1994，乡村防护区的等级和防洪标准见表 2.12.11。

表 2.12.11　　　　　　　　乡村防护区的等级和防洪标准

等级	防护区人口 （万人）	防护区耕地面积 （万亩）	防洪标准 ［重现期（a）］
Ⅰ	≥150	≥300	100～50
Ⅱ	150～50	300～100	50～30
Ⅲ	50～20	100～30	30～20
Ⅳ	≤20	≤30	20～10

7. 工矿企业的等级和防洪标准

根据 GB 50201—1994，工矿企业的等级和防洪标准见表 2.12.12。

表 2.12.12　　　　　　　　工矿企业的等级和防洪标准

等级	工矿企业规模	防洪标准 ［重现期（a）］
Ⅰ	特大型	200～100
Ⅱ	大型	100～50
Ⅲ	中型	50～20
Ⅳ	小型	20～10

注　1. 各类工矿企业的规模，按国家现行规定划分。
　　2. 如辅助厂区（或车间）和生活区单独进行防护的，其防洪标准可适当降低。

12.1.8　特征水位

（1）警戒水位：发生洪水或暴潮，当地江河湖库海沿岸水位达某一高程时，可能对防洪工程或当地人民生命财产与重要设施等构成威胁，需开始警戒并防备的既定水位值。

（2）危险水位：当水位超过警戒水位后继续上涨到某一高程时，可能对防洪工程、沿江（海）主要建筑物及集中居民区等构成灾害性的威胁，这一水位值称为危险水位。

（3）保证水位：是根据防洪工程当年状况确定的可防御洪水最高水位，可以是防洪标准设计的堤防设计洪水位或历史上防御过的最高洪水位。

当水位达到或接近保证水位时，防汛进入紧急状态，防汛部门要按照紧急防汛期的权限，采取各种必要措施，确保堤防等工程的安全，并根据"有限保证、无限负责"的精神，对于可能出现超过保证水位的工程抢护和人员安全做好积极准备。保证水位的拟定是根据堤防规划设计和河流曾经出现的最高水位等，考虑上下游关系、干支流关系以及保护区的重要性制定的，并经上级主管机关批准。

12.1.9　险病水库

险库：有以下情况之一者，列为险库。

（1）大坝：①坝身不稳定，已滑动或可能滑动者；②漏水严重，如管涌或大面积烂坝者；③坝身裂缝严重，裂缝已形成贯穿坝身者。

（2）涵洞：①涵洞严重断裂，可能引起垮坝失事者；②由于长期漏水，涵洞周围掏空或局部掏空者。

（3）溢洪道：①防洪标准太低，有造成洪水漫顶危险者；②铺砌质量很差，不能安全泄洪者；③溢洪道位置不当，泄洪影响大坝安全者。

病库：有以下情况之一者，列为病库。

（1）大坝：①坝身轻度裂缝，尚无明显发展者；②坝端接头渗漏大或外坡有小面积湿坡者；③坝体沉陷过大，影响安全拦洪者；④坝体有明显白蚁为患者。

（2）涵洞：①涵洞部分漏水，挂有少量泥条，或有轻度裂缝变形者；②启闭失灵，影响放水者。

（3）溢洪道：①位置不当，泄洪影响坝脚稳定者；②铺砌质量差，砌体有局部损坏者；③陡坡下游是土基且无消能设备，泄洪影响溢洪道安全者。

12.1.10　堤防险工与隐患

堤防的险工是指堤防表面能看得见、摸得着的工程险情。根据多年来工程管理的经验，经常发生的有裂缝滑坡、护坡破坏、断面单薄、护岸冲刷、涵闸及启闭设备损坏等险工。

堤防隐患一般指发生在堤基、堤身内的工程险情。通常有堤基渗漏、堤身漏水、白蚁危害等。

12.1.11　洪水灾害种类

洪水灾害的形成受气候、下垫面等自然因素与人类活动因素的影响。洪水可分为河流洪水、湖泊洪水和风暴潮洪水等。其中河流洪水依照成因的不同，又可分为以下几种类型：

（1）暴雨洪水是最常见的威胁最大的洪水。它是由较大强度的降雨形成的，简称雨洪。我国受暴雨洪水威胁的主要地区有 73.8 万 km^2，分布在长江、黄河、淮河、海河、珠江、松花江、辽河7大江河下游和东南沿海地区。河流洪水的主要特点是峰高量大，持续时间长，灾害波及范围广。近代的几次大水灾，如长江1931年和1954年大水、珠江1915年大水、海河1963年大水、淮河1975年大水等，都是这种类型的洪水。

（2）山洪是山区溪沟中发生的暴涨暴落的洪水。由于山区地面和河床坡降都较陡，降雨后产流和汇流都较快，形成急剧涨落的洪峰。所以山洪具有突发性强、水量集中、破坏力强等特点，但一股灾害波及范围较小。这种洪水如形成固体径流，则称作泥石流。

（3）融雪洪水主要发生在高纬度积雪地区或高山积雪地区。

（4）冰凌洪水主要发生在黄河、松花江等北方江河上。由于某些河段由低纬度流向高纬度，在气温上升、河流开冻时，低纬度的上游河段先行开冻，而高纬度的下游河段仍封冻，上游河水和冰块堆积在下游河床，形成冰坝，也容易造成灾害。在河流封冻时也有可能产生冰凌洪水。

（5）溃坝洪水是指大坝或其他挡水建筑物发生瞬时溃决，水体突然涌出，给下游地区造成灾害。这种溃坝洪水虽然范围不太大，但破坏力很大。此外，在山区河流上，在地震发生时，有时山体崩滑，阻塞河流，形成堰塞湖。一旦堰塞湖溃决，也会形成类似的洪水。这种堰塞湖溃决形成的地震次生水灾的损失，往往比地震本身所造成的损失还要大。

我国幅员辽阔，除沙漠、戈壁和极端干旱区及高寒山区外，大约2/3的国土面积存在不同类型和不同危害程度的洪水灾害。如果沿着400mm降雨等值线从东北向西南划一条斜线，将国土分为东西两部分，东部地区是我国防洪的重点地区。

12.1.12 防汛防旱工作制度

防汛防旱工作责任重于泰山，必须建立健全各种防汛防旱责任制度，实现正规化、规范化，做到各项工作有章可循。防汛防旱工作应从工作项目、工作要求、工作方法、工作时间、工作步骤等方面，建立各种工作制度。

（1）请示、汇报制度。出现灾害性天气、较大灾情和工程出险时，镇（街道）防汛防旱指挥部立即向区防汛防旱指挥部请示、报告，并提出处理意见，区防汛防旱指挥部立即向区领导和市防汛防旱指挥部汇报请示、报告。

（2）防汛值班制度。每年汛期和非汛期出现台风（热带风暴）时，实行昼夜全时值班。及时了解有关气象、雨情、水情、旱情、险情、灾情及开展防灾抗灾救灾的情况，并向领导和有关部门反映。

（3）防洪安全大检查制度。每年开汛前，对水工程和防御水、旱、灾害方案和措施进行全面检查，做到组织、队伍、物料、责任和措施"五落实"。每年汛后，对水利水电防洪工程开展全面安全大检查，对危险（即度汛有问题）工程，要提出加固方案，并督促有关部门及时处理。

（4）水工程安全巡查管理制度。每座水库（山塘）以及重要的防洪设施落实专人进行日常安全巡查管理，汛期，要求每星期不少于2次。特别是台风、暴雨、水库高水位期间，每天不少于1次，对存在病害的危险水库（山塘）要坚持24h巡查。非汛期，要求每月不少于2次。对每次巡查的情况做好巡查记录，一旦出现异常现象，要及时上报并详细记录。

（5）防洪调度制度。对有防洪运用要求的工程，应按已定的防洪调度方式和要求，制定具体的运行操作规则，在防洪过程中进行防洪调度运用。在实施调度运用时要分析掌握雨情、水情及预测趋势，既考虑下游的防洪要求，又考虑工程的度汛安全和上游库区情况，进行科学调度，减少灾害损失。

（6）水库调蓄运用管理制度。每年秋末起，水库运行按防限水位蓄满库容水，保证灌溉和其他用水有足够的存量；用水部门应计划用水和节约用水。用水原则是发电等一切用水服从人畜吃水和灌溉用水，使有限的水量发挥更大的效益。

（7）人员安全转移制度。坚持以人为本，对因受暴雨、洪水、台风袭击时，可能造成人身伤亡和危险区域、危房的人员，必须做好安全转移工作，切实保障人民的生命安全。

（8）气象、雨情、水情的测报、会商和通报制度。当出现灾害性天气和水情时，各级防汛防旱指挥部应及时组织有关部门的人员进行情况会商，分析可能发生的情况，提出防御措施，并通报防洪信息，动员广大群众投入防灾抗灾救灾工作。

（9）工程险情汇报制度。

1）汛期若新发现水库有大坝裂缝、滑坡、漏水带土、输水涵洞漏水浑浊、溢洪道严重冲刷、启闭设备失灵以及堤防滑坡、塌落、漏水带沙（土）等险情时，要及时直接向当地防汛办公室和指挥部领导，以及水电部门领导汇报，并详细记录领导的指示，立即通知有关单位研究执行。

2）重要小（1）型以上水库及保护万亩以上堤防等水利水电工程出现严重险情时，要向当地政府办公室、政府领导以及上级防汛部门汇报，并迅速了解抢险措施。

（10）灾情事故汇报制度。

1）若遇小型水库垮坝、保护千亩以下堤防决口，应立即向当地防汛办公室及指挥部领导汇报。重要小型水库垮坝、保护千亩以上堤防决口，除了向上述领导汇报外，还需向政府领导汇报。并迅速了解抢险措施、灾情损失情况等。

2）工程失事、灾情损失造成人员伤亡5人以内的，要立即向本地政府领导汇报；伤亡5人以上（含5人）的还要转报上级领导部门。

（11）防汛车辆、设备管理制度。

1）在汛期，防汛车辆原则上不得外借。

2）汛期紧张阶段，驾驶员、车辆应坚守岗位，随时待命出发。

3）防汛车辆除加强维修、保养外，应随带夜间照明及检修工具。

4）备用电源、无线电通信设备、防汛器具等要在汛前检修完好，汛中定期检查维护管理，确保汛期正常运行。

（12）水、旱灾害统计报告制度。

1）灾害发生后，镇（街道）防汛防旱指挥部和有关单位要立即调查灾情，按灾情统计内容和要求编表上报区防汛防旱指挥部，区防汛防旱指挥部汇总上报市防汛防旱指挥部。

2）对外公布各类灾情由区防汛防旱指挥部统一公布，任何单位和个人不能以任何形式发布灾情及旱情等相关消息。

（13）通信管理制度。

1）各级防汛防旱指挥部通信联络采用手机和电话联系，遇非常时期，要有应急措施，提高通信保证率。

2）指挥部办事机构严格通信管理制度，执行操作程序，加强设备维修和保养，发现事故及时排除，确保通信联络畅通。

（14）经费、物资管理制度。

1）防灾抗灾救灾资金，贯彻镇（街道）自力更生为主，区财政补助为辅的原则，镇（街道）政府应安排年度防汛抗旱经费，以保证防灾抗灾救灾的急需。同时，应通过各种渠道，筹集防洪资金，备足抢险物资和工具。

2）上级政府安排的防汛、抗旱经费和物资，要专款专用，要有专人负责，严格管理，定期检查，严禁挪用、倒卖和转让。

（15）工作总结制度。区防汛防旱指挥部要做好年终总结，总结内容包括全年的气候、雨、水、旱和灾情，并加以分析和比较；作出灾害年度评价等。对较大的灾害，应单项总结，留作查证。

（16）奖罚制度。

1）对下列单位和个人，由区人民政府给予表彰或奖励。

a. 在防汛防旱工作中组织严密，分工合理，措施有力，保证安全，做出突出成绩的。

b. 坚守岗位，遇险情指挥得当，保护国家和人民生命财产安全成绩突出的。

c. 为防洪调度、抢险献计献策效益显著的。

2）有下列情况之一者，视情节和危害后果，由其所在单位或上级主管机关给予行政处分，构成犯罪的，由司法机关依法追究刑事责任。

a. 擅离职守，不服从命令造成损失的。

b. 不按规定办事，责任不明，玩忽职守，指挥不当，造成事故、人身伤亡或经济损失的。

c. 贪污、盗窃、挪用防汛防旱经费、物资、设备的。

d. 其他不利工作。

12.1.13 何为"四级响应"

国家减灾委、民政部依据《中华人民共和国防洪法》与《中华人民共和国防汛条例》的有关规定，有关部门建立了国家防汛抗旱四级应急响应机制，进一步明确了不同等级应急响应中各级防汛抗旱指挥机构与相关部门的责任。

按突发公共事件可控性、严重程度和影响范围，原则上按特别重大［Ⅰ级］、重大（Ⅱ级）、较大（Ⅲ级）、一般（Ⅳ级）四级启动相应预案。洪涝旱灾也分四级编制应急响应预案，针对洪涝旱灾害的特点，科学制定了事件等级的划分标准，明确了预案启动级别和条件，以及相应级别指挥机构的工作职责和权限，阐明了不同等级洪涝旱灾害发生后应急响应及处置程序和过程等。

国家防汛抗旱应急预案中，分国家防汛抗旱总指挥部、流域防汛指挥机构与相关省（自治区、直辖市）防汛抗旱指挥机构三个层次，对四级响应行动的具体内容、分工与责任做出了明确的规定。等级越高的响应行动，决策会商的级别就越高，防总各成员单位投入的力量就越大，对于响应行动的时间要求也越紧迫。此外，针对不同成因形成的不同类型的洪涝、旱灾，应急预案中对各自适宜的应急响应措施也作出了明确的规定。

12.2　重大事故应急救援

12.2.1　应急救援的原则和任务

事故应急救援工作是在预防为主的情况下，贯彻统一指挥、分级负责、区域为主、单位自救和社会救援相结合的原则。除了平时作好事故的预防工作，避免和减少事故的发生，还要落实好救援工作的各项准备措施，一旦发生事故就能及时救援。由于重大事故发生的突然性，发生后的迅速扩散性以及波及范围广的特点，决定了应急救援行动必须迅速、准确、有序和有效。因此，救援工作只能实行统一指挥下的分级负责制，以区域为主，根据事故的发展情况，采取单位自救与社会救援相结合的方式，能够充分发挥事故单位及所在地区的优势和作用。在指挥部统一指挥下，救灾、公安、消防、环保、卫生、劳动等部门密切配合，协同作战，有效地组织和实施应急救援工作，尽可能地避免和减少损失。

事故应急救援的基本任务有以下几点。

1. 控制危险源

及时有效地控制造成事故的危险源是事故应急救援的首要任务，只有控制了危险源，防止事故的进一步扩大和发展，才能及时有效的实施救援行动。特别是发生在城市中或人口稠密地区的化学事故，应尽快组织工程抢险队与事故单位技术人员一起及时控制事故的继续扩展。

2. 抢救受害人员

抢救受害人员是应急救援的重要任务。在救援行动中，及时、有序、科学地实施现场抢救和安全转送伤员对挽救受害人的生命、稳定病情、减少伤残率以及减轻受害人的痛苦等具有重要的意义。

3. 指导群众防护，组织群众撤离

由于重大事故发生的突然性，发生后的迅速扩散性以及波及范围广、危害性大的特点，应及时指导和组织群众采取各种措施进行自身防护，并迅速撤离危险区域或可能发生危险的区域。在撤离过程中积极开展群众自救与互救工作。

4. 清理现场，消除危害后果

对事故造成的对人体、土壤、水源、空气的现实的危害和可能的危害，迅速采取封闭、隔离、洗消等措施；对事故外溢的有毒有害物质和可能对人和环境继续造成危害的物质，应及时组织人员进行清除；对危险化学品造成的危害进行监测与监控，并采取适当的措施，直至符合国家环境保护标准。

5. 查清事故原因，评估危害程度

事故发生后应及时调查事故的发生原因和事故性质，估算出事故的危害波及范围和危险程度，查明人员伤亡情况，做好事故调查。

12.2.2 应急救援系统的组织结构

应急救援工作涉及众多部门和多种救援力量的协调配合，除了应急救援系统本身的组织外，还应与当地的公安、消防、环保、卫生、交通等部门建立协调关系，协同作战。应急救援系统的组织结构可分为5个方面。

1. 应急指挥机构

应急指挥机构是整个系统的核心，负责协调事故应急期间各个应急组织与机构间的动作和关系。统筹安排整个应急行动，避免因行动紊乱而造成不必要的损失。平时组织编制事故应急救援预案；做好应急救援专家队伍和救援专业队伍的组织、训练和演习；开展对群众自救和互救知识的宣传教育；会同有关部门做好应急救援的装备、器材物品、经费的管理和使用。应急指挥机构多为各级政府领导人或政府的职能机关主要负责。

2. 事故应急现场指挥机构

事故应急现场指挥机构负责事故现场的应急指挥工作，合理进行应急任务分配和人员调度，有效利用一切可能的应急资源，保证在最短的时间内完成现场的应急行动。指挥工作多由各级政府领导人、政府的职能机关或企业的主要领导来承担。

3. 支持保障机构

支持保障机构是应急救援组织中人员最多的机构，主要为应急救援提供物质资源和人员支持、技术支持和医疗支持，全方位保证应急行动的顺利完成。具体来说，它又可以分为以下专业队（组）：

（1）应急救援专家委员会（组）：在事故应急救援行动中，利用专家的专业知识和经验，对事故的危害和事故的发展情况等进行分析预测，为应急救援的决策提供及时的和科学合理的救援决策依据和救援方案。专家委员会成员由主管当局提名，经评议产生。专家委员会平时作好调查研究，参与应急系统人员的培训和咨询工作，对重大危险源进行评价，并协助事故的调查工作，当好领导参谋。

（2）应急救援专业队：在应急救援行动中，各救援专业队伍应该在作好自身防护的基础上，快速实施救援。由于事故类型的不同，救援专业队的构成和救援任务也会有所不同。如化学事故应急救援专业队的主要任务是快速测定出事故的危害区域，检测化学品和性质及危害程度；堵住泄漏源；清消现场和组织人员撤离、疏散等。而火灾应急救援专业队的主要任务是破拆救人、灭火和组织人员撤离、疏散等。

（3）应急医疗救护队：在事故发生后，尽快赶赴事故现场，设立现场医疗急救站，对伤员进行现场分类和急救处理，及时向医院转送。对救援人员进行医学监护，处理死亡者尸体以及为现场救援指挥部提供医学咨询等。

（4）应急特勤队：负责应急救援的后勤工作，保证医疗急救用品和灾民的必须用品的供应，负责联系安排交通工具；运送伤员、药品、器械或其他的必需品。

4. 媒体机构

负责与新闻媒体接触的机构，处理一切与媒体报道、采访、新闻发布会等相关事务，保持对外的一致口径，保证事故报道的客观性和可信性，对事故单位、政府部门和公众负责，为应急救援工作营造一个良好的社会环境。

5. 信息管理机构

负责为应急救援提供一切必需的信息，在现代计算机技术、网络技术和卫星通信技术的支持下，实现资源共享，为应急救援工作提供方便快捷的信息。

12.2.3 应急救援装备与资源

应急设备与资源是开展应急救援工作必不可少的条件。为保证应急工作的有效实施，各应急部门都应制定应急救援装备的配备标准。我国救援装备的研究与开发工作起步较晚，尚未形成完整的研发体系，产品的数量和质量都有待提高。另外，由于各地的经济技术的发展水平和重视程度的不同，在装备的配备上有较大的差异。总的来说大都存在装备不足和装备落后的情况。平时应做好装备的保管工作，保证装备处于良好的使用状态，一旦发生事故就能立即投入使用。

应急救援装备的配备应根据各自承担的应急救援任务和要求选配。选择装备要根据实用性、功能性、耐用性和安全性，以及客观条件配置。

事故应急救援的装备可分为两大类：基本装备和专用装备。

1. 基本装备

（1）通信装备。目前，我国应急救援所用的通信装备一般分为有线和无线两类，在救援工作中，常采用无线和有线两套装置配合使用。移动电话（手机）和固定电话是通信中常用的工具，由于使用方便，拨打迅速，在社会救援中已成为常用的工具。在近距离的通信联系中，也可使用对讲机。另外，传真机的应用缩短了空间的距离，使救援工作所需要的有关资料及时传送到事故现场。

（2）交通工具。良好的交通工具是实施快速救援的可靠保证，在应急救援行动中常用汽车和飞机作为主要的运输工具。

在国外，直升机和救援专用飞机已成为应急救援中心的常规运输工具，在救援行动中配合使用，提高了救援行动的快速机动能力。目前，我国的救援队伍主要以汽车为交通工具，在远距离的救援行动中，借助民航和铁路运输，在海面、江河水网，救护汽艇也是常用的交通工具。另外，任何交通工具，只要对救援工作有利，都能运用，如各种汽车、畜力车，甚至人力车等。

（3）照明装置。重大事故现场情况较为复杂，在实施救援时需要良好的照明。因此，需对救援队伍配备必要的照明工具，有利救援工作的顺利进行。

照明装置的种类较多，在配备照明工具时除了应考虑照明亮度外，还应根据事故现场情况，注意其安全性能和可靠性。如工程救援所用的电筒应选择防爆型电筒。

（4）防护装备。有效地保护自己，才能取得救援工作的成效。在事故应急救援行动中，对各类救援人员均需配备个人防护装备。个人防护装备可分为防毒面罩、防护服、耳塞和保险带等。在有毒救援的场所，救援指挥人员、医务人员和其他不进入污染区域的救援人员多配备过滤式防毒面具。对于工程、消防和侦检等进入污染区域的救援人员应配备密闭型防毒面罩。目前，常用正压式空气呼吸器。

2. 专用装备

专用装备，主要指各专业救援队伍所用的专用工具（物品）。在现场紧急情况下，需要使用大量的应急设备与资源。如果没有足够的设备与物质保障，例如没有消防设备、个人防护设备、清扫泄漏物的设备或是设备选择不当，即使受过很好的训练的应急队员面对灾害也无能为力。随着科技的进步，现在有不少新型的专用装备出现，如消防机器人、电子听漏仪等。

各专业救援队在救援装备的配备上，除了本着实用、耐用和安全的原则外，还应及时总结经验自己动手研制一些简易可行的救援工具。在工程救援方面，一些简易可行的救援工具，往往会产生意想不到的较好效果。

侦检装备，应具有快速准确的特点，现代电子和计算机技术的发展产生了不少新型的侦检装备，侦检装备应根据所救援事故的特点来配备。在化工救援中，多采用检测管和专用气体检测仪，优点是快速、安全、操作容易、携带方便，缺点是具有一定的局限性。国外采用专用监测车，除配有取样器、监测仪器外，还装备了计算机处理系统，能及时对水源、空气、土壤等样品就地实行分析处理，及时检测出毒物和毒物的浓度，并计算出扩散范围等救援所需的各种救援数据。在煤矿救援中，多采用瓦斯检测仪等。

医疗急救器械和急救药品的选配应根据需要，有针对性地加以配置。急救药品，特别是特殊、解毒药品的配备，应根据化学毒物的种类备好一定数量的解毒药品。世界卫生组织为对付灾害的卫生需要，编制了紧急卫生材料包标准，由两种药物清单和一种临床设备清单组成，还有一本使用说明书，现已被各国当局和救援组织采用。

事故现场必须的常用应急设备与工具有：

（1）消防设备：输水装置、软管、喷头、自用呼吸器、便携式灭火器等。

（2）危险物质泄漏控制设备：泄漏控制工具、探测设备、封堵设备、解除封堵设备等。

（3）个人防护设备：防护服、手套、靴子、呼吸保护装置等。

（4）通信联络设备：对讲机、移动电话、电话、传真机、电报等。

（5）医疗支持设备：救护车、担架、夹板、氧气、急救箱等。

（6）应急电力设备：主要是备用的发电机。

（7）资料：计算机及有关数据库和软件包、参考书、工艺文件、行动计划、材料清单等。

3. 现场地图和有关图表

地图和图表是最简洁的语言，是应急救援的重要工具，使应急救援人员能够在较短的时间内掌握所必需的大量信息。

地图最好能由计算机快速方便地变换产生，应该是计算机辅助系统的一部分，现在已有不少电子地图和应急救援计算机辅助决策系统已经成功开发并得以实施。所使用的地图不应该过于复杂，它的详细程度最好由使用者来决定，使用的符号要符合预先的规定或是国家或政府部门的相关标准。地图应及时更新，确保能够反映最新的变化。

图表包括厂区规划图、工艺管线图、公用工程图（消防设施、水管网、电力网、下水道管线等）和能反映场外的与应急救援有关的特征图（如学校、医院、居民区、隧道、桥梁和高速公路等）。

12.2.4 应急救援的实施

1. 事故报警

事故报警的及时与准确是能否及时实施应急救援的关键。发生事故的单位，除了积极组织自救外，必须及时将事故向有关部门报告。对于重大或灾害性的事故，以及不能及时控制的事故，应尽早争取社会救援，以便尽快控制事态的发展。报警的内容应包括：事故单位，事故发生的时间、地点，事故原因，事故性质（外溢、爆炸、燃烧等），危害程度和对救援的要求，以及报警人的联系电话等。

2. 救援行动的过程

救援行动一般按以下的基本步骤进行。

（1）接报，指接到执行救援的指示或要求救援的请求报告。接报是救援工作的第一步，对成功实施救援起到重要的作用。

接报人一般应由总值班担任，接报人应做好以下几项工作：①问清报告人姓名、单位部门和联系电话；②问明事故发生的时间、地点、事故单位、事故原因、主要毒物、事故性质（毒物外溢、爆炸、燃烧）、危害波及范围和程度、对救援的要求，同时做好电话记录；③按救援程序，派出救援队伍；④向上级有关部门报告；⑤保持与急救队伍的联系，并视事故发展状况，必要时派出后继梯队予以增援。

（2）设点，指各救援队伍进入事故现场，选择有利地形（地点）设置现场救援指挥部或救援、急救医疗点。

各救援点的位置选择关系到能否有序地开展救援和保护自身的安全。救援指挥部、救援和医疗急救点的设置应考虑以下几项因素：

1）地点：应选在上风向的非污染区域，需注意不要远离事故现场，便于指挥和救援工作的实施。

2）位置：各救援队应尽可能在靠近现场救援指挥部的地方设点并随时保持与指挥部的联系。

3）路段：应选择交通路口，利于救援人员或转送伤员的车辆通行。

4）条件：指挥部、救援或急救医疗点，可设在室内或室外，应便于人员行动或群众伤员的抢救，同时要尽可能利用原有通信、水和电等资源，有利救援工作的实施。

5）标志：指挥部、救援或医疗急救点，均应设置醒目的标志，方便救援人员和伤员识别。悬挂的旗帜应用轻质面料制作，以便救援人员随时掌握现场风向。

（3）报到。指挥各救援队伍进入救援现场后，向现场指挥部报到。其目的是接受任务，了解现场情况，便于统一实施救援工作。

（4）救援。进入现场的救援队伍要尽快按照各自的职责和任务开展工作。

1）现场救援指挥部：应尽快开通通信网络；迅速查明事故原因和危害程度；制定救援方案；组织指挥救援行动。

2）侦检队：应快速辨识危险源的性质及危害程度，测定出事故的危害区域，提供有关数据。

3）工程救援队：应尽快控制危险；将伤员救离危险区域；协助做好群众的组织撤离和疏散；做好毒物的清消工作。

4）现场急救医疗队：应尽快将伤员就地简易分类，按类急救和做好安全转送。同时应对救援人员进行医学监护，并为现场救援指挥部提供医学咨询。

（5）撤点，指应急救援工作结束后，离开现场或救援后的临时性转移。在救援行动中应随时注意气象和事故发展的变化，一旦发现所处的区域有危险时，应立即向安全区转移。在转移过程中应注意安全，保持与救援指挥部和各救援队的联系。救援工作结束后，各救援队撤离现场以前应取得现场救援指挥部的同意。撤离前要做好现场的清理工作，并注意安全。

（6）总结。每一次执行救援任务后都应做好救援小结，总结经验与教训，积累资料，以利再战。

3. 应急救援工作中需注意的有关事项

（1）救援人员的安全防护。救援人员在救援行动中，应佩戴好防护装置，并随时注意事故的发展变化，做好自身防护。在救援过程中要注意安全，做好防范，避免发生伤亡。

（2）救援人员进入事故区注意事项。进入事故区前，必须带好防护用具并穿好防护服；执行救援任务时，应以 2～3 人为一组，集体行动，互相照应；带好通信联系工具，随时保持通信联系。

（3）工程救援中的注意事项：

1）工程救援队在抢险过程中，应尽可能和单位的自救队或技术人员协同作战，以便熟悉现场情况和生产工艺，有利工作的实施。

2）在营救伤员、转移危险物品和化学泄漏物的清消处理中，与公安、消防和医疗急救等专业队伍协调行动，互相配合，提高救援的效果。

3）救援所用的工具应具备防爆功能。

12.3 应急救援处理预案

12.3.1 概述

事故应急救援和处理预案又称事故应急计划，是事故预防系统的重要组成部分。应急预案的总目标是控制紧急事件的发展并尽可能消除，将事故对人、财产和环境的损失和影响减小到最低限度。《安全生产法》要求"生产经营单位对重大危险源应当登记建档，进行定期检测、评估、监控，并制定应急预案，告知从业人员和相关人员在紧急情况下应当采取的应急措施。"；"县级以上地方各级人民政府应当组织有关部门制定本行政区域内特大生产安全事故应急救援预案，建立应急救援体系"。

国务院《关于特大安全事故行政责任追究的规定》要求"市（地、州）、县（市、区）人民政府必须制定本地区特大安全事故应急处理预案。本地区特大安全事故应急处理预案经政府主要领导人签署后，报上一级人民政府备案"。

重大事故应急救援是国际社会极其关注的一项社会性减灾防灾工作，既涉及科学、技术领域，也涉及计划、管理、政策等部门。建立重大事故应急救援预案和应急救援体系是一项复杂的安全系统工程。

12.3.2 应急预案的级别

根据可能的事故后果的影响范围、地点及应急方式，在我国建立事故应急救援体系时，可将事故应急预案分成 5 种级别。

（1）Ⅰ级（企业级）。事故的有害影响局限在一个单位（如某个工厂、火车站、仓库、农场、煤气或石油输送加压站/终端站等）的界区之内，并且可被现场的操作者遏制和控制在该区域内。这类事故可能需要投入整个单位的力量来控制，但其影响预期不会扩大到社区（公共区）。

（2）Ⅱ级（县、市/社区级）。所涉及的事故及其影响可扩大到公共区（社区），但可被该县（市、区）或社区的力量，加上所涉及的工厂或工业部门的力量所控制。

（3）Ⅲ级（地区/市级）。事故影响范围大，后果严重，或是发生在两个县或县级市管辖区边界上的事故。应急救援需动用地区的力量。

（4）Ⅳ级（省级）。对可能发生的特大火灾、爆炸、毒物泄漏事故，特大危险品运输事故以及属省级特大事故隐患、省级重大危险源应建立省级事故应急反应预案。它可能是一种规模极大的灾难事故，也可能是一种需要用事故发生的城市或地区所没有的特殊技术和设备进行处理的特殊事故。这类意外事故需用全省范围内的力量来控制。

（5）Ⅴ级（国家级）。对事故后果超过省、（自治区、直辖市）边界以及列为国家级事故隐患、重大危险源的设施或场所，应制定国家级应急预案。

企业一旦发生事故，就应即刻实施应急程序，如需上级援助，应同时报告当地县（市）或社区政府事故应急主管部门，根据预测的事故影响程度和范围，需投入的应急人力、物力和财力逐级启动事故应急预案。

在任何情况下都要对企业意外事故情况的发展进行连续不断的监测，并将信息传送到社区级事故应急指挥中心。社区级事故应急指挥中心根据事故严重程度将核实后的信息逐级报送上级应急机构。社区级事故应急指挥中心可以向科研单位、地（市）或全国专家、数据库和实验室就事故所涉及的危险物质的性能、事故控制措施等方面征求专家意见。

企业或社区级事故应急指挥中心应不断向上级机构报告事故控制的进展情况、所作出的决定与采取的行动。后者对此进行审查、批准或提出替代对策。将事故应急处理移交上一级指挥中心的决定，应由社区级指挥中心和上级政府机构共同作出。作出这种决定（升级）的依据是事故的规模、社区及企业能够提供的应急资源及事故发生的地点是否使社区范围外的地方处于风险之中。

政府主管部门应建立适合的报警系统，且有一个标准程序，将事故发生、发展的信息传递给相应级别的应急指挥中心，根据对事故状况的评价，实施相应级别的应急预案。

12.3.3　应急预案的类型

根据事故应急预案的对象和级别，应急预案可分为下列4种类型：

（1）应急行动指南或检查表。针对已辨识的危险制定应采取的特定的应急行动。指南简要描述应急行动必须遵从的基本程序，如发生情况向谁报告，报告什么信息，采取哪些应急措施。这种应急预案主要起提示作用，对相关人员要进行培训，有时将这种预案作为其他类型应急预案的补充。

（2）应急响应预案。针对现场每项设施和场所可能发生的事故情况，编制的应急响应预案，如化学泄漏事故的应急响应预案，台风应急响应预案等。应急响应预案要包括所有可能的危险状况，明确有关人员在紧急状况下的职责。这类预案仅说明处理紧急事务的必需的行动，不包括事前要求（如培训、演练等）和事后措施。

（3）互助应急预案。相邻企业为在事故应急处理中共享资源，相互帮助制定的应急预案。这类预案适合于资源有限的中、小企业以及高风险的大企业，需要高效的协调管理。

（4）应急管理预案。应急管理预案是综合性的事故应急预案，这类预案详细描述事故前、事故过程中和事故后何人做何事、何时做、如何做。这类预案要明确制定每一项职责的具体实施程序。

应急管理预案包括事故应急的4个逻辑步骤：预防、预备、响应、恢复。县级以上政府机构、具有重大危险源的企业，除专项事故应急预案外，必须制定重大事故应急管理预案。

12.3.4　应急预案的文件体系及内容

应急预案要形成完整的文件体系，以使其作用得到充分发挥，成为应急行动的有效工具。一个完整的应急预案是包括总预案、程序、说明书、记录的一个四级文件体系。

（1）一级文件———总预案。它包含了对紧急情况的管理政策、预案的目标、应急组织和责任等内容。

（2）二级文件———程序。它说明某个行动的目的和范围。程序的内容十分具体，比如该做什么、由谁去做、什么时间和什么地点等。它的目的是为应急行动提供指南，但同时要求程序和格式简洁明了，以确保应急队员在执行应急步骤时不会产生误解。格式可以是文字叙述、流程图表，或是两者的组合等，应根据每个应急组织的具体情况选用最适合本组织的程序格式。

（3）三级文件———说明书。它对程序中的特定任务及某些行动细节进行说明，供应急组织内部人员或其他个人使用，例如应急队员职责说明书、应急监测设备使用说明书等。

（4）四级文件———对应急行动的记录。包括在应急行动期间所做的通信记录、每一步应急行动的记录等。从记录到总预案，层层递进，组成了一个完善的预案文件体系。从管理角度而言，可以根据这四类预案文件等级分别进行归类管理，既保持了预案文件的完整性，又因其清晰的条理性便于查阅和调用，保证应急预案得到有效运用。

不同类型的应急预案所要求的程序文件是不同的，一个完整的应急预案应包括：

1）预案概况———对紧急情况应急管理提供简述并作必要说明。

2）预防内容———对潜在事故进行分析并说明所采取的预防和控制事故的措施。

3）预备程序———说明应急行动前所需采取的准备工作。

4）基本应急程序———给出任何事故都可适用的应急行动程序。

5）专项应急程序———针对具体事故危险性的应急程序。

6）恢复程序———说明事故现场应急行动结束后所需采取的清除和恢复行动。

12.3.5　施工企业应急预案

1. 项目经理部施工场区内发生并启动应急预案所涉及的事故内容

（1）施工中土石方塌方和结构坍塌质量安全事故。

（2）特种设备或施工机械安全事故。

（3）施工围堰坍塌事故。

（4）施工场地内道路交通事故。

（5）其他原因造成的工程建设重大安全事故。

自然灾害（含洪水）、食物中毒、重大社会治安等事故，按照国家和地方相应应急预案执行。

2. 应急预案的启动前提

施工场区发生重大事故前兆或发生评估预测为：

（1）死亡人数在1人以上。

（2）直接财产损失在1万元以上。

（3）对施工场区外的影响有明显的破坏或人身伤亡。

3. 应急预案的启动和响应

当事故的评估预测达到启动应急预案条件时，由应急总指挥发出启动应急反应预案令。由应急总指挥，事故现场操作副总指挥同时启动应急反应公司总部一级应急反应行动组织和项目经理部二级应急反应行动组织，按应急预案的规定和要求以及事故现场的特性，执行应急反应行动。根据事态的发展需求，及时启动协议应急救援资源和社会应急救援公共资源，最大限度地降低事故带来的经济损失和减少人员伤亡。

4. 应急预案的终止

对事故现场经过应急预案实施之后，引起事故的危险源得到有效控制、消除；所有现场人员均得到清点；并确保未授权人员不会进入事故现场；不存在其他影响应急预案终止的因素；应急救援行动已完全转化为社会公共救援；局面已无法控制和挽救的，场内相关人员已经全部撤离；应急总指挥根据事故的发展状态认为必须终止的，由应急总指挥下达应急反应终止令或授权事故现场操作副总指挥明确应急预案终止的决定。

5. 应急预案的培训与演练

（1）应急反应培训。应急预案和应急计划确立后，按计划组织公司总部和施工场区的全体人员进行有效的培训，从而具备完成其应急反应任务所需的知识和技能。

1）一级应急组织每年进行一次培训。

2）二级应急组织每半年进行一次培训。

3）新加入的员工及时培训。

（2）培训的内容：

1）灭火器的使用以及灭火步骤的训练。

2）个人的防护措施。

3）对危险源的突显特性辨识。

4）事故报警。

5）紧急情况下人员的安全疏散。

6）各种抢救的基本技能。

7）应急救援的团队协作意识。

（3）培训目的。使应急救援人员明确"做什么"、"怎么做"、"谁来做"及相关法规所列出的事故危险和应急责任。

（4）应急反应演练。应急反应预案和应急反应计划确立后，经过有效的培训，应做到：施工企业公司总部人员每年演练一次，施工场区人员开工后演练一次，不定期举行演练，施工作业人员变动较大时增加演练次数。

（5）演练目的：

1）测试预案和计划的充分程度。

2）测试应急培训的有效性和应急人员的熟练性。

3）测试现有应急反应装置、设备和其他资源的充分性。

4）提高与现场外的事故应急反应协作部门的协调能力。

5）通过演练来判别和改进应急预案和计划中的缺陷和不足。

6. 应急预案实施终止后的恢复工作

应急预案实施终止后，应采取有效措施防止事故扩大，保护事故现场，需要移动现场物品时，应当做出标记和书面记录，妥善保管有关物证，并按照国家有关规定及时向有关部门进行事故报告。

对事故过程中造成的人员伤亡和财物损失做收集统计、归纳，形成文件，为进一步处理事故的工作提供资料。

对应急预案在事故发生实施的全过程，认真科学地作出总结，完善预案中的不足和缺陷，为今后的预案建立、制订提供经验和完善的依据。

依据公司总部的劳动奖罚制度，对事故过程中的功过人员进行奖罚，妥善处理好在事故中伤亡人员的善后工作。尽快组织恢复正常的生产和工作。

12.3.6 应急预案的检验

制定重大事故应急预案必须是一个持续的过程，它必须迅速反应现场的新发展、条件的变化以及新的数据、知识、设备和物资的可获得情况。

对应急反应系统进行定期检验是很重要的，该系统应清楚表明有效针对意外事故的能力。检验的内容及对象包括：

（1）系统的完整性。

（2）报警系统。

（3）信息的传递速度和质量。

（4）应急反应系统的质量，领导班子与工作队伍。

（5）内部力量（应急队伍）的准备状况和工作效能。

（6）外部机构的合作。

（7）外部人力和物力的提供情况。

（8）实施保护及补救措施的速度。

（9）对事态的连续监测。

（10）应急人员、管理机构及当地指挥中心之间的通信联络。

（11）在特殊条件下认为重要的其他方面问题。

企业和政府主管部门应对定期检验的结果进行认真评价，并将获得的有益经验补充到应急系统中，用于改进和完善应急系统并确保预案的有效实施。

12.4 主要自然灾害及其防御措施

12.4.1 地震灾害及其防御措施

由于地球及其内部物质的不断运动，产生巨大的力，导致地下岩层断裂或错动，就形成了地震。地震灾害是群灾之首，它具有瞬间发生、破坏剧烈、监测预报困难、次生灾害严重、社会影响深远等特点。

2008年5月12日，四川汶川发生8级强烈地震，造成了极其巨大的人员伤亡和经济损失。据介绍，中国地震台网测定"5·12"汶川大地震的震级为8级，震源深度约为14km，地震主要能量的释放是在一分多钟内完成的。至6月27日为止，已发生余震1.3万余次，其中最大强余震震级达6.4级，形成长达300km的余震带。这次地震释放出巨大的能量，以地震弹性波的形式传遍中国大陆乃至整个地球，地震波引起强烈地面震动，造成大量房屋倒塌和近7万人的死亡。

影响地震灾害大小的因素包括自然因素和社会因素。其中有震级、震中距、震源深度、发震时间、发震地点、地震类型、地质条件、建筑物抗震性能、地区人口密度、经济发展程度和社会文明程度等。**地震灾害**是可以预防的，综合防御工作做好了可以最大程度地减轻自然灾害。

地震直接灾害有：造成建筑物破坏以及山崩、滑坡、泥石流、地裂、地陷、喷砂、冒水等地表的破坏和海啸。

地震次生灾害是指因地震的破坏而引起的一系列其他灾害，包括火灾、水灾和煤气、有毒气体泄漏，细菌、放射物扩散、瘟疫等对生命财产造成的灾害。次生灾害源是指因地震而可能引发水灾、火灾、爆炸等灾害的易燃、易爆、有毒物质的贮存设施，以及水坝、堤岸等。

地震造成的最普遍的灾害是各类建（构）筑物的破坏和倒塌，由此造成大量人员伤亡和直接经济财产损失。

发生地震的紧急防护措施主要有以下几方面。

1. 前期准备

得到政府部门的相关地震预警，要积极进行震前准备，将损害降到最小。

(1) 应做好有关安全准备和检测工作。

防止房屋的倾倒：请专业人员评估房屋的防震能力，必要时垒梯形砖垛加固房屋。

防止家具、用具倾倒：用 L 型工具、支撑棒加固家具和床体。物体摆放"重在下，轻在上"。取下悬挂的镜子、带框壁画，加固空调、天线、砖瓦等室外设施。

防止玻璃的飞散：在玻璃上贴透明胶纸，防止震时玻璃破碎飞散伤人。

防止杂物的堵塞：清理杂物，让门口、通道畅通无阻。把牢固的家具下清空，以便地震时藏身。

防止火灾发生：准备必需的灭火器材，用火场所附近不放置易燃易爆物品，确认电器的断电位置。

(2) 必需物品准备。准备一个防震包，内装必需品，包扎结实，放于易取处。包内应携带：

食品：便于保存的速食或蒸煮过的食物。

水：充足的清洁水。

药品：绷带、胶带、消毒水、创可贴、消炎药、扑热息痛片、黄连素等。

必须物品：食盐、手电、电池、应急灯（充好电）、小刀、卫生纸、袖珍收音机、手机、塑料布、塑料带、优质工作手套、哨子、小铁铲、钳子、锥子、绳子。

贵重物品：便于携带的储蓄卡、存折、现金、首饰。

证件卡片：身份证、记载个人血型等基本情况的卡片。

(3) 必要信息准备：急救电话；医生、医院、药店的位置；社区备用灭火器，公用电话的位置；通往附近开阔地的最好路线；社区管理部门电话；必要的互助工作。

2. 地震中的自救与互救

(1) 当地震发生时。

若在工地或工作间，应迅速关掉电源、气源，就近"蹲下，掩护、抓牢"，注意避开空调、电扇、吊灯。如在高层注意不要下楼。

若在家中，要选择易形成三角空间的地方躲避，如是平房，可逃出房外，外逃时注意用被子、枕头、安全帽护住头部。室内安全地点有卫生间、厨房、储藏室等狭小空间，承重墙（注意避开外墙）。

若在学校，要告知学生听从老师安排，高层室内学生不撤出，室外学生不要回教室，就近"蹲下，掩护、抓牢"。注意避开高大建筑物、危险物。

若在电影院、体育馆和商场，不要拥向出口，注意避开吊灯、电扇、空调等悬挂物，以及商店中的玻璃门窗、橱窗、高大的摆放重物的货架。就近"蹲下，掩护、抓牢"。地震后听从指挥，有秩序撤离。

若在车内，驾车远离立交桥、高楼，到开阔地，停车注意保持车距。

乘客应抓牢扶手避免摔倒，降低重心，躲在座位附近，不要跳车，地震过后再下车。

若在开阔地，尽量避开拥挤的人流。避免家人走失。照顾好老人、儿童和弱者。

（2）注意地震中的标准求生姿势。身体尽量蜷曲缩小，卧倒或蹲下；用手或其他物件护住头部，一手捂口鼻，另一手抓住一个固定的物品。如果没有任何可抓的固定物或保护头部的物件，则应采取自我保护姿势：头尽量向胸靠拢，闭口，双手交叉放在脖后，保护头部和颈部。

（3）地震中应做到：

1）不要惊慌，伏而待定。

2）不要站在窗户边或阳台上。

3）不要跳楼、跳车或破窗而出。如果在平房，地震时，门变形打不开，"破窗而出"则是可以的。

4）不要乘坐电梯。

5）不要因寻找衣服、财物耽误逃生时间。

6）不要躲避在电线杆、路灯、烟囱、高大建筑物、立交桥、玻璃建筑物、大型广告牌、悬挂物、高压电设施、变压器附近。

不要在石化、煤气等易爆、化学有毒的工厂或设施附近。不要位于明火的下风。

（4）地震中可能遭遇的其他危险：

1）火灾：趴在地上，用湿毛巾捂住口鼻，地震停止后向安全地方转移，匍匐，逆风。

2）燃气：用湿毛巾捂住口鼻，杜绝使用明火，震后设法转移。

3）毒气：用湿毛巾捂住口鼻，不要顺风跑，尽量绕到上风去。

3. 地震后的自救互救

（1）被掩埋自救。

1）坚定求生意志。

2）挣脱手脚，清除压在身上，尤其是腹部的重物，就地取材加固周围的支撑。

3）设法用手和其他工具开辟通道逃出，但如果费时、费力过多则应停止，保存体力。

4）尽量向有光、通风的地方移动。

5）用毛巾、衣服掩住口鼻。

6）在可以活动的空间中寻找食物和水，尽量节省食物，以备长时间使用。

7）注意保存体力，不大声喊叫呼救，可用敲击铁管、墙壁，吹哨子等方式与外界沟通，听到救援者靠近时再呼救。

8）在封闭室内不可使用明火。

（2）积极参与互救：

1）先救多，后救少；先救近，后救远；先救易，后救难。

2）要留心各种呼救声音。

3）了解坍塌处的房屋构造，判断哪里可能有人。

4）挖掘时，不破坏支撑物。使用小型轻便工具，接近伤员时，要手工谨慎挖掘。

5）尽早使封闭空间与外界沟通，以便新鲜空气注入。如灰尘太大，要喷水降尘。

6）一时无法救出，可先将水、食品、药品递给被埋压人员使用。

7）施救时，要先将头部暴露出来，清除口、鼻尘土，再将胸腹部和身体其他部位露出。切不可强行拖拽。

8）对在黑暗、饥渴、窒息环境下埋压过久的人员，救出后应蒙上眼睛，不可一下进食太多。伤者要及时处理，尽快转移到附近医院。

9）救人过程中要注意安全，小心余震。

12.4.2 地质灾害及其防御措施

地质灾害是气象（包括地震）的衍生灾害，它包括泥石流、山体滑坡等。一些地区发生强烈地震后，受其影响一些山体发生了松动，甚至移位，这使得震区的地质灾害较震前有增多的趋势。

1. 泥石流的特点、危害及防御措施

（1）特点。泥石流是由于长时间降水或由于短时局地强降水、冰雪融水等水源激发的含有大量泥沙石块的特殊洪流。泥石流的发生有一定的时间规律。第一，泥石流的发生具有一定的季节性，因为泥石流的爆发主要是受连续降雨、暴雨，尤其是特大暴雨集中降雨的诱发，因此，泥石流发生的时间规律是与集中降雨时间规律相一致，具有明显的季节性，一般发生在多雨的夏秋季节。第二，具有周期性，因为泥石流的发生受暴雨、洪水、地震的影响，而暴雨、洪水、地震总是周期性地出现，因此，泥石流的发生和发展也具有一定的周期性，且其活动周期与暴雨、洪水、地震的活动周期大体相一致。第三，泥石流一般发生在一次降雨的高峰期，或者是在连续降雨发生之后。

（2）危害。泥石流同时具有崩塌、滑坡和洪水破坏的双重作用，其危害程度比单一的崩塌、滑坡和洪水的危害更为广泛和严重。泥石流的危害之一就是对居民点的危害，它来势汹汹，冲进乡村、城镇，摧毁房屋、工厂、企事业单位及其他场所设施。淹没人畜、毁坏土地，甚至造成村毁人亡的灾难。危害之二就是对公路、铁路的危害，泥石流可直接埋没车站、铁路、公路，摧毁路基、桥涵等设施，致使交通中断，还可引起正在运行的火车、汽车颠覆，造成重大的人身伤亡事故。有时泥石流汇入河道，引起河道大幅度变迁，间接毁坏公路、铁路及其他构筑物，甚至迫使道路改线，造成巨大的经济损失。另外，泥石流对水利、水电工程，以及矿山都有很大的危害，主要表现在摧毁矿山及其设施、淤埋矿山坑道、伤害矿山人员、造成停工停产，甚至使矿山报废。

（3）防御措施。

1）判断泥石流的发生。第一，看，指观察到河（沟）床中正常流水突然断流或洪水突然增大，可确认河（沟）上游已形成泥石流。第二，听，指深谷或沟内传来类似火车轰鸣声或闷雷声，哪怕极其弱也可认定泥石流正在形成。另外，沟谷深处变得昏暗并伴有轰鸣声或轻微的振动声，也说明沟谷上游已发生泥石流。

2）躲避泥石流的做法。在泥石流多发季节（夏季）尽量不要到泥石流多发山区旅游；野外扎营时，不要在山坡下或山谷、沟底扎营；一旦遭遇大雨、暴雨，要迅速转移到高处，不要顺沟方向往上游或下游跑，要向两边的山坡上面爬；千万不可在泥石流中横渡；已经撤出危险区的人，暴雨停止后不要急于返回沟内住地收拾物品，应等待一段时间；尽快与当地有关部门取得联系，报告方位和险情，寻求救援。

2. 山体滑坡的特点、危害及防御措施

（1）特点。山体滑坡是由于斜坡上的岩体由于种种原因在重力作用下沿一定的软弱面（或软弱带）整体向下滑动的现象。滑坡也叫地滑，群众中还有"走山"、"垮山"或"山剥皮"等俗称。山体滑坡的特点是顺坡"滑动"，在重力作用下，物质由高处向低处的一种运动形式，"滑动"的速度受地形坡度的制约，即地形坡度较缓时，滑坡的运动速度较慢；地形坡度较陡时，滑坡的运动速度较快。

（2）危害。山体滑坡给道路、设施及人们的生产、生活和生命安全等均能造成较大的损失，与泥石流所造成的危害相当。

（3）防御措施。山体滑坡主要有以下前兆特征：

1）崩塌的前缘掉块、坠落，小崩小塌不断发生。

2）崩塌的脚部出现新的破裂形迹，能嗅到异常气味。

3）不时能听到岩石撕裂、摩擦、碎裂的声音。

4）出现热、氡气、地下水质、水量等异常，以及动植物出现异常现象。

如果发现这样的征兆，居住在滑坡附近或行走在易滑坡地带的人们就要及早转移撤离。要是发现山坡前缘土体隆起，山体裂缝急剧加长加宽等异常现象，也要及早采取转移等避险措施。

12.4.3 气象灾害及其防御措施

大气对人类的生命财产和经济建设等造成的直接或间接的损害，称为气象灾害。主要的气象灾害有台风、暴雨、洪涝、干旱、寒潮等。此外，干热风主要表现为一种农业气象灾害。

气象部门依据气象灾害可能造成的危害程度、紧急程度和发展态势发布了不同级别的预警信号。预警信号的级别一般划分为4级：Ⅳ级（一般）、Ⅲ级（较重）、Ⅱ级（严重）、Ⅰ级（特别严重），依次用蓝色、黄色、橙色和红色表示，同时以中英文标识。根据相关规定，我国各类气象灾害预警信号具体分为台风、暴雨、暴雪、寒潮、大风、沙尘暴、高温、干旱、雷电、冰雹、霜冻、大雾、霾、道路结冰等。统计资料表明，我国主要气象及其衍生灾害为：暴雨、高温、强对流（雷电、冰雹等）、泥石流、山体滑坡、雾、寒潮、道路结冰、雪灾等。

1. 暴雨

（1）特点及危害。暴雨是指在24h内降水量超过50mm的降水。暴雨易造成暴雨洪涝灾害。暴雨洪涝是指长时间降水过多或区域性持续降水以及局地性短时降水引起江河洪水泛滥、冲毁堤坝、房屋、道路、桥梁、淹没农田、城镇等，引发地质灾害，造成农业或其他财产损失和人员伤亡的一种灾害。暴雨的发生和大气环流的季节性变化有密切的关系。

（2）暴雨预警信号及防御指南。暴雨预警信号分三级，分别以黄色、橙色、红色表示，见表2.12.13。

表 2.12.13　　　　　　　　暴雨预警信号及防御指南

图　标	名　称	标　准	防　御　指　南
	暴雨黄色预警信号	6h 降雨量将达50mm以上，或者已达50mm以上且降雨可能持续	①政府及相关部门按照职责做好防暴雨工作；②交通管理部门应当根据路况在强降雨路段采取交通管制措施，在积水路段实行交通引导；③切断低洼地带有危险的室外电源，暂停在空旷地方的户外作业，转移危险地带人员和危房居民到安全场所避雨；④检查城市、农田、鱼塘排水系统，采取必要的排涝措施
	暴雨橙色预警信号	3h 降雨量将达50mm以上，或者已达50mm以上且降雨可能持续	①政府及相关部门按照职责做好防暴雨应急工作；②切断有危险的室外电源，暂停户外作业；③处于危险地带的单位应当停课、停业，采取专门措施保护已到校学生、幼儿和其他上班人员的安全；④做好城市、农田的排涝，注意防范可能引发的山洪、滑坡、泥石流等灾害
	暴雨红色预警信号	3h 降雨量将达100mm以上，或者已达100mm以上且降雨可能持续	①政府及相关部门按照职责做好防暴雨应急抢险工作；②停止集会、停课、停业（除特殊行业外）；③做好山洪、滑坡、泥石流等灾害的防御和抢险工作

2. 台风

（1）特点及危害。沿海地区台风暴雨多发于每年6~9月，由台风带来的暴雨，过程总雨量可达数百毫米，造成严重的洪涝灾害，主要发生在沿海诸河流。在台风移向陆地时，由于台风的强风和低气压的作用，使海水向海岸方向强力堆积，潮位猛涨，水浪排山倒海般向海岸压去，形成风暴潮。如果风暴潮与天文大潮高潮位相遇，产生高频率的潮位，导致潮水漫溢，海堤溃决，则会冲毁房屋和各类建筑设施，淹没城镇和农田，造成大量人员伤亡和财产损失。

台风天往往风雨大作，可能造成停水和停电，有时风雨忽大忽小。台风信号解除后，要在撤离地区被宣布为安全以后才可以返回，并要遵守规定，不要涉足危险和未知的区域。在尚未得知是否安全时，不要随意使用煤气、自来水等，并随时准备在危险发生时向有关部门求救。

（2）台风预警信号及防御指南。台风预警信号分四级，分别以蓝色、黄色、橙色和红色表示，见表2.12.14。

3. 高温

（1）特点及危害。高温是指日最高气温不小于35℃；连续5d以上的高温过程称为持续高温或"热浪"天气。高温热浪对人们日常生活和健康影响极大，使与热有关的疾病发病率和死亡率增加；加剧土壤水分蒸发和作物蒸腾作用，加速旱情发展；导致水电需求猛增，造成能源供应紧张。

表 2.12.14　　　　　　　　　　　　台风预警信号及防御指南

图　标	名　称	标　准	防　御　指　南
	台风蓝色预警信号	24h 内可能或者已经受热带气旋影响，沿海或者陆地平均风力达 6 级以上，或者阵风 8 级以上并可能持续	①政府及相关部门按照职责做好防台风准备工作；②停止露天集体活动和高空等户外危险作业；③相关水域水上作业和过往船舶采取积极的应对措施，如回港避风或者绕道航行等；④加固门窗、围板、棚架、广告牌等易被风吹动的搭建物，切断危险的室外电源
	台风黄色预警信号	24h 内可能或者已经受热带气旋影响，沿海或者陆地平均风力达 8 级以上，或者阵风 10 级以上并可能持续	①政府及相关部门按照职责做好防台风应急准备工作；②停止室内外大型集会和高空等户外危险作业；③相关水域水上作业和过往船舶采取积极的应对措施，加固港口设施，防止船舶走锚、搁浅和碰撞；④加固或者拆除易被风吹动的搭建物，人员切勿随意外出，确保老人小孩留在家中最安全的地方，危房人员及时转移
	台风橙色预警信号	12h 内可能或者已经受热带气旋影响，沿海或者陆地平均风力达 10 级以上，或者阵风 12 级以上并可能持续	①政府及相关部门按照职责做好防台风抢险应急工作；②停止室内外大型集会、停课、停业（除特殊行业外）；③相关应急处置部门和抢险单位加强值班，密切监视灾情，落实应对措施；④相关水域水上作业和过往船舶应当回港避风，加固港口设施，防止船舶走锚、搁浅和碰撞；⑤加固或者拆除易被风吹动的搭建物，人员应当尽可能待在防风安全的地方，当台风中心经过时风力会减小或者静止一段时间，切记强风将会突然吹袭，应当继续留在安全处避风，危房人员及时转移；⑥相关地区应当注意防范强降水可能引发的山洪、地质灾害
	台风红色预警信号	6h 内可能或者已经受热带气旋影响，沿海或者陆地平均风力达 12 级以上，或者阵风达 14 级以上并可能持续	①政府及相关部门按照职责做好防台风应急和抢险工作；②停止集会、停课、停业（除特殊行业外）；③回港避风的船舶要视情况采取积极措施，妥善安排人员留守或者转移到安全地带；④加固或者拆除易被风吹动的搭建物，人员应当待在防风安全的地方，当台风中心经过时风力会减小或者静止一段时间，切记强风将会突然吹袭，应当继续留在安全处避风，危房人员及时转移；⑤相关地区应当注意防范强降水可能引发的山洪、地质灾害

（2）高温预警信号及防御指南。高温预警信号分三级，分别以黄色、橙色、红色表示，见表 2.12.15。

表 2.12.15　　　　　　　　　　　　高温预警信号及防御指南

图标	名称	标准	防御指南
	高温黄色预警信号	连续 3d 日最高气温将在 35℃以上	①有关部门和单位按照职责做好防暑降温准备工作；②尽量避免在高温时段进行户外活动，高温条件下作业的人员应当缩短连续工作时间；③对老、弱、病、幼人群提供防暑降温指导，并采取必要的防护措施；④午后尽量减少户外活动
	高温橙色预警信号	24h 内最高气温将要升至 37℃以上	①有关部门和单位按照职责落实防暑降温保障措施；②尽量避免在高温时段进行户外活动，高温条件下作业的人员应当缩短连续工作时间；③对老、弱、病、幼人群提供防暑降温指导，并采取必要的防护措施；④有关部门和单位应当注意防范用电量过高，以及电线、变压器等电力负载过大而引发的火灾
	高温红色预警信号	24h 内最高气温将要升至 40℃以上	①有关部门和单位按照职责采取防暑降温应急措施；②停止户外露天作业（除特殊行业外）；③对老、弱、病、幼人群采取保护措施；④有关部门和单位要特别注意防火

4. 干旱

（1）特点及危害。干旱是指水分的收支或供求不平衡而形成的水分短缺现象。干旱的发生与许多因素有关，如降水、蒸发、气温、土壤底墒、灌溉条件、种植结构、作物生育期的抗旱能力以及工业和城乡用水等。我国干旱缺水危机日益突出，旱灾影响范围已由传统的农业扩展到工业、城市、生态等领域，许多地区工农业争水、城乡争水、超采地下水和挤占生态用水现象越来越突出，旱灾损失和影响愈来愈严重，已经成为经济社会发展的严重制约因素。

（2）干旱预警信号及防御指南。干旱预警信号分两级，分别以橙色、红色表示，见表 2.12.16。

表 2.12.16　　　　　　　　　　　　干旱预警信号及防御指南

图标	名称	标准	防御指南
	干旱橙色预警信号	预计未来一周综合气象干旱指数达到重旱（气象干旱为 25～50 年一遇），或者某一县（区）有 40% 以上的农作物受旱	①有关部门和单位按照职责做好防御干旱的应急工作；②有关部门启用应急备用水源，调度辖区内一切可用水源，优先保障城乡居民生活用水和牲畜饮水；③压减城镇供水指标，优先经济作物灌溉用水，限制大量农业灌溉用水；④限制非生产性高耗水及服务业用水，限制排放工业污水；⑤气象部门适时进行人工增雨作业
	干旱红色预警信号	预计未来一周综合气象干旱指数达到特旱（气象干旱为 50 年以上一遇），或者某一县（区）有 60% 以上的农作物受旱	①有关部门和单位按照职责做好防御干旱的应急和救灾工作；②各级政府和有关部门启动远距离调水等应急供水方案，采取提外水、打深井、车载送水等多种手段，确保城乡居民生活和牲畜饮水；③限时或者限量供应城镇居民生活用水，缩小或者阶段性停止农业灌溉供水；④严禁非生产性高耗水及服务业用水，暂停排放工业污水；⑤气象部门适时加大人工增雨作业力度

5. 沙尘暴

（1）特点及危害。沙尘暴是沙暴和尘暴二者的总称，是指强风把地面大量沙尘卷入空中，使空气特别浑浊，水平能见度低于1km的天气现象（当局部区域能见度小于200m，不小于50m时称强沙尘暴；当能见度小于50m时称特强沙尘暴），其中沙暴系指大风把大量沙粒吹入近地层所形成的挟沙风暴；尘暴则是大风把大量尘埃及其他细粒物质卷入高空所形成的风暴。

沙尘暴形成之后，会以排山倒海之势滚滚向前移动，携带沙砾的强劲气流所经之处，通过沙埋、狂风袭击、降温霜冻和污染大气等方式，使大片农田受到沙埋或被刮走活沃土，或者农作物受霜冻之害；致使有的农作物绝收，有的大幅度减产；它能加剧土地沙漠化，对大气环境造成严重污染，对生态环境造成巨大破坏，对交通和供电线路等基础设施产生重要影响，给人民生命财产造成严重损失。我国受到沙尘暴的危害严重，特别是西北地区的工矿、交通、新兴城镇及其他水利水电、电力、煤田和油气井等设施，均受风沙危害或威胁，一旦出现沙风暴或黑风暴，受害尤为严重。此外，沙尘暴对西北地区的生态环境的破坏，大大加快了该地区的土地荒漠化的进程，其间接损失是无法估算的。另外，降尘会对城市的大气造成污染，直接影响人们的健康。

（2）沙尘暴预警信号及防御指南。沙尘暴预警信号分三级，分别以黄色、橙色、红色表示，见表2.12.17。

表 2.12.17　　　　　　　　　　沙尘暴预警信号及防御指南

图　标	名　称	标　准	防　御　指　南
沙尘暴黄色预警信号	24h 内可能出现沙尘暴天气（能见度小于1000m）；或者已经出现沙尘暴天气，并可能持续	①有关部门根据情况启动防御工作预案；②做好防风防沙准备，及时关闭门窗；③注意携带口罩、纱巾等防尘用品，以免沙尘对眼睛和呼吸道造成损伤；④做好精密仪器的密封工作；⑤固紧门窗、围板、棚架、户外广告牌、临时搭建物等易被风吹动的搭建物，妥善安置易受沙尘暴影响的室外物品
沙尘暴橙色预警信号	12h 内可能出现强沙尘暴天气（能见度小于500m）；或者已经出现强沙尘暴天气，并可能持续	①有关部门根据情况启动防御工作预案；②用纱巾蒙住头御风沙的行人要保证有良好的视线，注意交通安全；③注意尽量少骑自行车，刮风时不要在广告牌、临时搭建物和老树下逗留，驾驶人员注意沙尘暴变化，小心驾驶；④机场、高速公路、轮渡码头等应注意交通安全；⑤各类机动交通工具应采取有效措施保障安全。其他同沙尘暴黄色预警信号
沙尘暴红色预警信号	6h 内可能出现特强沙尘暴天气（能见度小于50m）；或者已经出现特强沙尘暴天气，并可能持续	①有关部门根据情况启动防御工作预案，应急处置与抢险单位随时准备启动抢险应急方案；②人员应呆在防风安全的地方，不要在户外活动；③受特强沙尘暴影响地区的机场暂停飞机起降，高速公路和轮渡码头等暂时封闭或者停航。其他同沙尘暴橙色预警信号

6. 雷电

（1）特点及危害。雷电是发生于大气中的一种瞬态大电流、高电压、强电磁辐射的天气现象，在局地突发性灾害事件中，雷电是强对流性天气所造成的主要灾害之一。雷电可使供配电系统、通信设备、计算机住处系统中断，引起森林火灾，击毁建筑物、火车停运，造成仓储、炼油厂、油田等燃烧甚至爆炸，危害人身安全和财产。这种天气一般出现在春季、夏季、秋季，多出现在午后时分，山区多于平原。

（2）雷电预警信号及防御指南。雷电预警信号分三级，分别以黄色、橙色、红色表示，见表2.12.18。

表2.12.18　　　　　　　　　　　　雷电预警信号及防御指南

图　标	名　称	标　准	防　御　指　南
	雷电黄色预警信号	6h内可能发生雷电活动，可能会造成雷电灾害事故	①政府及相关部门按照职责做好防雷工作；②密切关注天气，尽量避免户外活动。
	雷电橙色预警信号	2h内发生雷电活动的可能性很大，或者已经受雷电活动影响，且可能持续，出现雷电灾害事故的可能性比较大	①政府及相关部门按照职责落实防雷应急措施；②人员应当留在室内，并关好门窗；③户外人员应当躲入有防雷设施的建筑物或者汽车内；④切断危险电源，不要在树下、电杆下、塔吊下避雨；⑤在空旷场地不要打伞，不要把农具、羽毛球拍、高尔夫球杆等扛在肩上
	雷电红色预警信号	2h内发生雷电活动的可能性非常大，或者已经有强烈的雷电活动发生，且可能持续，出现雷电灾害事故的可能性非常大	①政府及相关部门按照职责做好防雷应急抢险工作；②人员应当尽量躲入有防雷设施的建筑物或者汽车内，并关好门窗；③切勿接触天线、水管、铁丝网、金属门窗、建筑物外墙，远离电线等带电设备和其他类似金属装置；④尽量不要使用无防雷装置或者防雷装置不完备的电视、电话等电器；⑤密切注意雷电预警信息的发布

7. 冰雹

（1）特点及危害。冰雹是一种从强烈发展的积雨云中降落下来的冰块或冰疙瘩，人们通常称为"雹子"。其下降时巨大的动量常给农作物和人身安全带来严重危害。冰雹虽然出现的范围较小，时间短，但来势猛，强度大，常伴有狂风骤雨，猛烈的冰雹会打毁庄稼，损坏房屋，人被砸伤、牲畜被打死的情况也常常发生。因此往往给局部地区的农牧业、工矿企业、电信、交通运输以及人民生命财产造成较大危害。夏季或春夏之交最为常见。

（2）冰雹预警信号及防御指南。冰雹预警信号分两级，分别以橙色、红色表示，见表2.12.19。

表2.12.19　　　　　　　　　　　　冰雹预警信号及防御指南

图　标	名　称	标　准	防　御　指　南
	冰雹橙色预警信号	6h内可能出现冰雹伴随雷电天气，并可能造成雹灾。	①政府及相关部门按照职责做好防冰雹的应急工作；②户外行人立即到安全的地方暂避；③驱赶家禽、牲畜进入有顶篷的场所；④妥善保护易受冰雹袭击的汽车等室外物品或者设备；⑤注意防御冰雹天气伴随的雷电灾害
	冰雹红色预警信号	2h时内出现冰雹可能性极大，并可能造成重雹灾	①政府及相关部门按照职责做好防冰雹的应急和抢险工作；②户外行人立即到安全的地方暂避；③注意防御冰雹天气伴随的雷电灾害；④其他同冰雹橙色预警信号

8. 雾

（1）特点及危害。我们通常所说的"大雾"就是气象术语中的"雾"。实际上，气象术语中并没有"大雾"，只有"雾"和"轻雾"。雾是指贴地层空气中悬浮的大量水滴或冰晶微粒的集合体。这种集合体使水平能见距离降到1km以下的称为"雾"；能见距离在1~10km的称为"轻雾"。雾使能见度降低造成水、陆、空交通灾难，也会对输电、人们的日常生活等造成影响。

（2）大雾预警信号及防御指南。大雾预警信号分三级，分别以黄色、橙色、红色表示，见表2.12.20。

表 2.12.20　　　　　　　　　　大雾预警信号及防御指南

图　标	名　称	标　准	防　御　指　南
YELLOW	大雾黄色预警信号	12h 内可能出现能见度小于 500m 的雾，或者已经出现能见度小于 500m、不小于 200m 的雾且可能持续	①有关部门和单位按照职责做好防雾准备工作；②驾驶人员注意雾变化，小心驾驶；③机场、高速公路、轮渡码头加强交通管理，保障安全。④户外活动注意安全
ORANGE	大雾橙色预警信号	6h 内可能出现能见度小于 200m 的雾，或者已经出现能见度小于 200m、不小于 50m 的雾并将持续	①有关部门和单位按照职责做好防雾工作；②由于能见度较低，驾驶人员应控制速度，确保安全；③机场、高速公路、轮渡码头加强调度指挥；④减少户外活动
RED	大雾红色预警信号	2h 内可能出现能见度小于 50m 的雾，或者已经出现能见度低于 50m 的雾并将持续	①有关部门和单位按照职责做好防雾应急工作；②受强浓雾影响地区的机场暂停飞机起降，高速公路和轮渡暂时封闭或者停航；③各类机动交通工具采取有效措施保障安全；④不要进行户外活动

9. 寒潮

（1）特点及危害。寒潮是指大规模冷空气由亚洲大陆西部或西北部侵袭中国时的强降温天气过程。在天气预报中规定，因北方冷空气入侵造成24h内降温10℃，并且过程最低气温达5℃以下时定义为寒潮天气过程。有时北方冷空气的入侵虽达不到这个标准，但降温也很显著，则一般称为强冷空气。对人民的生活、农业生产等产生较大不利影响。

在寒潮或冷空气前锋经过的地区常不仅有强烈的降温，还时常伴有大风和降水（雨、雪）天气现象。寒潮天气一般多出现在冬季（12月至次年2月）。

（2）寒潮预警信号及防御指南。寒潮预警信号分四级，分别以蓝色、黄色、橙色、红色表示，见表2.12.21。

表 2.12.21　　　　　　　　　　　　寒潮预警信号及防御指南

图 标	名 称	标 准	防 御 指 南
℃ 寒潮 蓝 COLD WAVE	寒潮蓝色预警信号	48h 内最低气温将要下降 8℃ 以上，最低气温不大于 4℃，陆地平均风力可达 5 级以上；或已经下降 8℃ 以上，最低气温不大于 4℃，平均风力达 5 级以上，并可能持续。	①政府及有关部门按照职责做好防寒潮准备工作；②人员要注意添衣保暖；③把门窗、围板、棚架、临时搭建物等易被大风吹动的搭建物固紧，妥善安置易受寒潮大风影响的室外物品；④要留意有关媒体报道大风降温的最新信息，以便采取进一步措施；⑤做好防风准备
寒潮 黄 COLD WAVE	寒潮黄色预警信号	24h 内最低气温将要下降 10℃ 以上，最低气温不大于 4℃，陆地平均风力可达 6 级以上；或已经下降 10℃ 以上，最低气温不大于 4℃，平均风力达 6 级以上，并可能持续	①政府及有关部门按照职责做好防寒潮工作；②做好人员（尤其是老弱病人）的防寒保暖和防风工作；③做好牲畜、家禽等的防寒防风
℃ 寒潮 橙 COLD WAVE	寒潮橙色预警信号	24h 内最低气温将要下降 12℃ 以上，最低气温不大于 0℃，平均风力可达 6 级以上；或已经下降 12℃ 以上，最低气温不大于 0℃，平均风力达 6 级以上，并可能持续	①政府及有关部门按照职责做好防寒潮应急工作；②加强人员（尤其是老弱病人）的防寒保暖和防风工作；③进一步做好牲畜、家禽的防寒保暖和防风工作；④农业、水产业、畜牧业等要积极采取防霜冻、冰冻和大风措施，尽量减少损失
℃ 寒潮 红 COLD WAVE	寒潮红色预警信号	24h 内最低气温将要下降 16℃ 以上，最低气温不大于 0℃，平均风力可达 6 级以上；或已经下降 16℃ 以上，最低气温不大于 0℃，平均风力达 6 级以上，并可能持续	①政府及有关部门按照职责做好防寒潮应急和抢险工作；②进一步加强人员（尤其是老弱病人）的防寒保暖和防风工作；③农业、水产业、畜牧业等要积极采取防霜冻、冰冻和大风措施，尽量减少损失

10. 道路结冰

（1）特点及危害。当冬季雨雪天气多时，极易造成地面积雪和道路结冰。在这样的路况下，最容易发生汽车追尾事故，对道路交通影响较大。

（2）道路结冰预警信号及防御指南。道路结冰预警信号分三级，分别以黄色、橙色、红色表示，见表 2.12.22。

表 2.12.22　　　　　　　　　　　道路结冰预警信号及防御指南

图 标	名 称	标 准	防 御 指 南
道路结冰 黄 ROAD ICING	道路结冰黄色预警信号	当路表温度低于 0℃，出现降水，12h 内可能出现对交通有影响的道路结冰	①交通、公安等部门要按照职责做好道路结冰应对准备工作；②驾驶人员应注意路况，安全行使；③行人外出尽量少骑自行车，注意防滑
道路结冰 橙 ROAD ICING	道路结冰橙色预警信号	当路表温度低于 0℃，出现降水，6h 内可能出现对交通有较大影响的道路结冰	①交通、公安等部门要按照职责做好道路结冰应急工作；②驾驶人员必须采取防滑措施，听从指挥，慢速行使；③行人出门注意防滑
道路结冰 红 ROAD ICING	道路结冰红色预警信号	当路表温度低于 0℃，出现降水，2h 内可能出现或者已经出现对交通有影响的道路结冰	①交通、公安等部门做好道路结冰应急和抢险工作；②交通、公安等部门注意指挥和疏导行驶车辆；③人员尽量减少外出

11. 暴雪

（1）特点及危害。暴雪是指在短时间内产生的大量降雪，它会给交通或者农牧业带来一定的影响；倘长时间大量降雪造成大范围积雪将会形成雪灾。雪灾的主要危害有：严重影响甚至破坏交通、通信、输电线路等生命线工程，对牧民的生命安全和生活造成威胁，引起牲畜死亡，导致畜牧业减产。雪灾主要发生在稳定积雪地区和不稳定积雪山区，偶尔出现在瞬时积雪地区。我国的雪灾可分为雪崩、风吹雪灾和牧区雪灾三种类型。

（2）暴雪预警信号及防御指南。暴雪预警信号分四级，分别以蓝色、黄色、橙色、红色表示，见表2.12.23。

表 2.12.23 暴雪预警信号及防御指南

图　标	名　称	标　准	防御指南
暴雪蓝 SNOW STORM	暴雪蓝色预警信号	12h内降雪量将达4mm以上，或者已达4mm以上且暴雪持续，可能对交通或农牧业有影响	①政府及有关部门按照职责做好防雪灾和防冻害的准备工作；②交通、铁路、电力、通信等部门应当进行道路、铁路、线路巡查维护，做好道路清扫和积雪融化工作；③行人注意防寒防滑，驾驶人员小心驾驶，车辆应当采取防滑措施；④农牧业等要储备饲料，做好防雪灾和防冻害准备；⑤加固棚架等易被雪压的临时搭建物
暴雪黄 SNOW STORM	暴雪黄色预警信号	12h内降雪量将达6mm以上，或者已达6mm以上且暴雪持续，可能对交通或农牧业有影响	①政府及有关部门按照职责做好防雪灾和防冻害措施；②其他同雪灾蓝色预警信号
暴雪橙 SNOW STORM	暴雪橙色预警信号	6h内降雪量将达10mm以上，或者已达10mm以上且降雪持续，可能或者已对交通或农牧业有较大影响	①政府及有关部门按照职责做好防雪灾和防冻害应急工作；②减少不必要的户外活动；③其他同雪灾黄色预警信号
暴雪红 SNOW STORM	暴雪红色预警信号	6h内降雪量将达15mm以上，或者已达15mm以上且降雪持续，可能或者已经对交通或农牧业有较大影响	①政府及有关部门按照职责做好防雪灾和防冻害应急和抢险工作；②必要时停课、停业（除特殊行业外）；③必要时关闭道路交通；④做好对牧区的救灾救济工作；⑤其他同雪灾橙色预警信号

12.4.4　各类灾区高温天气的不利影响及注意事项

1. 高温天气对食品安全的影响及注意事项

温度是影响微生物存活的重要因素之一。夏季气温升高，湿度大，适合各种致病微生物繁殖，食物易腐败变质，造成人员食物中毒。夏季一直是食品卫生容易发生问题的季节，也是细菌性食物中毒事故的一个高发期。我国每年发生的细菌性食物中毒事件占食物中毒事件总数的30%～90%，中毒人数占食物中毒总人数的60%～90%。

另外，温度过高也可加速冷饮食品的变质，如果汁长期在20℃以上的环境条件下贮存，其中的氨基酸就会被破坏而产生抑制性物质，使果汁变为褐色。冷食在温度高时可溶化，需低温冷藏。保存冷饮食品的环境如温度过高，一些固体饮料就会吸潮结块、成团或潮解，亦可使细菌生长繁殖。

注意事项：

（1）将食物放入冷藏室，保持食品新鲜，使细菌不易繁殖。

（2）食用前经加热彻底后再食用。

（3）贮藏时做到生、熟食品分开保存。

（4）吃剩的饭菜一定要及时放入冰箱冷藏。

（5）对于荤菜和荤汤，食用后要加热烧开，待冷却后放入冰箱。

我国南方一些地震灾区 6~9 月是一年内的高温高湿季节，易造成食物的变质，因此需要特别注意在此季节中的食品安全问题，谨防食物中毒。

2. 高温天气对饮用水安全的影响及注意事项

发生地震灾害后，饮用水源的水一般含有大量泥沙，极易受人畜粪便和动畜残尸等有机物污染。在高温气候条件下，可使致病微生物大量生长、繁殖，使水体腐败、浑浊。若人们饮用了上述污染的水体，将会导致多种传染病的发生与流行。

注意事项：

（1）尽可能喝以下三种水：经过烧开的水、救灾指挥部发放的瓶装水或饮料、经救灾指挥部认可的贴有直饮水标识的水（净化设备现场制备或送来的桶装水）。

（2）缸、桶、盆、碗等盛水器具，要经常消毒，消毒后用干净的水冲洗；洗衣服、洗澡、洗菜等洗涤用水应采用经过消毒的水、或经救灾指挥部认可的贴有饮用水标识的水。

（3）不喝被污染的水，不用污染的水漱口、洗菜等。

（4）劝说人们共同保护生活饮用水水源及环境，在指定地点堆放生活垃圾、倾倒生活污水、大小便。

因此，在抗震救灾期间必须首要做好饮水消毒。灾区的有关卫生防疫部门应加强饮水卫生的监督、监测，在受灾地区应有专人负责送药，随时检测水质，以确保饮水安全卫生。

12. 4. 5 地震灾区降水等天气的不利影响及注意事项

1. 降水对地质灾害的影响

一旦强烈地震发生后，一些受地震影响已经松动的山体极易发生泥石流、滑坡、崩塌等次生地质灾害。影响滑坡、泥石流的因素很多，但降水始终是最重要的触发因子，不仅是泥石流，也是滑坡和崩塌灾害的诱发因素。长时间降雨或短时局地强降雨除能直接产生洪涝造成灾害外，还可以引发一些地质灾害。降水能造成山洪暴发、山体滑坡和泥石流等地质灾害的发生。

（1）降水易引发山洪暴发。在山区小范围内，当出现短时间的强烈暴雨，由于山坡的汇水面积较大，进入山谷后面积迅速缩小，汇积的雨水沿山谷向下游冲去，使下游河水在短时间内上涨几米甚至十几米，这就使在河边行走的人猝不及防，被迅速上涨的洪水卷夹，造成人员伤亡，或冲走沿岸的牲畜，冲毁房屋或设施，造成财产损失。导致山洪暴发。

（2）降水易引起山体滑坡。在山坡坡度较大的地方，由于前期地震使土质疏松，此后当又出现强降水时，整个土层便顺着山坡向下滑落，导致山体滑坡，造成山坡下方的村落及建筑全部被土层淹埋，人民的生命财产遭受重大损失。

（3）降水易导致泥石流爆发。在山坡及谷地原有大量松散的土石，在暴雨洪水的挟带下与洪水搅拌在一起向下游冲去，爆发泥石流灾害。这种泥石流力量巨大，可以推倒大树、房屋和其他建筑，淹没良田和村庄，所经之地除了混浊泥浆和石块外，其他荡然无存。

例如，岷江流域处于龙门山断裂带，地质构造比较复杂，地形高差大，松散固体物质多，地震重灾区位于汶水、岷江两岸，历来是滑坡、泥石流的高发区。2008年5月12日，四川汶川大地震发生以后，强烈的振动荷载导致了山体愈加不稳定，诱发崩塌、滑坡等地质灾害。特别是该地区即将进入主汛期（6~9月），发生强降水的概率加大，频次加重，极易诱发大规模的滑坡、泥石流等地质灾害。因此，在暴雨季节来临之前，山区或山谷地带要做好准备，尽量不要在山洪暴发的河岸边行走，更不要在滑坡和泥石流易发地区居住，以防不幸事故发生。

2. 降水对水库、大坝的影响

发生强烈地震及其余震后，给地震灾区的水利水电设施造成了不同程度的破坏。在这个时期，如果出现降水，对地震灾区的水库、大坝等水利水电基础设施是极为不利的。

一方面，水库上游及周边的降水会陆续汇集到库区，从而增大水库的蓄水量，抬升水位，这将给已经遭受地震破坏的水库大坝带来更大的压力，严重时会发生漫提甚至垮坝。另一方面，由于雨水的冲刷和侵蚀，使得一些受地震影响已经松动的山体发生泥石流、滑坡、崩塌等次生地质灾害，直接影响到灾区水库、大坝等水利水电基础设施的安全。

因此，我们需要密切监视雨情和水情的发展，根据天气形势的变化，合理科学地控制水库的库容量，加强预报和巡防，及时除险加固；特别是对于存在垮坝风险的水库要采取泄洪、腾空库容等措施，对于下游的人民群众，必须要及时组织转移。

3. 降水对堰塞湖的影响

堰塞湖是指地震后引起的大规模山体滑坡，河水冲击泥土、山石而造成堆积、堵截河谷或河床后贮水而形成的湖泊。堰塞湖的堵塞物不是固定永远不变的，它们也会受冲刷、侵蚀、溶解、崩塌等。一旦堵塞物被破坏，湖水便漫溢而出，倾泻而下，形成洪灾，极其危险。

例如，四川地震给地震灾区各河流上形成了多个堰塞湖。岷江两岸出现的滑坡、泥石流容易堵塞河道，形成堰塞湖。堰塞湖范围会因为下大雨而不断扩大，而一旦上游降水强度大，来水快，湖中蓄积的水压过大，堰塞湖容易出现溃决。若决堰或坍塌，洪水咆哮，席卷而出，其对所经之处的摧毁力，甚至不亚于地震本身。震区进入主汛期（6~9月）后，发生强降水的概率加大，频次加重，极易造成堰塞湖溃决，形成大范围的洪涝灾害，对下游造成严重威胁，因此要切实做好震损水库险情排查和应急除险工作。

4. 降水对道路交通的影响

地震导致道路损毁严重，交通阻断，桥梁涵洞出现严重裂缝，一些重灾地区道路更是遭到毁灭性破坏，严重影响了救援人员和物资的运送。这个时期出现降水，从总体上说是不利的。首先降水将会使路面湿滑，减小了路面摩擦系数；同时降水也会明显地降低道路的能见度，充沛的水汽甚至还会造成大雾天气，这些都给运输车辆的行驶带来安全隐患。另一方面，地震灾区海拔较高，周围有众多山体围绕，地形复杂。地震使得道路周围山体的岩层、土层结构遭到破坏，形成了许多具有隐患的滑坡体，加之余震不断，一旦出现较强的降雨，极易出现山体滑坡、塌方、泥石流的次生地质灾害，给灾区道路带来严重威胁。此外，降水也会给道路抢通施工作业带来一些不利影响。

因此，道路交通决策和管理部门需要根据最新的道路路况信息，结合天气形势的变化，合理部署、调度抗震救灾车辆；同时相关部分应组织力量对灾区的主要公路进行拉网式的安全大排查，主要排查公路、桥涵、公路附属设施、行道树等，及时发现威胁交通道路的隐患，并采取相应措施，确保公路的安全畅通。另外，驾驶员在行驶时也应保持车距、控制车速，听从指挥，在危险路段需查明情况后有序通行。

5. 天气对人的影响

（1）夏季情感障碍症。据统计，在如今正常的人群中，约有16%的人会在夏季莫名其妙地出现情绪和行为异常。据研究表明，人的情绪与气象条件密切相关，尤其当气温超过35℃、日照超过12h、湿度高于80%时，气象因子对人体下丘脑的情绪调节中枢的影响就明显增强。这种夏季情感障碍的发生，除了与气象因子的变化有关外，还与人的出汗多少，以及睡眠时间和饮食不足有关。精神病学家的研究也发现，当暖流入侵时，精神病人起床徘徊、无法入睡的情况显著增加，情绪变化、躁动不安、叫骂、摔东西、自虐（含自杀）的几率也比平常高出许多。

因此，在酷暑难耐的盛夏之时，专家提醒人们调整好自己的情绪，是做好夏季养生的重要一环。

地震灾区的人民刚刚经受到失去亲人和家园的痛苦，心灵上受到严重的创伤。随着夏季的到来，震区的高温高湿天气将明显增多，因此，灾区人民要注意调整好自己的情绪，防范因季节的变化造成的不利影响。

（2）伏天对人的影响及注意事项。进入三伏天后，气温一天比一天高，有时温度虽然不是很高，但湿度很大，人们感觉还是高温难耐。在这种天气里，由于人体出汗多，往往会导致体内电解质大量流失，造成中枢神经、心血管、胃肠道正常调节失灵，引发不良反应，有时还会出现胸闷、口干、发热等不适症状，严重的会出现中暑。

夏天出现的35℃以上的持续高温天气是心力衰竭的高危因素。1980年，热浪袭击美国堪萨斯城，因充血性心力衰竭死亡的人数较平时猛增1倍以上。

当滚滚热浪袭来时，要加强各项防暑降温工作，对容易发生心力衰竭的人予以重点防护。

措施：首先应该多注意保持自然通风，不要长时间呆在静止而封闭的汽车或房间里；要多洗澡，经常用蘸过凉水的小毛巾擦拭身体，帮助汗水离开人体。其次要补充水分，以新鲜的温开水或盐水为好。再次要休息好，减少户外活动，当必须做户外活动时，最好选择清晨及黄昏的时候，尤其是老年人和孩子要减少活动，以免再给身体增加负担，不论在户外从事什么活动，应该尽量放慢速度，谨防发生意外。

（3）雾对人的影响及注意事项。雾悬浮于低空近地层，因而能凝聚大气环境中各种污染物质，如二氧化硫、氮氧化物、二氧化碳、粉尘、臭氧等，雾不仅影响交通，更重要的是它对人体的危害极大。雾滴中的二氧化碳对呼吸道有刺激作用，使呼吸道变窄；雾滴中的二氧化氮，可引起急性哮喘病发作；高浓度的臭氧使肺部严重受损，使心血管、呼吸系统疾病患者病情加重。长期吸入附着各种污染物的雾气，对幼儿及青少年的生长发育有一定影响。因此，在雾天应特别注意以下几点：①不要在雾中晨练，更不要在雾中做剧烈运动；②雾天能见度低，有时路面湿滑，应注意行路安全；③年老体弱者、心血管及呼吸道疾病患者以及幼儿应减少外出，避免发生意外或病情加重。

（4）寒冷对人的影响及注意事项。寒冷天气会使居民和部分公共场所因取暖而造成对电力、燃气燃油的需求突然增加，低温天气亦有可能使部分地区道路凝冻、积冰，影响交通物流安全。在寒冷天气的刺激下，人体血压上升，高血压、动脉硬化性心脏病的发病率和加重率升高。寒冷还会诱发胃溃疡、关节炎等疾病，剧烈降温往往引起感冒、哮喘、心脑血管等疾病的爆发，还会造成流感流行。长时间暴露在寒冷天气下还可能使体温降低，造成死亡。因此，地震灾区的人们在冬季应注意保暖，防止因寒冷所造成的损失。

本章习题

2.12.1　雨量等级、洪水等级、风力等级如何划分？

2.12.2　何为干旱？其分类如何？

2.12.3　灾害性天气有哪些？其次生灾害标准为何？

2.12.4　水利水电工程的防洪标准怎样确定？水利水电工程如何分等、分级？

2.12.5　什么叫警戒水位？危险水位？保证水位？

2.12.6　何种情况可以列为险病水库？

2.12.7　怎样判断堤防险工与隐患？

2.12.8　洪水灾害种类有哪些？

2.12.9　防汛防旱工作制度有哪些？

2.12.10　重大事故应急救援的原则和任务是什么？

2.12.11　在应急救援中，清理现场，消除危害后果的内容有哪些？

2.12.12　试说明应急救援装备与资源的分类，以及使用要求。

2.12.13　应急救援的实施步骤有哪些？

2.12.14　救援人员自身的安全防护要求是什么？

2.12.15　应急救援处理预案分级编制要求是什么？

2.12.16　应急预案的类型有哪几种？

2. 12. 17　应急预案的文件体系及内容要点为何？

2. 12. 18　施工企业应急预案启动涉及的事故内容为何？

2. 12. 19　应急预案的培训与演练的内容有哪些？

2. 12. 20　试述发生地震及其次生灾害的紧急防护措施有哪些？

2. 12. 21　试述地质灾害的特点、危害及防御措施。

2. 12. 22　试述常见气象灾害的特点及危害，试说明主要气象灾害的防御措施。

2. 12. 23　各类灾区高温天气对食品安全、饮用水安全的影响及注意事项有哪些？

2. 12. 24　地震灾区降水对地质灾害、水库、大坝、堰塞湖、道路交通等的影响及注意事项有哪些？

水利水电工程建设安全
生产事故典型案例

第 1 章　水利水电工程建设生产
安全事故的特点与规律

1.1　水利水电工程施工安全隐患分析

由于水利水电工程有很强的系统性和综合性，受环境影响和对环境影响都很大，且工作条件复杂，与气象条件的变化有密切联系。因此，与一般建设工程施工产品固定、高处作业多、手工操作多，劳动繁重、体力消耗大、劳动密集型、现场变化大等特点相比较，水利水电工程施工存在更多、更大的安全隐患，主要有以下几个方面：

（1）工程规模和工期差异较大，分部分项工程繁多，参与施工的单位多。施工组织设计，特别是安全施工组织设计编制和实施困难。

（2）施工现场多在河道、滩涂和偏远山区，受洪水等自然灾害影响较大，交通不便，安全措施所需的设备和材料往往不能及时到位。同时现场工地分散，各工地之间的距离较远，系统性安全管理难度大。

（3）涉及施工对象纷繁复杂，单项管理形式多变。如土石方爆破工程，会涉及到机械和爆破安全问题；季节施工、围堰施工等会涉及到防洪和抗潮汐安全问题；基础、基坑开挖项目，会涉及到基坑边坡的安全支撑等问题；大型机械设施的使用，会涉及到架设和安装安全、使用和管理安全以及电力安全等问题；引水隧洞、导流隧洞施工，还会涉及开挖、衬砌和封堵等安全问题。

（4）施工难度大，技术复杂，易造成安全隐患。

（5）施工现场多在露天"敞开式"的空旷的场地上，劳动保护和职业健康面临的问题较大。由于无法进行有效的封闭隔离，对施工对象、工地设备、材料、人员以及工程周边的安全管理也增加了很大的难度。

（6）投资主体多，管理难度大。施工队伍流动性大且工种多变，员工生产技能的提高受到影响。加之招用的工人普遍文化层次和素质较低，现场安全适应和应变能力相

401

对较差，易引发事故。

1.2 水利水电工程施工安全的预防

要保证整个施工期间的安全，首先以人为本应抓好施工准备阶段的安全管理。工程施工安全的预防可以从以下几方面进行。

（1）抓好安全教育，在思想上绷紧安全这根弦。安全预防，思想是关键，首先应使各施工单位最高管理人树立强烈的安全意识。在水利水电工程施工中能否坚持安全第一，关键取决于施工单位管理层领导和工程项目部主要负责人能否把安全作为各项工作之前首先考虑的问题，为此施工单位应明确提出把安全作为管理层领导和项目经理及技术负责人考核的主要依据之一，并采用一票否决制；凡出现安全事故，并追究相应领导的责任，年度考核不合格，视情节扣发年度奖金，直至解聘和辞职。通过"一票否决制"，迫使和激发从管理层到项目部人员抓安全的自觉性。

其次，努力践行科学发展观，以人为本，强化广大职工的安全责任意识，切实把你要我安全的心态变成我要安全的心态。通过三级安全教育和一票否决的制度以及大量事故案例、事故通报、大会动员、小会布置讨论、摆事实讲道理等多种形式、多种途径，极大提高职工、工人对安全的责任感。使每一个人都明确：施工安全，不仅关系个人的生命安危，它同时也关系着工程的声誉和形象，关系着整个工程建设的顺利与否，它确实是每一个人的头等大事。

在思想上建立了忧患意识，使每个管理人员和工人都时刻绷紧安全这根弦，就为贯彻安全制度，落实安全措施，提供了强有力的思想保证。

（2）制订安全制度，进行制度教育。从业主到施工单位项目部、基层班组，在统一安全第一思想的基础上，层层制订落实安全制度，安全制度必须结合本部门、本班组的自身情况，既有一般要求、一般情况下的安全制度，也结合各单位情况提出特殊要求，对安全制度应"警钟长鸣"，采用各种形式贯彻、灌输、落实、执行。

（3）利用施工组织设计交底，进行安全施工技术教育。为了使工程建设施工重大安全技术措施得以落实，应在项目施工前编制《安全防护手册》作为安全规范，发给全体职工进行认真学习，并利用施工组织设计或项目施工技术交底，进行本项目施工重安全措施的教育。在编制施工组织设计时，应针对工程项目特点，提出本项目应特别强调的安全隐患及应对措施，通过对安全措施的交底和教育，使施工人员和每一位工人对工程施工总的安全要求和安全措施心中有底，这将给施工中落实具体的安全技术措施奠定基础。

（4）及时建立拟安全管理体系，从组织上落实安全措施。

施工队伍组建时，要立即明确管理（组织）者、操作（实施）者、监督和验收者安全生产工作内容、责任、指挥逻辑系统以及权限划分的组织体系，每一个项目上马，工地应建立以项目经理为第一责任人的安全管理体系，并在现场设质量安全员，赋予相应的安全管理权力，包括违章作业制止权、严重隐患停工权、经济处罚权、安全一票否决权，保证其有效行使职责。

在组建施工队伍、施工班组时，应选择技术过硬、安全质量意识强的人员。可以对安全质量意识较差，并犯有安全事故责任的人员进行项目轮空制：即组建班子时有意识让其轮空，使其接受教训。可令项目责任人充任非脱产安全员，实行安全与效益挂钩，迫使其督促下属执行安全规章制度。

对于特种作业人员、危险作业岗位，应严格培训，持证上岗。新工人实行三级安全教育，未经安全教育的不准上岗。并明确规定工人有权拒绝管理人员的违章指挥及无安全防护的危险作业。

1.3 施工过程的安全管理监控

在水利水电工程施工安全管理工作中，施工过程的管理和监控是过程性的，管理的时间长、跨度大、涉及面广，同时也是管理是否有效直接接受检验的阶段。在施工过程的安全管理中，既要统筹兼顾，不留死角，又应集中力量抓好重点；既要重视施工高峰期的施工安全，又必须注意其他施工期间各个安全环节；既要严格控制关键工序的安全操作规程，又要全面抓好一般工序施工的安全要求；既要抓好关键部位施工对象的施工安全，又应保证全部施工对象的安全生产。

（1）控制两个关键，保证安全生产。关键施工对象（包括危险施工部位）和关键施工工序应作为安全管理布控的部位。关键施工对象（包括危险施工部位）如高空悬挑部位施工；导流洞引水洞衬砌封堵施工；潮汐影响的海滩围堰筑堤施工；深基坑开挖支护施工；土石方爆破开挖施工等。关键施工工序如大体积混凝土浇筑；钢筋焊接加工；大型构件吊装作业；材料、构配件吊装运输；脚手架工程等。对以上两个关键实行切实安全检查制度及专人安全盯岗制度，真正做到制度落实、检查落实、责任落实，保证了施工安全。

（2）坚持标准化管理，实行全员、全过程、全方位安全生产控制。坚持标准化是安全生产的基础性工作，全员、全过程、全方位执行标准化、规范化施工是安全生产最强有力的保证。项目施工中应将每一天施工对象，作业人员及作业程序，安全注意事项及安全措施均执行标准化要求和规定，使作业人员在施工前和施工的每时每刻中间都能做到施工地点明确，施工对象明确，工作要求明确，安全注意内容明确，杜绝了因情况不清，职责不明，盲目施工导致的安全隐患，保证了"三全"安全系数控制的要求。

（3）作业现场抓安全管理。水利水电工程施工作业现场是安全管理的最终落实点，也是安全隐患和安全事故最终发生的地点，必须严格把握作业现场的安全作业，安全施工。

建立和健全各类现场作业管理制度，如责任制；抽查制；安全交底；防火、安全用电制；机具、设备安全使用管理制度；安全纪律等。应设专职安全检查员监督实施，发现任何安全事故隐患和苗头以及违章操作，立即采取相应措施，并严肃查处。

严禁各类无证上岗；严禁非专业人员从事专业工种；严禁非电气人员安装维修电器电路；严禁闲杂人员进入高空悬垂、危险作业；严禁易燃易爆品堆场堆库，避免发生各类意外伤害。

各工序交替、工种更换、作业面交付等环节，应包括安全交接；应特别交代安全控制的"预警关"和"关键点"，防止因情况不明或情况陌生而造成的安全隐患。

赶工作业特别容易发生事故，深夜班作业及连班作业极易引起因施工人员身体疲倦，深夜瞌睡而导致的安全事故，一般应尽量予以避免。工程特殊情况，确实需要加班加点作业，安全员应在做好准备工作的基础上，加强监督巡视，时刻控制现场作业状态，严格防范意识事故发生。

水利水电工程往往工程规模较大，施工作业点广，易爆易燃材料使用量多，容易发生火灾，必须建立以项目经理、安全员为领导的一定数量的人员的消防队伍，平时进行必要的灭火知识培训演练。在木工车间、机修车间、发电房、食堂、仓库等易发生火灾场所配备一定数量的灭火器（泡沫、干粉）和沙包等消防设施，做到有备无患。

现场每天完工，各施工作业班组认真清理现场，并经安全检查人员验收，方可离场，防止留下各类安全隐患。

安全专职或兼职人员应接受相应系统急救、设备和器材的使用培训及药物准备，以备急用。

1.4 水利水电工程建设系统安全管理

鉴于水利水电工程施工的特殊性，点多面广，人员分散，管理难度大，薄弱环节多，在安全管理中可应用系统管理理论，全面管理控制，才能收到最佳效果。

（1）运用系统工程理论的观念，树立整体观和全局观，提高系统的整体功能。要把整个工程各工程项目，工程项目各施工单位，各工程项目的每个施工对策的安全管理抓上去，应不断优化各子系统，使整个工程的安全系统整体处于有机联系，整体优化。在整个安全管理系统中，应首先抓人的系统平衡工作。水利水电工程施工流动，职工长年野外作业，施工现场环境艰苦，业余生活单调、枯燥，容易影响职工情绪，引发心理压力，导致各种安全隐患。施工单位管理人员和项目部应以人为本，努力改善工作环境和待遇，改善工人的业余生活，合理安排工作和休息时间，做好职工的心理疏导和心情调节，使每个人经常处于身心愉悦，情绪开朗的状态，虽身处工地却给职工一个"家"的感觉，提高广大职工的向心力、凝聚力。应开展丰富多彩的文化娱乐活动、各类积极向上的竞赛和评比活动，鼓励职工为工程，也为个人多争荣誉，多创财富，把职工的精力引导到工作岗位上，这也能给安全管理带来"人气"。

（2）进行工程安全管理验控，提升安全管理整体效能。应努力改变过去项目分兵把守，各施工单位各自为政，安全管理各行其是的分散、脱离、割裂的落后状况，而改变为企业项目建设分头实施，安全管理联控联动的管理模式。即应做到整个工程在安全管理上总控，各项目子系统分控，横向信息畅通，先进管理方法交流共享，安全隐患和事故互通共警。整个工程安全管理中的任何现场、任何时间的"风吹"在整个系统中都会"草动"，形成整个工程安全管理的整体联控联动，提高安全管理的整体性、灵活性和效能性。

（3）切实加强领导，进一步强化监管。要按照《水利工程建设安全生产管理规定》

的要求，建立健全安全监督机构，全面落实水利建设安全监督工作。

（4）严格落实参建各方的安全责任。项目法人要高度重视安全管理工作，及时办理安全监督手续，按时编制安全生产措施方案，并全面系统地布置落实；勘察设计单位要结合工程实际，有针对性地提出安全防范意见和建议；监理单位要全面提高安全监理水平和责任意识，加强旁站和巡查，发现问题及时处理和报告；施工单位要切实承担安全生产主体责任，保障安全管理经费，把施工现场的安全生产各项工作抓实抓细。要按照"四不放过"原则，严格安全生产问责制，严肃事故查处和责任追究。

（5）进一步强化安全措施。一是要加强教育，定期组织有关管理和操作人员的专业培训，尤其是要加强新职工和农民工的安全教育，增强安全防范意识和安全技能；二是要完善安全施工方案，特别是按规定编制建筑物拆除、施工用电、爆破施工、基坑开挖、夜间和高空作业、起重吊装、施工围堰、施工脚手等专项施工方案，落实安全防范措施；三是规范施工作业，严格遵守操作规程，杜绝违规施工；四要完善预案，严格执行事故报告制度，开展事故应急救援演练，确保及时有效救援。

（6）积极开展安全生产专项排查和整治。针对工程施工中存在的突出问题和薄弱环节，定期排查安全事故隐患，并及时整改。

第 2 章　水利水电工程建设安全生产事故典型案例

2.1　高处坠落事故案例

2.1.1　爬梯高处坠落事故

【事故经过】

2004 年 6 月 6 日，某项目部现场安全员丁××到右岸导流洞进行现场巡视。9 时 50 分左右，丁××在 3 号支洞与主洞交叉口背对爬梯向主洞行进时，不慎脚底踩滑，从 8m 高的垂直爬梯上滑倒，坠落在已安装好的边墙钢筋网立筋上。钢筋插入体内约 30cm 致伤，虽经多方奋力抢救，但终因伤势过重，抢救无效而死亡。此事故是一起严重的缺乏安全操作要领，违反现场安全设施技术规程，违反安全操作规程，典型的安全检查整改不到位，安全防范意识松弛而引发的人身伤亡事故案例。

【事故原因】

（1）直接原因：

1）丁××对施工现场的环境不安全因素缺少足够的认识，个人安全防范意识不强。在施工环境较差的情况下，以手支撑背向爬梯，不能准视落脚点，造成了本次事故的发生。

2）两个作业面高差近 8m，设置的交通梯没有采用规定的护笼，基本近于垂直安放，不合理，也不安全，利用此梯子上下十分危险。

（2）间接原因：

1）事故发生地点环境湿滑，行走极易发生滑倒；加之照明不足，更加造成了施工作业现场的危险性。

2）事故发生地点的施工环境、生产性设施现状已形成多日，安监部门没有对不良的施工环境进行必要的改进，没有对生产性设施进行必要的安全防护，没有在危险性作业现场进行警示标识，使人的思想上不易引起警觉。

【预防措施】

（1）对从业人员的安全教育要贯穿于施工作业的全过程。对参与施工作业的每一个员工，要扎实有成效地进行"三级"安全教育，使施工人员熟悉、理解、领会、掌握施工作业现场的环境、安全操作规程和安全操作要领，要规范地遵循安全技术规程，杜绝违章作业。

（2）工程项目的管理人员和专职安全人员要首先具备相应的安全资质，掌握必备的安全技术知识和技能。要根据自身工作特点和职责分工，强化施工现场的安全监管力度，严格执行定期安全检查制度，并经常进行不定期的、随机的检查，对于发现的问题和事故隐患，要按照"定人、定时间、定措施"的原则进行及时整改，并进行复查，有效地消防事故隐患。

（3）按照安全技术规程规范标准要求，及时完善施工现场通道、爬梯等设施的安全防护。加强对各种危险作业的安全警示和安全提醒。

2.1.2 安装泄洪闸弧形闸门水封工作中高处坠落事故

【事故经过】

从某年 5 月开始某电站施工就进入防洪度汛期。闸门安装关系到电站能否安全度汛，为确保安全度汛，承担电站闸门安装的机电安装处安装队夜以继日的工作。6 月 3 日 16 时，在闸坝 3 号泄洪闸弧形闸门安装水封过程中，岑××（退休返聘人员）在 3 号孔左侧支臂下部 90cm 宽的腹板梁上，面向上游蹲着，用麻绳拴水封压板。拴好站起来的瞬间，突然身不由己向下游方向倾倒，坠落在泄洪闸底板上，高度为 12m，经抢救无效死亡。

【事故原因】

（1）直接原因：岑××在悬空 12m 高的支臂腹梁板上作业，不拴安全绳，属违章操作。

（2）间接原因：

1）设计有缺陷，腹板梁两边都没有设计防护栏杆。

2）时间紧，任务重，高温连续作业，神经紧张疲劳。

（3）主要原因：违章操作，高处作业未拴安全绳。

【预防措施】

（1）组织职工认真总结事故教训，加强安全学习，增强安全意识和按章作业的自觉性。

（2）从组织上采取措施，纠正习惯性违章作业，加强现场检查督促，及时消除不安全隐患。

（3）进行同类作业时，应改变作业方法，由人力吊拉改为机械作业。

（4）在任务重、时间紧的情况下，更应安排职工休息，以防类似情况再次发生事故。

2.2 提升起重及车辆伤害事故案例

2.2.1 装载机制动不灵活倾翻伤亡事故

【事故经过】

1997 年 7 月 26 日，某施工处机械队开挖队队长左××安排机械工人孙××和杨×一起去保养厂，接已修理好的 ZL50 装载机，然后去 168m 高程公路进行回填石碴工作。孙、杨二人到保养厂试车后觉得制动不好，经修理工再次调试后认为可使用。便将车开到 168m 高程的地段进行回填石碴。在推碴作业时，由孙操作，杨监护。在完成二次推碴作业后，孙开始倒车准备进行第三次推碴时，发现装载机刹车性能不好，装载机后轮右偏，孙向后看，装载机继续后滑，孙准备放斗停车，但装载机已滑到168m 高程公路边缘，侧翻 360°跌落坎下，孙被压扁的驾驶室卡住，经抢救无效于当日死亡。

【事故原因】

（1）直接原因：倒车过程中，制动不灵活，装载机滑到公路边缘倾翻。

（2）间接原因：

1）病车修理后，制动依然不灵活，但为了赶任务将车开至 168m 高程公路进行推碴作业。

2）车辆在修理的过程中，各级领导未严格把关，接车、验收手续不规范，未做到制动系统完全灵敏可靠，就让装载机出厂。

（3）主要原因：装载机制动不良，司机临危措施不力。

【预防措施】

（1）加强对职工的安全教育，将安全管理及责任落实到班组，切实制定好各项安全措施，严格把好机械设备维修出厂检验关。

（2）加强机械设备验收工作，增强对修理、司机人员的责任心教育。

（3）坚持做到机械设备制动、驱动力、照明系统不完好不出厂的制度。

（4）换休人员再次上岗时，应有一个熟悉及适应工作环境和技术的过程。

2.2.2 车辆超速溺水身亡交通事故案例

【事故经过】

2003 年 9 月 4 日 22 时左右，负责某干堤整险加固工程项目的经理部刘××等一行 4 人，乘坐普通型桑塔纳轿车由县城返回项目部途中，行至离县城约 20km 的转弯处，车辆驶出路外 58.3m 后坠入河中，造成驾驶员贾××，乘车人刘××、潘××、蒋××4 人全部溺水身亡，车辆及公路设施损坏。

【事故原因】

（1）直接原因：经地方交警大队对事故现场的勘察、对事故车辆的技术鉴定及对死者遗体的法医分析，认定造成事故的原因是驾驶员贾××在驾驶车辆通过弯道时，思想麻痹，车速过快，采取措施不当。

（2）间接原因：

1）安全教育不到位，有漏洞，有盲区。该项目是"管理型"项目，安全管理工作没能真正落实，加之工程已到收尾阶段，从领导到员工就放松了安全这根弦，以致驾驶员夜间开快车时，车上无人及时提醒和制止，丝毫没有安全意识。

2）对驾驶员和机动车管理比较粗放，道路交通安全管理工作不到位。项目部租用车不规范，随意性大。

（3）主要原因：驾驶员贾××驾驶车辆通过弯道时，思想麻痹，车速过快，采取措施不当。

【预防措施】

（1）加强对驾驶员的安全教育，制定机动车和驾驶员安全管理制度，全局在岗驾驶员（包括临时聘用的驾驶员）签订安全驾驶责任书或安全行车保证书，缴纳一定数额的安全行车保证金。

（2）加强安全规章制度的落实，奖罚分明。

（3）加强对"管理型"项目的各项专业管理，特别是安全管理。

（4）加强对项目各级领导的安全培训和教育，加强项目部安全生产的标准化、规范化管理。

2.2.3 更换门机变幅钢丝绳施工中发生门机倾覆事故

【事故经过】

2005年8月1日，根据生产安排，云南某水电站工地某施工局对540型门机进行一般性维护保养并更换变幅钢丝绳，调度室组织18名工人和24名职工参与施工。上午8时左右将门机扒杆放置到大坝上游右岸边坡处穿绕变幅钢丝绳，至10时30分左右穿绕完4组，因电网停电，暂停施工。12时左右，恢复更换变幅钢丝绳施工，至14时左右完成8组钢丝绳穿绕工作，因考虑钢丝绳人工拉不直而长度不够，便经过变幅将门机扒杆提起放到2号坝段上继续施工。14时50分左右，因钢丝绳跳出扒杆顶端滑轮槽，机长谭××便爬到该部位处理。15时左右门机向左倾翻至4号坝段，造成14人死亡、3人受伤的特大安全事故。

【事故原因】

（1）直接原因：施工组织人员临时变更施工方案，未经周密计算，将起重臂放靠到2号坝段上，导致约29m起重臂悬空，形成了对门机的反向倾覆力。加之下雨，较多的雨水进入配重箱加大了配重量，且施工人员爬上扒杆顶端作业，进一步加大了倾覆力矩，破坏了门机整体平衡，导致门机倾翻。

（2）间接原因：施工现场安全监管不力。当有关人员未经周密计算，改变扒杆停放位置时，虽然有人提出了不同意见，但错误的决定未能得到有效制止，造成特大安全事故。

（3）主要原因：技术和设计有缺陷。

【预防措施】

（1）完善施工组织设计，对施工方案必须经过周密计算。

（2）施工作业前应制定周密的防事故方案，指定专人进行观察和监护，加强现场安全管理。

（3）坚持经常性和强化式的技术教育和安全规程教育，使现场干部工人在实践中、教训中得到必要的安全操作技能。

2.2.4 门机运行倾覆事故案例

【事故经过】

2006年6月28日上午，位于基坑的MQ600B门机负责3号机尾水扩散段混凝土浇筑任务，入仓混凝土罐为6m³卧式混凝土罐。浇筑前，仓面指挥人员首先对起吊大钩进行了28m内回转半径的确定，然后开始浇筑。上午浇筑混凝土约100m³，12时3号机基坑吊装压力钢管，因场地限制，MQ600B 门机暂停作业。14 时 10 分 MQ600B 门机恢复浇筑，为了使沙浆能分散得更好，指挥人员要求调整扒杆角度，第一罐 2m³ 砂浆顺利入仓。14 时 30 分，门机司机在没有行走门机、没有将已经变幅的扒杆回复到正常位置就转到受料点受料，并提升第二罐混凝土，在混凝土罐起升到距离地面 8~9m 时门机倾斜，并迅速倾覆。门机倾覆时，附近有数名员工在进行仓面准备，其中一人被倾覆门机压倒当场死亡，同时两名门机司机 1 人在操作室内死亡，1 人失踪；仓号内的监仓员 1 人，技术员 1 人，调度 1 人共 3 人也被倾覆的门机撞伤，并送往医院抢救。

事故救援事故发生后，所在施工局立即向上级主管单位作了汇报，同时报告了当地公安、安全监督以及技术监督等部门。随后，成立了以施工局局长为组长的事故善后小组，并全面组织抢救。事故善后小组在进一步勘察事故现场、问讯有关人员后，发现 2 人死亡，3 人受伤。受伤人员被送到当地镇医院抢救，后转至县人民医院；在清查现场人数，发现 1 名操作人员失踪。经请示当地公安分局吊开机仓物品，在机仓内发现 1 人死亡，经辨认确定为失踪的操作人员。到 29 日凌晨 4 时，送往医院的 3 人中 2 人抢救无效死亡，1 人确认为轻伤。至此，这次事故导致 5 人死亡，1 人轻伤。

【事故原因】

（1）设备基本情况及事故现场勘察情况。

该设备是某江河机电装备工程有限公司 2003 年 4 月生产的 MQ600B/30 型高架圆筒门机，是水电施工专用设备，额定起重量 10~30t（回转半径 17~50m），最大起升高度 70m。

事故发生时该门机在浇筑混凝土作业，吊物为 6m³ 混凝土罐和约 5.913m³ 混凝土，合计重量为 19~19.5t（含吊具）。

经现场人员确认，混凝土受料位置和门机在起升操作时门机的位置，经实际测量门机起升时起吊点与门机中心的距离为 36.1m，混凝土吊罐跌落点距门机中心的距离为 46.11m。

门机中心桩号为坝左 0+14.5 上下桩号为 94.1632。经力矩计算，允许力矩 543.3 吨米；抗倾覆力矩 703.81 吨米。实际力矩 743.3 吨米大于抗倾覆力矩，故发生倾覆；作业时实际回转半径超出理论允许值 29%。

（2）直接原因：

门机操作人员没有行走门机而是采用变幅扒杆转回到受料处，操作人员的违章操作导致门机工作力矩超过抗倾覆力矩，是造成此次事故的直接原因。

（3）间接原因：

1）门机安全保护装置失灵、不完善。

2）施工局在特种设备尤其是在大型起重设备的使用与运行上疏于管理，在门机安全保护装置不完善的情况下，虽然采取了一些措施，但安全监护不到位。

3）施工局在安全和生产进度发生矛盾时，没有坚持安全第一、预防为主的原则。

【预防措施】

（1）加强全体员工尤其是特种作业人员的安全培训教育，严格遵守安全操作规程和规章制度，增强全员安全生产的思想意识，提高安全生产操作技能。严禁违章作业、冒险作业。

（2）进一步加强安全生产管理责任体系的建设，加大安全主体责任的落实力度，严格落实各级安全生产第一责任人的责任，层层落实责任制，做到各负其责，形成科学严密的安全生产监督管理责任体系。

（3）进一步加强各项规章制度的落实，建立健全安全生产管理的长效机制。一是强化对安全生产工作的领导制度，建立领导成员对安全形势的定期分析制度，定期组织安排检查、监督。二是进一步加强安全生产技术措施管理制度的实施工作。同时加强各工种人员的安全技术培训，提高各岗位人员的安全操作技能。三是加强现场安全教育，切实纠正违章行为，提高各级、各岗位人员遵章守纪的自觉性，做到"三不伤害"，有针对性地对特种设备操作人员和管理人员进行安全技术、安全操作规程的培训教育。

（4）突出重点，排查隐患，落实整改。一是狠抓对特种设备的安全生产管理。严格定期检查、维护、保养制度，进一步加强生产运行过程中的监控和现场检查力度。二是进一步加强安全检查工作，使用特种大型机械设备的单位要定期组织设备安全大检查，对设备管理制度、操作人员的安全意识、机械设备的性能和安全附件的性能等方面进行检查，对检查过程中发现的隐患和不足，要切实制定改进措施，明确整改责任人、验收责任人和整改时限，消除各类事故隐患。三是加大安全投入，增加配置，做好重大危险源的辨识与控制工作，保证生产过程中的各种不安全因素处于受控状态。

2.3　触电伤害事故案例

2.3.1　登错万伏高压电杆触电死亡事故案例

【事故经过】

2003年，某工程局承揽了某市电业局电力线路改造工程，工程局输变电工程处于7月11日与某电力工程有限公司负责人蔡××签订了分承包合同。由市电业局签发给电力工程有限公司的工作票上列有10位工人参加施工，工作班组负责人为朱××。实际上黄××（事故中已死亡）是施工现场的负责人。而黄××擅自安排陈××（死亡二人中的另一人）、木××、魏××顶替其他3人参与此项工程施工。9月29日晨，工作班组负责人朱××和黄××一行10人前往3-75-7号电杆处，准备开始更换7号杆负荷开关（保持原状）及拉低压线的施工任务。到现场后，朱××将市电业局工作票给黄××看，工作票中特别注明"3-75-6乙杆上高压有电，禁止攀登！"之后朱××派刘××登上7号杆对该杆上负荷开关输入侧的三根电力线进行验电，刘××用验电笔检测确认没有带电之后下杆，然后朱××带刘××、林××一行3人去11号杆验电，7号杆挂接地由黄××负责。此时，黄××在没有明确工作票上特别说明"3-75-6乙号杆上高压有电，禁止攀登！"的提示内容下，误把6乙号杆看作7号杆，盲目指挥陈××上6乙号杆挂接地线，自己在杆下打地桩配合做接地线的接地端。陈××上杆后直接把接地线挂到6乙号杆带有10kV高压线的电力线上，当即造成高压电电击死亡，正在地面的黄××此瞬间也经接地线导体被高压电电击当场死亡。经济损失38万元。

【事故原因】

（1）直接原因：

1）施工人员误登电杆，又违反《电气作业安全操作规程》中"挂接地线时，应先接接地端，后接导线端……"的工作程序，是造成本起事故的一个直接原因。

2）施工负责人没有严格执行工作票规定，错误的指挥工人登错杆作业，又指挥工人上杆违规操作是造成本起事故的另一个直接原因。

（2）间接原因：

1）施工单位内部管理松散：分别进行登杆验电的人员与作短路接地挂接人员相互间的工作未交底清楚和衔接好，导致短路接地挂接人员登错杆作业；未按国家规定对特种作业人员进行安全培训和教育，工人安全意识淡薄。

2）市电业局违反《电气作业安全操作规程》中"工作票签发人和工作负责人，对有触电危险、施工复杂容易发生事故的工作，应增设专人监护……"的规定。在施工现场未派监护人，对其项目的安全生产监管不力。

3）工程局输变电工程处对分包队伍的管理、监督不力。

【预防措施】

（1）严格按照《电气作业安全操作规程》的要求，执行电气作业工作票工作制度。强化各单位的安全生产管理，采取有效措施，切实落实各级人员的安全生产责任制。

（2）各单位要建立健全并认真落实各项安全管理制度，加强对员工的安全教育和培训，提高员工的安全意识和安全技能，杜绝习惯性违章行为。特种作业人员必须经过专业培训并持证上岗。

（3）施工各方要加强对分包项目施工队伍的审查与管理，加强过程安全监控，督促检查其做好现场施工安全技术交底等工作。

2.3.2 电焊机电源线破损触电伤亡事故

【事故经过】

山东某集团总公司与十二局机械制造厂签订了一台 200 万 Cal 溴化锂制冷机制作安装协议。整机制作完毕后，因运输时超高，经双方协商，部分管道解体，分解运输，到万通达能源分公司热交换站实地组装，并由万通达公司提供有关安装工器具，局机械制造厂组织了由张××、谢××、徐××、王××、方××五人组成的安装小组，并择日进点，由张××带班。

当年 8 月 18 日 13 时，电焊工方××继续焊接制冷机低发冷却水管（直径325mm），在机组旁一同工作的有 5 人。方××摆好铁梯上去，王××在机组正面焊接插温管，张××、谢××、徐××3 人在装发生器泵取样阀。突然听到方××一声叫，大家急忙跑过去一看，方××已触电，谢××立即拉下电闸，其他人员将方××拉下铁梯就地进行了人工呼吸和心脏按压抢救，同时向当地医院联系救护车送医院抢救，13时 40 分方××经抢救无效死亡。

经调查分析认定，该起事故是由于电焊机电源线（旧线）破损，并触及方××所用的铁架，当方××攀爬上铁架（坐在架子上），一手去拿放在机组上的面罩时，手触及机组形成导电回路，导致触电。

【事故原因】

（1）直接原因：电焊机电源线破损漏电；电焊工违章使用金属梯并未采取绝缘措施。

（2）间接原因：安装现场杂乱，缺乏安全检查；配电柜未安装触漏电保护器。

（3）主要原因：作业前缺乏安全检查。

【预防措施】

（1）电工应对甲方所提供的旧电线在接线前进行检查，同时对电焊机进行触漏电保护。

（2）电焊工不得使用金属梯，如只有金属梯时，必须加绝缘垫才可使用。

（3）现场要及时清理，讲究文明施工，尤其是电线不得随意拖地。

2.4 物体打击事故案例

2.4.1 滚石击人伤害事故

【事故经过】

1998年3月24日白班，某水利工程泄洪洞进口及左右两侧有三个工作面同时施工，两侧上部（642m高程）有汽车向下卸料搞回填，中部（623m高程）边坡有工人砌挡墙，下部即进水口底板（605m高程）处有浇筑工在支立检修门槽二期混凝土的模板，安装工在安装工作弧形门止水。17时15分左右，止水安装完毕，工人们收拾工具准备下班。当时最先往外走的3人，康××在前，王××居中，师××在后（师××的后面虽然还有人，听见喊有滚石下来后就停住了脚步，没有再往外走）。康××出洞后往前走了约10m，就发现右侧边坡突然有一块石头急速向下翻滚，立即喊到："快，有石头。"一边喊，一边跑，跑出了危险区，王××也紧跟着跑出了危险区，师××也跟着跑起来，但未能躲过被石头击中前胸死亡。

【事故原因】

（1）直接原因：卸料边坡上滚下的石头翻越挡墙，击中进水口底板部位的人。

（2）间接原因：

1）多层交叉作业无防护。泄洪洞进口工程是确保电站安全度汛的关键项目，截至事故发生之日，还在加高闸门井、安装检修门、安装启闭机、回填闸门井两侧土石方和挡墙砌筑，这些项目都要求在汛期到来之前必须完成。客观上存在时间紧、任务重、各道工序无法错开的情况，尽管安排立体作业时有专人监护，但并未挂安全网。

2）判断失误，安全措施不力。施工局领导对安全生产不能说不重视，他们考虑到泄洪洞工程的特殊性，专门派了领导干部到现场值班，每往下卸一车料，除了现场安全警戒轰赶砌石工人外，领导干部也帮助轰赶；但是，他们只考虑到在边坡上砌挡墙的工人安全，而忽视了在洞口作业的浇筑工和安装工的安全。这种忽视是判断失误引起的，他们认为挡墙能起作用，会把下卸的回填料挡住，殊不知，随着回填料的堆高，个别石头会翻越挡墙，滚到进水口底板，从而造成事故。

3）作业层安全意识淡薄，缺乏预防事故的思想准备。立体作业，下层受伤害的可能性最大，防范措施工作也应以下层为主。当天，安装队在泄洪洞口施工，洞口左右两侧的上方也在施工，从队长到生产工人都知道这一情况。虽说在进到洞口内后比较安全，但从洞外往洞口来回走时就存在危险因素，对这点，安装队的领导认识不足，没有采取防范措施，生产工人也缺乏自我保护意识，盲目穿越洞口的现象较普遍。

4）师××本人出洞口时思想不集中，没有及时观察滚石的方位便盲目地跟着跑起来。

（3）主要原因：多层交叉作业未挂安全网，安全措施中忽视了在洞口作业的浇筑工和安装工的安全。

【预防措施】

（1）多层交叉作业必须挂安全网，设专人监护。

（2）上层作业时应及时通知下层躲避。

（3）对现场进行一次全面的安全大检查，重点查违章作业和违章行为。

2.4.2　洞内掉块伤亡事故

【事故经过】

1997年7月23日，某水利工程右泄导流洞出口3+305.5桩号迎头面出渣结束，反铲处理完安全退出后，台车准备就位，进行顶拱撬挖处理，然后打锚杆。台车启动后，洞一队当班值班技术员范××和台车工刘××以及邓××、李××走在台车前进入迎头面，当走到0+315.5桩号时，四人停下来并排一字形站着，范××站在右侧顺水流方向距右边干墙约2m处，与刘××肩并肩站在一起，两人中间距离约20cm。四人脸朝迎头面一起听范××进行工作安排，突然一块60cm×40cm×20cm的石块掉下来，把范××打倒在地。刘××等3人急忙把范送往项目部医务室，经医务室紧急处理后，送往医院抢救，终因伤势过重而死亡。

【事故原因】

（1）直接原因：该地段地质条件差，围岩破碎易掉块，导致突然掉块伤人。

（2）间接原因：安全检查工作，撬挖工作做得不够细致，未能及时清理险石。

（3）主要原因：平常疏于对安全防范工作的严格管理，使得洞内支护工作未紧跟到迎头面。

【预防措施】

（1）加强安全管理和安全监察的力度。

（2）全力以赴保证喷锚工作，坚持一次支护跟上迎头面。

（3）加强对洞内不良地段的安全检查工作及经常性地对洞内危石的处理工作。

2.5　坍塌事故案例

2.5.1　施工排架垮塌事故

【事故经过】

2004年6月24日，某水电站工程砂石料系统10号成品料仓是地下竖井工程，竖井直径10.8m，高38m，底部高程1224m。6月开挖工程完工后，进行混凝土浇筑施工，由某施工局协作分包单位某建筑安装公司负责施工。6月9日，开始搭设钢管排架平台，6月13日排架完工，平台高程1262m。6月14日、22日进行了二次竖井顶部锁口垫层钢筋钢模板安装和混凝土浇筑施工。24日11时，10名施工人员开始拆除钢模板，同时进行混凝土凿毛作业，将399块拆下钢模板堆放在平台一角，14时47分在接凿毛风管时，突然排架垮塌，10名施工人员随排架平台坠落至竖井底部，造成2人死亡，3人受伤。

【事故原因】

（1）直接原因：

1）排架设计存在缺陷。排架平台搭设未按设计规范施工，大多使用旧钢管扣件，验收不认真，排架稳定性不够。

2）违章作业，材料存放不当。平台荷载过于集中，拆下399块钢模板，共6.13t集中堆在一角处，致使平台荷载失衡垮塌。

（2）间接原因：

1）安全教育培训不够，施工人员缺乏安全操作技术和技能，对排架平台安全使用基本知识缺乏。

2）施工现场缺乏安全检查监督，致使排架存在隐患未能及时发现和整改。

3）项目安全管理失控，对分包单位排架搭设、验收和使用安全未能有效监控和指导。

【预防措施】

（1）对脚手架、大型起重机械拆装等专项工程施工前，要编制专项安全技术措施并经技术负责人审核、总监理工程师批准后方可实施。脚手架搭设完毕后要按照安全要求和技术规范进行检验、验收。

（2）加强安全监督管理的力度，做好排架施工过程中日常安全巡查监护工作，消除施工作业中的安全隐患，对检查发现的违章行为和安全隐患要立即整改和纠正。

（3）加强对作业班组和施工人员的安全教育培训，提高排架施工作业人员的安全基本知识和操作技能，树立"安全生产，重在预防"的安全理念。

（4）施工单位要将分包工程队伍的安全生产纳入自身安全生产管理范畴，加强对外协队伍的安全资质审查和施工中的监督指导，加强分承包方员工的安全教育和培训，加强过程安全控制。

2.5.2 泄洪排砂洞坍塌伤亡事故

【事故经过】

2005年2月11日，某单位承建的某电站排砂洞工程，在进行结合段改造施工抢工过程中，在对桩号0+247.5—0+246段打完锚杆、支好钢支撑进行二次喷护和0+246掌子面钻爆打孔作业时，已喷护封闭的桩号0+246掌子面突然发生岩石坍塌，一块约3.5m×1.8m×0.35m不规则的片石坠落将施工现场搭设的钢管脚手架施工作业平台（平台上当时有20余人作业）砸垮，造成1人（通过作业平台下抬送氧气瓶者）当场死亡，2人（通过作业平台下抬送氧气瓶者1名，正在平台上作业人员1名）在送往医院抢救过程中死亡。另有2人重伤，8人轻伤。

【事故原因】

（1）直接原因：施工地段围岩由含煤中厚层砂岩夹薄层泥质粉砂岩组成，岩层面及垂直于层面裂隙发育，相互切割岩体呈次块状或碎裂状，洞身围岩稳定性较差，属Ⅲ、Ⅳ类围岩。由于该项工程所处位置地质条件较为复杂，该起事故在某种程度上具有难以预见的性质，事故发生前没有垮塌迹象，也未发现松动岩块，开挖掌子面受垂直于岩层层面的裂隙切割，形成松动岩块，在卸荷松弛及施工爆破等扰动的影响下失去稳定，扩挖后的掌子面应力释放推动岩石突然剥落坍塌砸垮作业平台，这是造成突发垮塌事故的直接原因。

（2）间接原因：

1）施工单位对洞挖改造施工过程掌子面岩层卸荷危险性预见不足，从而未落实好相应的防范措施。

2）施工地段围岩由含煤中厚层砂岩夹薄层泥质粉砂岩组成，稳定性较差，属Ⅲ、Ⅳ类围岩。在进行作业前采取了加强支护的工程措施，事故发生前没有任何垮塌迹象，现场施工人员和安全人员经排险处理、盯在现场观察监视均未发现松动岩块，破碎岩层卸荷松弛及扰动等情况确难预见。

3）因相关单位在试验、设计等过程的推迟，该洞是库区唯一泄洪出口，工期滞后4个多月，且工程量增加许多。为保下游千百万人民的安危而必须抢工期、抢进度。

4）该改造工程量大，时间紧、工序多、场地狭窄，洞身改造体型复杂，高标号抗冲耐磨混凝土质量要求高，交叉作业各工序之间相互干扰大，洞内交通管制又难以实施。

【防范措施】

（1）进一步加强施工地质工作，搞好地质预报，完善施工安全预案。

（2）周密制定危石排险方案，严格组织验收，在确信安全可靠后方可进行作业。

（3）切实加强施工现场的安全管理，落实监管责任制，凡是危险作业必须合理制定安全技术措施，严格审批制度，实施现场监管，落实专人负责。

（4）要加强对劳务队伍资质管理和审查工作，认真落实对从业人员的安全教育培训和安全技术交底，严禁以包代管和包而不管。

（5）对交叉施工地段应明确施工程序。搞好现场的安全监护，严格实施作业面的定时交通管理，并加强施工通道的安全防护。

（6）工程监理单位必须按照《安全生产法》、《建设工程安全生产管理条例》等法律、法规和标准，严格实施现场监理，认真履行监理职责。

（7）建设单位要依照《建设工程安全生产管理条例》要求，为施工单位提供良好的建设工程安全生产作业环境，正确处理施工进度和安全生产的关系。

2.6 机械伤害事故案例

2.6.1 桩机故障检修未停机造成死亡事故

【事故经过】

2002年2月27日，在上海某基础公司总承包、某建设分承包公司分包的某工程工地上，分承包单位进行桩基旋喷加固施工。早上5时30分左右，1号桩机（井架式旋喷桩机）机操工王×，辅助工冯×、孙×三人在C8号旋喷桩桩基施工时，辅助工孙×发现桩机框架上部6m处油管接头漏油，在未停机的情况下，由地面爬至框架上部去排除油管漏油故障（桩机框架内径650m×350m）。由于雨天湿滑，孙×爬上机架后不慎身体滑落框架内档，被正在提升的内压铁挤压受伤，事故发生后，地面施工人员立即爬上桩架将孙×救下，并送往医院急救，经抢救无效孙×于当日上午7时死亡，直接经济损失约为15.5万元。

【事故原因】

（1）直接原因：辅工孙×在未停机的状态下，违章操作，擅自爬上雨天湿滑的机架上排除油管漏油故障，造成滑落。

（2）间接原因：

1）C8号旋喷桩机的机长王×，未能及时发现异常情况并采取相应措施。

2）总承包单位对分承包单位的日常安全监控不力，安全教育深度不够，并且对分承包单位施工超时作业未及时制止，对分承包队伍的现场监督管理存在薄弱环节。

（3）主要原因：分承包项目部对现场安全管理落实不力，对职工安全教育不力，安全交底和安全操作规程未落实到实处；施工人员工作时间长（24h分两班工作），造成施工人员身心疲劳、反应迟缓，是造成本次事故的主要原因。

【防范措施】

（1）工程施工必须建立各级安全管理责任，施工现场各级管理人员和从业人员都应按照各自职责严格执行规章制度，杜绝违章作业的情况发生。

（2）施工现场的安全教育和安全技术交底不能仅仅放在口头，而应落到实处，要让每个施工从业人员都知道施工现场的安全生产纪律和各自工种的安全操作规程。

（3）现场管理人员必须强化现场的安全检查力度，加强对施工危险源作业的监控，完善有关的安全防护设施。

（4）施工现场应合理组织劳动，根据现场实际工作量的情况配置和安排充足的人力和物力，保证施工的正常进行。

（5）施工作业人员也应进一步提高自我防范意识，明确自己的岗位和职责，不能擅自操作自己不熟悉或与自己工种无关的设备设施。

2.6.2 搅拌机机械伤害事故

【事故经过】

1998年11月30日上午，某作业队主任苏×安排曾××（甲）、周××（修理工）、曾××（乙）（电焊工）修理强制式拌和机，并作了要注意安全的交代。3人现场商定先修理拌和机上料斗再焊接搅拌叶片。在修理料斗前，曾××（乙）要求将朱××（其妻，电焊工）叫过来一起修理。随后便开始工作，在料斗槽钢割断后，曾××（甲）叫曾××（乙）把料斗弹子吹出，曾××（乙）未搭话便走开了。周××在临时修理棚给料斗弹轴抹黄油，此时曾××（甲）想移动料斗便启动了拌和机，拌和机刚转动就听见有人喊"关了"，曾××（甲）马上关掉拌和机，跑到出料口才知道拌和机内有人，便和朱××一起将拌和机内人［曾××（乙）］拖出。随即工区派车将曾××（乙）送往县人民医院，终因伤势过重，抢救无效死亡。

【事故原因】

（1）直接原因：拌和机内有人时，拌和机被启动。

（2）间接原因：

1）职工安全意识和自我保护意识差。

2）劳动组织不合理，工作中相互通气不够。

（3）主要原因：工作中配合不协调。

【预防措施】

（1）以此事故为例，对职工（工人）进行一次安全教育，强化安全意识，进一步增强自我保护意识。

（2）加强职工相关操作的配合度。

（3）项目部应加强对施工现场的安全检查，督促各施工点认真贯彻项目部制定的安全管理制度及规定，落实安全责任，防止类似事故再次发生。

2.7 爆炸伤害事故案例

2.7.1 违章放炮群伤事故

【事故经过】

1995年1月31日下午，某施工局第一工程处开挖浇筑队在右岸坝基302大铲附近执行坝基开挖任务，第二工程处厂房一队在右岸坝基趾槽（桩号0＋036—0＋045）执行开挖钻爆任务。13时30分左右，第一工程处副处长王××在施工现场对本处开挖浇筑队队长李××说："机械队的黄车斗里的石碴已经冻满，用反铲挠不下来，派几个人在黄车斗里打眼放炮松动一下，清理出来，什么时候打完眼，就什么时候放炮。"李××接受任务后，便安排本队牛××班组到黄车斗里打眼，安排姜××（炮工班班长）、李×（炮工）两人到二处炸药库领火工材料。姜、李两人领了材料回到作业现场，王副处长也在现场。王、姜、李商量，按每次打眼30cm，分3次起爆的放炮方法，因非电雷管不够，改用电雷管起爆，这时李×对姜××说："昨天放炮还剩28枚电雷管，在调度室的工具箱内。"姜安排李去拿。大约14时30分，炮孔打完，李×拿着电雷管回到现场时，姜等人在黄车斗里已装了七八炮。姜、李等人装完炮后，姜将黄车斗里的放炮线接到坝基开挖放炮专用线上。线接好后，姜××要去推闸刀开关，李×说："我有钥匙。"于是姜××和机械队调度员王××去警戒，李去合闸。姜到达警戒位置后，用手势和喊话的形式告诉李×可以合闸起爆。由于二处厂房一队在趾槽部位的炮已装完，并将放炮线挂到了坝基开挖放炮专用线上（大约15时10分装完炮，15时20分挂的大线），在一处黄车斗里炮响的同时，趾槽部位也同时响炮，造成二处厂房一队没有退场的施工人员1人死亡、2人重伤、2人轻伤的重大伤亡事故。

【事故原因】

（1）直接原因：坝基开挖放炮，第一工程处、××分包队和第二工程处3家共同使用同一根放炮专用线。对此，为了安全起见，施工局于1月23日还专门召开了关于坝基开挖放炮干扰问题的现场会，进行了布置，一处也派员参加了会议。但一处在开挖放炮作业过程中，没有与其他单位沟通，盲目地接线引爆。

（2）间接原因：

1）对职工安全教育不够，有章不循，职工安全意识淡薄。

2）第二工程处在实施放炮作业中，在施工人员没有退场的情况下，提前将放炮线挂到大线上，也是一种违章行为。

3）某施工局在开挖放炮的安全管理上，有明确和完善的管理制度。但第一工程处在实施放炮作业时，既不按规定放炮时间放炮，又不按规定向施工局调度室报炮，而是擅自决定起爆，从处长、队长、放炮班长到炮工也没有一人提出警告或意见，表现出对安全生产工作极端不负责任的态度。

（3）主要原因：违章指挥、违章作业。

【预防措施】

（1）各单位立即组织全体炮工进行放炮安全施工规程、规范和有关规定的学习培训，提高安全生产的法制观念，增强遵章守纪的自觉性。

（2）编发通报，组织全体干部职工认真学习，汲取这次事故血的教训，确保今后施工中不再发生类似事故。

（3）在坝区再建一个放炮指挥台，坝区所有放炮专用线全部接到临时指挥台上，总开关由临时指挥台控制，各放炮单位设分开关，并安排专人进行管理。

（4）坝区放炮实行定点、定单位警戒，制定警戒人员的岗位责任，配齐标记。

（5）加强火工材料的管理。火工材料由专人领用和退库，对违反火工材料管理制度的给以重罚，杜绝火工材料流失的现象。

2.7.2 违章避炮伤亡事故

【事故经过】

1994年3月22日，某工程指挥部开挖大队承担安装间交通洞口2058m高程平台欠挖部分的施工。当夜开挖大队台车队打了12个预裂孔和4个爆破孔，孔深均为2m，并于凌晨通知炮工队派人前往装药爆破，炮工队接到通知后即派炮工李××（甲）前往现场装炮。装药量：预裂孔每孔为120g，爆破孔每孔为300g。当炮装好后，由于工作需要，7时30分没有按时起爆，推迟至15时45分起爆。白班时，台车队又打了40个爆破孔，于11时左右通知炮工队继续派炮工来现场装炮，要求每孔米装药量为标准量的30%＊，用非电导爆管引爆，爆破时间定于15时45分，与前批尚未起爆的炮一同起爆。炮工队接到通知后派炮工李××（乙）前往装炮。两次装炮均为单人操作，既无人监督单孔装药量，又无人检查孔深，又由于此次爆破为松动小爆破，故没有爆破设计书。12时左右，生产办安全员马××通知各施工单位值班员，说明15时45分具体放炮的位置和装药量，并要求各单位届时到警戒区以外安全地段避炮。其中第二工程处值班员徐×接到通知后，及时组织人员做好机械设备的防护工作后，并将人员撤离至安全地带避炮；西北勘测设计院地勘六队张××接到通知后，及时给值班负责人作了汇报，警报声拉响后，值班负责人将其他人员撤离警戒区以外避炮。但接通知的张××本人却躲在了距爆破点水平距离为69m的基础二队铁皮值班室里；基础大队二队值班技术员曹××接通知后，告知了当班人员，在警报拉响之前，当班人员全部下班，曹××也未等接班就擅自离岗下班。一声警报响后，基础二队中班接班人员徐××带领人员进入施工现场，也不知具体放炮位置，就躲进了本队铁皮值班房内。15时45分爆破声响，一块长108cm、上宽35cm、下宽46cm的飞石击中距爆破点水平距离为69m的基础二队铁皮值班室顶部，铁皮房被砸出一个长125cm，宽为50cm不规则的洞，造成在铁皮房内违章避炮的基础二队职工1人被当场砸死，1人被砸伤后送医院经抢救无效死亡，基础二队另外2名职工及西北勘测设计院地勘六队职工张××均负轻伤的重大伤亡事故。

【事故原因】

（1）直接原因：施工人员违反李家峡指挥部于1992制定的《关于放炮警戒有关事宜的通知》及《关于强调警戒区外避炮的通知》之规定，冒险进入炮区铁皮房内避炮。

（2）间接原因：

1）警戒人员忽视安全，各交通要道口警戒不严，现场清理不彻底。

2）单位管理不严，安全教育不够，有章不遵，有章不循的现象严重。

（3）主要原因：炮工装药时无人监督，个别炮孔装药量偏大；违章避炮。

【预防措施】

（1）加强职工的安全教育，提高职工搞好安全生产的责任感和自觉性，强化职工遵章守纪和个人保护意识；加强管理，杜绝有章不遵，有章不循的现象。

（2）加强炮工的专业培训，必须持证上岗。

2.8 其他伤害事故案例

2.8.1 瓦斯爆炸群伤事故

【事故经过】

某电站引水隧洞全长2.4km，某年8月29日全线贯通后，经过洞内观测和瓦斯检测，洞内通风良好，瓦斯含量在0.2%～0.3%的范围内，符合安全施工的要求。9月开始全面进行洞内清边检底及混凝土衬砌施工，并且每班跟踪进行瓦斯检测，洞内瓦斯含量均在0.2%～0.4%范围内。经甲、乙双方指挥部研究决定混凝土泵机（不防爆）进入洞内施工，至事故发生前洞内施工正常。11月17日开始重新处理1+100桩号段原混凝土衬砌处（此处系断层带，原混凝土衬砌断面被塌方挤压变形，不能满足过水要求，需要重新处理）。在处理过程中，于 19 日开始，此断层再次出现不间断大塌方，20日塌方将引水洞堵死。为保持洞内自然通风，双方指挥部决定组织全力抢通塌方段（塌方段长 11m，宽 6m，高 38m）。至 20 日，2 号洞瓦斯浓度上升至 3.8%，1 号洞瓦斯浓度为 1.5%，指挥部决定停工安装风机后再抢通塌方段。2 号洞风机从洞口布置到塌方段，瓦斯降至 0.4%。1 号洞在主洞（1 + 710 桩号）布置一台 11kW 风机，结合 20m³/min 空压机送风到 0 + 790 桩号，通风后经检测，瓦斯浓度降到 0.2%，遂恢复洞。21 日 16 时中班，由四公司副经理梅××、大坝指挥王××主持召开生产调度会，会上总结了前两班的生产及安全情况，并安排本班工作。17 时 30 分，会议结束。现场调度彭××到 1 号洞 0 + 812 桩号段安排工作，洞内施工正常。18 时 05 分，由于电网故障停电，梅××立即赶往工地疏散人员，18 时 25 分人员基本出洞，18 时 35 分恢复送电，来电后瓦检员进洞进行了瓦斯检测，19 时得知洞内瓦斯浓度为 0.2%～0.3%，梅××、王××和当班调度人员组织恢复施工。21 时 50 分因料未到，在场工作的 41 人分别坐在 0 + 783.87 桩号段（混凝土泵机前后）休息。忽然，混凝土泵机尾部传送带上部闪过一团火花，紧接着就发生了瓦斯爆炸。

【事故原因】

（1）直接原因：引水隧洞 0 + 789.10 桩号段洞顶部钢筋上用 4.0mm 铁丝悬挂普通胶质铝芯 220V 照明线，因电线与铁丝接触处长期磨擦，致使胶皮破损，短路产生火花，引起瓦斯爆炸。

（2）间接原因：

1）对施工人员的安全教育不够，有的工人甚至没有受过岗前安全教育，安全意识差。

2）在安全管理方面虽然有健全的组织机构和完善的制度及施工措施，但贯彻执行不力，监督检查不够。施工单位对出现的大塌方估计不足，重视程度不够，误认为塌方很快就会处理，因而采取的措施不周密。另外，施工单位长期从事机电修配作业，对水工施工，特别是对有瓦斯的隧洞施工缺乏管理经验，更无应付特殊情况的对策。

3）瓦斯检测员未经专业培训，无证上岗。0 + 850—1 + 100 桩号塌方后积水较深，瓦斯员没有进去检测，因而提供的瓦斯数据不够准确。

（3）主要原因：引水隧洞贯通后，于 11 月 19 日开始 1 + 100 桩号段断层带出现不间断大塌方，而塌方段又穿越煤质地层，瓦斯含量增大。20 日方将主洞全面堵塞，自然通风道被堵死，虽然采取了措施，但局部风机安装位置不适当，造成瓦斯逐步上升聚积。

【预防措施】

（1）电系统：洞内的电系统重新布置，动力线、照明线、通风电源分开，接头处用防水胶布包扎，所有线路分开布置在隧洞腰线上，支撑点用绝缘瓷瓶固定，严禁固定在铁件上。

（2）通风系统：不管隧洞内瓦斯情况如何，1 号洞、2 号洞内必须布置通风系统。1 号洞在进水口布置一台 11kV 鼓风机，再在洞内布置 2 台 11kW 风机，2 号洞从 1 +

000.0 布置 3 台 11kV 风机，风筒布置要与 1 号、2 号洞基本连通。1 号、2 号洞要统一通风，并要求仓号内有局部通风。

（3）在 1 号、2 号、4 号洞工作面，聘请专职瓦斯检测员跟班进行瓦斯检测，并作好通报和记录，在瓦斯超标情况下严禁施工作业。

（4）引水隧洞未浇混凝土段，岩石表面风化垮塌严重，复工后做一次全面、彻底的处理，严防岩石掉块伤人，确保人身安全。

（5）在处理 1+100 塌方段时，1 号、2 号洞瓦斯浓度必须降至 0.5% 以下，并统一指挥，处理时要设置专职安全哨，跟班监护。

（6）在 1 号、2 号支洞恢复施工前，必须组织所有施工人员进行一次全面的安全教育，学习防瓦斯、防火、防坍塌、防水等有关安全知识和电站引水隧洞施工安全措施。对新来工人必须进行安全教育后方能进洞施工。

（7）各洞指挥要增强责任心，要做到互通情况，协调一致，发生异常情况要及时汇报。

2.8.2　山体滑坡自然灾害事故

【事故经过】

2005 年 5 月 26 日，某单位负责电站进水塔混凝土施工的某协作队的 6 名施工工人，正在 330m 高程的进水塔 1 号机基础部位进行混凝土浇筑施工，施工现场安全员张××突然听到施工作业面上方边坡平台（高程 370m）的一名放料人员在大喊"石头塌方了，快跑"，张××听到后意识到危险，便立即向正在混凝土仓内施工的 6 名工人大声呼喊，并用手向他们比划有塌方迹象，示意工人赶紧撤离，就在工人撤离的时候，进水塔 1 号机基础部位上部 370～385m 高程的边坡局部发生瞬间滑坡，约 200m³ 的土石滚落到进水塔 1 号机基础混凝土仓内。土石滚落 1～2min 后，分局的现场安全员梁××和郝××、协作队的现场安全员张××在确定再无塌方迹象的情况下，迅速到混凝土仓内查看伤亡情况并组织施救，发现 6 名施工工人中有 2 人已经被当场砸死，2 人受伤，2 人安全撤离。于是他们迅速电话上报分局领导及建设公司、质安部等相关领导。建设单位、施工单位相关领导接到事故报告后迅速赶到了事故现场，组织人员立即将 2 名伤员送往当地镇医院急救中心进行抢救，其中 1 人经抢救无效死亡。随后，分局又通知派出所、监理、设计等单位的相关人员进行现场勘查，并安排人员进行现场警戒、保护现场。

【事故原因】

（1）直接原因：

1）滑坡地段地质结构状况差。进水塔 1 号机基础部位上部 370～385m 高程的边坡地段基岩是灰岩，偶含灰白、灰黑色燧石结核。下部为灰黑色、薄层灰质页岩，夹有少量炭质页岩及劣质岩线，中部为深灰色泥质灰岩、钙质灰岩层。

2）存在着诱发山体塌方外在的非人为干扰因素。进入 5 月以来，大多为少晴多雨天气，最高降雨量为 17.8mm。该地段由于受连续不断降雨的影响，大量积水灌入高边坡土层和岩层之中，导致岩层中泥土发生膨胀使外层岩石移位，使移位后的外层岩石稳定性不够而发生滑坡。同时，滑坡地段与施工现场上下垂直距离高达60多米，信息传送不便，从而导致了瞬间无法避免的事故发生。

（2）间接原因：

1）建设、施工、监理、设计四方在地质灾害防治上虽然采取了积极的措施，但在地质灾害防治上能力不足，认识上、技术上存在着局限性。据调查：2005年1月21日，工程设计代表处根据施工现场的情况，考虑到进水口右侧高程375m以上边坡卸荷和风化带较为严重，为确保边坡长期稳定，设计代表处向工程建设公司送发了《关于地下电站进行右侧边坡地质缺陷处理的通知》（以下简称《通知》）。《通知》要求对进水口右侧385～407m高程边坡即事故滑坡地段上方进行削坡处理。按照变更设计通知的要求，施工方于2005年3月进行了削坡处理施工。竣工后，建设、施工、监理、设计四方有关负责人到现场进行了勘查验收。4月8日，建设公司又主持召开了引水发电系统施工技术研讨会，对进水口高程375m以上边坡处理问题予以了明确。会议结合施工方提供的该段边坡施工安全监测资料分析后认为，高程407m平台2号井公路沿线裂隙所处部位不在引水渠（进水口）排架公路桥的桥面范围内，且后期不会影响引水渠进水口部位的混凝土浇筑施工安全，会议决定对已作削坡处理的引水渠进水口处、高程为385～407m的边坡下方即事故滑坡地段不进行开挖处理。可见，建设、施工、监理、设计四方在地质灾害防治上工作是积极的，但认识上和技术上的局限性导致潜在的安全隐患未能及时被发现并得到有效消除。

2）建设、施工单位在汛期地质灾害防治上采取的安全防范措施不够全面。据调查：施工方对进水口右侧385～407m高程边坡进行了削坡处理后，为确保引水渠进水口处施工安全，一方面，在高程为375m马道周边布设了安全网，以防边坡上掉落小石头危及下方施工人员安全；另一方面，结合以往同类工程表面监测经验，经建设、设计、监理、施工四方研究决定，施工方在进水口边坡407m高程平台（边坡崩塌的上方）设置了3个监测点，安排专业测量人员利用先进的全站仪TCR702（测角精度2，测距为2mm＋2ppm），按照SL60—94《土石坝安全监测技术规范》关于对土石坝永久岸坡在施工期的监测频率为3～6次/月（即5～10天测一次）的要求，对3个监测点每2～5天监测一次边坡变形情况。监测数据表明，该区域没有滑坡趋势，比较稳定。建设、施工单位由于认识上的差距，只考虑到对进水口右侧整个山体的监测，而忽视了对边坡局部地段稳定状态的仪器监测和施工过程中375m高程边坡以上范围局部地段的人工观测。

【预防措施】

（1）在地质灾害防治工作方面：一是加强地质灾害防治工作的领导，督促各施工单位做好地质灾害防治工作，明确工作程序和工作重点。对重点施工部位及其他可能发生地质灾害的施工现场、施工人员居住区和临时设施建设所在地要进行专项地质灾害隐患排查，有针对性地制定具体防范措施并落实专人负责。二是督促并监督施工方严格按地质灾害危险性评估报告进行施工，防止不当的施工活动诱发地质灾害而引发生产安全事故。同时，加强施工现场周围边坡的上下观测，确保信息传递畅通。三是对有水活动的边坡，要布置排水构筑物，以进行拦截疏导。四是组织各施工单位认真学习安全生产、地质灾害防治等相关法律、法规及部门规章，增强从业人员的安全意识和自防、自救能力。

（2）在安全生产管理工作方面：一是进一步完善安全管理层层负责的责任体系，加强对施工、监理方安全生产工作开展情况的有效监督，加大对施工方在执行安全生产相关法律法规方面的督促和检查力度，进一步完善安全生产检查制度，要通过加强现场施工安全的检查和监督，切实消除施工过程中的生产安全隐患。二是督促各施工单位进一步建立、健全安全生产相关管理制度和操作规程，全面落实安全生产"三级教育"制度，加大对施工单位法人代表、安全管理人员、特殊工种作业人员和全体从业人员的安全知识培训力度，做到不培训不上岗，不具备资格不上岗。三是加强重大事故应急救援工作，切实做到领导、组织、预案、器材"四落实"，通过增加投入，提高救援装备水平和防灾保障能力。四是对危险性大的施工作业，要督促施工单位制定专项施工方案和有效的安全防范技术措施，明确相应的安全责任人。五是认真贯彻落实工程建设中安全卫生设施"三同时"的要求，做到安全卫生设施与主体工程同时设计、同时施工、同时投入使用，有效控制职业病和杜绝生产安全事故的发生。

2.8.3　倒渣车翻入河中造成淹溺事故

【事故经过】

1994年12月10日，某电站经理部开挖工区二工段开挖班，安排重机工李×和许×在船闸三号导航墩处修复PC—200抓铲。修复完毕，李×问班长下午的工作内容，因抓铲下午无任务，班长叫李×回到现场指挥部待命。12时左右，李×乘上蒋×开的32t出渣车从围堰到安仁溪来回坐了三次，约14时20分，当蒋×第三车开到倒渣地安仁溪时，在渣场上推土的推土机工吴×叫诱导员方×将这车料往河里倒，方×说："指挥所有令不能往河里倒渣。"吴说："这里有一块是凹地，还可以倒一点，这样可以扩大工作面，驾驶员好调头。"方认为吴说的有一定道理，就诱导出渣车往河床倒，当时正下着雨，蒋×倒车时车门玻璃紧闭着，只凭倒车镜看诱导打手势为信号。当车继续往后退时，因车速偏快，信号联络不清，车子在倒车时后轮超出安全边距，加上渣场土质松散含砂量较大等原因，当诱导员发出"停、停"呼叫时驾驶员蒋×已来不及刹车，随着巨大的惯性和自重翻至十几米深的闽江中。蒋×破窗游出水面被救，同车随坐的李×淹溺至死。

【事故原因】

（1）直接原因：诱导员方×无主见，明知渣不能倒入江中还诱导驾驶员往河里倒渣，且信号联络手段仅靠手势来处理，不能有效地对天气、地形、地质作出正确判断。驾驶员蒋×紧闭窗门仅靠倒车镜来观察外界，导致联络信号接收不畅加之倒车时车速偏快。

（2）间接原因：

1）现场土质松散含砂量较大，又正值下雨易坍塌。

2）现场无任何防护措施，无安全警告标志。

3）李×本人劳动纪律性差，未服从班长的指令。

（3）主要原因：工段领导安全责任制不落实，现场管理混乱，劳动纪律不够严明。尤其是使用安全意识较差、责任心不强、未经培训缺乏安全操作知识的工人担任诱导指挥员。

【预防措施】

（1）应使用素质高、经过专门培训、责心强的人担任现场诱导指挥员。

（2）对于施工危险地，应设置防护措施及明显的警告标志。

（3）立即组建安全管理机构，制定完整的现场安全管理制度，将责任制层层落实到班组。

（4）把好特殊工种持证上岗关；教育职工遵章守纪，提高自我保护意识，杜绝类似事故发生。